21世纪特殊教育创新教材

主编单位
华东师范大学学前与特殊教育学院
南京特殊教育职业技术学院
华中师范大学教育科学学院
陕西师范大学教育学院
总主编：方俊明
副主编：杜晓新　雷江华　周念丽

学术委员会
主　任：方俊明
副主任：杨广学　孟万金
委　员：方俊明　杨广学　孟万金　邓　猛　杜晓新　赵　微
　　　　刘春玲

编辑委员会
主　任：方俊明
副主任：丁　勇　汪海萍　邓　猛　赵　微
委　员：方俊明　张　婷　赵汤琪　雷江华　邓　猛　朱宗顺
　　　　杜晓新　任颂羔　蒋建荣　胡世红　贺荟中　刘春玲
　　　　赵　微　周念丽　李闻戈　苏雪云　张　旭　李　芳
　　　　李　丹　孙　霞　杨广学　王　辉　王和平

21世纪特殊教育创新教材·理论与基础系列

主编：杜晓新　　　　　　审稿人：杨广学　孟万金

- 特殊教育的哲学基础（华东师范大学：方俊明）
- 特殊教育的医学基础（南京特殊教育职业技术学院：张婷、赵汤琪）
- 融合教育导论（华中师范大学：雷江华）
- 特殊教育学（雷江华、方俊明）
- 特殊儿童心理学（第二版）（方俊明、雷江华）
- 特殊教育史（浙江师范大学：朱宗顺）
- 特殊教育研究方法（第二版）（华东师范大学：杜晓新、宋永宁）
- 特殊教育发展模式（纽约市教育局：任颂羔）

21世纪特殊教育创新教材· 发展与教育系列

主编：雷江华　　　　　　审稿人：邓　猛　刘春玲

- 视觉障碍儿童的发展与教育（华中师范大学：邓猛）
- 听觉障碍儿童的发展与教育（华东师范大学：贺荟中）
- 智力障碍儿童的发展与教育（华东师范大学：刘春玲）
- 学习困难儿童的发展与教育（陕西师范大学：赵微）
- 自闭症谱系障碍儿童的发展与教育（华东师范大学：周念丽）
- 情绪与行为障碍儿童的发展与教育（广东外语艺术职业学院：李闻戈）
- 超常儿童的发展与教育（华东师范大学：苏雪云；北京联合大学：张旭）

21世纪特殊教育创新教材·康复与训练系列

主编：周念丽　　　　　　审稿人：方俊明　赵　微

- 特殊儿童应用行为分析（天津体育学院：李芳；武汉麟洁健康咨询中心：李丹）
- 特殊儿童的游戏治疗（华东师范大学：周念丽）
- 特殊儿童的美术治疗（南京特殊教育职业技术学院：孙霞）
- 特殊儿童的音乐治疗（南京特殊教育职业技术学院：胡世红）
- 特殊儿童的心理治疗（华东师范大学：杨广学）
- 特殊教育的辅具与康复（南京特殊教育职业技术学院：蒋建荣、王辉）
- 特殊儿童的感觉统合训练（华东师范大学：王和平）

21世纪特殊教育创新教材·理论与基础系列

特殊儿童心理学

（第二版）

方俊明　雷江华　**主编**

图书在版编目(CIP)数据

特殊儿童心理学/方俊明,雷江华主编.—2版.—北京:北京大学出版社,2015.8
（21世纪特殊教育创新教材·理论与基础系列）
ISBN 978-7-301-26109-5

Ⅰ.①特…　Ⅱ.①方…②雷…　Ⅲ.①残疾人－少年儿童－儿童心理学－高等学校－教材
Ⅳ.①B844.1

中国版本图书馆CIP数据核字（2015）第168918号

书　　　　名	特殊儿童心理学（第二版）
著作责任者	方俊明　雷江华　主　编
丛 书 策 划	周雁翎
丛 书 主 持	李淑方
责 任 编 辑	于　娜
标 准 书 号	ISBN 978-7-301-26109-5
出 版 发 行	北京大学出版社
地　　　　址	北京市海淀区成府路205号　100871
网　　　　址	http://www.pup.cn　　　新浪微博:@北京大学出版社
微信公众号	通识书苑（微信号:sartspku）　科学元典（微信号:kexueyuandian）
电 子 邮 箱	编辑部 jyzx@pup.cn　　　总编室 zpup@pup.cn
电　　　　话	邮购部 010-62752015　发行部 010-62750672　编辑部 010-62767857
印 刷 者	北京鑫海金澳胶印有限公司
经 销 者	新华书店
	787毫米×1092毫米　16开本　16.75印张　400千字
	2011年5月第1版
	2015年8月第2版　2024年6月第8次印刷
定　　　　价	55.00元

未经许可,不得以任何方式复制或抄袭本书之部分或全部内容。
版权所有,侵权必究
举报电话: 010-62752024　电子邮箱: fd@pup.cn
图书如有印装质量问题,请与出版部联系,电话: 010-62756370

顾明远序

去年国家颁布的《国家中长期教育改革和发展规划纲要》专门辟一章特殊教育，提出："全社会要关心支持特殊教育。"这里指的特殊教育主要是指："促进残疾人全面发展、帮助残疾人更好地融入社会。"当然，广义的特殊教育还包括超常儿童与问题儿童的教育。但毕竟残疾人是社会的弱势群体中的弱势人群，他们更需要全社会的关爱。

发展特殊教育（这里专指残疾人教育），首先要对特殊教育有一个认识。所谓特殊教育的特殊，是指这部分受教育者在生理上或者心理上有某种缺陷，阻碍着他的发展。特殊教育就是要帮助他排除阻碍他发展的障碍，使他得到与普通人一样的发展。残疾人并非所有智能都丧失，只是丧失一部分器官的功能。通过教育我们可以帮助他弥补缺陷，或者使他的损伤的器官功能得到部分的恢复，或者培养其他器官的功能来弥补某种器官功能的不足。因此，特殊教育的目的与普通教育的目的是一样的，就是要促进儿童身心健康的发展，只是他们需要更多的爱护和帮助。

至于超常儿童教育则又是另一种特殊教育。超常儿童更应该在普通教育中发现和培养，不能简单地过早地确定哪个儿童是超常的。不能完全相信智力测验。这方面我没有什么经验，只是想说，现在许多家长都认为自己的孩子是天才，从小就超常地培养，结果弄巧成拙，拔苗助长，反而害了孩子。

在特殊教育中倒是要重视自闭症儿童。我国特殊教育更多的是关注伤残儿童，不大关心自闭症儿童。其实他们非常需要采取特殊的方法来矫正自闭症，否则他们长大以后很难融入社会。自闭症不是完全可以治愈的。但早期的鉴别和干预对他们日后的发展很有帮助。国外很关注这些儿童，也有许多经验，值得我们借鉴。

我在改革开放以后就特别感到特殊教育的重要。早在1979年我担任北京师范大学教育系主任时就筹办了我国第一个特殊教育专业,举办了第一次特殊教育国际会议。但是我个人的专业不是特殊教育,因此只能说是一位门外的倡导者,却不是专家,说不出什么道理来。

方俊明教授是改革开放后早期的心理学家,后来专门从事特殊教育二十多年,对特殊教育有深入的研究。在我国大力提倡发展特殊教育之今天,组织五十多位专家编纂这部"21世纪特殊教育创新教材"丛书,真是恰逢其时,是灌溉特殊教育的及时雨,值得高兴。方俊明教授要我为丛书写几句话,是为序。

中国教育学会理事长

北京师范大学副校长

2011年4月5日于北京求是书屋

沈晓明序

由于专业背景的关系,我长期以来对特殊教育高度关注。在担任上海市教委主任和分管教育卫生的副市长后,我积极倡导"医教结合",希望通过多学科、多部门精诚合作,全面提升特殊教育的教育教学水平与康复水平。在各方的共同努力下,上海的特殊教育在近年来取得了长足的发展。特殊教育的办学条件不断优化,特殊教育对象的分层不断细化,特殊教育的覆盖面不断扩大,有特殊需要儿童的入学率达到上海历史上的最高水平,特殊教育发展的各项指标均位于全国特殊教育前列。本市中长期教育改革和发展规划纲要,更是把特殊教育列为一项重点任务,提出要让有特殊需要的学生在理解和关爱中成长。

上海特殊教育的成绩来自于各界人士的关心支持,更来自于教育界的辛勤付出。"21世纪特殊教育创新教材"便是华东师范大学领衔,联合四所大学,共同献给中国特殊教育界的一份丰厚的精神礼物。该丛书全篇近600万字,凝聚中国特殊教育界老中青50多名专家三年多的心血,体现出作者们潜心研究、通力合作的精神与建设和谐社会的责任感。丛书22本从理论与基础、发展与教育、康复与训练三个系列,全方位、多层次地展现了信息化时代特殊教育发展的理念、基本原理和操作方法。本套丛书选题新颖、结构严谨,拓展了特殊教育的研究范畴,从多学科的角度更新特殊教育的研究范式,让人读后受益良多。

发展特殊教育事业是党和政府坚持以人为本、弘扬人道主义精神和保障人权的重要举措,是促进残障人士全面发展和实现"平等、参与、共享"目标的有效途径。《国家中长期教育改革和发展规划纲要》明确提出,要关心和支持特殊教育,要完善特殊教育体系,要健全特殊教育保障机制。我相信,随着我国经济的发展,教育投入的增加,我国特殊教育的专业队伍会越来越壮大,科研水平会不断地提高,特殊教育的明天将更加灿烂。

沈晓明

上海交通大学医学院教授、博士生导师

世界卫生组织新生儿保健合作中心主任

上海市副市长

2011 年 3 月

丛书总序

特殊教育是面向残疾人和其他有特殊教育需要人群的教育，是国民教育体系的重要组成部分。特殊教育的发展，关系到实现教育公平和保障残疾人受教育的权利。改革和发展我国的特殊教育是全面建设小康社会、促进社会稳定与和谐的一项急迫任务，需要全社会的关心与支持并不断提升学科水平。

半个多世纪以来，由于教育民主思想的渗透以及国际社会的关注，特殊教育已成为世界上发展最快的教育领域之一，它在一定程度上也综合反映出一个国家或地区的政治、经济、文化和国民素质的综合水平，成为衡量社会文明进步程度的重要标志。改革开放30多年以来，在党和政府的关心下，我国的特殊教育也得到了前所未有的大发展，进入了我国历史上最好的发展时期。在"医教结合"基础上发展起来的早期教育、随班就读和融合教育正在推广和深化，特殊职业教育和高等教育也有较快的发展，这些都标志着我国特殊教育的发展进入了一个全球化、信息化的时代。

但是，作为一个发展中国家，由于起点低、人口多、各地区发展不均衡，我国特殊教育的整体发展水平与世界上特殊教育比较发达的国家和地区相比，还有一定的差距，存在一些亟待解决的主要问题。例如：如何从狭义的仅以盲、聋、弱智等残疾儿童为主要服务对象的特殊教育逐步转向包括各种行为问题儿童和超常儿童在内的广义的特殊教育；如何通过强有力的特教专项立法来保障特殊儿童接受义务教育的权利，进一步明确各级政府、儿童家长和教育机构的责任，使经费投入、鉴定评估等得到专项法律法规的约束；如何加强对"随班就读"的支持，使融合教育的理念能被普通教育接受并得到充分体现；如何加强对特教师资和相关的专业人员的培养和训练；如何通过跨学科的合作加强相关的基础研究和应用研究，较快地改变目前研究力量薄弱、学科发展和专业人员整体发展水平偏低的状况。

为了迎接当代特殊教育发展的挑战和尽快缩短与发达国家的差距，三年前，我们在北京大学出版社出版意向的鼓舞下，成立了"21世纪特殊教育创新教材"的丛书编辑委员会和学术委员会，集中了国内特殊教育界具有一定教学、科研能力的高级职称或具有本专业博士学位的专业人员50多人共同编写了这套丛书，以期联系我国实际，全面地介绍和深入地探讨当代特殊教育的发展理念、基本原理和操作方法。丛书分为三个系列，共22本，其中有个人完成的专著，还有多人完成的编著，共约600万字。

理论与基础系列。

本系列着重探讨特殊教育的理论与基础。讨论特殊教育的存在和思维的关系，特殊教育的学科性质和任务，特殊教育学与医学、心理学、教育学、教学论等相邻学科的密切关系，力求反映出现代思维方法、相邻学科的发展水平以及融合教育的思想对现代特教发展的影响。本系列特别注重从历史、现实和研究方法的演变等不同角度来探讨当代特殊教育的特点和发展趋势。本系列由以下8种组成：

《特殊教育的哲学基础》《特殊教育的医学基础》《融合教育导论》《特殊教育学》《特殊儿童心理学》《特殊教育史》《特殊教育研究方法》《特殊教育发展模式》。

发展与教育系列。

本系列从广义上的特殊教育对象出发，密切联系日常学前教育、学校教育、家庭教育、职业教育和高等教育的实际，对不同类型特殊儿童的发展与教育问题进行了分册论述。着重阐述不同类型儿童的概念、人口比率、身心特征、鉴定评估、课程设置、教育与教学方法等方面的问题。本系列由以下7种组成：

《视觉障碍儿童的发展与教育》《听觉障碍儿童的发展与教育》《智力障碍儿童的发展与教育》《学习困难儿童的发展与教育》《自闭症儿童的发展与教育》《情绪与行为障碍儿童的发展与教育》《超常儿童的发展与教育》。

康复与训练系列。

本系列旨在体现"医教结合"的原则，结合中外的各类特殊儿童，尤其是有比较严重的身心发展障碍儿童的治疗、康复和训练的实际案例，系统地介绍了当代对特殊教育中早期鉴别、干预、康复、咨询、治疗、训练教育的原理和方法。本系列偏重于实际操作和应用，由以下7种组成：

《特殊儿童应用行为分析》《特殊儿童的游戏治疗》《特殊儿童的美术治疗》《特殊儿童的音乐治疗》《特殊儿童的心理治疗》《特殊教育的辅具与康复》《特殊儿童的感觉统合训练》。

"21世纪特殊教育创新教材"是目前国内学术界有关特殊教育问题覆盖面最广、内容较丰富、整体功能较强的一套专业丛书。在特殊教育的理论和实践方面，本套丛书比较全面和深刻地反映出了近几十年来特殊教育和相关学科的成果。一方面大量参考了国外和港台地区有关当代特殊教育发展的研究资料；另一方面总结了我国近几十年来，尤其是建立了特殊教育专业硕士、博士点之后的一些交叉学科的实证研究成果，涉及5000多种中英文的参考文献。本套丛书力求贯彻理论和实际相结合的精神，在反映国际上有关特殊教育的前沿研究的同时，也密切结合了我国社会文化的历史和现实，将特殊教育的基本理论、基础理论、儿童发展和实际的教育、教学、咨询、干预、治疗和康复等融为一体，为建立一个具有前瞻性、符合科学发展观、具有中国历史文化特色的特殊教育的学科体系奠定基础。本套丛书在全面介绍和深入探讨当代特殊教育的原理和方法的同时，力求阐明如下几个主要学术观点：

1. 人是生物遗传和"文化遗传"两者结合的产物。生物遗传只是使人变成了生命活体和奠定了形成自我意识的生物基础；"文化遗传"才可能使人真正成为社会的人、高尚的人、成为"万物之灵"，而教育便是实现"文化遗传"的必由之路。特殊教育作为一个联系社会学科和自然学科、理论学科和应用学科的"桥梁学科"，应该集中地反映教育在人的种系发展和个体发展中所发挥的巨大作用。

2. 当代特殊教育的发展是全球化、信息化教育观念的体现，它有力地展现了人类社会发展过程中物质文明与精神文明之间发展的同步性。马克思主义很早就提出了两种生产力的概念，即生活物资的生产和人自身的繁衍。伴随生产力的提高和社会的发展，人类应该有更多的精力和能力来关注自身的繁衍和一系列发展问题，这些问题一方面是通过基因工程来防治和减少疾病,实行科学的优生优育,另一方面是通过优化家庭教育、学校教育和社会教育的环境,来最大限度地增加教育在发挥个体潜能和维护社会安定团结与文明进步等方面的整体功能。

3. 人类由于科学技术的发展、生产能力的提高,已经开始逐步地摆脱了对单纯性、缓慢性的生物进化的依赖,摆脱了因生活必需的物质产品的匮乏和人口繁衍的无度性所造成"弱肉强食"型的生存竞争。人类应该开始积极主动地在物质实体、生命活体、社会成员的大系统中调整自己的位置,更加注重作为一个平等的社会成员在促进人类的科学、民主和进步过程中所应该承担的责任和义务。

4. 特殊教育的发展,尤其是融合教育思想的形成和传播,对整个教育理念、价值观念、教育内容、学习方法和教师教育等问题,提出了全面的挑战。迎接这一挑战的方法只能是充分体现时代精神,在科学发展观的指导下开展深度的教育改革。当代特殊教育的重心不再是消极地过分地局限于单纯的对生理缺陷的补偿,而是在一定补偿的基础上,积极地努力发展有特殊需要儿童的潜能。无论是特殊教育还是普通教育都应该强调培养受教育者积极乐观的人生态度和做人的责任,使其为促进人类社会的进步最大限度地发挥自身的潜能。

5. 当代特殊教育的发展,对未来的教师和教育管理者、相关的专业人员的学识、能力和人格提出了更高的要求。未来的教师和教育管理者、相关的专业人员不仅要做到在教学相长中不断地更新自己的知识,还要具备从事普通教育和特殊教育的能力,具备新时代的人格魅力,从勤奋、好学、与人为善和热爱学生的行为中,自然地展示出对人类未来的美好憧憬和追求。

6. 从历史上来看,东西方之间思维方式和文化底蕴方面的差异,导致对残疾人的态度和特殊教育的理念是大不相同的。西方文化更注重逻辑、理性和实证,从对特殊人群的漠视、抛弃到专项立法和依法治教,从提倡融合教育到专业人才的培养,从支持系统的建立到相关学科的研究,思路是清晰的,但执行是缺乏弹性的,综合效果也不十分理想,过度地依赖法律底线甚至给某些缺乏自制力和公益心的人提供了法律庇护下的利己方便。东方哲学特别重视人的内心感受、人与自然和人与人之间的协调,以及社会的平衡与稳定,但由于封建社会落后的生产力水平和封建专制,特殊教育长期停留在"同情""施舍""恩赐""点缀""粉饰太平"的水平,缺乏强有力的稳定的实际支持系统。因此,如何通过中西合璧,结合本国的实际来发展我国的特殊教育,是一个需要深入研究的问题。

7. 当代特殊教育的发展是高科技和远古人文精神的有机结合。与普通教育相比,特殊教育只有200多年的历史,但近半个世纪以来,世界特殊教育发展的广度和深度都令人吃惊。教育理念不断更新,从"关心"到"权益",从"隔离"到"融合",从"障碍补偿"到"潜能开发",从"早期干预""个别化教育"到终身教育及计算机网络教学的推广,等等,这些都充分地体现了对人本身的尊重、对个体差异的认同、对多元文化的欣赏。

本套丛书力求帮助特殊教育工作者和广大特殊儿童的家长:① 进一步认识特殊教育的本质,勇于承担自己应该承担的责任,完成特殊教育从慈善关爱型向义务权益型转化;② 进一步明确特殊教育和普通教育的目标,促进整个国民教育从精英教育向公民教育转化;③ 进一步尊重差异,发展个性,促进特殊教育从隔离教育向融合教育转型;④ 逐步实现特殊教育的专项立法,进一步促进特殊教育从号召型向依法治教的模式转变;⑤ 加强专业人员的培养,进一步促进特殊教育从低水平向高质量的转变;⑥加强科学研究,进一步促进特殊教育学科水平的提高。

我们希望本套丛书的出版能对落实我国中长期的教育发展规划起到积极的作用,增加人们对当代特殊教育发展状况的了解,使人们能清醒地认识到我国特殊教育发展所取得的成就、存在的差距、解决的途径和努力的方向,促进中国特殊教育的学科建设和人才培养。在教育价值上进一步体现对人的尊重、对自然的尊重;在教育目标上立足于公民教育;在教育模式上体现出对多元文化和个体差异的认同;在教育方法上本着实事求是的精神实行因材施教,充分地发挥受教育者的潜能,发展受教育者的才智与个性;在教育功能上进一步体现我国社会制度本身的优越性,促进人类的科学与民主、文明与进步。

在本套丛书编写的三年时间里,四个主编单位分别在上海、南京、武汉组织了三次有关特殊教育发展的国际论坛,使我们有机会了解世界特殊教育最新的学科发展状况。在北京大学出版社和主编单位的资助下,丛书编委会分别于2008年2月和2009年3月在南京和上海召开了两次编写工作会议,集体讨论了丛书编写的意图和大纲。为了保证丛书的质量,上海市特殊教育资源中心和华东师范大学特殊教育研究所为本套丛书的编辑出版提供了帮助。

本套丛书的三个系列之间既有内在的联系,又有相对的独立性。不同系列的著作可作为特殊教育和相关专业的教材,也可供不同层次、不同专业水平和专业需要的教育工作者以及关心特殊儿童的家长等读者阅读和参考。尽管到目前为止,"21世纪特殊教育创新教材"可能是国内学术界有关特殊教育问题研究的内容丰富、整体功能强、在特殊教育的理论和实践方面覆盖面最广的一套丛书,但由于学科发展起点较低,编写时间仓促,作者水平有限,不尽如人意之处甚多,寄望更年轻的学者能有机会在本套丛书今后的修订中对之逐步改进和完善。

本套丛书从策划到正式出版,始终得到北京大学出版社教育出版中心主任周雁翎和责任编辑李淑方、华东师范大学学前教育学院党委书记兼上海特殊教育发展资源中心主任汪海萍、南京特殊教育职业技术学院院长丁勇、华中师范大学教育科学学院院长邓猛、陕西师范大学教育科学学院副院长赵微等主编单位领导和参加编写全体同仁的关心和支持,在此由衷地表示感谢。

最后,特别感谢丛书付印之前,中国教育学会理事长、北京师范大学副校长顾明远教授和上海市副市长、上海交通大学医学院教授沈晓明在百忙中为丛书写序,对如何突出残疾人的教育,如何进行"医教结合",如何贯彻《国家中长期教育改革和发展规划纲要》等问题提出了指导性的意见,给我们极大的鼓励和鞭策。

"21世纪特殊教育创新教材"

编写委员会

(方俊明执笔)

2011年3月12日

第二版修订说明

《特殊儿童心理学》一书自 2011 年 5 月出版以来,承蒙读者的关心与支持,销量颇为可观!北京大学出版社多次提议让编者对书稿进行修订完善,以回应读者的厚爱,因编者忙于杂事,拖至今日才勉强完成了修订任务。修订的主要内容体现在各章中增加了近年来最新的研究成果,调整和修改了原书中的部分文字内容等。第二版书稿的修订完善工作主要由方俊明、雷江华、崔婷、张晶、柯琲、宫慧娜、刘文丽、冯会等完成。尽管编者对书稿进行了全面的梳理,但仍可能"挂一漏万"。希望读者能一如既往地支持我们,及时反馈相关信息,以便我们在以后的修订完善过程中能更好地呈现更理想的文本。衷心感谢大家!

编者

2015 年 6 月

第一版前言

我国很多师范院校不仅在特殊教育专业课程计划中设置了特殊儿童心理学的相关课程，而且在心理学等专业课程计划中也设置有特殊儿童心理学课程，综观目前特殊儿童心理学课程在高等师范院校课程体系中的状况，其课程开设体现了如下几个思路：一是以"特殊儿童的心理与教育"作为课程名称，将特殊儿童的心理特点融入特殊教育学的内容框架之中。二是直接以"特殊儿童心理学"作为课程名称，内容涉及特殊儿童心理的各个方面。三是以特殊儿童心理的某个方面作为课程名称，如华东师范大学与华中师范大学在课程计划中增加了"特殊教育需要儿童认知心理学"就是强调特殊儿童心理学中的认知心理部分。北京师范大学在课程计划中开设了"特殊儿童心理评估"以及重庆师范大学在课程计划中开设了"特殊儿童心理测量与心理咨询"就是强调对特殊儿童心理的测量、诊断、咨询等。

与课程设置最密切的是教材建设，自朴永馨先生1983年翻译出版鲁宾什坦的《智力落后学生心理学》一书以来，特殊儿童的心理在随后出版的《特殊教育概论》《特殊教育学》《特殊儿童心理与教育》等教材以及各类特殊儿童的心理与教育的教材中得到了明显的体现。需要特别指出的是教育部师范教育司曾于1999年至2000年组织编写并由人民教育出版社出版了三本中等特殊教育师范学校专业课教科书（试用书），分别是《智力落后儿童心理学》《聋童心理学》和《盲童心理学》。可见，特殊儿童心理学课程的教材建设受到了一定的重视。然而，很多高校开设的特殊儿童心理学课程缺乏相应的教材，为此，本书编写人员在北京大学出版社的支持和华中师范大学教务处2011年度教材建设项目的资助下决定出版本教材，以缓解当前教材匮乏的现状。

本教材由方俊明、雷江华设计编写思路与写作提纲，最后统一定稿。各章节编写人员的具体分工如下：第1章由方俊明、雷江华完成，第2章由杨萍、雷江华完成，第3章由徐添喜、雷江华完成，第4章由邓乾辉、雷江华完成，第5章由李战营、雷江华完成，第6章由刘洋、雷江华完成，第7章由陈曦、雷江华完成，第8章由彭婷、雷江华完成，第9章由程三银、雷江华完成，第10章由程三银、雷江华完成。

本书从拟订提纲到成文定稿的过程中，得到了各界同仁的大力支持，在出版的过程中得到了北京大学出版社周雁翎老师、李淑方老师的友情帮助，我的研究生徐添喜、苏慧做了大量校对工作，在此表示由衷的感谢！

本教材在编写过程中参考了大量著作和报刊的研究成果,力求做到引用规范,既便于读者进一步学习参考,又表示对文献作者的感谢,但难免挂一漏万,在此对未列入注释和参考文献的作者,表示诚挚的歉意。

最后,由于时间仓促,涉及的撰稿者较多,编写风格在大体保持一致的情况下尽量让编写者体现出个人的写作风格,虽数易其稿,但仍难免有疏漏与欠妥之处,敬请各位同仁不吝赐教!

编　者

目　　录

顾明远序 ·· (1)
沈晓明序 ·· (1)
丛书总序 ·· (1)
第二版修订说明 ·· (1)
第一版前言 ··· (1)

第1章　特殊儿童心理学概论 ·· (1)
第1节　特殊儿童心理学的学科定位 ·· (1)
一、特殊儿童心理学的概念 ··· (1)
二、特殊儿童心理学与相关学科的关系 ····································· (2)
第2节　特殊儿童心理研究历史 ··· (3)
一、国外特殊儿童心理研究历史 ··· (3)
二、国内特殊儿童心理研究历史 ··· (6)
第3节　特殊儿童心理的研究方法 ·· (7)
一、观察研究法 ·· (7)
二、实验研究法 ·· (8)
三、调查研究法 ·· (10)
四、单一被试实验法 ··· (10)

第2章　特殊儿童的感知觉 ·· (15)
第1节　感知觉理论与感知觉的发展 ·· (15)
一、感觉 ··· (15)
二、知觉 ··· (16)
三、感知觉的发展 ·· (18)
第2节　感官障碍儿童的感知觉 ··· (19)
一、视觉障碍儿童的感知觉 ·· (19)
二、听觉障碍儿童的感知觉 ·· (23)
第3节　智力异常儿童的感知觉 ··· (29)
一、智力障碍儿童的感知觉特点 ·· (29)
二、超常儿童的感知特点 ··· (32)
第4节　学习障碍儿童的感知觉 ··· (33)
一、视知觉 ·· (33)

二、听知觉 …………………………………………………………………… (35)
　　三、感觉统合失调 …………………………………………………………… (35)
第5节　自闭症儿童的感知觉 …………………………………………………… (36)
　　一、视知觉 …………………………………………………………………… (36)
　　二、听知觉 …………………………………………………………………… (38)
　　三、感觉统合 ………………………………………………………………… (38)

第3章　特殊儿童的注意 …………………………………………………………… (41)
第1节　注意理论与注意的发展 ………………………………………………… (41)
　　一、注意概述 ………………………………………………………………… (41)
　　二、注意的理论 ……………………………………………………………… (42)
　　三、注意的发展 ……………………………………………………………… (45)
第2节　感官障碍儿童的注意 …………………………………………………… (46)
　　一、视觉障碍儿童的注意 …………………………………………………… (46)
　　二、听觉障碍儿童的注意 …………………………………………………… (48)
第3节　智力异常儿童的注意 …………………………………………………… (51)
　　一、智力障碍儿童的注意特点 ……………………………………………… (51)
　　二、超常儿童的注意特点 …………………………………………………… (52)
第4节　学习障碍儿童的注意 …………………………………………………… (54)
　　一、注意的发展 ……………………………………………………………… (54)
　　二、注意的品质特点 ………………………………………………………… (54)
第5节　自闭症儿童的注意 ……………………………………………………… (56)
　　一、注意的发展 ……………………………………………………………… (56)
　　二、注意的品质特点 ………………………………………………………… (57)

第4章　特殊儿童的记忆 …………………………………………………………… (59)
第1节　记忆理论与记忆的发展 ………………………………………………… (59)
　　一、记忆概述 ………………………………………………………………… (59)
　　二、记忆的理论 ……………………………………………………………… (60)
　　三、记忆的发展 ……………………………………………………………… (61)
第2节　感官障碍儿童的记忆 …………………………………………………… (63)
　　一、视觉障碍儿童的记忆 …………………………………………………… (63)
　　二、听觉障碍儿童的记忆 …………………………………………………… (64)
第3节　智力异常儿童的记忆 …………………………………………………… (67)
　　一、智力障碍儿童的记忆 …………………………………………………… (67)
　　二、超常儿童的记忆 ………………………………………………………… (69)
第4节　学习障碍儿童的记忆 …………………………………………………… (70)
　　一、瞬时记忆 ………………………………………………………………… (71)
　　二、短时记忆 ………………………………………………………………… (71)

三、长时记忆 ……………………………………………………………（72）
　第5节　自闭症儿童的记忆 ………………………………………………（73）
　　一、刻板记忆 ……………………………………………………………（73）
　　二、语言记忆 ……………………………………………………………（74）
　　三、图形记忆 ……………………………………………………………（75）

第5章　特殊儿童的语言 ……………………………………………………（77）
　第1节　语言理论与语言的发展 …………………………………………（77）
　　一、语言概述 ……………………………………………………………（77）
　　二、语言的获得理论 ……………………………………………………（83）
　　三、语言的发展阶段 ……………………………………………………（87）
　第2节　特殊儿童的语音特征 ……………………………………………（90）
　　一、感官障碍儿童的语音特征 …………………………………………（90）
　　二、智力异常儿童的语音特征 …………………………………………（93）
　　三、学习障碍儿童的语音特征 …………………………………………（95）
　　四、自闭症儿童的语音特征 ……………………………………………（96）
　第3节　特殊儿童的词汇特征 ……………………………………………（98）
　　一、感官障碍儿童的词汇特征 …………………………………………（98）
　　二、智力异常儿童的词汇特征 …………………………………………（100）
　　三、学习障碍儿童的词汇特征 …………………………………………（101）
　　四、自闭症儿童的词汇特征 ……………………………………………（101）
　第4节　特殊儿童的语法特征 ……………………………………………（102）
　　一、感官障碍儿童的语法特征 …………………………………………（102）
　　二、智力异常儿童的语法特征 …………………………………………（108）
　　三、学习障碍儿童的语法特征 …………………………………………（112）
　　四、自闭症儿童的语法特征 ……………………………………………（112）
　第5节　特殊儿童的语义特征 ……………………………………………（114）
　　一、感官障碍儿童的语义特征 …………………………………………（114）
　　二、智力异常儿童的语义特征 …………………………………………（115）
　　三、学习障碍儿童的语义特征 …………………………………………（120）
　　四、自闭症儿童的语义特征 ……………………………………………（121）
　第6节　特殊儿童的语用特征 ……………………………………………（124）
　　一、感官障碍儿童的语用特征 …………………………………………（124）
　　二、智力异常儿童的语用特征 …………………………………………（126）
　　三、学习障碍儿童的语用特征 …………………………………………（129）
　　四、自闭症儿童的语用特征 ……………………………………………（130）

第6章　特殊儿童的思维 ……………………………………………………（136）
　第1节　思维理论与思维发展 ……………………………………………（136）
　　一、思维理论 ……………………………………………………………（136）

二、思维发展 …………………………………………………………… (140)
　第2节　形象思维 ……………………………………………………………… (142)
　　一、感官障碍儿童的形象思维 ………………………………………… (142)
　　二、智力异常儿童的形象思维 ………………………………………… (143)
　　三、学习障碍儿童的形象思维 ………………………………………… (144)
　　四、自闭症儿童的形象思维 …………………………………………… (144)
　第3节　抽象思维 ……………………………………………………………… (144)
　　一、感官障碍儿童的抽象思维 ………………………………………… (144)
　　二、智力异常儿童的抽象思维 ………………………………………… (148)
　　三、学习障碍儿童的抽象思维 ………………………………………… (153)
　　四、自闭症儿童的抽象思维 …………………………………………… (154)

第7章　特殊儿童的元认知 …………………………………………………… (156)
　第1节　元认知理论与元认知的发展 ………………………………………… (156)
　　一、元认知概述 ………………………………………………………… (156)
　　二、元认知的理论 ……………………………………………………… (157)
　　三、元认知的发展 ……………………………………………………… (158)
　第2节　计划能力 ……………………………………………………………… (160)
　　一、感官障碍儿童的计划能力 ………………………………………… (160)
　　二、智力异常儿童的计划能力 ………………………………………… (161)
　　三、学习障碍儿童的计划能力 ………………………………………… (162)
　　四、自闭症儿童的计划能力 …………………………………………… (163)
　第3节　调节能力 ……………………………………………………………… (163)
　　一、感官障碍儿童的调节能力 ………………………………………… (163)
　　二、智力异常儿童的调节能力 ………………………………………… (164)
　　三、学习障碍儿童的调节能力 ………………………………………… (165)
　　四、自闭症儿童的调节能力 …………………………………………… (166)
　第4节　监控能力 ……………………………………………………………… (167)
　　一、感官障碍儿童的监控能力 ………………………………………… (167)
　　二、智力异常儿童的监控能力 ………………………………………… (168)
　　三、学习障碍儿童的监控能力 ………………………………………… (169)
　　四、自闭症儿童的监控能力 …………………………………………… (170)

第8章　特殊儿童的情绪情感 ………………………………………………… (172)
　第1节　情绪情感基本理论 …………………………………………………… (172)
　　一、情绪、情感的基本理论 …………………………………………… (172)
　　二、情绪、情感的功能 ………………………………………………… (174)
　　三、情绪、情感的发展 ………………………………………………… (177)
　第2节　特殊儿童的情绪特点 ………………………………………………… (181)
　　一、特殊儿童情绪的一般特点 ………………………………………… (181)

二、各类特殊儿童的情绪特点 ……………………………………………… (181)
　第3节　特殊儿童的情感特点 ………………………………………………… (190)
　　一、特殊儿童情感的一般特点 ……………………………………………… (190)
　　二、各类特殊儿童的情感特点 ……………………………………………… (190)

第9章　特殊儿童的人格 …………………………………………………………… (198)
　第1节　人格理论与人格的发展 ……………………………………………… (198)
　　一、人格的理论 ……………………………………………………………… (198)
　　二、人格的结构 ……………………………………………………………… (199)
　　三、各类特殊儿童的人格特点 ……………………………………………… (200)
　第2节　特殊儿童的需要 ……………………………………………………… (202)
　　一、特殊儿童需要的一般特点 ……………………………………………… (203)
　　二、各类特殊儿童需要的特点 ……………………………………………… (204)
　第3节　特殊儿童的动机 ……………………………………………………… (206)
　　一、特殊儿童动机的一般特点 ……………………………………………… (206)
　　二、各类特殊儿童动机的特点 ……………………………………………… (206)
　第4节　特殊儿童的成就 ……………………………………………………… (208)
　　一、特殊儿童学业成就的研究 ……………………………………………… (209)
　　二、特殊儿童社会适应能力的研究 ………………………………………… (213)
　第5节　特殊儿童的意志 ……………………………………………………… (215)
　　一、特殊儿童意志的一般特点 ……………………………………………… (215)
　　二、各类特殊儿童意志的特点 ……………………………………………… (215)

第10章　特殊儿童心理研究的新发展 …………………………………………… (218)
　第1节　我国特殊儿童认知研究新进展 ……………………………………… (218)
　　一、特殊儿童认知研究文献量的变化 ……………………………………… (218)
　　二、研究对象的变化 ………………………………………………………… (219)
　　三、研究机理的变化 ………………………………………………………… (221)
　　四、研究层次的变化 ………………………………………………………… (224)
　　五、研究方向的变化 ………………………………………………………… (225)
　　六、研究范式的变化 ………………………………………………………… (225)
　第2节　我国特殊儿童人格研究的新进展 …………………………………… (226)
　　一、特殊儿童人格研究文献量的变化 ……………………………………… (226)
　　二、研究对象的变化 ………………………………………………………… (227)
　　三、研究内容的变化 ………………………………………………………… (228)
　　四、研究范式的变化 ………………………………………………………… (229)

参考文献 …………………………………………………………………………… (232)

第1章 特殊儿童心理学概论

学习目标

1. 了解特殊儿童心理学研究的基本范畴及其与其他学科之间的关系。
2. 了解特殊儿童心理学研究的历史。
3. 掌握特殊儿童心理学研究的基本方法。

要想对不同类型的特殊儿童进行科学的鉴别、评估和有效的干预、教育与康复,必须研究特殊儿童的心理,了解各类特殊儿童的心理的发生、发展过程和变化的规律。从学科定位的角度来看,特殊儿童心理学是特殊教育专业的主干学科之一,同时也是普通心理学和发展心理学的重要组成部分。本章将从学科定位与学科发展的角度来探讨特殊儿童心理学的概念、主要内容、发展历史和研究方法。

第1节 特殊儿童心理学的学科定位

一、特殊儿童心理学的概念

心理学是一门研究人的心理现象和发展规律的科学。特殊儿童心理学,作为心理学的分支,旨在研究特殊儿童心理现象,揭示特殊儿童心理发展过程和内在规律。特殊儿童心理学通过对不同类型特殊儿童心理发展的共性与特殊性的探讨,更好地为特殊儿童的教育、干预和康复服务。目前特殊教育的对象有广义和狭义之分,广义的特殊儿童指包括残疾儿童、超常儿童和问题儿童在内的一切有特殊需要的儿童;狭义的特殊儿童是指残疾儿童。因此,特殊儿童心理学同样也可以根据人们对特殊儿童概念的不同理解,定义为特殊教育需要儿童心理学或残疾儿童心理学或缺陷教育心理学(educational psychology of deficiency)。本书虽是从广义的特殊教育需要儿童心理学的角度来阐述特殊儿童心理发展的过程与规律,但研究的重点还是聚焦于感官障碍儿童(视觉障碍儿童和听觉障碍儿童)、智力异常儿童(智力障碍儿童和超常儿童)、学习障碍儿童和自闭症儿童这几类更为典型的特殊儿童的心理发展过程和特点。[①]

[①] 特殊教育需要儿童包含的外延广泛,目前美国包括13类特殊儿童,由于目前国内关注较多的是视觉障碍儿童、听觉障碍儿童、智力障碍儿童、超常儿童、自闭症儿童、学习障碍儿童,故本书主要从这六类儿童来谈特殊儿童的心理特点。

二、特殊儿童心理学与相关学科的关系

心理学是一个有深厚的理论基础和广泛应用领域的学科群,特殊儿童心理学是心理学,尤其是发展心理学的一个分支学科。无论是从学科内容,还是从研究方法来看,特殊儿童心理学都是一门涉及普通心理学、儿童心理学、认知心理学、神经心理学、人格心理学、发展心理学、教育心理学等多重领域的交叉学科。相比而言,特殊儿童心理学与普通儿童心理学、发展心理学与儿童心理学的学科关系最为密切。

(一) 普通心理学与特殊儿童心理学

普通心理学(general psychology)是研究正常成人心理过程和发展规律的一门心理学的基础学科。研究内容是一般人的认知、情感和个性形成和发展的原理。普通心理学是学习和研究各类心理学的基础,也是各类心理学主要成果的汇合。普通心理学主要探讨了心理学的基本理论、心理的生理基础、心理学的主要派别和实验心理学的研究成果。20世纪60年代之后,随着信息论、系统论和控制论的影响和科学技术的发展、研究手段的改进,认知心理学、认知神经心理学和发展心理学的研究成果在普通心理学中占据了很大的比例。当代普通心理学把人的心理看成是在一定的生存系统中的信息加工过程。特殊儿童心理学是研究特殊儿童心理过程,揭示特殊儿童心理发展规律的科学。尽管其研究内容涉及认知、情感、个性等,但更侧重于特殊儿童的差异心理特征以及独特心理发展过程的研究。普通心理学与特殊儿童心理学的共同点在于都是研究心理过程与个性心理特征,不同点在于前者重视研究普遍的规律,后者重视研究特殊的规律。

(二) 发展心理学与特殊儿童心理学

发展心理学(development psychology)是研究种系和个体心理发生与发展一般规律的科学。种系发展包括从动物到人类心理的演变过程。个体心理是指从受精卵的形成,到出生、成长和衰老等整个生命历程中心理的发生发展过程。因此,发展心理学包括婴幼儿心理学、儿童心理学、青年心理学、中年心理学和老年心理学等不同领域和学科的内容。儿童心理学是发展心理学的重要组成部分。除了上述纵向的分类之外,当代发展心理学也根据研究的问题和其他学科的结合进一步划分为动物比较心理学、发展心理生物学、发展心理病理学、发展心理语言学等多种交叉学科,从不同的角度来探讨人类的心理形成与发展机制和过程。发展心理学的研究成果不但可以成为特殊儿童心理研究的理论依据,而且可以为制订特殊儿童个别化教育计划和采取科学的教育教学方法提供理论基础。特别是发展心理学有关遗传、成熟、环境与教育在人的心理发展中的作用的探讨,为特殊儿童心理学奠定了坚实的基础。遗传素质为特殊儿童的心理发展提供了可能性,但要从发展的可能性变成发展的现实性,不仅需要生理的成熟,而且需要外界的环境条件和教育的支持,如果没有后天环境的支持,没有科学的教育、训练与康复,就很难使特殊儿童发展的可能性变为现实性。

(三) 儿童心理学与特殊儿童心理学

儿童心理学是以普通儿童为研究对象,集中研究正常儿童的心理发生、发展一般规律的发展心理学中的分支学科。无论是普通儿童心理学还是特殊儿童心理学都是集中研究儿童心理发展的过程和规律的应用心理学。所不同的是在研究对象上,普通儿童心理学更多将

视角聚焦于普通儿童,特殊儿童心理学更多将视角聚焦于特殊儿童。但是,从心理形成和发展的角度来看,无论是普通儿童还是特殊儿童,都不可忽略的现实是两者之间既有共性,又有差异。例如,特殊儿童与普通儿童都要经历从婴幼儿到青少年的发展阶段,表现出相似的年龄特点,但发展的进程有快慢,水平有高低,特征有变异,等等。正因为这样,特殊儿童心理学的研究必须在普通心理学和普通儿童心理学、发展心理学的框架之内,采用多重比较的方法来深入探讨特殊儿童心理发展的一般性与特殊性之间的关系。

特殊儿童心理发展的一般性是指特殊儿童与普通儿童一样都具有儿童的共同特征。首先,特殊儿童与普通儿童一样,其心理发展既受遗传素质和生理成熟状态的影响,也受环境和教育、训练的影响;其次,儿童的心理发展既是一个连续的从简单到复杂、从量变到质变、从低级到高级的发展过程,但在认知、情感和人格等方面又表现出明显的阶段性。儿童的生理解剖结构与功能,有相同的一般发展规律和基础,有同样的发展阶段和年龄特征。

总之,特殊儿童心理学是根据普通心理学的原理,从发展心理学和比较心理学的角度,聚焦于特殊儿童的教育与训练,以不同类型的特殊儿童为研究对象,探讨特殊儿童心理发展过程、特点和内在规律的学科。特殊儿童心理学是普通心理学和发展心理学的分支,但却是特殊教育专业的基础理论学科,因为它将帮助我们根据儿童心理发展的规律对特殊儿童进行有效的教育、训练和康复。

第2节 特殊儿童心理研究历史

一、国外特殊儿童心理研究历史

(一)西方的特殊儿童心理研究

与许多学科一样,特殊儿童的心理学的研究可以追溯到古希腊的哲学思想。亚里士多德(Aristotle)在《论灵魂》中精辟地阐述了味觉、听觉和视觉这三种感觉的功能。他认为,就生存需要的角度来看,视觉是最重要的,因为视觉障碍会限制人的劳动和生存能力。但从智力发展的角度来看,盲人可能具备与视力正常者相同的智力水平,倒是先天聋人因为听力障碍会严重影响语言和思维的发展而影响智力,这才是最可怕的。亚里士多德做出上述比较性的判断是由于他把语言看成人得天独厚的天生能力,特别强调听觉与语言和智力之间的关系,把"听觉缺失和推理无能"看成是聋人的特征,并认为"他们与森林中的动物一样,是不可教育的"。正如他在《动物史》第九卷中所说的:"生下来就聋的人在任何情况下都是哑巴;他们能够发出声音,但不能说话。"[1]以现在的眼光来看,仅从听力缺失就断定智力低下,片面地过分地强调听力语言对思维的影响,将语言发展和智力发展混为一谈是不合适的。

法国哲学家狄德罗(Denis Diderot,1713—1784)坚决反对上帝存在,认为一切知识来源于感觉,感觉是外部世界作用于感官的结果。他指出如果能够给盲人以一定的教育,则盲人

---

[1] 张福娟,马红英,杜晓新.特殊教育史[M].上海:华东师范大学出版社,2000:10.

也可以获得相当程度的发展。这一思想为发展盲教育提供了理论基础。他认为盲人可以通过触觉和听觉来学习，且可以通过触觉来形成图形观念，他在《盲人书简》中提出："一个天生的盲人是怎样形成各种图形的观念的？我认为是他的身体的各种运动，他的手在若干地点的相继存在，一个在他的手指之间通过的物体的连续不断的感觉，使他得到方向的概念。如果他把手指顺着一根绷得很紧的线摸过去，他就得到一条直线的观念；如果他顺着一根松弛的线的弧度摸过去，他就得到一条曲线的概念。说得更一般一点，他是凭着那些反复取得的触觉经验，得到对于那些在不同的点上感受到的感觉的记忆的。他善于组合这些感觉或点，并从而形成图形。"[①]他认为，一个天生的盲人是不能凭视觉判别一个球形和一个立方体的。最后，他指出盲人也有超出正常人的优势，"天生盲人是以一种比我们更抽象的方式察知事物的；在那些纯粹思辨的问题中，也许比较不容易犯错误"[②]。

法国教育家卢梭(Jean-Jacques Rousseau, 1712—1778)在《爱弥尔》中直接讲到了盲人的触觉和聋人的触觉，讲明了通过训练会形成某种优势的可能性。关于盲人的触觉，他说："我们知道盲人的触觉比我们的触觉正确而精致，因为他们缺少一种感觉，不得不应用触觉来补偿视觉的功用……我们在白昼虽强于盲人，但在黑夜时盲人倒可以做我们的向导了。如此说来，我们在一半时间之中也是盲人，所不同者在于真正的盲人永远知道自己该做的事情，我们却不敢在黑暗中去动作……我宁愿爱弥尔的眼生在他的手指头上，而不是生长在烛商的店铺里。"[③]关于聋人的触觉，他说："受有训练的触觉既可代替视觉，为何不可在某种限度内代替听觉呢？因为发音体的震动也可以为触觉所感受。你把手放在琴上，勿经看或听，只由琴木的颤动和震动，便可知声音为尖锐或平板，最高或最低，触觉曾受到分辨这些差别的训练。我们无疑能由手指而知琴所发的全部音调了。"[④]

德国教育家福禄培尔(Fredrich Froebel, 1782—1852)从身心关系上提出了自己的观点，他认为，"身体的虚弱必然产生并决定心理上的娇嫩和脆弱"[⑤]。

美国教育家巴格莱(William Chandler Bagley, 1874—1946)认为，智力的成熟与意志的成熟既具有一致性，又具有差异性，但更倾向于前者。造成这一问题的原因是人接受外界刺激的多少。"毫无疑问，一个人在智力上不成熟，意志上也不会成熟，正如智力低下者也是意志低下者一样。较强的特征总是伴随着较强的意志，软弱的特征总是伴随着软弱的意志。但是也有相反的情况，一个人智力有很大潜力，可能由于懒惰而无所作为，而一个迟钝的人，则可能成为坚强的有自我控制能力的样板，这两方面的例子说明一个重要观点：低能者的某些部分是由于缺乏适当的外部刺激造成的。"[⑥]"在正常条件下，很难认为人类意志方面的成熟同智力方面的成熟是一致的，意志方面的成熟涉及的是人类具有抵制原始快感的诱惑和抗拒原始痛苦与恐惧的能力。"[⑦]巴格莱认为存在两种毫无希望的不可避免

---

① 北京大学哲学系.十八世纪法国哲学[M].北京：商务印书馆，1979：301-302.
② 兰继军.狄德罗对于盲人学习能力的认识[J].盲人月刊，2000(9)：3.
③ 朴永馨.特殊教育[M].长春：吉林教育出版社，2000：12.
④ 朴永馨.特殊教育[M].长春：吉林教育出版社，2000：13.
⑤ 〔德〕福禄贝尔.人的教育[M].孙祖复，译.北京：人民教育出版社，1991：30.
⑥ 〔美〕巴格莱.教育与新人[M].袁桂林，译.北京：人民教育出版社，1996：65.
⑦ 〔美〕巴格莱.教育与新人[M].袁桂林，译.北京：人民教育出版社，1996：65.

的缺陷儿童。"有两种类型缺陷,即那些心理上永远不会成熟的人和那些意志上永远不会坚强的人。后者是假定的一组——也就是说,来自分类级别之下的'没有希望者'。它可能属于意志力低下者,因为一直缺少恰如其分的刺激。在任何事件中,这组儿童都必须给予特殊对待。就像对待心理上有缺陷的孩子,目前在比较完善的学校体系中得到的那种特殊对待一样。"[1]

从历史上来看,西方特殊儿童心理研究涉及盲、聋这类感官障碍儿童的心理和身心关系以及感官缺陷与智力的关系,为后来特殊教育的发展奠定了基础。

(二) 苏联的特殊儿童心理研究

十月革命前的俄国,自彼得大帝在18世纪初提出对畸形动植物的研究以来,在近两个世纪里,俄国已经建立了具有本土特征的"缺陷学"理论。其中为大家所熟知的谢切诺夫(Ivan Mikhaillovich Sechenov, 1829—1905)和巴甫洛夫(Ivan Petrovich, 1849—1936)的反射学说、信息系统学说、神经过程可塑性学说、动力定型学说以及鲁利亚(Aleksandr Romanovich Luriya, 1902—1977)的神经心理学说等为苏联特殊儿童心理学提供了生理学与心理学的理论基础。这里,我们着重回顾维果茨基(Lev Semenovich Vygotsky, 1896—1934)对特殊儿童心理的研究。

维果茨基尽管英年早逝,但对心理学的基础理论和特殊儿童心理研究留下了开创性的研究成果,推动了苏联特殊教育学科的发展。从1924—1935年的十多年间,维果茨基发表了56篇涉及特殊儿童心理与教育的论文,涉及:① 儿童缺陷心理学和教育学;② 障碍儿教育原理;③ 重度残疾儿的教育;④ 自卑和超越;⑤ 智能缺陷;⑥ 教育困难等多方面的问题。日本学者大井清吉、管田洋一郎,在1982年出版的《维果茨基障碍儿发展论集》一书中认为,维果茨基的特殊儿童心理发展与教育的思想主要可以概括为如下六个方面:① 在社会关系中研究障碍儿;② 提出了一次性障碍(生物器质性)和二次性障碍(社会性)原理;③ 强调特殊教育和普通教育的结合;④ 主张尊重障碍儿童;⑤ 运用条件反射原理;⑥ 重视障碍儿童的科学鉴定与评估。[2] 其核心思想是认为缺陷儿童异常发展具有复杂的结构和功能上的可变性。首先,他认为某一疾病后的缺陷不是孤立的,有可能导致智力缺陷和其他方面发展的偏常。其次,在缺陷的复杂结构中可划分出两种缺陷,如耳聋这种直接影响身心的第一性缺陷和由此派生出来的第二性的语言缺陷。第一性缺陷要由医学来解决,第二性缺陷要由教育来施加影响,但当第二性缺陷离第一性缺陷越近时就越难于矫正和克服。再者,特殊儿童心理发展的基本特点是儿童发展的生物过程和文化过程的分离,而正常儿童发展的典型特征正是这两个方面的结合。他认为不能简单地、机械地用衡量正常人的发展标准来衡量盲人、聋人和弱智人群的发展,但又应该认识到他们是人群中的特殊群体。换言之,他们首先是人,然后才是特殊的残疾人。一切身体上的缺陷不仅使他们改变了人与世界的关系,更改变了社会中人与人之间的关系。因此,对特殊儿童进行社会教育,针对发展缺陷进行社会

---

[1] 〔美〕巴格莱.教育与新人[M].袁桂林,译.北京:人民教育出版社,1996:152.
[2] 胡金生.日本对维果茨基的研究初探[J].辽宁师范大学学报:社会科学版,2000(4):65.

补偿,这是唯一有科学依据的途径。[①] 维果茨基信心十足地认为,人类或早或晚将要战胜人类自身的盲、聋、弱智等发展障碍问题。

1991年苏联解体以后,俄罗斯继续扶持特殊教育的发展和加强特殊儿童心理与教育研究。俄罗斯教育科学院设立的学术机构包括矫正教育学研究所,其中就涉及特殊儿童心理研究。

二、国内特殊儿童心理研究历史

我国特殊儿童心理研究是伴随着幼儿教育和特殊教育的发展而逐渐发展起来的,更多的是围绕特殊儿童教育问题的心理研究。最早撰文阐述特殊儿童心理发展问题的是我国著名教育家和儿童教育专家陈鹤琴(1892—1982)先生,他对耳聋儿童、口吃儿童和低能儿童的心理进行了一些开创性的研究。陈鹤琴曾指出,耳聋儿童的心理发展一般都落后于正常儿童,而且聋发生的时间和聋教育的方法对于聋儿的发展有一定的影响。陈鹤琴最早对低能儿童的概念作出了科学的界定,他认为,低能儿童是一个由遗传或生命早期的不同原因而引起的心理缺陷的儿童,其智商在70以下,心理年龄不能超过12岁,其对自身及周围的事务无法以寻常的审慎来处理,因此,他只能生活在优越的环境之中,且不能跟常态的友伴在同等的条件之下竞争,通常所说的白痴、无能、下愚都归属于低能之中。陈鹤琴认为低能儿童具有许多不同于正常儿童的特殊心理,因此在诊断一个儿童是不是低能时,必须对儿童作全面深入的了解。[②] 陈鹤琴先生关于特殊儿童心理研究启动了我国特殊儿童心理与特殊教育的理论研究,并指导了当时特殊教育的实践。但从今天的观点来看,某些有关特殊儿童教育的主张也有一些不妥之处。比如说他认为特殊儿童绝对应当与普通儿童隔离开来,让各类特殊儿童寄宿在封闭的特殊教育机构中接受特殊教育,这一观点当然不符合现代融合教育的理念。[③]

新中国成立后,由于各种原因特殊儿童心理与教育的研究一度处于停顿状态。直至十一届三中全会以后,特殊儿童的心理研究才逐渐得到了重视。朴永馨先生1983年翻译出版鲁宾什坦的《智力落后学生心理学》[④]将苏联有关的特殊儿童心理研究的成果介绍到国内,在一定程度上推动了国内的相关研究。近30年来我国特殊儿童心理学的学科发展主要体现在如下三个方面:一是陆续出版有关特殊儿童教育和心理研究的教材,如《特殊教育学》《特殊儿童心理与教育》等,特别是教育部师范教育司曾于1999年至2000年组织编写并由人民教育出版社出版了三本中等特殊教育师范学校专业课教科书(试用):《智力落后儿童心理学》[⑤]《聋童心理学》[⑥]《盲童心理学》[⑦],为后来特殊儿童心理学的研究奠定了基础。二是在

[①] 朴永馨.特殊教育[M].长春:吉林教育出版社,2000:59.
[②] 北京市教育科学研究所.陈鹤琴教育文集(下卷)[M].北京:北京出版社,1985:861.
[③] 王强虹.陈鹤琴的特殊儿童教育思想述评[J].西南师范大学学报:哲学社会科学版,1998(6).
[④] 〔苏联〕鲁宾什坦.智力落后学生心理学[M].朴永馨,译.北京:人民教育出版社,1983.
[⑤] 教育部师范教育司.智力落后儿童心理学[M].北京:人民教育出版社,1999.
[⑥] 教育部师范教育司.聋童心理学[M].北京:人民教育出版社,2000.
[⑦] 教育部师范教育司.盲童心理学[M].北京:人民教育出版社,2000.

心理学系设置了特殊教育专业,最具有代表性的当属华东师范大学于20世纪80年代末在国内首先在心理学系创设特殊教育专业,主要聚焦于特殊儿童的心理研究。三是一种由相关学科人员组成的特殊儿童心理研究队伍逐渐壮大,他们都开始从不同的角度,采用不同的科研方法和技术手段聚焦于特殊儿童的心理研究,获得越来越丰富的研究成果。

第3节 特殊儿童心理的研究方法

特殊儿童的心理研究采用心理学和教育学的一般研究方法,即观查法、实验法、调查法和单一被试法。

一、观察研究法

当人们在察看儿童在一定条件下的言行活动时,实际上已经运用了观察研究法。当然,科学的观察则需要有明确的目的、周密的计划、详细的记录和分析资料的框架。研究性观察期望能得到事实的真相,并通过这些事实来说明研究的问题。敏锐的观察力是一种"思维的知觉",是任何科研人员应该具备的素质,正因为这样,著名的苏联生理学家、条件反射理论的创始人巴甫洛夫曾反复强调,科学研究过程中需要"观察、观察、再观察"。

(一)观察工具的使用

为了准确地获得和长期保留研究资料,无论是直接观察,还是间接观察都可以利用一些现代化的工具和观察手段。例如,照相机、摄影机、录音机以及录像机,都能当做特殊儿童心理研究的观察工具来使用。在行为研究中,通常可以通过录像机拍摄儿童的学习过程、感知—运动的协调、游戏等活动。在条件允许的情况下,观察者也可以通过这些观察工具的运用,尽可能搜集更丰富和完整的研究资料,供研究者分析。

无论是对特殊儿童还是对普通儿童的心理研究,观察中要记录一些重要的数据,这也涉及测量问题。例如,通常要通过"反应时间"的测量,即对刺激(声、光)的出现和刺激所引起的运动反应之间间隔时间的测量来了解刺激和反应之间的关系。由于反应时间一般不会超过十分之一秒,所以测量反应时间需要使用精密的物理仪器。

在有关特殊儿童生理心理学和神经心理的研究中,对观察研究工具的精密性和准确性要求更高。例如,生理心理学的实验要采用特定的仪器才能同时记录心率、呼吸次数等多种生理反应;只有运用高精度的电子生物观察手段才能观察到大脑皮层的细微脑电变化,如脑电图(EEG)、肌电图(EMG)、功能性核磁共振成像(fMRI)。

当然,研究工具仅反映来自自然科学工作者所使用的仪器设备。然而,任何研究工具的使用,都是为研究目的服务的,尽管好的观察工具可以帮助观察者掌握更丰富和更深层次的事实,但也并非仪器设备越复杂,就能使观察越具有科学性,研究就越有成果。换言之,观察工具的使用同样也需要研究者具备更高的、多学科的专业知识和综合分析的研究能力。

(二)观察资料的分类方法

在特殊儿童心理的研究中,尽管能够借助某些研究工具和手段,比较详尽地记录搜集到研究资料,但一般来说,原始观察资料是不能被直接利用的,必须通过一定的分类、转换和分析。例如,一些比较复杂的有关儿童小组学习讨论行为的观察材料,研究者需要运用一些有明确定义的概念、可以交流的专业语言或计量方法把在许多方面不相同的原始观察资料归入不同的类别,根据研究问题的内在结构来呈现和解释观察到的资料。

在儿童心理的实验观察研究方面,著名的认知心理和儿童心理学家皮亚杰(Jean Piaget,1896—1980)为我们做出了榜样。他在1923年出版的《儿童的语言和思维》一书中,记下了两个儿童在自由活动期间的所有话语,并把搜集到的句子分成八个类别:重复、自言自语、集体自言自语、改编信息、批评、命令—请求—威胁、提问、回答。这些等值类别的集合由子集组成,分类可根据瑞典生物学家林奈(Carl Von Linne,1707—1778)的"系谱树"形式:前三个类别是"自我中心语言"子集,后五个类别是"社会化语言"子集。[①] 正是采用这种方法,将一些搜集到的含混不清的、杂乱无章的原始观察材料变成清晰的、有序的、能有力地说明问题、表明研究观点的研究资料。

(三) 观察结果的量化

在观察研究的过程中,在资料分类的基础上采取一定的方法将搜集到的研究资料进行量化是非常必要的。这种量化的方法的使用,在一定程度上会增加资料的系统性,便于进行一定的排列、计算和统计分析。例如,通过对不同年龄阶段的儿童游戏活动观察结果的量化,能计算出某种行为的发生概率,研究儿童的年龄特征、性别差异和发展趋势。

二、实验研究法

从本质上讲,实验法也是一种观察的方法,只不过是一种在控制条件的情况下对被试活动的观察。实验的基本特点是预先提出假设,然后再根据假设来确定自变量和因变量以及观察两者之间的变化。在通常的情况下,用 S 来表示自变量,R 来表示因变量。实验观察就是聚焦于自变量会引起因变量哪些变化。例如,在特殊儿童心理研究的实验中,可以通过改变自变量如呈现给儿童不同内容的图片,来考察他们对图片认知的反应,如反应时和归类的正确性等。

从理论上来讲,严格的实验应该是能有效地控制实验变量和无关变量,控制是实验的关键。在有关儿童发展的研究中,应力求通过控制来做到两种情境中有意义的、有效的条件基本上是相等的,以便能集中观察自变量和因变量之间的关系。例如,要考察两种不同的早期干预方法对听觉障碍儿童早期语言发展的影响,那么,接受实验的两组被试除了干预方法不同之外,其听力损失的程度、智力水平应该大致相等。只有这样,我们才有可能从比较中对两种干预绩效做出科学的比较。

(一) 提出假设

在一般的情况下,实验研究必须建立在一定的实验假设的基础之上。实验假设的提出既可能是基于先前的观察,也可能是源于逻辑的推理或实验范式的启发。实验前的观察既可能是偶然的,也可能是系统的。假设更多的是来源于实践活动,实践是不同程度上的整体性和直觉性假设的起因,但实验假设是否成立,还应受到实验的检验。比如,对先天性的视

[①] 雷江华.学前特殊儿童教育[M].武汉:华中师范大学出版社,2008:330.

觉障碍幼儿而言,其空间思维可能发展滞后,但是否果真如此,就必须通过有关空间认知的实验来加以验证。当然,检验假设是为了明确研究目的,对研究问题提出新的看法和建议,从而激发新的研究。

(二) 控制实验变量

控制实验变量,既包括对自变量的操纵,也包括对无关变量的控制。一些研究者认为,严格的实验研究应能完全地直接地操纵自变量,但心理学的研究不同于物理学的研究,我们很难做到完全控制实验变量。例如,不可能做到实验组和控制组的特殊儿童年龄、性别、社会环境等条件完全一样,只能采用统计的方法,在统计数据上保证其大致平衡,使其干扰因素降到最低水平。但是,对实验室的物理条件则应该做到最佳控制。比如,在进行反应时实验时,作为自变量的视觉刺激的波长、亮度应该完全得到控制。在完全隔绝一切外界声音的房间(绝音室)里,或在排除一切干扰光源的情况下进行阈限的测量,非常精确地规定被试在实验时的姿态,要求被试每次接受声音刺激之前咽下唾液,训练被试控制自己的注意力,等等。此外,对实验环境的其他因素也要充分考虑,消除无关因素的干扰。

(三) 实验的设计与操作

实验的操作过程就是实验方案的实施过程,也是操纵自变量、控制无关变量和观测因变量变化的过程。这一阶段的主要任务是创设验证假设的条件,观察假设的现象是否发生,收集验证假设所需要的资料,其中收集实验资料是工作的中心。实验所能收集到的资料,大体可分为四类:第一类,定性资料,它是按个体的某一属性或某一反应属性进行分类计数的资料。这种资料只反映研究对象间质的不同,而不反映量的差别。例如,研究对象的男或女,反应的有或无、对与错等。第二类,定量资料,就是用测量所得到的数值大小来表示的资料。例如,年龄、体重、智商等。第三类,等级资料,介于计数资料和计量资料之间的资料,可称为半计量资料。例如,被试的领导能力可划分为强、中、弱。第四类,描述性资料,即非数量化的描述性资料。数量化的资料固然重要,但描述性资料也同样重要。描述性资料可以补充说明数据,使数据更有说服力。

实验的操作一般有三种方式:单组实验、对比或等组实验、循环组实验。[①] 单组实验是指实验对象只有一个组,先后不同时间接受不同实验因子的处理,获得结果后,对前、后实验结果进行分析对比,以证明实验假设。对比或等组实验是指选定两个或两个以上的实验对象,实验对象的条件原则上不存在任何差异,分别定位实验组和对比组,然后对实验组施加实验因子的处理,而对比组不采用处理,最终分别进行结果测评、统计分析,以证明实验假设是否成立。循环组实验是指随意选定两个或两个以上实验组,均可定为实验对象,对实验对象交互实施实验因子的处理。如甲组是实验组时,乙组即是对比组,下一步则以乙组为实验组,甲组为对比组。实验结果就以甲乙两组实验结果和非实验结果进行对比分析,从而验证实验假设。

总的来讲,实验方法是特殊儿童心理研究中经常使用的比较有说服力的研究方法。尤其是生理心理学和认知心理学的研究更是多采用严格的实验方法。实验方法有三个重要的

---

① 谢春风,时俊卿. 新课程下的教育研究方法与策略[M]. 北京:首都师范大学出版社,2004:317.

特点：一是要有可被控制的自变量；二是除了自变量之外，其他的变量都应该是恒定的；三是由自变量引起的因变量的改变是可以被观察到的，并通过对这些观察到的资料的分析来验证实验假设。

三、调查研究法

调查研究法也是特殊儿童心理研究过程中经常使用的一种研究方法，是通过观察、参观、谈话、测验、发放问卷等方式来收集研究资料的方法。运用调查研究法时，要有明确的调查目的，拟订调查提纲，选择适当的调查对象。调查研究一般分如下步骤进行：① 确定调查课题。② 选择调查对象。③ 确定调查方法和手段，编制和选用调查工具。④ 制订详细的调查计划。⑤ 实施调查计划。⑥ 整理、分析调查资料，撰写调查报告。调查研究法包括问卷调查、访谈调查、测量调查、电话调查等不同的形式和手段。

问卷调查。问卷一般由指导语、问题、结束语等三部分构成，问卷的核心是问题，因此在问题设计时要注意以下几点：首先，语言要简洁精练、通俗易懂。其次，问题的内容应具体、清晰、含义单一。第三，设计者应持中立态度，使问题不带任何暗示。第四，要妥善处理与社会规范一致或冲突的问题，避免填答者出现"社会认可效应"。第五，注意问题的排列顺序。在一般的问卷中，根据问题内容的不同，可将问题分为两类：即事实性问题和态度性问题。问题答案的格式一般包括是否式、选择式（单项选择或多项选择）、排列式、表格式等。

访谈调查，就是研究性交谈，是以口头形式，根据被询问者的答复搜集客观的、不带偏见的事实材料，以准确地说明样本所要代表的总体的一种形式。访谈调查是一种最古老、最普遍的收集资料的方法，也是心理研究中最重要的调查方法之一。访谈调查的基本过程主要包括：① 选择访谈对象。② 准备访谈提纲和访谈计划。③ 正式访谈。

测量调查是指根据某种规则或尺度，把所观察的心理对象的属性予以数量化的活动过程。测量调查一般借助测量工具来进行，其评价指标主要有信度、效度、难度和区分度。信度是测验所得分数的稳定性和可靠性，是指测量多次，测量的结果是一致的，而个人在数次接受同一测验时，获得的分数近似相同。几次测量的相关系数越高，信度越大。效度是测量的准确性和有效性，也就是测量的结果与所要达到的目标两者之间相符合的程度。测量的效度与测量的目标有密切关系，效度就是指测量本身所能达到目标的有效程度。难度是指测量项目的难易程度。区分度是指每一题目对所测量的心理特性（或学习成绩）的区分程度。区分度高的试题，对被试者就有较高的鉴别力，优生得分高，差生得分低；区分度低的试题，优生与差生的得分无规律或差不多。一道题目的区分度是以考生在该道题目上的得分与他们的整份试卷上的分数之间的相关系数来表示的。

四、单一被试实验法

单一被试或小样本实验研究是社会科学研究的一个重要方法。美国著名心理学家B. H. 坎特威茨（B. H. Kantowitz）等人在其《实验心理学——掌握心理学的研究》一书中提到，在心理学研究中，有两个领域适用单一被试或小样本被试，一个是心理物理学，另一个是操作性条件反射行为的研究。由于特殊儿童心理研究中的样本容量小、被试异质性高,并大量应用以操作性条件反射为理论基础的行为矫正策略,故单一被试与小样本实验设计是一个重要的研究方法。[①] 目前,许多学者极力提倡在特殊儿童心理学研究中应用单一被试实验设计,他们认为这种实验设计适用于大部分案例研究,而案例研究是特殊儿童心理研究中的一个重要手段。

使用实验法进行单一被试研究的设计,克协格和梅茨(J. R. Craig & L. P. Metze,1986)在《心理学研究方法》中,由简到繁提出了以下几种类型及模式:A—B 设计、A—B—A 设计、A—B—A—B 设计、A—B—A—B—A—B 设计、A—B—C—B 设计、多基线设计。[②] 20世纪八九十年代,美国先后出版了《单一受试研究法》与《单一受试者设计与分析》,我国台湾学者将其译成中文,下面参照两书的有关内容,对前三种主要的单一被试研究设计方式作一介绍。

(一) A—B 设计

A—B 设计是在实施与不实施实验处理的情况下,对个体行为进行系统观察的一种最简单的策略。在 A—B 设计中,因变量或目标行为是有操作定义的,而且,在调查研究 A 相或阶段(phase)的时候,确定它的发生次数或出现频率,作为对行为的原始观察,或称做基线(base-line)。在 B 相期间,引入处理变量和记录因变量的任何变化,并且被认为是由于自变量所引起的。这种设计在经过 A 和 B 相的期间,可能有几个观测值。

在表 1-1 中包括了在 A—B 设计中所显示的相变(transition)和评价。但是,应当注意的是,在 B 相中发生的变化,有可能不是处理变量引起的。也就是说,这种研究结果可能产生混淆,即某些其他变量也可能引起对因变量的观测变化。以下就以戒除儿童吮指的习惯为例介绍 A—B 设计。

表 1-1 在 A—B,A—B—A,A—B—A—B,A—B—A—B—A—B 设计中的相变

相	A	B	A	B	A	B
条件	基线	处理	基线	处理	基线	处理
观察的相变*		×	×	×	×	×
A—B(提供一次处理效果评价)						
A—B—A(提供一次处理效果评价)						
A—B—A—B(提供一次处理效果评价)						
A—B—A—B—A—B(提供一次处理效果评价)						

* 每次相变提供一次对处理效果的评价

根据文献记载,有 46% 的儿童自出生到 16 岁有吮指的习惯(Traisman & Traisman,1958),但有研究者(Knight & Mckenzie,1974)认为,戒除吮指的习惯有助于儿童的社会发

---

① 方俊明.特殊教育学[M].北京:人民教育出版社,2005:521-525.
② 周谦.心理科学方法学[M].北京:中国科学技术出版社,1994:342-347.

展与牙齿咬合的正常。① 因此开展一项 A—B 实验设计以检验某种干预方法对戒除吮指的行为的效果。现有一幼儿 Sara 被试——3 岁,有吸吮右手大拇指的习惯,每次吸吮指头时,左手常喜欢抓着毛毯。白天在托儿所与其他 15 位小朋友共处一间大教室内,必须洗过手才能吃午餐。实验的观察时间是每天午饭后 20 分钟,在餐厅的帆布床上进行。研究者甲为其 A 阶段观察者,研究者乙为 B 阶段观察者。

研究者甲首先以 20 分钟内 Sara 吮吸手指的次数作为测量的基线(A 相);其次,教师在这一天的其他时间内对 Sara 不吮吸手指的行为给予强化,然后第二天测量在午餐后 20 分钟内 Sara 吮吸手指的次数(B 相)。图 1-1 描绘了一种可能出现的结果。

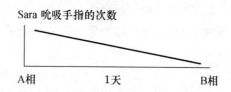

图 1-1 用于强化 Sara 减少吮指行为的 A—B 设计可能的结果

T 检验和方差分析经常用于分析从 A—B 设计研究中获得的数据。A—B 设计改进了个案研究"单独观察"或"单独处理"的不足,此设计允许研究者比较被试在处理前后的行为,A—B 设计在一般临床设计时运用相当普遍,因为此设计对于研究者较容易实施。而 A—B 设计的缺点在于无法控制大部分影响内在效度的因素,如临时事故、成熟、测验、工具等因素。②

(二) A—B—A 设计

A—B—A 设计是 A—B 设计的延伸,它包括在处理后加入连续的基线观察。在第一个 A 相时,建立一个基线;在 B 相时,引进一种处理;并且在已完成处理之后,记录下第二个基线资料,即第二个 A 相。在操纵处理变量时,如果行为在 B 相时增强或减弱,并且在第二个 A 相期间又返回到第一个 A 相基线,那么或许可以推断自变量(处理)和因变量(行为)是有关的。仍就前面 Sara 吮指行为为例,如果教师对 Sara 的干预,包括了不给予强化的第二个 A 相,那么就会构成一个 A—B—A 设计,如图 1-2 所示。

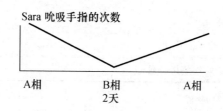

图 1-2 用于强化 Sara 减少吮指行为的 A—B—A 设计可能的结果

A—B—A 设计比 A—B 设计更能对行为的因果关系进行最佳的推断,因为研究者有三

---

① 黄世钰.特殊幼儿教育理论与实务[M].台北:五南图书出版公司,1998:274.
② Curtis H. Krishef.单一受试者设计与分析[M].蔡美华,等译.台北:五南图书出版公司,2005:26-32.

个阶段以取代两个阶段去描述结果。进行撤回处理,可以看到被试回到基线水平的行为后,的确是因为处理的效果,而不是其他因素。但并非所有的情形都适用 A—B—A 设计,在无法回复到基线水平的情况下,要预先加以注意。例如,先前给予帮助改善阅读技巧的处理以提高阅读效果,这时将无法回复到以前的阅读水平,像这样的不可逆状态,便不适于 A—B—A 的倒返设计。

(三) A—B—A—B 设计

这种设计是 A—B—A 设计的扩展。一方面,它可消除 A—B—A 设计的缺点,针对单一被试行为回复到基线期后,再进一步加以处理;另一方面,研究者可看出第一次处理后回复到基线期然后再进行第二次处理后的改变情况,是否具有一致性。A—B—A—B 设计即是在单一被试设计中,重复两个基线和处理。因此其结果的准确性,比起三阶段设计而言,提供了更高的信度。如上述的教师强化 Sara 减少吮指行为的 A—B—A 设计的研究中,若用 A—B—A—B 设计,则仅仅需要对于 A—B—A 设计增加另一个 B 相。而在第二个 B 相时,对于尽力不吮吸手指的 Sara 再一次进行强化。图 1-3 显示了 A—B—A—B 设计可能的结果。表明 A—B—A—B 设计可获得对处理效果进行观测的三次机会,或进行三次评价。

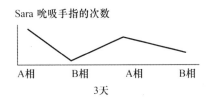

图 1-3　用于强化 Sara 减少吮指行为的 A—B—A—B 设计可能的结果

特殊儿童的心理发展是一个复杂的多层次的开放系统,其研究方法也应该呈现出多种形态。学习过某种研究方法,不等于就掌握了某种研究方法,更不等于会有效地使用某种研究方法。我们要真正理解和有效地运用某种研究方法,必须将其置于特定的背景中,透彻地了解不同研究方法的理论基础、使用范围、基本原则。只有这样,才能对不同的研究方法有深刻的认识,更准确地使用不同的研究方法,提高研究效率。再者,研究者必须清醒地认识到,任何一种研究方法都有其优势和局限性,对于一个具体的特殊儿童心理发展问题,会因为切入的角度不同,采用的研究范式不同,说明的问题也不同。这就需要更高层次的综合研究。因此,研究者若将不同的研究范式和研究方法对立起来,固守某一种研究方法,都可能会影响人们客观地认识特殊儿童心理现象,会阻碍研究者创造性的发挥,这对全面深入地研究特殊儿童的心理是没有益处的。

 **本章小结**

心理学是一门研究人的心理现象和发展规律的科学。特殊儿童心理学,作为心理学的分支和特殊教育的基础学科,旨在研究特殊儿童心理现象,揭示特殊儿童心理发展过程和内

在规律。特殊儿童心理学通过对不同类型特殊儿童心理发展的共性与特殊性的探讨,更好地为特殊儿童的教育、干预和康复服务。特殊儿童心理学与普通儿童心理学、发展心理学和教育心理学都有密切的关系,是特殊教育专业的主干学科之一。从心理学的发展历史来看,特殊儿童心理学起步较早,比较心理学、差异心理学是构成特殊儿童心理学知识体系的重要组成部分。在最近几十年,随着心理学研究技术的提高,研究方法的改进,认知心理学和认知神经科学的发展,特殊儿童心理学获得较快的发展。目前,特殊儿童心理学的研究中常用的研究方法包括观察研究法、实验研究法、调查研究法、单一被试研究法。

 思考与练习

1. 试述特殊儿童心理学与普通心理学的关系。
2. 特殊儿童心理学的历史发展及其启示。
3. 试用一种研究方法设计一个特殊儿童心理学实验。

第2章 特殊儿童的感知觉

1. 了解感知觉的基本概念、基本理论以及感知觉的发展过程。
2. 掌握视觉障碍儿童、听觉障碍儿童、智力障碍儿童、超常儿童、学习障碍儿童以及自闭症儿童感知觉的一般特点。
3. 针对各类儿童感知觉的特点,思考如何针对这些特点对他们进行教育训练。

人类认识世界总是从感知觉开始的。例如,我们通过对幼儿行为的观察发现,当把一个苹果放在一个正常儿童的面前时,他先是用眼睛来看,似乎在端详它的颜色和形状,然后用手拿起来,好像在掂量重量,再用嘴来咬,尝尝苹果的滋味。但是,对某些特殊儿童,尤其是感官障碍儿童,由于他们的感觉器官受到损伤,正常儿童感到轻而易举的事情,特殊儿童也可能觉得十分困难。此外,他们在克服感官障碍的同时,可能会形成一些与正常人不同的认识世界的方式。本章将分别对不同类型的感官障碍儿童、智力障碍儿童和有关广泛发展障碍的自闭症儿童感知觉的认知发展过程和特征进行讨论。

第1节 感知觉理论与感知觉的发展

一、感觉

普通心理学认为,感觉是人们对客观事物个别属性的反映,是客观事物个别属性作用于感官,引起感受器活动而产生的最原始的主观映象;另一方面,感觉,作为主体对客体个别属性的觉察,常受主体高层次心理活动的制约,如注意、知觉、情绪、心境等,均对人的感觉产生重要影响。①

人们一般将感觉分为两大类,即外部感觉和内部感觉。外部感觉接受外部世界的刺激,如视觉、听觉、嗅觉、味觉、肤觉等;内部感觉接受肌体内部的刺激,如运动觉、平衡觉、内脏感觉等。

(一) 感受性和感觉阈限

感觉是由刺激物直接作用于某种感官引起的,但是,人的感官只对一定范围内的适宜的刺激产生感觉,感受性的大小是由感觉阈限来表示的。某种刺激要引起感觉,必须达到一定的刺激量和维持一定的时间。那么,这个引起感觉的持续一定时间的刺激量便是感觉阈限。

---

① 沈政,等.生理心理学[M].北京:北京大学出版社,2006:33.

感觉阈限又分为绝对阈限和差别阈限。绝对阈限是指刚能引起感觉的最小刺激量,它和绝对感受性成反比关系,可因刺激物的性质和有机体的状况而有所不同。差别阈限是指刚能引起差别感觉的两个同类刺激物之间的最小差别量,同理,它与差别感受性之间成反比关系,在广泛的范围内,差别阈限和原刺激量的比值是一个常数。

(二) 感觉的适应与补偿

适应(adaptation)原本是一个生物学的名称,表示能增加有机体生存机会的相关改变。心理学借用这个术语是用来说明机体对环境变化做出的反应,也就是对环境的顺应。著名的儿童心理学家皮亚杰认为,"智慧的本质就是适应",就是指人对社会环境的适应,即有机体通过同化和顺应保持与环境的动态平衡。

感觉适应(sensory adaptation)是指在感受器刺激物持续作用的情况下所发生的感受性变化。感觉适应可以引起感受性的提高,也可能引起感受性的降低。大部分感受都会出现适应现象,但各种感觉的适应速度和程度是不同的,一般来说,触觉、嗅觉、味觉、视觉的适应较快,听觉的适应现象很不明显,痛觉则不太容易产生适应。

感觉的适应现象为感觉的代偿和补偿提供了可能性。代偿是指当机体某器官发生病变、功能失常时,自身通过调整病变器官和发展其他健全器官的功能,使机体与环境重新趋于平衡和协调的过程。代偿分为结构性代偿、代谢性代偿和机能性代偿三种不同的类型。缺陷补偿则是指通过各种途径替代、改善或恢复受损器官和组织的功能。

黄希庭认为,"各种不同感觉在一定条件下才可以相互补偿,由一种感觉的信息转变为另一只感受器所能接受的信息而加以感知,同时感觉系统又存在着重新调整的机能。人可以通过有意识的特殊训练使某种感觉逐步提高。"[1] 随着各种脑成像技术在神经认知心理学领域的应用,脑成像证据为跨通道重组和行为代偿提供了有力的证据。吴健辉和罗跃嘉认为,失去视觉的盲人往往伴随着行为代偿,如听觉和触觉能力的提高。脑成像等认知神经科学研究发现,盲人行为代偿的神经机制之一是大脑皮层的跨感觉通道重组,即盲人的视皮层并没有因为视觉的剥夺而失去作用,而是广泛地参与了其他感知觉任务。原来暂时的神经联结由于受到新的感觉信息传入方式的持续激活而固化,从而形成新的神经回路,可能是此类跨通道重组的神经基础。[2]

二、知觉

人们通过感官得到外部信息,这些信息经过加工(综合和解释),产生了对事物整体的认识,就是知觉(perception)。换句话说,知觉是客观事物直接作用于感官而在头脑中产生的对事物整体的认识。[3] 知觉以感觉为基础,并与感觉同时发生,但不是感觉信息的简单累加,而是形成某种意义的整合。知觉研究的基本问题是人如何把瞬间看到的世界的映象整合、组织起来,形成稳定的、清晰的完整映象,又如何在变化的环境中对自身的反映进行调整。[4]

---

[1] 黄希庭.普通心理学[M].兰州:甘肃人民出版社,1982:208.
[2] 吴健辉,罗跃嘉.盲人的跨感觉通道重组[J].心理科学进展,2005(4):406-412.
[3] 彭聃龄.普通心理学[M].北京:北京师范大学出版社,2004:129.
[4] 焦书兰.视知觉研究的回顾与展望[M]//中国心理学会.当代中国心理学.北京:人民教育出版社,2001:6.

根据人脑所认识的事物的特性,可以把知觉分成空间知觉、时间知觉和运动知觉。空间知觉处理物体的大小、形状、方位和距离的信息;时间知觉处理事物的延续性和顺序性;运动知觉处理物体在空间的位移等。知觉的一种特殊形态叫错觉。人在出现错觉时,知觉的映象与事物的客观情况不相符合。[①]

在知觉过程中,人将直接作用于感觉器官的刺激转化为整体经验,因此,无论是空间知觉、时间知觉还是运动知觉,这种有规律的心理活动都具有知觉的整体性、选择性、理解性和恒常性等特征。

(一)知觉的整体性

格式塔学派曾经从接近律、相似律、连续律等不同的角度来阐述了知觉的整体性。认为人们可以将空间位置相近的客体,形状大小、颜色亮度等物理属性相似的客体,排列和运动方向相似的客体知觉成为一个整体。知觉的整体性表明,人的知觉不仅与客观事物本身的特征密切相关,而且在知觉过程中,受原有知识经验的影响。人们都是根据自己的已有经验把直接作用于感觉器官的客观事物的多种属性整合为一个整体的。知觉的整体性可以使人在知觉中弥补当前感觉刺激中缺失的部分信息,当然,也为过分弥补而造成错觉提供了可能性。

(二)知觉的选择性

知觉的选择性是指人们在知觉的过程中,对提供的感觉信息进行有选择性的保留和加工,是一种排除干扰,增加感知能力,更好适应环境的知觉特征。知觉的选择性可以从不同的角度理解。从信息加工的观点来看,知觉的选择性是感觉信息的过滤性加工;从知觉的指向的角度来看,知觉的选择过程实际上就是从知觉背景中分出知觉对象的过程。

人们在认识客观世界的时候,总是把一部分事物当成知觉的对象,而把其他的事物当成知觉的背景。例如我们上课看黑板的时候,有选择地把黑板上的字作为知觉的对象,而把黑板当成知觉的背景。当然,知觉对象和背景的关系也是相对而言的,并可以相互转换。许多心理学教科书上引用花瓶和人脸的相关图形就充分地说明了知觉背景和对象的相互转换。

(三)知觉的理解性

人们在知觉的过程中,不是被动地把知觉对象的特点记录下来,而是以过去的知识经验为基础,力求对知觉对象作出一定的解释,使其具有一定的意义,这就是知觉的理解性。

知觉的理解性进一步说明了知觉形成、知觉水平与个体知识经验之间的关系。许多有关知觉的心理实验都表明,语言的理解是影响知觉理解性的重要因素之一。

(四)知觉的恒常性

知觉的恒常性是指当知觉的客观物体在一定范围内改变时,我们的知觉映象在相当程度上还能保持它的稳定性。知觉的恒常性也是我们知觉周围世界的一个重要的条件,对人类的生存和发展具有重要的意义。例如,在视觉知觉中,我们从不同的距离看到的一件物品,尽管物理成像的大小不同,但我们仍然能辨认出是同一物品;多年从未见面的老同学,仍然能够辨认。具体来讲,知觉的恒常性包括形状恒常、大小恒常、明度恒常、颜色恒常等不同类型。

---

① 彭聃龄.普通心理学[M].北京:北京师范大学出版社,2004:131.

三、感知觉的发展

(一)视觉的发生和发展

视觉发生的最初时间在胎儿的中晚期,四五个月的胎儿即具有视觉反应能力以及相应的生理基础。新生儿已具备一定的视觉能力,获得了基本的颜色过程,视敏度达 20/200—20/400,并具备了原始的颜色视觉。[1]

有关婴儿视觉能力发展的研究发现,新生儿看到的世界是彩色的,但是他们在区分蓝色、绿色、黄色以及白色上存在困难。但是大脑视觉神经中枢和感觉通道的快速发展使婴儿的颜色知觉能力迅速提高。在出生后 2—3 个月的时间里,他们就能够分辨所有的基本颜色了,而到了 4 个月的时候,他们就已经像成人那样将细微差别的颜色归类到同一基本色组——红色、绿色、蓝色以及黄色。[2]

(二)听觉的发生和发展

研究者使用诱发电位法研究婴儿的听觉时发现,必须将成人能够听到的弱小声音放大很多倍,婴儿才能发觉。在刚出生的几个小时里,婴儿的听力能够达到成人感冒时的水平。新生儿对较弱的声音不敏感,可能是由于出生过程中体液灌进内耳的缘故,尽管存在这一微小的局限,习惯化研究结果仍然表明,新生儿具备了辨别音量、长短、方向以及频率不同的声音的能力。[3]

一个月的婴儿就能够鉴别 200 Hz 与 500 Hz 纯音之间的差异。5—8 个月的婴儿在 1000—3000 Hz 范围内能觉察出频率的 2% 的变化(成人是 1%),在 4000—8000 Hz 内的差别阈限与成人水平相同。[4]

(三)味觉、触觉、嗅觉的发生和发展

由于味觉、触觉、嗅觉直接关系到机体的生存和发展,所以,更多地体现出本能的特征。

婴儿在出生时,味觉已经发育的相当完好了,所以婴儿一出生就表现出明显的味觉偏爱,表现出喜欢甜食,另外,不同的味觉还会引发出新生儿不同的面部表情。味觉在婴儿和儿童时期最发达,以后逐渐衰退。

相关研究表明,胎儿在第 49 天就有初步的触觉反应,2 个月能对细而尖的刺激产生反应活动。新生儿就能依靠口腔触觉辨别软硬不同的乳头,4 个月能辨别不同形状和不同软硬的乳头。

新生儿能察觉出各种气味,他们会躲避不喜欢的气味,或表现出厌恶的表情等强烈的反应。此外,新生儿还能由嗅觉建立食物性条件反射,并有初步的嗅觉空间定位能力。

(四)空间知觉的发生和发展

婴儿对外界事物的方位知觉是以自身为中心进行定位的,刚刚出生的新生儿就具有基本的听觉定向能力,并成为婴儿早期空间定向的主导形式。

新生儿对逼近物体有某种初步反应,并具备原始的深度知觉,2—3 个月时已有了对外

---

[1] 林崇德.发展心理学[M].北京:人民教育出版社,1995:157.
[2] 〔美〕David R. Shaffer.发展心理学——儿童与青少年[M].邹泓,等译.北京:中国轻工业出版社,2005:198.
[3] 〔美〕David R. Shaffer.发展心理学——儿童与青少年[M].邹泓,等译.北京:中国轻工业出版社,2005:198.
[4] 林崇德.发展心理学[M].北京:人民教育出版社,1995:157.

来物的保护性闭眼反应。埃利诺·吉布森和理查·沃克设计了视崖来测查婴儿的深度知觉,他们发现,90%的6个半月大及更大的婴儿只爬过浅的部分,只有10%的婴儿能够爬过深的部分。由此可见,绝大多数的处于爬行阶段的婴儿能清楚地知觉到深度,并且对陡峭的悬崖表现出惧怕。

第2节 感官障碍儿童的感知觉

一、视觉障碍儿童的感知觉

视觉是人类最重要的一种感觉。它主要由光刺激作用于人眼所产生。对一个正常人来讲,从外界所获得的信息中,80%来自视觉。[①] 正常儿童通过对大自然、社会生活的观察,以及对成人行为的模仿和同伴交往活动,能接收到大量的视觉信息,逐步积累起丰富的感性材料,而视觉障碍儿童在生活和学习中却缺少了这样一条重要的感觉渠道。为了弥补丧失的视觉信息,有严重视力障碍的儿童必然要从其他的感觉渠道得到一些信息的补偿,由此也会导致他们在感知觉方面形成一系列不同于正常人的感知特点。

(一)视觉障碍儿童的感觉

1. 视觉障碍儿童的听觉

听觉是人们接收外界信息,认识客观世界的重要工具之一,由于视觉障碍儿童部分或全部地丧失了视觉,所以听觉成为他们认识世界、获取外界信息的主要手段,也是他们学习、交流、活动的主要途径。

在生活中,人们经常会认为视觉障碍儿童的听力天生地自然而然地比正常儿童灵敏,其实,这是人们的一种误解。苏联学者捷姆佐娃等人(1958)曾对高年级的盲童和正常儿童分别用听力计进行纯音测听,并对两组结果进行比较,结果发现:盲童与正常儿童相比,在各种频率上的听力阈限差别不大,两类儿童的纯音听觉感受性都随着年龄的增长而有逐渐提高的趋势,并不存在盲童的听力比正常儿童的听力更好的问题。[②]

但随着社会的发展,一方面人们生活的环境发生了变化,另一方面,医疗技术不断提高,卫生条件不断改善,与以前相比,视力残疾的病因发生了变化,刘艳红等对北京盲校98名在校学生进行纯音听阈气导测试,实验结果显示:视力残疾儿童听力损失的出现率为41.5%,比普通小学生听力损失出现率19.2%高两倍。[③] 这个结果与苏联学者捷姆佐娃等人的"盲童的纯音听阈与正常儿童没有显著性差异"明显不同,研究者推测造成这种状况的原因有以下三个方面:第一,由于导致视力残疾的病因发生了变化,先天性因素是导致视力残疾的主要病因,特别是先天获得性因素主要是通过改变胎儿生活的物理化学环境而影响胎儿发育的,在影响视觉器官发育的同时可能也影响到听觉器官的发育;第二,可能是由于视力残疾儿童对听觉有更多的依赖而使听觉系统受到更大的压力所引起的;第三,可能是某一发育领

[①] 彭聃龄.普通心理学[M].北京:北京师范大学出版社,2004:88.
[②] 朴永馨.缺陷儿童心理学[M].北京:科学出版社,1987:27.
[③] 刘艳虹,等.视力残疾学生纯音听阈测试研究[J].中国特殊教育,2004(6):49-53.

域的损伤对其他领域产生消极的影响,即某一领域的功能缺陷妨碍或歪曲了其他完好方面机能的发展。

人们认为盲童听觉比一般人要好有以下几个原因:一方面是因为盲人更多地依靠听觉,客观上使听觉得到了锻炼。受过训练的盲童的听觉与明眼儿童的不同主要表现在盲童有较高的听觉注意力和较强的听觉记忆力。这一特征得到相关实验和脑成像技术的验证。①另一方面,明眼人由于有丰富的视觉信息,往往会忽略环境中对盲人来说十分重要的一些线索的声音,所以容易造成这样的错觉,即认为视觉障碍儿童的听力天生地自然而然地比正常儿童要好。

2. 视觉障碍儿童的触觉

刺激作用于皮肤引起各种各样的感觉叫肤觉(skin sense)。肤觉的基本形态有四种:触觉、冷觉、温觉和痛觉。肤觉对人类的正常生活和工作有重要意义。人们对事物的空间特性的认识和触觉分不开。触觉不仅可以认识物体的软、硬、粗、细、轻、重等特性,而且同其他感觉联合起来,还能够认识物体的大小和形状,在视觉、听觉损伤的情况下,肤觉起着重要的补偿作用。盲人用手指认字、聋童靠振动觉欣赏音乐,都利用了肤觉来补偿视觉和听觉的缺陷。②

触觉在视觉障碍儿童的学习和生活当中起着其他任何一种感觉通道都不可替代的作用。首先,通过手指的触摸和运动,视觉障碍儿童能学会分辨盲文;其次,在生活中,通过手部或脚底的触觉,盲人能够辨别不同材料的路面,为他们的定向、行走、生活和运动提供方便。

由于视力上的缺失,在实践中视觉障碍儿童的触觉除了跟普通儿童一样,能顺利地沿着皮亚杰的认知与发展的阶段成长以外,还有一些别于普通儿童的特点。

关于视觉障碍儿童触觉灵敏度问题,学者间有着不同的看法。戈特斯曼(1971)对视觉障碍儿童应用触觉的能力做了研究。他挑选2—8岁的视觉障碍儿童作为实验组,同龄的普通儿童作为对照组。通过触摸一些物品如钥匙、梳子、剪刀、几何图形(长方形和十字形)等,来检验他们的触觉鉴别能力,结果发现,只要视觉问题不因其他缺陷(如智力障碍)而复杂化,视觉障碍儿童和明眼儿童之间没有差异。③

在另一个实验中,苏联学者捷姆佐娃等人曾用8名使用盲文的盲人作为实验组,8名明眼人为对照组,对盲人与普通人的两点阈进行测试,结果如下:盲人的手指两点阈平均为1.02 mm,而明眼人平均为1.97 mm。另有研究证明,盲人手指两点阈最低的只有0.7 mm。④

一般认为关于这种分歧造成的差异跟实验的取样有关,戈特斯曼取样的8岁儿童很有可能还没有学习过盲文或者学习盲文的时间很短,而捷姆佐娃等人的取样是熟练使用盲文的盲人,所以才会产生不一样的实验结果。更为合理的解释应该是:只有经过触觉强化训练过的盲人的触觉灵敏度才可能比普通人高。例如,上海盲校曾对小学各年级盲童进行一项触摸点字的测验。结果表明:刚入学两个月的盲童一分钟只能摸出12个字母中的点数,

---

① 马艳云.视听觉障碍儿童的认知能力[J].中国特殊教育,2004(1):59-61.
② 彭聃龄.普通心理学[M].北京:北京师范大学出版社,2004:117.
③ 〔美〕柯克,加拉赫.特殊儿童的心理与教育[M].汤盛钦,等译.天津:天津教育出版社,1989:201.
④ 教育部师范教育司.盲童心理学[M].北京:人民教育出版社,2000:21.

而四年级的盲童则能摸出66个字母中的点数。这充分说明,长期的触摸训练可以提高触觉的感受性。[1]

刘艳红通过对比实验研究发现,视觉障碍学生的触错觉略高于普通学生,但未达到显著差异,视觉障碍儿童与普通儿童的触错觉有基本相同的规律,而且视觉障碍学生的触错觉和普通学生的视错觉均与年龄、性别没有关系。

视障学生与明眼学生在对表象进行扫描的反应时上不存在显著差异。例如,琚四化通过参考科斯林(Kosslyn)和科尔(Kerr)等人的心理实验,采用心理扫描的研究方法,让20名明眼学生和20名盲生看或触摸两幅不同的图画,然后记录被试扫描表象时的反应时,并要求被试在扫描完成后报告其扫描过程。结果表明,盲生在对触摸觉表象进行扫描时,也表现出了距离效应,盲生触摸觉表象扫描与明眼生视觉表象扫描之间在反应时上不存在显著差异,表象扫描中可能需要表象投射及相应的手部运动。[2]

值得注意的是,视障儿童的视觉特征与触觉特征紧密相连,但触觉特征转换为视觉特征需要一个特征整合过程。宋宜琪等以生物概念和非生物概念的视觉特征和触觉特征为材料,考察了视障学生概念表征中的特征模拟机制。结果表明:同明眼学生相比,视障学生视觉特征和触觉特征联系更加紧密。视障儿童视觉特征之间并不直接相连,而是通过触觉特征相互联系。[3]

3. 视觉障碍儿童的动觉

动觉也叫运动觉,它反映身体各部分的位置、运动以及肌肉的紧张程度,是内部感觉的一种重要形态。[4] 动觉是触摸的重要成分,动觉和肤觉结合,产生了触摸觉。盲人主要靠触摸觉来分辨物体的大小、形状等属性。另外,运动觉是一种对运动的意识或记忆,这种肌肉记忆是盲童学习概念的第二特性。运动觉对盲童学习定向,学习用身体准确地向左、向右转动有十分重要的作用。

在视觉障碍儿童中,常发现许多人会表现挤眼、摆动身体、绕圈子转、注视光源、玩弄手指等习惯。这些习惯是视觉障碍儿童寻求自我刺激(self-stimulation)的一种方式。万明美(1982)曾以台湾三所盲校学生及弱视学生320人为调查对象,发现三分之一的视障者具有习惯动作的倾向。其习惯动作的类型,若以身体部位来区分,依次为脸部、头部、手部及脚部。若以动作类型来区分,依次为倾头、挖眼睛、摇头、按揉眼睛、摇摆身体、点头及流涎。[5] 这是由于盲童缺乏大量视觉信息的刺激,只能通过自我身体部位的运动刺激来弥补。

特勒尔和莱斯(Thurrell & Rice,1970)研究了揉眼发生率与盲童视觉损伤程度之间的关系,结果发现,光感组视残儿童揉眼的动作次数,要明显高于全盲组和能看清手指数的两组视残儿童。他们认为,出现这种结果是因为光感组里的视残儿童通过揉眼可以产生光幻视、闪光等;而全盲的儿童可能由于视觉机能完全损坏,即使揉眼也不会产生刺激的转换,因此他们大都是通过身体的前后或左右摇摆来为自己提供前庭和躯体感觉的刺激。[6]

---

[1] 教育部师范教育司.盲童心理学[M].北京:人民教育出版社,2000:21.
[2] 琚四化.盲生触摸觉表象心理扫描中的距离效应研究[J].中国特殊教育,2012(6):34.
[3] 宋宜琪,张积家.盲人概念特征的跨通道表征[J].中国特殊教育,2012(5):41.
[4] 彭聃龄.普通心理学[M].北京:北京师范大学出版社,2004:124.
[5] 何华国.特殊儿童心理与教育[M].台北:五南图书出版公司,1986:143.
[6] 教育部师范教育司.盲童心理学[M].北京:人民教育出版社,2000:22.

双眼视觉损伤存在差异,并且相互影响,例如弱视眼能影响非弱视眼的阅读速度。李赛等人的研究表明在双眼汉语阅读条件下,弱视患者的弱视眼对非弱视眼的阅读速度及眼球运动产生影响,非弱视眼的阅读速度明显比正常人慢,且注视点持续时间长。其中某一眼睛重度弱视患者的弱视眼对非弱视眼的抑制作用更为明显。[①]

(二) 视觉障碍儿童的知觉

1. 空间知觉

空间知觉是对物体的空间关系的认识。它包括形状知觉、大小知觉、深度与距离知觉、方位知觉与空间定向等。空间知觉在人与周围环境的相互作用中有重要作用。如果人不能正确地认识物体的形状、大小、距离、方位等空间特性,就不能正常地生存。[②]

视觉在空间知觉的形成过程中起着重要的作用,人们利用客观物体在视网膜上的投影得到物体的形状、大小、距离等信息,通过视觉与触觉、动觉相结合,来探索物体的外形等。视觉障碍儿童由于缺少视觉的参与,所以在形成空间知觉时有很大的困难,他们主要是借助听觉、触觉、动觉、嗅觉等方面的信息来形成空间知觉,同正常人相比,准确性不是很高。

(1) 视觉障碍儿童的形状知觉

我们正常人的形状知觉是依靠视觉和触觉来形成的,视觉障碍儿童主要是借助触觉和动觉,也就是触摸觉来感知形状的。

心理旋转是形状知觉中的一个关键因素,马莫尔和扎布克(Marmor & Zabach,1976)通过对比实验,即以成年盲人和成年明眼人作为被试,实验任务是以垂直旋转再现一个形状,被试判断第二个形状是否与第一个形状相同。出生6个月前就失明的被试比后期失明及蒙住双眼的被视所花的时间要长,而且准确性也不高。当刺激物旋转角度增加时,三个被试在反应时上都呈现线性增加,这表明心理旋转是进行这种比较的基础。后期失明的盲人和明眼人由于运用了视觉想象,所以能完成得比较好,而早期失明的被试由于没有视觉经验,也就没有这样的想象。

艾瓦特和卡尔帕(Ewart & Carp,1962)进行的一项测试,先让被试摸一块积木并要求记住它的形状,然后依次给被试4块作比较的积木,其中只有一块与先呈现的那块相同。盲童基本上是先天性失明。结果表明,盲童组和明眼儿童组并不存在显著差异。

(2) 视觉障碍儿童的长度知觉

琼斯(Jones,1972)在盲童与明眼儿童再现手部运动能力的对比实验中,要求被试沿着一条轨道从起点到终点移动手,然后要求被试再现刚才手部滑动的距离,实验结果表明,全盲儿童要好于明眼儿童。

但涉及需要空间知觉参与的长度知觉时,视觉障碍儿童就明显地差于正常儿童了,这主要是由于空间操作受视觉想象力的影响,而视觉障碍儿童缺乏这方面的能力。汉特尔(Hanter,1964)研究了先天失明的全盲儿童和正常儿童从曲面转换到平面的能力,实验要求被试触摸一个圆筒的外表面,然后沿着一根金属条再现这个圆筒的周长,实验结果表明,先天全盲儿童操作结果明显比正常儿童要差。

---

① 李赛,王丽萍,陈宏.弱视患者双眼阅读条件下的眼动特征[J].中国特殊教育,2013(5):62.
② 彭聃龄.普通心理学[M].北京:北京师范大学出版社,2004:142.

（3）视觉障碍儿童的重量知觉

视觉障碍儿童的重量知觉明显地好于明眼儿童。布洛克(Block，1972)采用恒定刺激法，让明眼儿童和视觉障碍儿童被试同时举起两个重量不同的物体，来判断哪个更重，以比较两组被试的重量判别能力，结果发现，视觉障碍儿童明显好于明眼儿童。

（4）视觉障碍儿童的方位定向、深度与距离知觉

方位定向(orientation)是指对物体的空间关系、位置和对机体自身所在的空间位置上的知觉。[1] 我们在生活中会看到这样的现象：有的盲人快要碰到某障碍物了，却巧妙地躲开，人们以为盲人有一种"特别的感觉"，实际上，盲人是通过听觉回声来定位的。美国康奈尔大学的达伦巴赫等(Dallenbach)用实验的方法科学地研究了盲人的听觉方位定向，他们用盲人和蒙住眼睛的明眼人做实验，为了防止盲人通过面部获得有关障碍物的信息，他们将被试的面部用毛呢面罩遮住。结果盲人被试能在碰到障碍前就停住，但当盲人被试的耳朵被堵上时，他们就无法察觉障碍物了，由此得出，听觉是盲人用来定位的主要感觉。安蒙斯等(1953)研究者指出，盲人可以通过辨别细微的两耳差异和回声的反应时差异，来确定其通道上的障碍物的感觉。[2]

除了使用听觉来进行定位，视觉障碍儿童的其他感觉也积极参与定向。例如，借助肤觉感知阳光、空气流动以辨别方位；靠主动的触摸了解小范围内的空间特征；通过数步估量距离和物体的尺寸；靠脚底的触压和震动觉来判断路面状况、车辆行驶以助于识别自己所在的位置。视觉障碍儿童也能形成对深度的知觉，但局限在可以通过触摸来直接进行感知的具体物体的深度，也可以通过回声来形成深度知觉，但对远处的风景这些无法触摸的物体很难形成深度知觉。因此，应加强对视觉障碍儿童视觉经验的积累和空间教育，有学者的研究表明视觉障碍儿童空间认知的缺陷也会对其语言表达产生一定的影响。[3]

2. 时间知觉

因为受视觉缺陷的影响，盲人无法对时间进行感性的体验，没有直接形象的事物与其时间知觉发生相应的联系，但是生活中的一些经验、活动的规律，仍可以帮助他们精确地判断时间。盲童对时间知觉的精确判断必须借助时间的参考标志。这些标志包括：自然界中的周期现象、人体自身规律活动和计数活动。一般来说，盲童对短时距的精确判断主要是依赖与人体自身的生理节律性活动和计数，而对长时距知觉的精确判断主要是靠计时工具。琚四化等人对视障学生和明眼学生的时距知觉进行了对比研究，结果表明，在短时距知觉上，盲生比明眼学生略有优势。在较长时距知觉上，盲生和明眼学生无显著差异。在随时距变化而出现的时间知觉的变化上，盲生与明眼生的变化趋势相同。[4]

二、听觉障碍儿童的感知觉

听觉是除视觉以外，人们接收外界信息，认识客观世界的另一重要渠道和途径，由于听觉障碍，使得听觉障碍儿童感知世界的一条很重要的渠道被堵塞了。由于缺少外部声音的

---

[1] 彭聃龄.普通心理学[M].北京：北京师范大学出版社，2004：156.
[2] 〔美〕埃莉诺·J.吉布森.知觉学习和发展的原理[M].李维，等译.杭州：浙江教育出版社，2003：13.
[3] 章玉祉，张积家，党玉晓.视障儿童空间认知的参考框架和语言表达[J].中国特殊教育，2011(7)：55.
[4] 琚四化，等.听觉通道下盲生与明眼学生时距知觉的比较研究[J].中国特殊教育，2010(2)：29.

刺激,尤其是缺少口语的交流和调节,可能使得他们感知贫乏、单调,在感知觉方面形成某些与正常听力人群不同的感知觉特点。

（一）听觉障碍儿童的感觉

1. 听觉障碍儿童的视觉

事物总是相互联系,相互影响的。人的各种感觉之间也是如此,当听觉消失后,视觉因此可能会受到影响。听觉障碍儿童认识世界主要依赖于视觉,有关研究的数据表明,聋童所接受的外界刺激90%以上来自视觉,以目代耳是聋童感知觉的突出特点。[①] 由于听觉经验的丧失,聋人无论是在视觉语言的使用上,还是在日常生活信息经验的获得上,都必须加倍依赖于视觉经验。我们会看到聋人相对于听力正常人来说有着更高的视觉敏锐度,更敏感于边缘视野的刺激信息,更高的图形视知觉加工能力,更强的视觉搜索能力,更好的视觉记忆能力,以及更高的视觉表象能力。[②]

(1) 视觉搜索能力

所谓视觉搜索是指个体从众多的视觉刺激中捕捉目标信息的过程。视觉搜索能力的大小直接反映了个体处理视觉信息的效率。所谓视觉搜索的非对称性是指：以反应时为指标,在刺激B中搜索刺激A与在A中搜索刺激B,搜索效率是不一样的,且有显著差异。[③] 张茂林在研究聋生和听力正常学生在非对称性视觉搜索中的差异中发现,在对中文汉字的视觉搜索中能够明显地发现非对称性现象；聋生和听力正常学生一样,也在视觉搜索中表现出非对称性,但随着视觉搜索任务难度的增大,聋生比听力正常学生表现出更高的搜索效率。[④]

(2) 视敏度

视敏度(visual acuity)是指视觉系统分辨最小物体或物体细节的能力。医学上称之为视力。[⑤] 视敏度的测量可以采用技术识别对象(如视力表)来测量,其在不同的群体之间存在着明显差异,产生这种差异的因素主要包括遗传、文化背景、后天的发展等。由于听觉障碍儿童生理的缺陷,他们自接受视觉刺激进行视觉图形识别的练习开始就产生了视觉补偿的作用,造成了视觉图形识别敏度与正常儿童的差异。雷江华等在探讨听觉障碍学生和正常学生在视觉图形识别敏度上的差异研究中发现,听觉障碍学生的视觉图像识别的敏度优于正常学生,说明了听觉障碍学生存在明显的视觉补偿作用。[⑥]

(3) 对颜色的认知

党玉晓等运用11种基本颜色和相应的颜色名称,考察了聋生对基本颜色的认知和基本颜色词分类。结果表明：12—15岁的聋生对基本颜色和基本颜色词的概念组织不同于健听儿童,对基本颜色分类的抽象程度低于5—6岁普通儿童；聋生对基本颜色和基本颜色词的分类体现了视觉的重要作用,也体现了语言的影响。[⑦]

---

① 教育部师范教育司.聋童心理学[M].北京：人民教育出版社,2000：32.
② 王庭照.聋人与听力正常人图形视知觉加工能力的比较实验研究——基于拓扑性质知觉理论的探讨[D].上海：华东师范大学博士学位论文,2007：70.
③ 张茂林.聋生与听力正常学生在非对称性视觉搜索中的比较研究[J].中国特殊教育,2007(2)：19.
④ 张茂林.聋生与听力正常学生在非对称性视觉搜索中的比较研究[J].中国特殊教育,2007(2)：19-22.
⑤ 彭聃龄.普通心理学[M].北京：北京师范大学出版社,2004：105.
⑥ 雷江华,李海燕.听觉障碍学生与正常学生视觉识别敏度的比较研究[J].中国特殊教育,2005(8)：7-10.
⑦ 党玉晓,等.聋童对基本颜色和基本颜色词的分类[J].中国特殊教育,2008(7)：14-18.

2. 听觉障碍儿童的触觉

触觉属于皮肤觉,它与视觉关系密切,人们在观察物体的时候往往是边看边摸,在获得视觉形象的同时也获得了有关的触觉形象,触觉在认识材料表面性质、内部结构或外形时起到首要的作用。

听觉障碍儿童由于听觉的丧失,在一定程度上影响了触觉的发展。萨拉维约夫等人对听力障碍儿童的触觉进行了实验研究,把常见的物体及物体的侧面轮廓模型给被试者用手摸(不能用眼看),然后要被试者画出图形,写上名称。参与实验的有正常儿童和听觉障碍儿童。实验结果表明,在学龄初期,听觉障碍儿童的触觉落后于正常儿童,这不仅表现在他们通过对物体的触摸所能揭示的物体特性上,而且表现在对物体的触摸方式上。[①] 他们的触摸动作与正常儿童相比显得少而单调。但通过训练,聋童在他们的触摸过程本身和所揭示的事物的特性方面不断得到改进和提高。特别是在语言训练的时候触觉起着重要的补偿作用。

3. 听觉障碍儿童的振动觉

与触觉一样,听觉障碍儿童的振动感觉同样起着补偿作用,振动觉被人喻为听觉障碍儿童的"接触听觉"。在教学中,振动觉与触觉结合,产生定向反射,吸引学生的注意;在语言学习中,触觉与振动觉相结合,听觉障碍儿童可以体会发音器官的振动,掌握发音要领;在艺术表演上,他们通过木制地板的振动,感受音乐的节奏,完成规定的动作。

4. 听觉障碍儿童的言语动觉

言语动觉对听觉障碍儿童学习口语具有十分重要的作用,言语动觉就是发音时对自己言语器官的运动和言语器官各部分所处的位置状态的感觉。例如,发"a",自己体会言语器官各部分是如何动作的,不同的音,言语器官的动作不同,自己会有一种感觉,这就是言语动觉。[②]

正常儿童在幼儿期随着语言的掌握,逐渐产生和形成了言语运动觉,而由于听觉障碍儿童无法借助模仿来发音,所以在进行发音说话训练之前,他们的发音器官基本上是处于停滞状态。他们在发音训练时,借助视觉观看别人口形,也调整自己的口形和舌位来发音,这时才产生言语运动觉,如果没有这种感觉,他们就不知道自己是否在发音,可见,言语动觉成了听觉障碍儿童模仿发音、自我检查监督的工具。

此外,言语动觉在唇读(俗称看话)中也是不可缺少的。唇读是指听觉障碍者"利用视觉信息,感知言语的一种特殊方式和技能。看话人通过观察说话人的口唇发音动作、肌肉活动及面部表情,形成连续的视知觉,并与头脑中储存的词语表象相比较和联系,进而理解说话者的内容"[③]。因为"看话"不是单纯地用眼睛"看"对方口型的过程,而是在观察口型的同时,看话者也要跟着默默地"说"才能达到理解,因为理解程度的提高不仅取决于对说话人迅速而细微的口部运动变化的分辨能力的提高,更重要的是取决于口语词汇贮存量的扩大。自己不会"说"的语句,也就"看"不懂。"不要以为看话只是视觉的产物,其实动觉对于看话也

---

① 王志毅.听力障碍儿童的心理与教育[M].天津:天津教育出版社,2007:15.
② 张宁生.听觉障碍儿童的心理与教育[M].北京:华夏出版社,1995:40.
③ 朴永馨.特殊教育辞典[M].北京:华夏出版社,1996:188.

具有重大意义"[1]。

(二)听觉障碍儿童的知觉

1. 听觉障碍儿童知觉的总体特点

(1) 知觉范围狭窄,知觉加工不完整

视觉所反映的光学特性与听觉所反映的声学性质是不相同的,当我们的视线受到遮挡时就不能反映视线之外的事物,而听觉不受这种局限。例如,隔着门我们还是可以听到门外的一些声音,但对于听觉障碍者,虽一门之隔,却难以得知室外发生的情况。从这一意义上讲,他们的知觉范围是比正常人缩小了。

感觉是知觉的基础,知觉的完整性取决于感觉材料的丰富性,听觉障碍儿童由于得不到声音刺激,所以他们的知觉形象主要是视觉形象或视觉、触觉、动觉共同形成的综合形象,但不易形成视听结合的综合形象。然而,在日常生活中,我们面对的绝大多数都是通过视听结合方式提供的综合刺激,所以,当听觉障碍儿童感知复杂的对象和场景时,自然会难于形成完整的知觉。

(2) 知觉的选择性、系统性和准确性不强

听觉障碍儿童在知觉过程中,为了弥补听力残疾造成的损失,试图最大限度地强化自己的视觉,这样就容易不分对象和背景地将视野范围内所有的事物都作为知觉对象,过分注重事物的细枝末节,难以形成整体的概念,影响思维的条理性、层次性和清晰度。他们不善于从已有知识经验中找出他们所需要的东西,也不善于把新获得的知识纳入已有的知识系统中。有关听觉障碍儿童绘画作品的分析研究表明,绘画中常表现为抓不住重点、主次不清、详略不当。在书面语言的表达方面,同样表现出感知活动缺乏选择性、系统性和准确性的特点,重复使用某些词语。

2. 视知觉

(1) 视觉反应时

视觉反应时是视觉觉察到刺激信号并作出反应的时间。听觉障碍儿童的视觉反应时是否比明眼人要短? 有实验证明,由于缺少听觉的干扰,聋人的视知觉通过单一感觉道进行,单一感觉道的反应时比非单一感觉道的反应时短,听觉障碍儿童没有听觉信息的干扰,因此,反应时有减少的倾向。另有一些研究资料表明,由于听觉障碍儿童失去了第二信号系统自然发展的机会,所有的心理过程,包括感知觉等心理的发展都会受到影响而变得相应缓慢,故聋童反应时有增长的倾向。进入聋校后,正规的特殊教育使后天言语迅速发展,其心理也迅速发展,又由于系统的教育有意识去弥补一些听觉障碍儿童的缺陷,如运动机能的训练、看话,因此,视觉的代偿性作用更迅速提高,同时,聋童在生活中更经常地使用视觉,视反应时有可能越来越短。[2] 苏联学者 К.Й. 施夫对听觉障碍儿童与正常儿童的反应时做了比较实验,实验结果见表2-1。

---

[1] 张宁生.听觉障碍儿童的心理与教育[M].北京:华夏出版社,1995:41.
[2] 李焰.聋童与正常儿童视反应时的比较[J].沈阳师范学院学报:社会科学版,1995(4):9.

表 2-1 听觉障碍儿童与正常儿童视觉反应时比较（单位：1/1000 秒）[①]

年级	听觉障碍儿童	正常儿童
一	409	283
二	350	—
三	317	268
四	280	—
五	273	247
六	262	—

从表 2-1 中可以看出：第一，一年级听觉障碍儿童的反应时比同年级正常儿童要慢得多。第二，随着年级的增高，两者逐渐接近。第三，听觉障碍儿童视觉反应时发展速度快于正常儿童。[②]

（2）视知觉加工能力

聋童的视觉反应时发展速度快于正常儿童，那么他们的视觉认知发展状况如何呢？根据王乃怡的研究，由于听觉经验的丧失，聋人以语音为中介的左半球功能的正常发展受到阻碍，聋人对图形的辨认会存在左视野—右脑优势。[③] 但也有研究者认为，聋人听力损失所带来的视知觉补偿效应可能是有限的，且具有选择性。在图形差异的视觉判断任务上，聋人的视知觉加工能力虽然不会因刺激呈现时间的缩短而变化，但总体上并不比听力正常人优越；在注意负载和中心视野条件下的视觉搜索任务上，聋人同样表现出与听力正常人相当的加工水平，没有出现视知觉加工的补偿效应；而在跨时间间隔的变化检测任务上，聋人则表现出相对于听力正常人的视知觉加工劣势，不能有效地对图形的变化进行检测。[④]

苏联学者 K.N. 维列索茨卡亚做过听觉障碍儿童视觉认知实验，用 60 张日常生活用品图片作为实验材料，被试者是普通小学一年级学生、聋校二、四年级学生和正常成人。将图片逐张呈现给被试，每张呈现三次，呈现时间分别为 22 毫秒，27 毫秒和 32 毫秒，要求被试辨认。呈现方式有两种，即正常位置呈现和倒置 180 度呈现。三次全部正确，满分为 180 分，实验结果见表 2-2。

表 2-2 听觉障碍儿童与正常儿童、成人视觉认知水平比较[⑤]

年级	正常位置出示		倒置位置出示	
	聋哑被试	正常被试	聋哑被试	正常被试
一	—	123	—	59
二	110	—	45	—
四	134	—	73	—
成人	—	141	—	80

---

① 张宁生.听觉障碍儿童的心理与教育[M].北京：华夏出版社，1995：39.
② 教育部师范教育司.聋童心理学[M].北京：人民教育出版社，2000：33.
③ 王乃怡.词义与大脑机能一侧化[J].心理学报，1991(3)：260.
④ 王庭照.聋人与听力正常人图形视知觉加工能力的比较实验研究——基于拓扑性质知觉理论的探讨[D].上海：华东师范大学博士学位论文，2007：185.
⑤ 张宁生.听觉障碍儿童的心理与教育[M].北京：华夏出版社，1995：39.

从表 2-2 中可以看出：第一，低年级听觉障碍儿童的视觉认知能力低于正常儿童。第二，他们认知倒置物体的困难比正常儿童更大。第三，他们视觉认知发展的速度较快，到四年级时已接近正常成人。

(3) 视觉学习

为了解聋童凭借视觉进行学习的状况和特点，吴铃采用了录像分析的方法，通过对聋童名词、动词学习情况的研究，分析了聋童学习名词和动词的规律，并提出了适合聋童视觉学习的策略，用于指导聋童手语和汉语书面语学习的操作实践。聋童的视觉学习应该特别注意以下几点。

其一，视觉学习依赖"看"。视觉要依赖"看"是指聋童只有直接看到才能学习，没有看到就不能进行学习。

其二，视觉学习是整体捕捉图像。视觉整体捕捉图像，是指聋童在没有提示的情况下，看到的是事物整体或者画面全部的内容而不是画面的局部。

其三，防止视觉学习过程中的主观猜测。视觉的主观猜测是指聋童以为自己看到的内容别人也同样看到了，或者以为自己这样想别人也这样想。

聋童视觉学习是"看"的过程，"看"的交流，"看"的切磋。视觉学习是"看"来的，不是"听"来的。当"看"中断时，交流就受到阻碍。适当重复、区分事物的整体和部分，"眼见为实"是聋童视觉学习的有效策略。①

(三) 听觉障碍儿童的听觉

1. 听觉表象

近年来听觉表象开始得到关注，相关研究包括言语声音、音乐声音、环境声音的听觉表象三类。梁碧珊等梳理了认知神经科学领域对上述三种听觉表象所激活的脑区的研究，比较了听觉表象和听觉对应脑区的异同，从认知神经科学角度证明了没有声音的时候，听觉表象能使听觉皮层激活，使听障儿童产生"听"到声音的感受。听觉障碍人群听觉表象未来的研究方向是对听觉表象特殊脑区的研究、听觉表象与其他认知加工过程关系的研究和其他方面的研究等。②

2. 音位对比识别能力

人工耳蜗和助听器都希望能帮助患者听到、听清声音，但两者最终结果是否一样？人工耳蜗儿童和助听器儿童在听清声音方面是否能达到健听儿童水平？与健听儿童有多大差异？有多少人能够达到普通儿童的水平？为解决这些问题，刘巧云等通过采用两因素混合实验设计来探讨人工耳蜗儿童、助听器儿童及健听儿童韵母音位及声母音位对比识别的差异。他们的研究结果表明：(1) 当人工耳蜗组的重建听阈与助听器组的补偿听阈都处于适合及最适水平时，两组儿童音位识别能力在各组音位对比识别上均不存在显著差异；(2) 人工耳蜗儿童音位对比识别显著落后于同龄健听儿童，韵母和声母平均值分别落后 12.71% 和 12.85%；(3) 助听器儿童音位对比识别显著落后于同龄健听儿童，韵母和声母平均值分别

---

① 吴铃.聋童视觉学习的案例研究[J].中国特殊教育,2008(4):20-24.
② 梁碧珊,等.没听到？"听"到！——来自听觉表象神经机制研究的证据[J].心理科学,2013,36(6):1312-1316.

落后11.54%和11.26%；(4)无论是人工耳蜗儿童还是助听器儿童，前鼻音与后鼻音组韵母音位对及卷舌音与非卷舌音声母音位对都是最难识别内容。[1]

3. 选择性听取能力

选择性听取，也称听觉选择、竞争条件下的言语识别等，它是指在两种以上的声音中，或者在噪声环境中选择性听取自己所需要或感兴趣的、有吸引力声音。[2]选择性听取能力测试可以科学地评估噪声下的言语理解力，有较好的特异性和敏感性。[3]其结果更能反映被试日常生活中的实际听力情况，以及听觉障碍的残疾程度和社会交往能力，具有重要的临床应用价值。

刘巧云等采用三因素混合实验设计，比较了人工耳蜗儿童(CI)与助听器儿童(HA)在不同信噪比条件下(SNR=10,5,0)，对不同难度材料（双音节词和短句）的选择性听取能力。研究结果表明：(1)在重建听阈与补偿听阈相似时，人工耳蜗儿童与助听器儿童的选择性听取能力的差异不显著；(2)两类儿童对词语和短句的选择性听取能力差异显著；(3)在不同信噪比条件下两类儿童的选择性听取能力差异显著。根据研究结果得出建议，若助听器能补偿到最适宜水平，则没有必要进行人工耳蜗植入。[4]

4. 听觉Stroop效应

肖少北、刘海燕结合近年来的相关研究，系统阐述了听觉Stroop效应和听障儿童听觉Stroop效应，听觉Stroop效应是经典Stroop效应范式的一个拓展，强调在听觉领域中，研究刺激不同维度之间的相互干扰对认知加工的影响；听障儿童听觉Stroop效应是听障儿童在对听觉刺激的不同维度发生相互干扰的现象。听障儿童听觉Stroop效应研究范式有三种，即语音-性别范式、音高-位置范式和语音-图片范式。听障儿童听觉Stroop效应的影响因素主要有听觉能力、语言发展能力，包括语音、语义、词语、句子、阅读理解能力等。听障儿童听觉Stroop效应未来研究方向，有可能受多种因素影响，如听障儿童听力障碍的程度没有细分，听障儿童的年龄跨度、地域跨度较小，研究范式、研究方法相对单一；听障儿童听觉Stroop效应和视觉Stroop效应差异的内在机制研究较少，听障儿童的听觉Stroop效应的脑机制关注不够，中文听障儿童听觉Stroop效应的研究相对缺乏等。[5]

第3节 智力异常儿童的感知觉

一、智力障碍儿童的感知觉特点

虽然很多智力障碍儿童的视觉器官、听觉器官以及触觉器官等是属于正常范围，但一般来说，他们感觉的感受性比较低。例如，林仲贤等的研究结论是：智力缺陷无论是对人的低

---

[1] 刘巧云，等.人工耳蜗儿童、助听器儿童与健听儿童音位对识别能力比较研究[J].中国特殊教育，2011(2)：25.
[2] 余敦清.听力障碍与早期康复[M].北京：华夏出版社，1994：124.
[3] 李丽，王宁宇，葛晓辉.背景噪声下言语测听[J].国外医学耳鼻喉科学分册，2005，29(6)：341-345.
[4] 刘巧云，等.人工耳蜗儿童与助听器儿童选择性听取能力的比较研究[J].中国特殊教育，2010(2)：13.
[5] 肖少北，刘海燕.听障儿童听觉Stroop效应的研究综述[J].中国特殊教育，2011(12)：58-60.

级心理和高级心理都会产生一些明显的负面影响。[①] 皮亚杰把儿童心理或思维发展分成四个阶段：① 感知运动阶段（0—2岁）；② 前运算思维阶段（2—7岁）；③ 具体运算思维阶段（7—12岁）；④ 形式运算阶段（12—15岁）。[②] 智力障碍儿童的认知发展亦可以皮亚杰的发展理论加以说明，不过其发展的速率一般比普通儿童迟缓，且其发展所能达到的最高阶段也比普通儿童低。[③] 与正常儿童相比，智力障碍儿童的感知觉有以下一系列特点。

（一）智力障碍儿童的感觉特点

虽然有关弱智儿童各种感觉阈限未见有确切的报道，但是弱智儿童的各种感觉一般比较迟钝，尤其差别感受性普遍地明显低于同龄的智力正常儿童。[④]

1. 智力障碍儿童的视觉

轻度智力障碍儿童的视觉感受性比较低，一般都很难或不能辨别物体的形状、大小、颜色等的微小差异，如他们不能区分颜色的不同浓度，分不清深红、浅红、粉红与紫红的差别。[⑤] 林仲贤等通过对比实验对不同智商水平的弱智儿童的视觉图形辨认能力进行了研究，结果表明：智商在30～51，平均智商为41.6、平均年龄为11.7的弱智儿童，在图形以0.05秒速度呈现的条件下时，平均辨认正确率为21.4%，智商在55～75，平均智商为62、平均年龄为10.2的弱智儿童，图形以0.05秒呈现时，平均辨认正确率为45.0%。[⑥] 这表明，智力障碍儿童与同龄正常儿童相比，无论在哪一种呈现速度条件下，对图形辨认正确率均明显低于正常儿童。

2. 智力障碍儿童的听觉

智力障碍儿童的听觉比较迟钝，往往不能注意周围环境中的声音，上课的时候对教师所讲的东西不理不睬，这些表现一方面是注意力的问题，另一方面就是听觉感受性比较低。智力障碍儿童的听觉分辨力差，表现在学习汉语拼音时难以区分四声的变化等。

3. 智力障碍儿童的触觉、痛觉和温度觉

这三种感觉都属于肤觉，一般来说，智力障碍儿童没有正常儿童敏感。例如有的智力障碍儿童分不清硬、软、粗等质地。严重的智力障碍儿童在暴晒、冰冻或严重自伤时无明显的痛感。

李新旺等以开封市两所培智学校35名智力障碍儿童作为被试组，35名正常儿童作为参照组，采用恒定刺激法，在完全排除视觉参与的情况下依靠触觉对标准刺激和变异刺激的长度进行比较、判断。结果发现：智力障碍儿童触觉长度知觉能力非常显著地低于正常儿童，在触觉长度知觉方面，他们的左右手功能分化程度也明显低于正常儿童。[⑦]

（二）智力障碍儿童的知觉特点

1. 知觉速度缓慢，容量小

知觉速度是指对客观刺激感知的快慢，表现为从刺激物出现到认出该刺激物所需要的

---

① 林仲贤,等.弱智儿童视、触长度知觉辨别研究[J].中国健康心理学杂志,2002(5):321-322.
② 林崇德.发展心理学[M].北京:人民教育出版社,2003:54.
③ 何华国.特殊儿童心理与教育[M].台北:五南图书出版公司,1987:105.
④ 银春铭.弱智儿童的心理与教育[M].北京:华夏出版社,1993:43-45.
⑤ 银春铭.弱智儿童的心理与教育[M].北京:华夏出版社,1993:43-45.
⑥ 林仲贤,等.弱智儿童视觉图形辨认的实验研究[J].心理发展与教育,2001(1):36-39.
⑦ 李新旺,等.弱智儿童与正常儿童触觉长度知觉的对比研究[J].心理科学,2000(2):240-241.

时间。可以用反应时来测试。苏联心理学家维列索茨卡亚做过一个试验,对智力障碍儿童、正常儿童和成人同时呈现一些熟悉的物品的图片,如桌子、苹果、铅笔等,当这些物体以 22 微秒和 42 微秒呈现时,成人、正常儿童以及智力障碍儿童的正确率见表 2-3。

表 2-3　成人、正常儿童以及智力障碍儿童知觉物体的正确率比较

呈现时间	成人正确率	正常儿童正确率	智力障碍儿童正确率
22 微秒	73%	57%	0
42 微秒	100%	95%	55%

由表 2-3 可以看出,智力障碍儿童的知觉反应是缓慢的。

在感知觉容量方面,有人用速示器呈现不连续、无意义的单词或符号,时距 1/10 秒,正常儿童可感知 7±2 个,最多的可达到 15 个,而智力障碍儿童仅能感知 3~4 个。万翼的双耳分听测试对照实验的结果也显示,智力障碍儿童双耳辨别成绩低于正常儿童,且差异十分显著,这都说明智力障碍儿童的知觉的容量远远落后于正常儿童。[①]

2. 知觉分化不够,区分能力弱

人们的感官每一瞬间都在接受大量的刺激,这些刺激信息经过大脑的复杂分析综合后,才能将被感知的对象从背景中区分开来,这种区分的功能就是知觉的分化。

颜色视觉的发展,是视知觉分化的一个重要的标志。正常儿童的颜色视觉发展很快,4 个月时婴儿就具有对颜色分化的反应;3 岁时,儿童能正确辨别红、蓝、黄、绿等基本颜色,并开始在生活中慢慢学会对各种混合色的认知;到 4 岁时,逐渐发展起来能精细地区分各种色调、明度和饱和度的能力,并能把各种基本颜色和其名称巩固地联系起来;5—7 岁儿童已能对光谱中全部颜色和名称牢固地联系起来。[②] 高晓彩(1999)、张增慧(2000)、林仲贤(2001)等通过实验表明:6—14 岁轻度智力障碍儿童在红、黄、绿等基本的色谱差别明显的颜色配对中都能很好地完成任务,说明他们颜色视觉的辨别能力基本正常,和智力正常儿童没有差别。其差别可能在更为精细的视觉感受性和视知觉分化程度方面。

3. 缺少知觉积极性

智力障碍儿童缺乏认识世界、探索世界的兴趣与好奇心。他们对于周围的事物显得漠不关心,很少主动提出"为什么"这类问题。

4. 知觉恒常性差

知觉恒常性(perceptual constancy)是指当知觉的客观条件在一定范围内改变时,我们的知觉映象在相当程度上却保持着它的稳定性,它是人们知觉客观事物的一个重要的特性。大量的研究发现,大多数智力障碍学生的知觉恒常性水平是比较差的,他们缺乏知觉的稳定性。例如,同样一个字,当教师写在黑板上时能认识,但写到本子上就不认识了;或者是一个物体平放着的时候认识,竖起来的时候就不认识了。

5. 空间知觉发展落后,方位定向能力差

很多中、重度智力障碍儿童到七八岁时还理解不了宽窄、长短、大小、高矮等的含义,到

[①] 朴永馨. 特殊教育学[M]. 福州:福建教育出版社,1995:126.
[②] 银春铭. 弱智儿童的心理与教育[M]. 北京:华夏出版社,1993:46.

十岁还弄不清楚自身和空间的定向,如对正常儿童来说比较简单的前后、左右等。

"心理旋转"是人们进行空间定向活动的重要操作。林仲贤等人通过实验探讨一组9～12岁、平均年龄10.1岁、平均智商为53.8的中度智力障碍儿童的"心理旋转"能力,研究结果显示:弱智儿童的视觉图形空间定向能力与正常儿童相比存在着明显的差异,即弱智儿童的心理旋转能力明显低于正常儿童,这种情况说明,智力缺陷对完成视觉图形空间定向的心理旋转操作有着明显影响。[1]

6. 感觉统合失调

感觉统合(sensory integration,SI)是指人脑将各种感觉器官传来的感觉信息进行多次分析、综合处理,并作出正确的应答,使个体在外界环境的刺激中和谐有效地运作。埃瑞斯(Ayres)认为,只有经过感觉统合,神经系统的不同部分才能协调整体运作,使个体与环境相适应。由于各种原因使感觉刺激信息不能在中枢神经系统进行有效的组合,使整个机体不能和谐有效地运作称为感觉统合失调(sensory integrative dysfunction,SID)。感觉统合失调主要涉及前庭平衡障碍、触觉防御障碍、身体运动协调障碍、结构和空间知觉障碍、听觉语言障碍等方面的发展障碍。[2]

于素红采用台湾郑信雄、李月卿编制的《儿童感觉发展检核表》作为测试工具,对上海市9所辅读学校7—13岁智力障碍儿童221人,其中男生124人(轻度66人、中度58人),女生97人(轻度56人,中度41人)进行了测试研究,得出如下主要的结论:① 智力障碍儿童的感觉统合失调率大大高于正常儿童,智力障碍程度越重,感觉统合失调率越高。② 不同年龄组的智力障碍儿童在感觉统合失调方面无显著差异,即智力障碍儿童的感觉统合失调情况不会随着年龄增长而自动有所改进。③ 智力障碍儿童的触觉障碍明显低于其他障碍。这一方面说明智力障碍儿童在触觉障碍方面的问题较少,另一方面也说明同样是感觉统合失调的智力障碍儿童各个子项的失调情况是不均衡的。④ 男女生的感觉统合失调情况无显著差异。[3]

二、超常儿童的感知特点

人们对超常儿童的研究多集中在深层的认知,如记忆、思维、元认知等方面,感知觉方面的研究比较少。超常儿童的感知觉主要表现为感知觉较正常儿童敏锐。

在超常婴幼儿早期成长情况的调查中,许多家长报告了其子女感知敏锐的事例。例如:有的超常儿童,在一岁时就能区别上下、前后等方位;两岁能辨别小轿车与大汽车声音上的差别;还有的超常儿童在三岁时能识别大小、高矮,能辨别圆形、正方形、长方形、三角形等。

在感知观察力实验中,也表明超常儿童的视觉、知觉、辨别能力比较突出。有实验显示90%以上的超常儿童成绩优于比其大三四岁的常态儿童的平均成绩。敏锐的感知觉使超常儿童能更有效地接受外界环境的刺激,善于觉察到为一般儿童所不易发现或容易被忽略的东西。超常儿童在感知方面的主要特点是:知觉具有明确的目的,有计划性和系统性;观察能力强,善于抓住观察事物的主要特征进行比较分析,并发现事物之间的联系,透过现象看本质。

---

[1] 林仲贤,等.弱智儿童心理旋转的研究[J].心理与行为研究,2004(1):325-327.
[2] 李旭东,等.感觉统合失调的研究进展[J].中华儿科杂志,2001(9):573-575.
[3] 于素红.智力落后儿童感觉统合失调状况调查报告[J].中国特殊教育,1999(2):21-23.

第4节 学习障碍儿童的感知觉

学习障碍更多地显示出异质性和多变性,也就是说,每个学习障碍者都可能有不同的特征。从感知觉的发展来看,尽管我们总结出一些学习障碍者的感知特征,但并不是说凡是有这种特征的人就一定是学习障碍者。实际上,在正常人身上,有时也可能出现学习障碍者的一些感知特性。从信息加工的观点看,学习过程实际上是个体对外来知识信息接收、编码、提取以及运用的过程,学习障碍儿童在这一系列的信息加工过程中表现出较多的障碍和困难。① 下面我们着重讨论学习障碍儿童知觉发展方面的主要特征。

一、视知觉

一般来说,学习障碍儿童没有明显的视觉和运动障碍,主要是在复杂的视觉加工和视觉—运动协调等方面可能存在不同程度的问题。②

(一)视觉分辨力及视觉跟踪能力低下

一些学习障碍儿童在视觉上可能遇到某些区分感知对象和背景的问题,难以在众多的视觉刺激背景中注意到有意义的视觉对象而排除背景信息的干扰,从而难以正确理解情境的意义。国外的一些研究进一步发现,儿童区分视觉目标和背景能力偏低,成为学习障碍的最大亚型——阅读障碍的部分成因。由于视觉分辨力差,在阅读时他们需要把大量时间花在区分文字的形状和细节上,大大影响了阅读速度。③ 帕瓦里兹(Pavlids)通过眼动跟踪仪研究发现,阅读障碍可能与儿童的眼动异常有关。④ 阅读障碍儿童在扫描文字时,比正常儿童表现出更多不协调的眼球运动,如复位次数多、振幅大、注视时间长。他们的视线难以沿着文字一行行地从左到右移动,而是经常跨行、漏行或重复某一行,这种视觉处理缺陷并不造成一般的视觉困难,但却影响了视觉信息的获得及其在大脑内部的精细加工。通过观察可以发现,阅读有困难的儿童在阅读时常常自觉或不自觉地借助手指等外物来帮助眼睛扫描,在阅读时常常加字、减字、跳行、回读等,说明儿童在阅读时眼睛跟踪有困难。

郭靖等对非言语学习障碍者进行纸笔测试,发现他们的主要错误是变形和遗漏。⑤ 变形表现为主图或辅图的简单替代,两图形之间重叠部分的比例有误,图形内部细节的错误、缺失;遗漏主要表现为漏画主图或辅图。该结果表明学习障碍儿童倾向于认知局部,不能达到对视觉刺激的完整、有机认知,而对视觉的认知片面性往往导致他们辨别不了视环境中的有用信息。

(二)视觉信息空间位置容易混淆

一些学习障碍者常把文字符号镜像处理,如把 p 视为 q,b 为 d,m 为 w,god 为 dog,或偏旁部首颠倒,把"部"视为"陪"等。这种对空间位置关系的模糊很早就被人发现,欧顿

---

① 吴增强.学习心理辅导[M].上海:上海世纪出版集团,上海教育出版社,2005:194.
② 郭靖.学习障碍儿童的视觉运动特征[J].中国特殊教育,2000(2):36-39.
③ 郭靖.学习障碍儿童的视觉运动特征[J].中国特殊教育,2000(2):36-39.
④ 周晓林,孟祥芝.中文发展性阅读障碍研究[J].应用心理学,2001(1):25-30.
⑤ 郭靖,等.非言语型学习障碍儿童右脑功能的研究[J].中国临床心理学杂志,2001(2):87-89.

(Orton,1925)就报告一名学习障碍男孩,不能分辨镜像的字母、数字(如 b/d,e/9)或单词(如 no/on),存在视觉空间障碍。汉德森(Henderson)等报道一例失读症,其书写时分不清字体与纸张的空间关系,文字集中于纸的右侧,左侧空白过大,且有多余笔画。① 国内研究也有类似发现,郭靖等用镜画仪实验和本德尔视觉—运动格式塔测验对学习障碍儿童进行测查,结果表明他们空间相对位置认识不足,手眼协调障碍和控制力差。② 孟祥芝等对一个书写困难儿童的动作和认知技能进行了系统的考察,该生书写速度慢,字与字之间的空间距离非常近,字迹难以辨认,笔画顺序混乱。③ 这些研究都证明了一些学习障碍者存在着分辨视觉空间位置方面的困难。

(三) 视觉—运动协调存在缺陷

静进等用《本顿视觉保持测验》施测于学习障碍儿童和正常儿童,以了解学习障碍者的视觉保持特征,结果发现:学习障碍儿童的视觉运动、视觉记忆能力确实不如正常儿童。④ 另外,通过测验中的再现方法,发现学习障碍儿童对图形的结构和相对位置记忆效果不理想,推断其视觉短时记忆的过程存在障碍,视觉短时记忆的容量、视觉短时记忆内容的整合能力、表象能力不如正常儿童;通过测验中的临摹方法,发现他们的问题主要是在对图形位置和细节的认识、判断上,以及图形的完成质量上,反映出学习障碍儿童的视觉障碍和视觉运动障碍。

张修竹等采用《本顿视觉保持测验》(VRT)对非言语型学习障碍儿童、言语型学习障碍儿童和普通儿童的视觉记忆、视觉空间结构、视觉运动进行了对比研究,结果发现,无论是临摹图形还是延迟回忆图形,非言语型学习障碍儿童的正确得分均落后于言语型学习障碍儿童和普通儿童,出现的错误主要是变形、位置错误和大小错误。表明非言语型学习障碍儿童表象存储能力较差,难以把握事物的整体特征和局部特征,控制能力差,存在精细运动协调能力的缺陷。⑤

书写障碍是困扰学习障碍儿童的又一突出问题,主要表现为书写字体难看,经常出线、出格,书写速度慢、费力等。书写操作是一种复杂的过程,涉及记忆、注意、细节辨认、视觉空间认知、视觉—运动协调等心理功能,视觉—运动协调的影响尤其大。因此,有此种障碍的儿童往往会连带出现其他与手眼协调和精细运动有关的问题。⑥

(四) 立体视觉功能低下

深度觉是人辨别物体空间方位、距离、前后、深浅等相对位置的立体视功能,除受眼的辐合与调节、双眼视差等因素影响外,也受注意集中、视觉线索利用等心理作用的影响。静进等采用深度觉测试对 20 名学习障碍儿童进行视觉深度测试,对比实验结果显示:尽管两组被试视力均为正常,但学习障碍组立体视觉辨别成绩不如对照组,表明学习障碍儿童视空间能力存在障碍。⑦

---

① 龚文进.学习障碍视觉空间障碍研究概述[J].中国特殊教育,2006(5):67-70.
② 郭靖,等.学习障碍儿童视学—运动的研究[J].中国心理卫生杂志,2001(6):388-390.
③ 孟祥芝,等.发展性协调障碍与书写困难个案研究[J].心理学报,2003(5):604-609.
④ 静进,等.学习障碍儿童的本顿视觉保持实验研究[J].中国心理卫生杂志,1998(2):83-85.
⑤ 张修竹,刘爱书,张妍.非言语型学习障碍儿童的视觉空间认知特点研究[J].中国特殊教育,2012(2):48-52.
⑥ 郭靖.学习障碍儿童的视觉运动特征[J].中国特殊教育,2000(2):36-39.
⑦ 静进,等.学习障碍儿童深度觉辨别与情感认知的关系[J].中华儿科杂志,1999(3):148-151.

二、听知觉

跟视知觉研究相比,有关学习障碍学生听知觉的研究比较少,詹森(Johnson,1981)通过研究学习障碍的相关文献,总结了一系列有关学习障碍学生的特点,其中听知觉有以下特点:① 听觉记忆能力有缺陷;② 听觉序列能力有缺陷;③ 听觉分辨能力不佳;④ 谈话时对起头的语音有固着现象(perseveration);⑤ 听音能力差;⑥ 欠缺视—听统合能力。[1] 我们着重来看一下学习障碍儿童听觉分辨能力低下的具体表现。

听觉分辨力是指接受和辨别各种声音的能力,是听清楚的能力,它表明对声音的敏感性。有的学习障碍学生听觉分辨能力低下,对一些相似的字词不能在短时间内分辨出来,特别是那些发音比较相近的,如四和十、三和删等词难以区分。有的学习障碍学生对语音反应迟钝,常听不清教师布置课堂作业,跟同学语言交流时也缺乏耐心的倾听能力和态度。也有国外学者认为,多数学习障碍学生都能区分、辨别声音,所以他们在模仿发音方面并不成问题,但是他们在对声音的分析(如正确找出音节或词的界限),或再认声音(如区别熟悉和不熟悉的字音,或找出熟悉字中所缺少的音)等方面都比一般学生表现差。[2]

三、感觉统合失调

国内外许多研究结果表明,感觉统合失调与儿童学习障碍有密切的关系。我们从以下几个方面来了解一下学习障碍儿童感觉统合失调的情况。

(一)学习障碍儿童感觉统合失调检出率

埃尔斯(Ayres)的研究发现,学习困难儿童中50%有前庭功能障碍,一般儿童中仅为14%。[3] 任桂英等研究发现,感觉统合失调与儿童学习成绩关系密切,在学习成绩差的儿童中,60.4%伴有轻度的感觉统合失调,22.6%伴有严重感觉统合失调,均明显高于学习成绩中等和学习成绩优秀的儿童。[4] 台湾郑信雄研究发现,学习困难儿童中感觉统合失调率为28%。[5] 海燕、静进等对广州市区两所有代表性的普通小学1—6年级智力正常儿童共1622人,其中男童821人,女童801人,进行感觉统合能力评定和学习障碍儿童筛查。结果发现:学习障碍儿童的轻度及严重感觉统合失调率分别为29.11%和24.05%,而非学习障碍儿童的轻度及严重感觉统合失调率分别为23.77%和11.75%,主要表现为学习能力发展不足和前庭失衡。[6] 石学云对西安市学习障碍小学生感觉统合失调进行调查研究后发现,学习障碍小学生感觉统合失调的检出率为55.98%,其中感觉统合轻度失调的检出率为31.27%,重度失调的检出率为24.71%,主要表现为学习能力发展不足和大肌肉及平衡问题。[7]

(二)学习障碍儿童感觉统合失调年龄分布特点

在感觉统合失调的年龄分布上,不同年龄组的学习障碍小学生在总体和轻度感觉统合

---

[1] 何华国.特殊儿童心理与教育[M].台北:五南图书出版公司,1987:342.
[2] 毛荣建.学习障碍儿童教育概论[M].天津:天津教育出版社,2007:45-46.
[3] 于素红.智力落后儿童感觉统合失调状况调查报告[J].中国特殊教育,1999(2):21-23.
[4] 任桂英,等.儿童感觉统合与感觉统合失调[J].中国心理卫生杂志,1994(4):186-188.
[5] 郑信雄.如何帮助学习困难的孩子[M].台湾:远流出版事业股份有限公司,1994:57.
[6] 海燕,静进,等.儿童感觉统合失调与学习障碍关系的探讨[J].中国学校卫生,1998(5):381-382.
[7] 石学云.西安市学习障碍小学生感觉统合失调的调查研究[J].中国特殊教育,2006(10):60-63.

失调上存在显著差异,并且表现出随着年龄的增长而感觉统合失调率呈现下降的趋势。低年龄组特别是六七岁的小学生感觉统合失调率明显高于11—13岁的高年级学生,低年龄小学生因刚入学学习,对新的学习方式及学习环境有个适应的过程,较容易表现出感觉统合能力不足的问题,所以失调率较高。同时,随着年龄的增长,感觉统合失调率呈下降趋势。但是,这种改善并不能完全缓解感觉统合失调的状况,而且在重度感觉统合失调方面不同年龄学习障碍小学生并不存在显著差异。①

(三)学习障碍儿童感觉统合失调性别差异

对不同性别的学习障碍小学生感觉统合失调率的调查显示,不同性别的学习障碍小学生感觉统合失调率存在显著差异,无论是在感觉统合轻度失调方面,还是在感觉统合重度失调方面,学习障碍男生的比率明显高于女生,主要表现在本体感不佳和大肌肉及平衡问题两个方面。这与不同性别的性格趋向及生长发育周期有关。②

第5节 自闭症儿童的感知觉

许多自闭症儿童有明显的感知觉障碍,有些对感觉刺激如光、噪音、触觉或痛觉等反应过度迟钝,有些则反应过度敏感。③ 许多自闭症儿童没有对味道、声音、触觉、颜色等感官性信息的全面要求,而只对其中的某一个或两个方面的要求特别强烈。例如,有的自闭症儿童特别喜欢以开灯关灯带来视觉刺激。本节将从视知觉、听知觉和感觉统合三方面对自闭症儿童的感知觉特点进行论述。

一、视知觉

虽然大多数自闭症儿童有视觉学习的优势,他们喜欢看窗外风景、画画、拼图、看电视(有听觉学习优势的也喜欢看电视),但是他们也存在一些问题,比如不能快速准确地辨别他人的面孔,所需识记时间较长。有时不能根据形象辨认来人,而是根据声音或气味进行辨认;视觉成像与一般人也有一定差别,有一些儿童有弱视、斜视问题。有些自闭症儿童很难把视、听觉刺激整合好,他们依靠视觉或听觉单通道登记信息、单通道输出,若视觉登记的信息需要转换成口语输出,则要经过很长的通道转换过程,因此视觉反应时、听觉反应时、辨别反应时都比正常儿童慢。④

(一)眼神的接触和追视

研究表明(Osterling & Dawson,1994)从新生儿出生的第一个月起就可以看出,那些患有自闭症的婴儿无法和父母或抚养者进行眼神接触。对人的脸形也不感兴趣,有的观察表明,三个月的自闭症婴儿仍不能区分人脸。⑤

周念丽通过实验研究,发现了自闭症幼儿在共同注意上的特点,主要表现为:自闭症儿

---

① 石学云.西安市学习障碍小学生感觉统合失调的调查研究[J].中国特殊教育,2006(10):60-63.
② 石学云.西安市学习障碍小学生感觉统合失调的调查研究[J].中国特殊教育,2006(10):60-63.
③ 王辉.自闭症儿童的心理行为特征及诊断与评估[J].现代特殊教育,2007(Z1):86-89.
④ 王梅,等.孤独症儿童的教育与康复训练[M].北京:华夏出版社,2007:10.
⑤ 方俊明.特殊教育学[M].北京:人民教育出版社,2005:6.

童有追视和注视行为,但持续时间大都在 2 秒内;教师的"指点加语言"的行为最易唤起自闭症幼儿的追视;共同注意能力与自闭症幼儿情绪有关联,他们注视同伴多于注视成人。

(二)视觉性自我认知

视觉性自我认知(visual self-recognition)是指儿童能从镜子等媒介物中识别自己的一种认知能力。这种早期的自我认知能力是儿童自我意识、自我监控、自我照顾以及自我管理等心理发展的基础。[①]

周念丽等通过录像自我认知和镜像自我认知两个实验对 6 名自闭症儿童的视觉自我认知特点进行了探索。实验结果显示,在视觉行为上,自闭症儿童对自己的录像注视时间更长。在情绪方面,当看到自己的录像时,表现出更多的积极情绪。由此可以推断,即使是平均心理年龄只有 23 个月的自闭症幼儿,已初步具有视觉性自我认知的能力,且初步形成自我与他人的分化认知。[②] 林云强关于自闭症谱系障碍儿童颜色视觉突显的眼动研究发现,自闭症谱系障碍儿童在颜色图片知觉任务中存在视觉突显效应,这种突显效应在不同程度上受刺激材料的目标呈现方式及矩阵大小的影响。[③]

(三)面孔识别与面部情绪认知

自闭症儿童普遍存在面孔识别障碍,近年来,随着研究者对自闭症儿童的面孔识别和面部情绪认知能力关注度的上升,该领域也涌现出较多的研究成果。陈顺森等采用眼动实验将 7—10 岁自闭症儿童和正常儿童进行对比,来探究自闭症儿童的面部表情识别与加工以及背景性质对自闭症儿童的影响,研究发现,面孔与背景语义不一致并不能促进自闭症儿童对面孔的搜索,自闭症儿童的面孔加工模式与正常儿童有相似注视时间。[④] 另一眼动实验则发现自闭症儿童对不同情绪面孔的觉察时间都显著长于正常儿童;自闭症儿童与正常儿童一样表现出对恐惧面孔的注意偏向,但自闭症儿童对不同情绪面孔内部特征区的注意分配与正常儿童不同,自闭症儿童不能注意最能展示出某类表情特征信息的区域。[⑤] 邱天龙等采用两因素重复测量实验设计,探究 12—16 岁自闭症儿童在眼部信息削弱、嘴部信息削弱、无削弱情况下对高兴、悲伤、愤怒、恐惧四种面部表情图片的识别特点,其主要的实验结果是无削弱情况下,12—16 岁自闭症儿童对高兴、悲伤的表情识别能力较强,对愤怒和恐惧的识别较差;眼部信息削弱降低了自闭症儿童对高兴、悲伤、愤怒的识别率,对恐惧表情识别率无显著影响;嘴部信息削弱降低了自闭症儿童对四种表情的识别率;在高兴和悲伤表情上眼部信息削弱和嘴部信息削弱对识别率产生的影响是一致的,在愤怒和恐惧表情上嘴部信息削弱对识别率影响大于眼部削弱。[⑥]

[①] 周念丽,等.自闭症幼儿的视觉性自我认知实验研究[J].心理科学,2004(6):1414-1417.
[②] 周念丽,等.自闭症幼儿的视觉性自我认知实验研究[J].心理科学,2004(6):1414-1417.
[③] 林云强.自闭症谱系障碍儿童颜色视觉突显的眼动研究[J].中国特殊教育,2013(5):57-61.
[④] 陈顺森,白学军,沈德立,等.背景性质对 7—10 岁自闭症谱系障碍儿童面孔搜索与加工的作用[J].心理科学,2012(4):778-785.
[⑤] 陈顺森,白学军,沈德立,等.7—10 岁自闭症谱系障碍儿童对情绪面孔的觉察与加工[J].心理发展与教育,2011(7):449-458.
[⑥] 邱天龙,杜晓新,张伟锋,等.眼部、嘴部信息削弱对自闭症儿童表情识别的影响[J].中国特殊教育,2013(5):37-41.

二、听知觉

自闭证儿童的听力反应具有特殊性。大约有40%的自闭症儿童对环境中的声音敏感，他们的某些频率的听觉阈限可能超出正常人听到的范围，某些特定的声音会令他们极为反感，例如他们听到鸟唧唧喳喳的叫声可能比火警器的尖声更强，从喷泉出水的声音也许比瀑布的声音更强。[①] 他们听觉过于敏感或过于迟钝，表现在一方面对某些声音无反应，"听而不闻"，"视而不见"，呼其名字不做答，对外界无任何兴趣，使人们怀疑患者是聋儿，或认为听觉器官不敏感。另一方面，有些自闭症儿童又可能对某些声音特别敏感，如电视、广告、音乐等。

大多数自闭症儿童具有语音分辨困难的问题，他们无法区分外界讲话的声音、自己说话的声音、额外的杂音和背景噪音的不同，这使得他们不能排除那些不适宜的声音和过度噪音的影响。对自闭症患者来说，有的会因为无法过滤那些无关信息而造成信息超负荷。例如有一名感受过信息超负荷困扰的自闭症患者把自己的感觉通道比作声音通道，她声称自己经常用单一通道模型，而不是用多重通道模型来进行信息加工。[②]

他们的两耳的听力曲线有很大的不同之处，对同样强度的声音往往有只耳朵听起来就要响一些，也就是说并不是对所有的声音在强度上都具有相同的感受，两耳的单侧性反应比较明显。[③]

三、感觉统合

奥尼兹教授（E. Ornitz）首先发现，自闭症儿童存在脑生理学上的问题，他以自闭症儿童在旋转后眼球的严重振幅异常来解释自闭症儿童有感觉输入及运动指令输出上的困扰，这种调节功能方面的障碍，应来自脑干前庭功能不佳，所以，他认为自闭症儿童有感觉统合失常问题存在。[④]

爱尔斯博士（Jean Ayres）将自闭症儿童在感觉信息加工能力的薄弱归纳为如下三方面：① 感觉输入似乎无法印记在脑中，因此，常对周围事情漠然视之，而在另一些时候又反应过度。② 前庭和触觉虽有作用，调节上却相当不良，大多有重力不安和触觉防御过度现象。③ 对新的或不同的事物，大脑的掌握特别困难，对有目的或积极处理的事情不感兴趣。[⑤]

另有研究者认为，某种固有的仪式化行为是孩子调整感官刺激的一种方式。有的自闭症儿童在平时生活中有一些仪式性的行为，这是因为对他们而言，在视觉、听觉、触觉、肌肉知觉等方面的整合的刺激，是他们所不能承受的、感到不适的。他们似乎在用仪式化的行为模式，把注意力集中在一个感官感受输入上，想用这个感观感受来替代（或者说屏蔽）其他一切感觉，从而避免过多的感官刺激共同刺激后的不适感。特有的仪式化行为也能用于寻求

---

① 王梅，等.孤独症儿童的教育与康复训练[M].北京：华夏出版社，2007：11.
② 〔美〕路德·特恩布尔，等.今日学校中的特殊教育[M].方俊明，等译.上海：华东师范大学出版社，2004：345.
③ 王梅，等.孤独症儿童的教育与康复训练[M].北京：华夏出版社，2007：11.
④ 王梅，等.孤独症儿童的教育与康复训练[M].北京：华夏出版社，2007：166.
⑤ 王梅，等.孤独症儿童的教育与康复训练[M].北京：华夏出版社，2007：167.

更舒适的感官刺激,所以他们会重复这些能够带来视觉、听觉、触觉和肌肉知觉方面愉悦感的仪式化行为。

虽然自闭症儿童存在感觉统合方面的问题,但感觉统合疗法对自闭症儿童到底有没有康复治疗效果尚是一个有争议的问题。美国北卡大学的自闭症研究者格雷斯·巴拉尼克(Grace T. Baranek)曾经对这个问题作过一次综合性回顾分析并得出如下结论:感觉统合疗法对自闭症干预方法的临床效果尚未得到经验事实的证实,在已经发表的一些研究文献包括那些比较成功的实验报告中,最大的问题是没有任何事实可以证明,自闭症儿童在基本层次感觉功能方面的变化与其在高层次上的学习行为方面的变化之间有因果联系。但同时他也指出,感觉统合疗法的临床效果尚未得到科学验证并不等于说感觉统合疗法对自闭症的干预没有效果。[1] 在国内的很多文献中可以发现,通过感统训练,自闭症儿童的动作能力、手眼协调能力、平衡能力等都得到明显的提高,在心理方面,这些提高增强了自闭症儿童的自信心,使他们的情绪变得愉悦,这些结果表明在另外一个层面,感统训练还是有一定的效果。所以我们在对自闭症儿童进行干预时,要注意对感觉功能方面的干预,但是感统训练不能取代关于沟通技能、社会技能和适应性行为的教育训练,不能喧宾夺主地将感统训练作为自闭症儿童早期干预的首选的方法。

 本章小结

感觉是人们对客观事物个别属性的反映,是客观事物个别属性作用于感官,引起感受器活动而产生的最原始的主观映象。知觉是客观事物直接作用于感官而在头脑中产生的对事物整体的认识。知觉以感觉为基础,并与感觉同时发生,但不是感觉信息的简单组合。特殊儿童由于其身体、智力等方面的原因,与正常儿童相比,他们的感知觉有其独特性。本章对特殊儿童包括视觉障碍儿童、听觉障碍儿童、智力障碍儿童、超常儿童以及学习障碍儿童和自闭症儿童的感知觉进行了详尽的阐述。主要从视觉、听觉、触觉等感觉以及视知觉、听知觉、感觉统合等方面着手。

同正常儿童相比,并不存在视觉障碍儿童的听力更好一些的问题,相反,近年的研究发现视觉障碍儿童的听力损失比正常儿童还要大些。在触觉方面,受过训练的视觉障碍儿童的触觉比正常儿童的灵敏度要高些。视觉障碍儿童的形状知觉跟明眼儿童之间不存在显著差异,在涉及需空间知觉参与的长度知觉时,他们明显差于正常儿童,但在重量知觉方面,视觉障碍儿童明显好于明眼儿童。

听觉障碍儿童的视觉搜索能力以及视敏度都比正常儿童要好,听觉障碍儿童的触觉在一开始发展的时候是落后于正常儿童的,但通过训练,聋童在他们的触摸过程本身和所揭示的事物的特性方面不断得到改进和提高。特别是在语言训练的时候触觉起着重要的补偿作用。听觉障碍儿童的知觉存在范围狭窄,知觉加工不完整,知觉选择性、系统性和准确性不强等特点。

---

[1] 黄伟合.用当代科学征服自闭症——来自临床与实验的干预教育方法[M].上海:华东师范大学出版社,2008:260.

智力障碍儿童的视觉、听觉、触觉、痛觉和温度觉的发展明显落后于正常儿童,智力障碍儿童的知觉速度缓慢,容量小;知觉分化不够,区分能力弱;缺少知觉积极性;知觉恒常性差;空间知觉发展落后,方位定向能力差。另外研究发现,智力障碍儿童存在感觉统合失调的问题。

超常儿童的感知觉主要表现为感知觉较正常儿童敏锐,其主要特点有:知觉具有明确的目的、计划性和系统性,观察能力强,能透过现象看本质。超常儿童的视觉、听觉和辨别能力都较正常儿童突出。

学习障碍儿童的视知觉存在视觉分辨力及视觉跟踪能力低下、视觉信息空间位置容易混淆、视觉—运动协调存在缺陷、立体视觉功能低下的问题。学习障碍儿童的听知觉有以下特点:① 听觉记忆能力的缺陷;② 听觉序列能力的缺陷;③ 听觉分辨能力不佳;④ 谈话时对起头的语音有固着现象;⑤ 听音能力差;⑥ 欠缺视—听统合能力。另外,国内外研究发现,感觉统合失调与儿童学习障碍有密切的关系。

许多自闭症儿童有明显的感知觉障碍,有些对感觉刺激如光、噪音、触觉或痛觉等反应过度迟钝,有些则反应过度敏感。另外自闭症儿童的视觉缺乏眼神的接触和追视,难以与人产生共同注意。自闭症儿童的听力反应具有特殊性,大约有 40% 的自闭症儿童对环境中的声音敏感,另外大多数自闭症儿童具有语音分辨困难的问题,除此以外,大多数自闭症儿童也存在感觉统合失调的问题。

 思考与练习

1. 感觉的代偿与补偿在感官残疾儿童的感知觉当中是如何起作用的?
2. 很多人认为盲童的触觉比一般人要灵敏,通过学习,你怎么看待这个问题?
3. 智力障碍儿童的知觉特点有哪些?
4. 学习障碍儿童的视知觉特点主要表现在哪几个方面?
5. 自闭症儿童的感知觉特点是什么?

第3章 特殊儿童的注意

学习目标

1. 了解注意的概念、注意的基本理论以及发展特点。
2. 理解并掌握各类特殊儿童注意发展的特点及其原因,能够对各类特殊儿童注意的特点作简要的比较。
3. 能够根据各类特殊儿童注意的特点,为他们制订个性化的教育策略、干预措施和康复计划。

注意在人们的日常生活中每时每刻都在发挥重要的作用。在心理学中,注意作为心理活动的调节机制,在近代心理学发展的初期即已受到重视。20世纪60年代中期认知心理学兴起后,对注意的研究也愈来愈广泛和深入。认知心理学强调注意的选择性,将注意看做是一种对刺激进行选择性控制与调节行为的内部机制(卡尼曼,Kahneman,1973),认为这种主动性的信息舍弃是为了更加有效地加工获得的重要信息(柏宁,Boring,1970;Wgeth,1973)。从这个角度出发,认知心理学着重研究注意的心理过程,提出了不同的注意的模型,企图从理论上来说明注意的机制。本章将简要说明注意的基本理论,在此基础上,讨论感官障碍、智力异常、学习障碍和自闭症等几类特殊儿童的注意特点。

第1节 注意理论与注意的发展

一、注意概述

注意是心理活动对一定对象的指向与集中。[①] 也就是说,当人们的心理活动有选择地指向一个对象时,这就是注意。注意不是独立的心理过程,它是在感觉、知觉、记忆、思维、意志等心理过程中表现出来的,是各种心理过程所共有的特性,任何一个心理过程自始至终都离不开注意。

根据注意产生和保持时思维有无预定的目的以及是否需要意志努力,可将注意分为无意注意和有意注意两种。无意注意是指没有一定的目的,也不需做意志努力的注意。有意注意是指有预定的目的,在必要时还需做一定意志努力的注意。在实际活动中,这两种注意是共同参与、相互配合和交替的。只有这样,才能使人们自觉地、有兴趣地投入到活动中去,使活动达到最佳效果。

---

① 梁宁建.当代认知心理学[M].上海:上海教育出版社,2003:85.

学前儿童注意的特点是无意注意已有很好的发展,而有意注意还在逐步形成中。初入学的儿童也常有这个特点。但是,由于儿童入学以后,在新的生活条件下从事新的活动,这些新的生活条件和新的活动,不断向儿童的注意提出新的要求,在这样的矛盾运动过程中,小学儿童的注意就获得了本质上与学前儿童不同的新发展,形成了自己的特点。①

注意是人们认识活动、掌握知识、有效地加工重要信息、保持信息和实践活动的必要条件。② 注意障碍主要是主动注意功能减弱,被动注意相对增强,主要表现为注意不能持久和难以集中。自我控制能力缺陷是注意障碍的实质,③具体反映在意志方面常显得冲动或任性;反映在动作方面是无目的的活动过多;反映在情绪、情感方面是易出现情绪不稳,易激动,缺乏理智。此外,还可能有知觉、认识、语言或协调动作等障碍。④

二、注意的理论

(一) 过滤器理论

过滤器理论的基本思想是,注意受人的信息加工系统的结构的限制,某些特定类型的输入信息可以通过过滤器得到识别和进一步的加工,而其他的信息则不能通过。⑤ 因此,过滤器理论多集中于讨论以下几个问题:① 信息加工系统中有多少个过滤器? ② 过滤器处于信息加工系统的什么位置? ③ 过滤器以什么原则来选择信息?

1. 早期选择模型

布罗德本特(Broadbent,1958)在其《知觉的交往》一书中最先提出注意的过滤器理论。该理论的基本假设是:大量的来自外界输入的信息,在平行的感觉通道中进行加工时,因受通道容量和神经系统高级中枢加工能力的限制,只有一部分能得到进一步加工。⑥ 这样,为了避免系统超载,就需要在瓶颈口通过过滤器加以调节,选择某些信息进入高级分析阶段,而其余的信息则迅速衰退。通过过滤器的信息受到进一步的加工而被识别或存储。这种过滤器类似波段开关,可以接通一个通道,使该通道的信息通过,而其余的通道则被阻断,信息不能通过。这种过滤器的作用体现出注意的功能,因此这种理论被称做注意的过滤器模型(见图 3-1)。图中的输入通道可以是不同的感觉器官或成对的感觉器官的两个部分,或不同方位的声音,等等。输入通道的数量较多,而过滤器至高级水平的通道只有一条,体现出过滤器的选择作用。这个模型后来被威尔福德(Welford,1959)称为单通道模型。在这个模型中,过滤器的选择作用并不是随机的,而是有一定的制约的,新异的刺激、较强的刺激、具有生物意义的刺激等易于通过过滤器,受到更多的注意。后来,布罗德本特根据这一设想,特别强调人的期待作用,认为凡为人所期待的信息更容易受到注意。

---

① 黄希庭.心理学导论[M].北京:人民教育出版社,2005:215-236.
② 柳树森.全纳教育导论[M].武汉:华中师范大学出版社,2007:228-229.
③ 刘翔平.儿童注意力障碍的诊断与矫正[M].北京:同心出版社,2002:17-42.
④ 柳树森.全纳教育导论[M].武汉:华中师范大学出版社,2007:230-242.
⑤ 黄希庭.心理学导论[M].北京:人民教育出版社,2005:215-236.
⑥ 梁宁建.当代认知心理学[M].上海:上海教育出版社,2003:85.

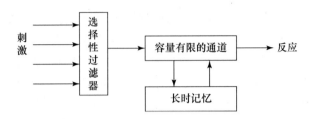

图 3-1 布罗德本特过滤器模型

2. 衰减模型

过滤器理论得到了某些实验事实的支持,但进一步研究发现,这种理论并不完善。例如,在双耳分听的研究中,有研究发现来自非追随耳的信息仍然受到了加工(Gray,1960)。基于日常生活观察和实验研究的结果,特雷斯曼(Treisman,1964)提出了衰减理论。[①] 特雷斯曼的衰减模型认为,有机体总的加工能力是有限的,在信息加工系统中存在着某种过滤器。但是,她认为过滤器不是按"全或无"原则工作而是按衰减的方式工作。并认为许多通道都能对信息进行不同程度的加工。至于过滤器在信息加工系统中的位置问题,特雷斯曼认为有两种情况:一是在语义分析之前,称为外周过滤器。二是在语义分析之后,称为中枢过滤器。前一种过滤器对刺激的特点进行级差性选择,即对输入的感觉信息给予不同程度地衰减而不是完全阻断感觉输入(见图 3-2)。她假定长时记忆中已储存的项目具有不同的激活阈值。当输入的信息通过过滤器未受到衰减时,能顺利激活长时记忆中有关的项目而得到识别;当输入的信息通过过滤器受到衰减时,由于强度减弱,因而常不能激活长时记忆中相应的项目,因而不能被识别;但特别有意义的项目(如自己的名字、火警信号等)的激活阈值较低,因而能被激活、被识别。因此,选择注意不仅取决于感觉信息的特征,而且取决于中枢过滤器的作用。中枢过滤器在信息选择中起积极作用,它是根据在回答反应组织中起着巨大作用的范畴、语义特征进行选择的。由于强调了中枢过滤器的作用,人们把它称为中期选择模型。

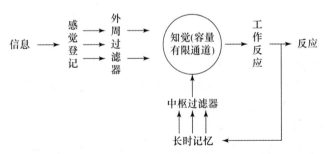

图 3-2 特雷斯曼的衰减器模型

3. 晚期选择模型

晚期选择模型首先由多伊奇等(Deutsch,1963)提出,后来由诺曼(Norman,1968)加以修订。该模型认为,所有的选择注意都发生在信息加工的晚期,过滤器位于知觉和工作记忆

---

① 王甦,汪安圣.认知心理学[M].北京:北京大学出版社,2006:51-68.

之间。① 注意的选择以知觉的强度和意义为转移。事实上,该模型假定信息达到了长时记忆,并激活其中的项目,然后竞争工作记忆的加工。这个模型强调了中枢控制过程,选择注意就是加工系统中这个控制的一部分。通过客观存在某些信息的编码被选择出来作进一步的系列加工。诺曼把这个机制称为"相关机制",即对相关刺激作出反应。选择注意就是这个控制机制使人集中加工特定信息的结果,是一种主动的过程。

这个模型能很好地解释注意分配现象,因为输入的所有信息都得到了加工。也能很好地解释特别有意义的信息易引起人的注意,因为储存在长时记忆中的这些项目激活阈值是很低的。但是,这个模型看来是不经济的,因为它假设所有的输入信息都被中枢加工,因此不能很好地解释早期选择现象。

(二) 资源限制理论

资源限制理论把注意看做是心理资源,对输入进行操作的资源在数量上是有限的。如果一个任务没有用尽所有的资源,那么注意就可以指向另外的任务。注意的有限性不是过滤器作用的结果,而是从事操作的资源的有限数量所决定的。②

最初提出资源限制理论的卡尼曼(Kahneman,1973)认为,操作的有限性仅仅是由心理资源有限所决定的。诺曼和博布罗(Norman & Bobrow,1975)扩大并精化了资源的概念,区分出两种类型的限制:一类是作业成绩已经达到了最佳期的水平,人再增加努力也不可能提高作业的成绩,这类任务称为"材料限制"任务。另一类是指通过增加更多的努力可以提高作业操作的水平,这类任务称为"资源限制"任务。实验表明人是可以同时操作两项任务的。在这种情况下,说明注意两项任务的资源是足够的。也有研究表明,操作一项任务往往会影响另一项的操作成绩,这说明同时完成这两项任务缺乏足够的资源。这一理论的基本假设是,完成每一项任务都需要运用心理资源。操作几项任务可以共用心理资源,但是人的心理资源的总量是有限的。这些加工过程产生一定数量的输出,人在操作几项任务时根据特定数量的资源和输出在质量上的变化,将资源分配给这些任务的操作。只要同时进行的两项任务所需要的资源之和不超过人的心理资源总量,那么同时操作这两项任务是可能的。

资源限制理论可以解释许多实验结果,而且这一理论不涉及信息加工阶段的分析,因此也不必要问在加工序列的哪个阶段有过滤器。这个理论的最大缺陷是不能作出预测,但科学研究的一个重要目标是预测,而这个理论却不能告诉我们,人的资源总量是多少,是如何分配的,一项任务包含了哪些资源。

(三) 多重选择信息加工理论

这个理论建立在人类信息加工系统工作的一般模型基础上。该理论认为,注意是灵活的,加工系统可以依据输入的物理属性或它的意义来进行选择,但对输入的加工却受着工作记忆容量的限制。③ 多重选择信息加工理论的基本假设是,从感觉储存中抽取的信息类型取决于中央控制器的特性(例如我们的目的、计划等)。奈瑟(Neisser,1967)把注意理解为中枢

---

① 黄希庭. 心理学导论[M]. 北京:人民教育出版社,2005:215-236.
② 梁宁建. 当代认知心理学[M]. 上海:上海教育出版社,2003:85.
③ 王甦,汪安圣. 认知心理学[M]. 北京:北京大学出版社,2006:51-68.

对知觉结果的主动预期。通过注意刺激的物理属性,加工系统可能仅选择特定的输入进行进一步的加工。经过最初的选择,只留下较少的输入,这样工作记忆的加工容量也就相对较大了。中央控制器和刚进来的刺激一起控制着长时记忆中的那些项目将被激活。因此,有意义的刺激就比不重要的刺激更容易进入意识,受到注意。晚期选择(如注意自己的思考或内心活动)被认为主要是由中央控制器确定的,是长时记忆中特定项目高度激活的产物。晚期选择可能需要更多的工作记忆进行加工,因而往往有许多项目竞争注意。

三、注意的发展

众所周知,个体在对信息进行编码、保存并运用它解决问题之前,首先必须觉察和注意到信息。虽然年幼儿童会注意到感觉输入的信息,但通常都是客观物体和事件引起了他们的注意:一个月大的婴儿不会自己去选择注意人脸,而是人脸吸引了他的注意。同样,全神贯注于某项活动的学前儿童会很快对活动失去兴趣,而沉迷于另一项活动中去。但随着年龄的增长,儿童开始能够保持自己的注意力,对所注意的信息也有了选择性,还开始有能力制订和执行系统性的计划,以搜集信息达到特定的目标。[①]

(一)一般特点

第一,在教学影响下,儿童的有意注意正在发展,而无意注意仍起着重要的作用。一年级儿童上学常忘记带学习用品,需要父母提醒、帮助。在教学的要求下,儿童的有意注意逐步发展起来。到小学的中高年级,有意注意由被动发展到主动。如对某对象评估的正确率,无意注意只达到20%,有意注意却达到56%。在小学高年级学生的认识中,有意注意的作用超过了无意注意,占据主导地位。

第二,在教学影响下,儿童对抽象材料的注意正在逐步发展,但具体的、直观的事物还是更能引起儿童的注意。受思维发展水平的影响,小学儿童,特别是低年级儿童的注意很容易被一些直观的、具体的事物所吸引,而难以集中在事物的主要本质上,以致常被一些不相干的细节所吸引而分散注意力。随着儿童学习活动的发展,儿童逐渐学会了把注意指向并集中到与学习任务有关的方面,而一些比较抽象的概念或道理不大容易吸引儿童的注意。

第三,在整个小学时期内,儿童的注意经常带有情绪色彩。小学儿童还与学前儿童一样,容易被一些新异刺激所激发,而且注意的外部表现很明显。例如,教师的讲述非常生动,儿童注意中的情绪反应就特别明显。因此,小学教师一方面要在教学上利用可以引起儿童兴趣的因素,另一方面也要锻炼儿童控制自己情绪的能力,从而以自觉的态度来对待自己和学习。

(二)注意品质发展特点

1. 注意广度的发展

注意广度(attention span)是指将注意力保持在特定刺激或活动上的能力。由于年幼儿童的注意容易受到干扰,而且很难抑制与任务无关的思维活动(Dempster,1993;Harnishfeger,1995),他们无法长时间保持注意力。即使是做自己喜欢的事情,如玩玩具或看电视,他们也会四处张望,到处走动,把注意分散到其他地方,而只把很少的注意放在正在做的事

[①] 〔美〕David R. Shaffer.发展心理学——儿童与青少年[M].邹泓,等译.北京:中国轻工业出版社,2005:286.

情上。随着中枢神经系统的成熟,处在学龄期和青少年初期的儿童保持注意力的能力逐渐提高。如青少年和成人可能会为了即将到来的考试或第二天要上交的学期论文,连续工作几个小时。此外,注意能力随年龄增长而提高还可能是因为年龄较大的儿童会使用更有效的策略来调节注意。

2. 计划性注意策略的发展

随着年龄的增长,儿童搜集信息逐渐具有更多的计划性和系统性。在一系列的经典研究中(Vurpillot,1968;Vurpillot & Ball,1979),研究者让 4—10 岁的儿童比较两张房子的图片,判断窗户里的物体是否一样。结果表明,4、5 岁的儿童缺乏计划性,只比较窗户的一部分,通常会得出错误的结论。与此相比,6.5 岁以上的儿童则更有计划性和系统性,他们会一对一地把两个房子相对应的窗户联系起来比较,再做出判断,这种判断通常都是正确的。年长的儿童还会制订系统的计划去寻找丢失的玩具,他们会把寻找的范围限定在最后一次看到玩具的地方和发现丢失的地方之间,而年幼儿童只会无目的地四处寻找(Wellman,1985)。儿童这种有计划地搜集信息的能力,在学龄中期会逐渐得到发展。

3. 选择性注意的发展

选择性注意(selective attention)是指将注意力保持在与任务相关的信息上而忽视无关或干扰信息的能力。米勒和韦斯(Miller & Michael Weiss,1981)的研究发现,年幼儿童的选择性注意能力很差,他们无法把注意力集中在与任务相关的刺激物上,容易受到环境中无关刺激物的干扰。此外,他们的研究还发现,年纪较小的儿童对无关信息的回忆成绩和相关信息的回忆成绩大致是一样的。总之,与年幼儿童相比,年长儿童能更好地过滤掉那些对任务起干扰作用的无关信息,而把注意力集中到与任务相关的信息上。[①]

第 2 节 感官障碍儿童的注意

一、视觉障碍儿童的注意

视觉障碍儿童由于视觉系统出现障碍,因此他们注意的广度会缩小。由于人类所获得的信息中 80% 以上来自视觉,所以视觉障碍儿童只有把注意集中在较小范围内,才能获得相对较多的有关刺激物的信息。与此同时,他们的注意不容易受周围其他刺激的影响,因而注意就更稳定、更难转移。根据注意的认知资源理论,与正常儿童相比,视觉障碍儿童识别同一刺激物所消耗的资源更多,而注意的资源是有限的,因此,剩余的资源就有限,就不能同时从事其他的注意活动,注意分配的能力就越差,注意也就更难以转移。

(一) 听觉注意特点

视觉障碍儿童有较高的听觉注意力。在日常生活中,有许多声音信号不管人们想听还是不想听,都可能统统传入人耳内。所以,对声音信号必须加以选择。视觉障碍儿童只有自觉地排除那些无意义声音的干扰,才能把注意力集中在该听的有意义的声音信号上。在实际生活中,视觉为明眼儿童的活动提供了很多方便,而视觉障碍儿童则不得不更多地依靠听

---

① 〔美〕David R. Shaffer. 发展心理学——儿童与青少年[M]. 邹泓,等译. 北京:中国轻工业出版社,2005:286-289.

觉,他们有较强的听觉选择性。许多明眼儿童所忽略了的声音信号,对视觉障碍儿童来讲可能具有特殊的意义。例如,明眼儿童和视觉障碍儿童同时走进一个人数众多的场合,明眼儿童一般主要是通过视觉来了解现场情况的。如果视觉障碍儿童不想通过询问而知道这些情况,就必须注意倾听每个人的说话声,从中了解有多少人,是生人还是熟人,这些人的大概位置及距离等。久而久之,视觉障碍儿童的听觉辨别能力和听觉选择水平都会有较大程度的提高,能辨别出各种声音的细微差别和变化,利用这些声音信号去认识环境。[①]

(二) 注意的发展

注意的两个显著特点是指向性与集中性。视觉障碍使儿童视觉注意的这两个特性削弱了或消失了,但他们的整体注意能力并不因此而降低,其他感觉通道的注意还可能有所加强。

当一个儿童的视力受损以后,对外界信息的获得自然而然地要依赖其他感觉,如听觉、触觉等。他们对具体事物(即第一信号系统)的注意较正常儿童可能有所减少,但对词语(即第二信号系统)的注意却大大加强了。加上他们没有或很少有来自视觉通道的无意注意的干扰,所以视觉障碍儿童比正常儿童更容易将听觉、触觉和嗅觉等注意指向和集中于某一具体的信号或事物上。注意是心理活动的一种积极的状态,它使心理活动具有一定的方向。当人们注意某事物时,"对于被知觉的对象的感受性便提高……知觉得更加清楚"[②],所以,视觉障碍儿童非视觉通道注意的加强,为他们听觉、触觉、嗅觉等感受性的提高创造了有利条件。[③]

(三) 注意的品质特点

1. 注意容易分散

视觉障碍儿童也存在注意分散现象。尽管他们的外部动作不如明眼儿童明显,但教师通过对其外部行为的观察,也能有所发现。视觉障碍儿童的注意分散通常表现是思想开小差。引起注意分散的因素主要来自视觉之外的其他刺激,例如,无关的音响、气味、情绪不安、饥饿、疾病等。

2. 注意的分配

视觉障碍儿童虽然不能或很难从事有视觉参与的注意分配活动,但除视觉以外的其他感觉的注意分配活动,可能因此得到良好的发展。例如,受过训练的视觉障碍儿童可以一边利用听觉注意马路上的车辆来往,一边通过触觉用手杖点触注意道路上的障碍。

3. 注意的广度

有残余视力的儿童虽然视力非常有限,但在对外界的认识上,有限的视力同样可以参与其他感官的协同活动。他们视觉的有意注意通过良好的科学训练,有可能得到较好的发展。例如,有光感的儿童可以注意到黑夜或傍晚的区别,大多数低视力儿童可以学会阅读印刷体教材。发展视觉障碍儿童的有意注意,有益于提高他们残余视觉的感觉性。[④]

[①] 沈家英,陈云英.视觉障碍儿童的心理与教育[M].北京:华夏出版社,1993:102-105.
[②] 曹日昌.普通心理学[M].北京:人民教育出版社,1984:188.
[③] 教育部师范教育司.盲童心理学[M].北京:人民教育出版社,2000:11-13.
[④] 教育部师范教育司.盲童心理学[M].北京:人民教育出版社,2000:11-13.

二、听觉障碍儿童的注意

对正常儿童来说,一般引起和保持他们注意的刺激主要来自两个方面:听觉和视觉。如看书入迷,是视觉刺激引起注意的高度集中;听收音机入迷,就是听觉刺激引起注意的高度集中。听觉障碍儿童因听力受损,其注意大都是由视觉刺激引起的。另外,振动感觉在引起听觉障碍儿童注意方面也有较大的作用。如我国很多聋校教师都利用踏木制地板的方式提醒听觉障碍儿童注意,以达到组织教学的目的。

(一)视觉注意特点

听觉障碍儿童由于听力受损,只能以目代耳去认识世界,靠看手势、看口形去理解语言、引起注意。他们的优势兴奋中心主要产生和保持在视觉感受区,其注意大都是由视知觉刺激引起并保持的。一般的有声语言,如解释、劝说、谈话、讲故事等这类可以吸引正常儿童的手段,是不能引起听觉障碍儿童注意的。当然,对于有残余听力的儿童,如果能恰当地利用和发展其残余听力,是可以借助听觉刺激引起他们的注意的。

目前,听觉障碍对视觉注意影响的研究存在两种基本理论——缺陷理论和互补理论。缺陷理论认为,多感觉整合对于每个感觉通道的充分发展十分关键,一种感觉的剥夺会导致另一种感觉的缺陷。史密斯(Smith,1998)提出听觉障碍儿童的视觉注意技能低于听力正常儿童的注意技能。奎特娜等(Quittner,1994)提出注意的发展依赖于多感觉通道的信息整合。听力正常儿童在学习将视觉注意选择性的集中于某项任务的时候,听觉同时也在监控他们所处的环境;而对听力极度受损的儿童而言,他们发展的视觉注意策略可能更加分散,因为他们必须也用视力来监控周围的环境。相反,互补理论认为,一种感觉的缺失会导致对剩余感觉的更大依赖,所以会增强剩余感觉。近期越来越多的脑成像及行为实验研究结果支持这一观点,并揭示先天聋被试有增强的外周注意,尤其是当要求被试完成复杂视觉任务,并需要调控外周视觉注意及外周视野加工时。霍恩(Horn,2005)考察了先天耳聋被试的保持性视觉注意发展的影响因素,被试为41名大于6岁和47名小于6岁的两组先天聋儿。结果表明两组儿童的保持性注意任务成绩都好于听力正常儿童的常模,从而支持了补偿假设。很多支持补偿假设的研究主要集中于边缘视觉注意的研究中,所有报告听觉障碍儿童视觉功能提高的研究的共同特征就是他们都是对边缘视觉和视觉注意的操作有所提高。这些结果基于两个假设:一方面,听觉障碍儿童可能导致更好的边缘视觉;另一方面,耳聋可能导致分配视野中的视觉注意机制的补偿。[①]

针对聋人的视觉注意特征存在视觉注意缺陷和视觉注意补偿两种分歧观点,项明强、胡耿丹分别阐述了支持这两种观点的实验研究证据,支持视觉注意缺陷观点的研究主要考察的是聋人完成中央视野任务时所表现的冲动性特征;支持视觉注意补偿观点的研究主要考察的是聋人完成边缘视野任务时所表现的良好成绩,或是边缘视野干扰信息对中央视野任务产生的影响,并提出了可统合这两种观点的视觉注意资源分配改变的看法:聋人的视觉注意资源分配从中央视野转移到边缘视野。在此基础上,建议聋校提供可预测的学习环境,

---

① 张兴利,施建农.听力障碍对视觉注意的影响(综述)[J].中国心理卫生杂志,2006(8):501-503.

以降低边缘视野信息所产生的干扰。[1]

在对聋人与听力正常人注意捕获的眼动研究中,王庭照等分别研究了不同视野位置下聋人与听力正常人的注意捕获和工作记忆负荷、形状干扰对聋人与听力正常人注意捕获的影响。在不同视野位置下聋人与听力正常人注意捕获的眼动研究中,王庭照、杨娟使用眼动记录仪,通过记录和分析聋人与听力正常人行为和眼动指标,试图考察不同视野位置下被试注意捕获机制的异同。研究结果表明:(1)颜色干扰刺激产生了注意捕获效应,但其影响程度受视野位置的调整,更多地表现在中央视野的信息加工上;(2)聋人虽然使用了与听力正常人相同的眼动模式,但从加工能力和认知绩效来看,可能存在一定的中央视野加工劣势。该研究结果在一定程度上支持了上述聋人"视觉注意资源分配改变"的假说。[2] 在工作记忆负荷、形状干扰对聋人与听力正常人注意捕获影响的眼动研究中,王庭照等人通过记录和分析被试的行为和眼动指标,试图探讨不同工作记忆负荷下,形状干扰对聋人与听力正常人不同视野位置上刺激信息捕获注意的异同。研究结果表明:(1)形状干扰刺激虽然没有影响被试视觉加工的认知绩效,但被试的眼动模式会由于工作记忆负荷的改变而改变,高工作记忆负荷时,有形状干扰的注视次数高于无形状干扰;(2)工作记忆负荷、视野位置影响被试视觉加工任务的完成,被试在不同视野位置的加工过程表现出不一致的眼动模式;(3)聋人视觉加工在高工作记忆负荷时存在一定的劣势,但其对不同视野位置的信息加工及形状干扰所产生的注意捕获效应与听力正常人一致。[3]

(二)注意的发展

1. 无意注意起主导作用

无意注意是没有预定目的,也不需要努力而实现的注意,它的产生主要取决于客观刺激本身的特点。低年级听觉障碍儿童由于受年龄和语言的限制,认识水平很低,不知道自己应该注意些什么,只是对一些新颖的、刺激强烈的、运动变化着的事物产生注意,故在生活、学习、活动中主要以无意注意为主。

2. 有意注意发展缓慢

虽然无意注意在低年级群体中占优势,并延续时间很长,但到了高年级,随年龄的增长、知识的丰富和语言的发展,听觉障碍儿童的有意注意逐渐增强。他们会自觉地控制自己的注意,并且能有目的地以自己的意志组织自己的注意去完成该做的作业,该做的事。但是,听觉障碍儿童有意注意的发展速度慢,而接受系统教育时间较长的听觉障碍儿童发展相对较快。

3. 有意后注意发展水平较低

有意后注意是注意的高级形式。这种注意是在有意注意的基础上产生的,其发展过程是从没有直接兴趣到有直接兴趣,从需要较大意志努力到需要较小或不需要意志努力。如听教师讲课,开始并没有兴趣但又不得不听。后来,由于教师讲课很生动、很新颖,听者渐渐产生了浓厚的兴趣,不由自主地认真听讲,一段时间之后,有意注意就上升到有意后注意。

---

[1] 项明强,胡耿丹.聋人视觉注意的改变:从中央转移到边缘视野[J].中国特殊教育,2010(3):26.
[2] 王庭照,杨娟.不同视野位置下聋人与听力正常人注意捕获的眼动研究[J].中国特殊教育,2013(3):30-34.
[3] 王庭照,等.工作记忆负荷、形状干扰对聋人与听力正常人注意捕获影响的眼动研究[J].心理科学,2013,36(4):797-801.

由于听觉障碍儿童主要依靠视觉刺激引起注意，在课堂上只能借助于教师的手语、表情、口型、动作或教具等直观形象的教学手段来保持注意和理解问题，但视觉刺激引起的注意不可能被无限地保持。听觉障碍儿童往往学习目的不太明确，又难以培养起浓厚的兴趣，有意注意形成困难，有意后注意的发展水平较低。①

4. 空间注意更具有效性和策略性

返回抑制(inhibition of return, IOR)，指对原先注意过的物体或位置进行反应时所表现出的滞后现象。刘幸娟等基于位置的返回抑制对听觉障碍人群进行了两个实验，实验1中，听觉障碍被试和听力正常组被试具有相同的 IOR 时程和量；但在取消中央线索化的实验2中，当 SOA 为 350ms 时，听力正常被试没有出现 IOR，说明听觉障碍被试的注意脱离快于听力正常被试。听觉障碍被试对外周靶子的反应快于听力正常被试，表明听觉障碍人群具有增强的外周注意资源。听觉障碍人群的空间注意更具有效性和策略性。②

(三) 注意品质的特点

1. 注意的分配比较困难

听觉障碍儿童在注意的分配上存在困难，较多地用注意转移代替注意分配。注意的分配是指在同时进行两种或几种活动的时候，能够把注意指向不同的对象。注意的转移则是根据新任务有意识地把注意从一个对象转移到另一个对象上去。

听觉障碍儿童常不能同时做到既看又听，而只能一先一后地看黑板、看教材、看教具、看讲解，注意在几种对象之间来回转移。这样一方面减慢了感知的速度，感知同样数量的对象需花费更多的时间；另一方面由于注意的频繁转移使学习的感知变成间断的、不连续的，甚至会遗漏了某些内容。另外，听觉障碍儿童注意转移的能力也较差。这是因为，注意转移的关键在于人的主观能动性，具有较强的主动性、目的性和强制性。听觉障碍儿童在学习中往往不得不以注意的转移来代替注意的分配，但当需要转移注意时他又难以适时地实现注意的转移。不善于根据活动任务有意识地把自己的注意从一件事情迅速转移到另一件事情上去。

2. 注意范围相对狭窄

注意的范围是指在同一时间内所能把握注意的对象数量。虽然听觉障碍儿童有视觉优势，但他们的知识相对贫乏，所以注意的范围相对狭窄。随着知识的积累，听觉障碍儿童注意的广度会逐渐扩大。由于听觉障碍儿童单纯由视觉参与注意活动，所以他们的注意范围狭小，知识面不宽。吴永玲等曾对此做过实验：在10秒时间内，向被试呈现刺激物，记录被试在此时间内注意到的对象的数量。选取的对象是普小二年级和聋校二年级儿童。使用的材料是轿车、小刀、铅笔、匙子、袜子、杯子、橡皮、马、椅子、床、浴盆、毛巾、电视机等各种颜色和形状的实物或玩具，呈现时是将这些玩具和实物无规则地排成一行摆在桌子上。实验结果是：12岁左右的听觉障碍儿童对无规则的放在一起的各种玩具和实物的注意范围为6—7个；而正常8岁儿童为8—10个。③ 从这种实验结果可以看出，对于同时呈现的相同刺激

---

① 教育部师范教育司.盲童心理学[M].北京：人民教育出版社，2000：39-43.
② 刘幸娟，张阳，张明.听觉障碍人群检测任务基于位置的返回抑制(英文)[J].心理科学，2011，34(3)：564.
③ 吴永玲，国家亮.聋童注意的特点及其培养[J].特殊儿童与师资研究，1994(2)：34-36.

物,听觉障碍儿童注意范围明显落后于正常儿童。

3. 注意的稳定性较差

听觉障碍儿童注意的稳定性较差,难以持久保持注意的集中。注意的稳定性是指把注意长时间保持在所从事的活动上。注意的集中性是指把注意力保持在活动的对象上。对于听觉障碍儿童来说,一方面由于他们较多地依赖和使用视觉来感知事物,因而更容易因视觉器官的疲劳而分散注意;另一方面他们缺乏较明确的学习目的,学习动力不足,而学习困难又大,因而难以将注意持久地保持在学习这件"苦差事"上,这样就容易使注意离开当前应注意的事情而被无关刺激所分心。如听觉障碍儿童在课堂上容易离开教师所讲的内容,而将注意力转向别的刺激物。另外,听觉障碍儿童在学习和生活中借助于注意转移来代替注意分配的特点,也会使其难以保持注意的稳定和集中。

第3节 智力异常儿童的注意

一、智力障碍儿童的注意特点

一个人注意的好坏可以从注意品质上表现出来。一般而言,智力障碍儿童的注意品质落后于普通儿童,在注意缺陷深度上存在差异,从大到小依次为注意广度、注意转移、注意集中以及注意分配。[1]

(一)注意的广度狭窄

注意的广度是指在单位时间内所注意到对象的数量。数量越多,广度越大。正常儿童的注意广度随着年龄的增长、知识经验的丰富而扩大。速示器实验证明,在1/10秒时间内呈现圆点图,二年级学生能清楚地知觉到圆点数一般少于4个,五年级学生达4—5个,成人达到8—9个。智力障碍儿童的注意范围比正常儿童小。在上述实验中,他们感知的圆点数很少,智力障碍程度严重的甚至连一个圆点也感知不到。知识、经验和实践对提高注意的广度很重要。智力障碍儿童的认识能力差、知识经验缺乏、生活范围狭窄,是造成注意范围狭窄的外部原因。例如,他们写字只能看一笔写一笔,读文章只能一个字一个字地念,上楼梯只能看一级上一级。注意范围狭窄,使得他们学习速度慢,学习成绩差。对此,教师应经常帮助他们拓宽注意范围,提高注意速度。

(二)注意转移不够灵活

注意转移是指根据新任务,主动及时地把注意从一个对象转移到另一个对象上。注意转移的好坏在于转移的快慢,它和大脑皮质神经过程的灵活性密切联系着。善于主动地根据需要将注意从一个对象转移到另一个对象上,是一个人具有良好注意品质的表现。

智力障碍儿童注意转移迟缓,不够灵活。他们上课时往往身心分离。这与有些智力障碍儿童神经不够灵活有关,也与他们神经活动负担过重、学习心理内驱力弱、身心疲惫等因素有关;同时,他们的注意转移迟缓也与刺激强度、新奇、变化和持续时间有关。针对这种情况,教师应一方面提高他们的心理内驱力,如培养他们的学习动机、学习兴趣,再就是培养他

---

[1] 刘镇铭,李世明,王惠萍,等.智障学生注意品质测试及对比分析研究[J].中国特殊教育,2011(5):40-45.

们的自控能力。[①]

（三）注意的稳定性较差

注意的稳定性是指把注意集中保持在某一对象上时间的长短。时间越长,稳定性就越高。小学儿童注意的稳定性随着年龄增长而提高,其发展速度超过幼儿期。有人对小学生在日常学习中注意的稳定性做过研究,发现7—10岁儿童可维持20分钟,10—12岁约25分钟,12岁以上约30分钟。[②] 小学的一堂课中包含着多种活动,因此,只要教师把教学组织好,二年级以上的学生就能够在45分钟内保持注意的稳定而不出现疲倦现象。

智力障碍儿童注意不够稳定,走神之后很难收回来,个别的连三五分钟的注意力集中都做不到。智力障碍的个体通常也很难将注意力持续维持在某一特定的学习任务上。[③] 如有一智力障碍儿童由其父亲领读课文,第一句还跟着读,第二句就不读了,父亲问他为什么,回答是"小猫上桌了",可见他的注意力早转移了。智力障碍儿童注意的稳定性同样可以培养提高。提高学习兴趣、培养自制力、教学方法灵活多样及教育学生要善于组织自己的注意等,都是可行的措施。

（四）注意的分配能力差

注意的分配是指在同一时间内把注意分配到几个不同对象上。所谓"眼观六路,耳听八方"就是形容这种状况。谁能把注意同时分配到较多的方面,谁就能把握更多的事物,顺利完成复杂的任务。大多数小学儿童都能较顺利地分配其注意,完成"注意分配仪"的测试活动。智力障碍儿童的注意分配较难,有的甚至不能分配。将注意力集中在事物的关键属性上（例如：在关注几何图形时,集中关注它的轮廓而不是它的颜色或者是它在书中的位置）是有效学习的重要特征。智力障碍的学生在这方面存在着困难,他们不但很难将注意力集中在某一学习任务的相关属性上,反而更容易将关注点聚焦在外界的无关刺激上。这些注意力问题的共同存在,一并给智力障碍学生对新知识以及新技能的习得、记忆和归纳增加了难度。[④] 当然,注意的分配同样可以通过训练来提高。

一般而言,造成智力障碍儿童注意缺陷的原因很多,主要有以下几方面：第一,神经类型的个体差异;第二,大脑功能的发育障碍;第三,自控能力差;第四,与不良习惯有关;第五,认知能力不足;第六,多动。智力障碍儿童的注意缺陷是一种发育障碍,与正常儿童的表现有着本质的差别。总之,智力障碍儿童的注意缺陷相当普遍,特别是中、重度智力障碍儿童比较突出。这一缺陷严重影响他们的学习成绩及今后的工作,教师对此应着重进行矫治。[⑤]

二、超常儿童的注意特点

查子秀的研究表明,一些超常儿童注意力既广又能高度集中。他们阅读一本书、钻研一道题,常连续几个小时,即使有诱人的电视也可以不去看而沉醉于吸引他的事物中。[⑥] 有的

[①] 教育部师范教育司.智力落后儿童心理学[M].北京：人民教育出版社,1999：29-32.
[②] 沈德立.发展与教育心理学[M].沈阳：辽宁大学出版社,1999：166.
[③] 〔美〕William L. Heward.特殊需要儿童教育导论[M].肖非,等译.北京：中国轻工业出版社,2007：131.
[④] 〔美〕William L. Heward.特殊需要儿童教育导论[M].肖非,等译.北京：中国轻工业出版社,2007：131.
[⑤] 教育部师范教育司.智力落后儿童心理学[M].北京：人民教育出版社,1999：29-32.
[⑥] 查子秀.超常儿童心理学[M].第二版.北京：人民教育出版社,2006：85.

三岁时就能在食物和玩具诱惑的条件下一气读完一张毫无内在联系的有500多字的汉字表,时间长达30分钟。① 超常儿童之所以认知水平比较高,学习成绩优异,与他们具有良好的注意品质是分不开的,②这些品质或特点主要表现在以下几方面。

(一) 注意的稳定性好

超常儿童的注意具有较好的稳定性,能在一段时间内保持高度的集中。这种集中是广义的集中,是指超常儿童的注意能较长时间地保持在同一活动上。广义的注意稳定性并不意味着注意总是指向同一对象,而是指当注意的对象和活动发生变化时,注意的总方向和总任务不变。例如,儿童在完成作业的过程中,可能要看教科书、要写字或演算。虽然他所接触的课文、所写的字句或数字在变化,但是他的注意仍集中于完成作业这一项总任务上。

超常儿童注意的集中能力更强,不容易受到无关刺激的干扰。这可以从巴甫洛夫高级神经活动的负诱导学说中得到说明,即大脑皮层上某一部分兴奋,其临近部分就抑制,兴奋的程度越大,抑制的程度也就越大。超常儿童的注意比其他儿童更为集中,大脑皮层上相关部分兴奋性高,他们的注意具有高度的紧张性。③ 因此,更难受其他刺激的干扰。

(二) 注意的广度大

超常儿童的注意特征突出表现在注意广度大,且能高度集中。他们在同一时间内意识到并能清楚地把握的对象的数量高于常态儿童。比如,他们中有的阅读速度非常快,"一目十行"就是一个形象的比喻。④

(三) 注意的分配有效

从理论上讲,大脑在同一时间内信息加工的能量是有限的,集中注意要求全部心理活动的参与,有很高的紧张性。因此,在一般情况下,注意不能同时指向两个不同方向,即注意分配与注意集中两者之间是相互矛盾的。然而,在一定条件下,或者是通过一定的训练,注意分配不仅是可能的,而且是有效的。超常儿童在注意分配方面比正常儿童更有效。超常儿童的神经生理水平具有更高的可塑性,有较强的神经适应能力(能有效地抑制不利刺激的进入),有较强的定向和选择功能。因此,与一般智力水平的儿童相比,他们的注意力特别容易集中、专注和进行有效的分配。

(四) 注意的转移能力强

超常儿童与常态儿童相比大脑皮层神经系统工作的强度更大,兴奋和抑制更为集中,均衡性更好,灵活性更强。因此,超常儿童注意转移能力强、思维敏捷、反应灵活,这些特点是与超常儿童的神经系统紧密联系的。

1987年,龚正行对北京八中超常教育实验班的实验表明,超常儿童的注意力在注意的广度、注意的分配、注意的转移三个方面的成绩显著高于常态儿童。⑤ 结果见表3-1。

---

① 中国超常儿童协作研究组.智蕾初绽——超常儿童追踪研究专集[M].西宁:青海人民出版社,1983.
② 刘玉华,朱源.超常儿童心理发展与教育[M].合肥:安徽教育出版社,2001:99.
③ 刘玉华,朱源.超常儿童心理发展与教育[M].合肥:安徽教育出版社,2001:99-100.
④ 柳树森.全纳教育导论[M].武汉:华中师范大学出版社,2007:364-366.
⑤ 北京市第八中学,中科院心理所,北京市教科所实验课题组.超常儿童的鉴别和教育——北京八中超常教育实验班(1985—1989)实验报告[J].教育科学研究,1991(1).

表 3-1 注意力测试对比表

被试对象	注意指标			标准差 S	T 检验
	注意的广度	注意的分配	注意的转移		
八中少儿班 33 人	84.55	86.7	91.5	4.5	P<0.01
八中初三(X)35 人	73.35	75.4	78.7	7.8	

第 4 节 学习障碍儿童的注意

一、注意的发展

注意发展障碍是学习障碍儿童学习困难的常见原因,众所周知,注意品质的优劣与儿童学习成绩的高低有直接的关系。

(一) 无意注意常态发展

有学者通过把学习障碍儿童与学习优秀及学习中等儿童进行比较,发现学习障碍儿童的无意注意和注意搜寻、注意稳定、注意转移、注意集中等注意特性发展水平显著低于学习优秀儿童。与学习中等儿童相比,学习障碍儿童无意注意、注意搜寻、注意稳定的差异不显著,但注意转移、注意集中水平十分落后。[1]

(二) 有意注意能力薄弱

在有意注意的实验中发现,与学习优秀儿童相比,学习障碍儿童的有意注意启动缓慢且自动化加工薄弱。在注意集中实验中发现,单位时间内存储、加工能力薄弱是阻碍学习障碍儿童发展的重要因素。依据认知心理学理论推测,与非学习障碍儿童相比,可能由于学习障碍儿童有效容量较小,他们在单位时间内的存储转移和加工信息数量的能力明显薄弱。

此外,另有研究表明:学习障碍儿童注意集中困难、冲动行为、活动过度三项比例明显高于学习优秀儿童,尤其是注意集中差异最显著。说明学习障碍儿童注意集中时间短暂,缺乏坚持性,容易受外界干扰,容易陷入多动和冲动。由于多动症儿童神经系统易兴奋而且不稳定,注意发展水平低,这有碍于他们学习能力的获得,也有碍于他们对教学内容的理解和掌握,容易产生厌学与焦虑情绪,进而与学习障碍形成恶性循环。[2]

二、注意的品质特点

(一) 注意的选择性

李拉奇等(Lilach Shalev)使用两侧分心任务(要求被试对一个被分心物包围的中心目标进行反应)和视觉搜索任务(要求被试在大量的分心物中寻找一个既定目标),研究了学习障碍儿童与正常儿童的视觉选择注意。结果发现,学习障碍儿童难以将视觉注意限制在一定空间范围内,所以难以有效地忽视分心信息而选择加工相关的信息。[3]

---

[1] 杨锦平,等.学习困难初中生注意特性发展及影响因素研究[J].心理发展与教育,1995(1):54-60.
[2] 高艳玲,李军.学习困难儿童认知特点[J].科学教育,2004(1):62-64.
[3] Bernice Y. L. Wong. Learning about Learning Disabilities[M]. New York:Academic Press,1991:62.

哈根(Hagen)曾将目标刺激(如一张动物的图片)与附加的刺激或背景(如一张家用物品的图片)混合在一起,要求被试在不被告知附加刺激的情况下注意目标刺激。研究者认为,选择性注意强的儿童会把注意集中于目标刺激,而选择性注意差的儿童则会同时注意目标刺激和附加刺激。通过显现一组图片后的回忆结果发现,正常儿童比学习障碍儿童能记住更多的中心刺激,而学习障碍儿童则比正常儿童记住了更多的附加刺激,这表明学习障碍儿童确实存在选择性注意缺陷。此外,金志成等采用正、负启动技术比较了学障生和对照生在选择性注意加工机制——目标激活和分心物抑制方面的差异,结果表明学习障碍学生在对目标反应期间易受分心物干扰,其抑制分心物干扰能力较弱,所以在对目标作出反应的时候,易受分心物的干扰,其选择性注意效率比学优生低。[②]

（二）注意的分配

刘卿等筛选学习障碍儿童和正常儿童各45名,应用注意分配等实验研究了学习障碍儿童的注意力品质特点。结果发现,学习障碍儿童在注意分配能力上有明显缺陷,不同类型困难儿童中,只有复合型困难儿童的注意分配能力有显著缺陷。[③]而注意分配体现学生一听一动多种能力的结合,学生各种感觉能力良好的统合,是学生顺利进行学习的非常重要的条件,且可以通过训练得到改善。[④]学习障碍儿童注意分配能力的不足是感统能力发展不充分的一种体现。

（三）注意的广度

与正常儿童相比,学习障碍儿童的注意广度有偏低的倾向。注意广度的大小体现着学生的视觉能力和视觉分辨能力的高低。一般采用速示器呈现圆点图的方法来测量视觉注意广度。张曼华等的实验广度测试采用计算机呈现c程序设计的随机分布圆点图,以各点的正确应答次数为衡量指标。结果发现,当点子数小于4时,困难组和对照组的正确应答次数都很高,分析此时的错误多为偶然出现;而当点子数大于9时,困难组和对照组的正确应答次数都很低,可能主要是靠估计来应答;当点子数在4—9之间时,困难组的正确应答次数都小于对照组,说明学习障碍儿童的注意广度落后于正常儿童。

（四）注意的稳定性

一般而言,有复合学习障碍的儿童存在明显的注意稳定性缺陷,而对只有单一学习障碍的儿童来说,其注意的稳定性与正常儿童相比,无明显差异。

何华国认为,学习障碍儿童在注意力方面专注能力较差,且注意的广度狭窄、动机贫弱,而且显得多动,无法静静地坐着。[⑤]日本三重大学松坂清俊教授的研究认为,学习障碍儿童存在明显的注意障碍,主要表现为注意力极度分散。[⑥]

---

① 金志成,陈彩琦,刘晓明.选择性注意加工机制上学困生和学优生的比较研究[J].心理科学,2003(6):1008-1010.
② 刘卿,杨凤池,郭卫,等.学习困难儿童的注意力品质初探[J].中国心理卫生杂志,1999(4):220-221.
③ 张曼华,杨凤池,张宏伟.学习困难儿童注意力特点研究[J].中国学校卫生,2004(4):202-203.
④ 吴燕.学习障碍儿童外显视空间注意转移的眼动研究[D].金华:浙江师范大学硕士学位论文,2006:14-15.
⑤ 何华国.特殊儿童心理与教育[M].台北:五南图书出版公司,1987:107.
⑥ Lilach Shalev, et al. The wide attentional window: A major deficit of children with attention difficulties[J]. Journal of learning disabilities,2003(6):517-528.

第5节 自闭症儿童的注意

根据教学训练人员反映,在教学时要引起自闭症儿童去看和注意要教的事物是十分困难的。他们常常不会跟随教导者的指示去注意该注意的事情。若能注意时,注意的时间也极短暂。与此相反,自闭症儿童却常常对某些自己感兴趣的刺激十分专注,这种被称作过度选择性的注意力也常会干扰教学。一般而言,为了和别人正常地交往,我们要能够压抑许多不相干的刺激而专注于互动的某些信息上。由于自闭症儿童对大部分的刺激反应微弱或没有反应,让人觉得他们听而不闻、视而不见,在社会互动中难免被人觉得怪异而无法建立良好的互动。面对这种注意力容易分散且不易持久的特性,教师在呈现教材和互动的方式上都要特别注意,一定先引起学生的注意之后再进行教学的动作,这样才可以有比较好的结果。然而,自闭症儿童缺乏主动学习的态度,而且常有过分选择性注意的倾向,或有其他偏差行为的干扰,使他无法专注于教材所提供的线索。

一、注意的发展

共同注意(joint attention)是指与他人共同对某一对象或事物加以注意的行为。巴伦科(Baron-Cohen)将儿童的共同注意分为两类:一类是注视监控,即儿童追随他人的视线或指点去注视某一对象;另一类则是元陈述指向,即儿童作为主导者去引发别人的视线接触。儿童早期的共同注意主要表现在视觉和指点两个行为上。

婴儿9个月的时候就能追随他人的凝视方向,看别人正在看的东西,它对于婴儿的交流发展很重要。茫迪(Mundy)等比较了正常发展的儿童、自闭症儿童和智力障碍儿童在 ESCS (early social communication scales)上的行为,结果发现自闭症儿童在发起共同注意行为上存在问题。[1] 与正常发展组和智力障碍组儿童相比,自闭症儿童在和主试游戏时,眼睛很少接触,不能和主试分享游戏的快乐。与智力障碍或语言发展延迟的儿童相比,在发展水平匹配的条件下,只有自闭症儿童在共同注意上表现出缺陷。[2]

自闭症儿童的共同注意只是发展上的延迟,并不会永久受损。他们达到一定的心理年龄(超过4岁)后,就能对他人的眼睛注视方向或头部转向作出跟随反应。但在自闭症幼儿共同注意的反应中,对视觉方向的跟随较多指向目标物体,如玩具和食物,很少投向成人以通过目光传递内心的需求;而由其发起的共同注意多以"拉""抱"动作代替注视和指向行为。[3]

对中学阶段年龄较大的自闭症个体研究发现,共同注意的缺陷随着个体的发展而有所改善。虽然在引发共同注意方面仍有缺陷,但已经开始能对他人引发的共同注意作出反应。[4]

---

[1] Mundy P.,Sigman M.,Ungerer J.,et al. Defining the social deficits of autism:the contribution of non-verbal communication measures[J]. Journal of Child Psychology and Psychiatry,1986(5):657-699.

[2] Charman T,Swettenham T,BaronCohen S,et al. An experimental investigation of social-cognitive abilities in infants with autism:clinical implications[J]. Infant Mental Health Journal,1998(2):260-275.

[3] 周念丽,杨治良. 自闭症幼儿自主性共同注意的实验研究[J]. 心理科学,2005(5):1063-1067.

[4] Channan T. Specifying the nature and course of the joint attention impairment in autism in the preschool years:implications for diagnosis and intervention[J]. Autism,1998(1):61-79.

二、注意的品质特点

（一）注意的选择性

许多自闭症儿童表现出过度的选择性，倾向于把注意力集中于一个物体或人的较小特征，而不是整体。例如，第一次向自闭症儿童展示吉他，儿童有可能只注意音孔而不考虑吉他的其他方面，如它的尺寸、形状以及其他部分或者它发出的声音。这种过度选择干扰了儿童对吉他概念的理解。过度选择的倾向妨碍了儿童对新概念的学习并干扰了儿童理解环境中关联意义的能力。

（二）注意的稳定性及转移

自闭症候群患者的另一个倾向是对特殊物体或活动具有强迫性注意。这种聚焦注意如果不进行打断，可能会持续很长时间，并很难停下来。例如，自闭症儿童把注意力集中于玩具火车时，他会不停地玩火车并拒绝玩其他玩具。聚焦注意妨碍了他将注意力转移到其他人或活动上，如正走进房间的父亲或母亲，或者试图和他一起玩游戏的伙伴。[1] 马玉等考察了中低功能自闭症儿童在动态条件下的多目标注意加工特点，其实验结果发现：中低功能自闭症儿童的多目标的持续追踪能力和稳定性存在一定的缺陷；不同目标数量的情况下，中低功能自闭症儿童平均的注意容量明显低于正常儿童，中低功能自闭症儿童在多目标追踪上表现为单焦点注意加工的特点，存在一定程度的注意转移缺陷。[2]

（三）注意的分配

自闭症儿童使用玩具时，常出现对某些玩具的偏好和不恰当的使用方法。譬如，正常儿童玩玩具车，通常是把车子放在地上或在桌子上推着，学着车子走的动作及声音。可是许多自闭症儿童并不喜欢这样玩车子，他们会把车子倒过来玩它的轮子，或者把车子放在地上推，只注意车轮的转动。综合而言，在使用玩具方面，自闭症儿童比正常儿童有明显的迟缓，有的会伴有特殊怪异的现象，如长时间地持续咬、敲打、排列等。马玉等通过多目标追踪范式探讨自闭症儿童动态视觉注意加工特点，实验发现自闭症儿童同时加工多目标的并行注意追踪能力存在一定缺陷，注意资源分配能力非常有限，注意追踪能力缺乏稳定性和持续性。[3]

（四）注意的广度

由于自闭症儿童在主动共同注意能力上有缺陷，在共同注意的理解能力上也存在障碍，[4]而且还容易出现过度的选择性注意和强迫性注意，因此他们的注意广度大都比较狭窄。卢瑟福（Rutherford）等人研究了自闭症者的注意广度，结果发现普通人与自闭症者在分配注意任务上的注意资源分配有差异，自闭症者能将注意资源既分配到中央视区又分配到中

---

[1] 〔美〕William L. Heward. 特殊需要儿童教育导论[M]. 肖非，等译. 北京：中国轻工业出版社，2007：235-236.
[2] 马玉，张学民，张盈利，等. 自闭症儿童视觉动态信息的注意加工特点——来自多目标追踪任务的证据[J]. 心理发展与教育，2013(6)：571-577.
[3] 马玉，张学民，张盈利，等. 自闭症儿童视觉动态信息的注意加工特点——来自多目标追踪任务的证据[J]. 心理发展与教育，2013(6)：571-577.
[4] Baron-Cohen. Joint attention deficits in autism: towards a cognitive analysis[J]. Development and Psychopathology，1989(1)：85-189.

央视区外,而普通人总是将注意资源分配在中央视区,即自闭症者可能比普通人更有策略地将注意范围保持在均等水平,既能完成对视区中央刺激的加工,又能完成对视区中央外刺激的加工。①

 本章小结

注意是心理活动对一定对象的指向和集中,它贯穿于各种心理活动(既包括感知觉、记忆、思维等认识活动,也包括情感过程和意志过程)的始终。注意在人们的日常生活中扮演着非常重要的作用,无时无刻不在发挥作用。比如,注意的选择功能,使人们能够根据特定的情境,选择有意义的、符合当前活动需要和任务要求的刺激信息,同时避开或抑制无关刺激的作用,这就确保了我们的生活和学习能够次序分明、有条不紊地进行。此外,注意的调节监督功能可以确保我们能够快速融入瞬息万变的社会环境中,等等。由此可以看出,对注意的研究是非常必要的。注意在特殊儿童的生活中同样也起着至关重要的作用。

本章从注意的理论和发展入手,简要阐明了注意的基本理论及其发展特点,进而对各类特殊儿童(本章主要涉及视觉障碍儿童、听觉障碍儿童、智力障碍儿童、超常儿童以及学习障碍儿童和自闭症儿童)的注意的发展特点和注意的品质特点作了细致的分析与探讨。本章的写作目的在于理清各类特殊儿童注意发展的过程特点和品质特点。在分析他们注意发展的特点时,主要是从无意注意的发展、有意注意的发展、有意后注意的发展、注意的广度、注意的稳定性和注意的选择与分配等角度来进行阐述的。通过对各类特殊儿童注意发展特点的论述和简要的比较,期望在教学、研究工作中能够更好地把握各类特殊儿童注意的特点,以便在教学和研究中能够采用更加有效的教学策略、干预措施和康复手段,从而提升特殊教育的教学成效,提高特殊儿童的康复水平,使他们的缺陷得到最大限度的补偿,使他们的潜能得到最充分的发展。

 思考与练习

1. 简述注意的基本理论。
2. 注意发展的特点有哪些?
3. 试述听觉障碍儿童与视觉障碍儿童注意的联系和区别。
4. 智力异常儿童的注意有何特点?
5. 学习障碍儿童注意的品质有何特点?
6. 自闭症儿童注意的品质特点是什么?

---

① Rutherford M. D., Richards E. D., Moldes V., et al. Evidence of a divided-attention advantage in autism[J]. Cognitive Neuropsychology, 2007(5): 505-515.

第4章 特殊儿童的记忆

学习目标

1. 了解记忆及其理论的发展。
2. 识记智力异常儿童的短时记忆。
3. 理解感官障碍儿童的记忆情况。

记忆是个体对其经验的识记、保持和再现(回忆和再认)。识记是记忆的开始阶段,是获得知识经验的记忆过程。识记具有选择性。保持是识记过的经验在大脑中的巩固过程。再现包括回忆和再认。回忆和再认,是在不同的情况下恢复经验的过程。特殊儿童也和任何儿童一样,记忆伴随着他们的成长而不断地变化发展。

第1节 记忆理论与记忆的发展

一、记忆概述

记忆在儿童的成长过程中起着非常重要的作用,对特殊需要儿童也是如此。从信息加工的角度来看,所谓记忆就是人脑对信息的储存和提取。信息经由传入系统到达脑中枢的相应部位,得到加工编码而被储存起来,需要时,这些信息又可以通过解码过程而被提取出来。[1]

在记忆中,记忆的内容便是往事的图式。在巴特莱特看来,人类的记忆是对群体特征的直接的条件反射,而群体的偏爱,包括欲望、本能、理想等的偏爱,在个体中唤起一种积极的倾向对"图式"进行构念。[2] "图式"涉及对过去的反应或经验予以一种积极的组织工作,这些过去的反应或过去的经验被假定在任何一种充分适应的有机体反应中起作用。但是它并非单纯地作为一个接一个的单个成分在起作用,而是作为一个组块在起作用。[3]

儿童最初出现的记忆,属于短时记忆,长时记忆出现和发展稍晚。短时记忆比长时记忆早出现,这与儿童大脑发育,即与记忆生理基础的成熟有关。短时记忆活动不能长时间保持,随着时间的推移自行消失,而且消失后不能恢复。短时记忆只能保持30秒,在30秒的

---

[1] 洪德厚.记忆心理学[M].北京:科学普及出版社,1988:27.
[2] 〔英〕弗雷德里克·C.巴特莱特.记忆:一个实验的与社会的心理学研究[M].黎炜,译.杭州:浙江教育出版社,1998:18-19.
[3] 〔英〕弗雷德里克·C.巴特莱特.记忆:一个实验的与社会的心理学研究[M].黎炜,译.杭州:浙江教育出版社,1998:264.

短暂时间内提取短时记忆中的一些信息,要经过一定的加工才能使之转化为长时记忆。长时记忆的痕迹是结构性的,即有关的神经组织发生了结构性的变化,这些结构性的变化包括神经细胞突触联系的增长,传递物质的变化,神经细胞内部发生的变化。结构变化使长时记忆的痕迹能够长久保存。①

二、记忆的理论

随着对记忆的深入研究,一些研究者逐渐提出与建构了一些记忆理论和相关的记忆模型,其中,最具影响力的是由美国心理学家阿特金生(Atkinson)和谢夫林(Shiffrin)在1968年提出的记忆多存储模型。这一模型的基本假设是:人的记忆系统中存在着三种不同类型的记忆存储器,它们分别执行着不同的任务,为此,又把记忆的多存储器模型称为记忆信息的三级加工模型。它已经在认知心理学中得到广泛承认,并取得了大量相关研究成果。②沃尔夫(Wulf,1922)发现视觉图形随记忆保存时间的增加而变得更规则、更对称,许多研究者也得出了同样的结论。

德国心理学家艾宾浩斯(Hermann Ebbinghaus)在1885年发表他的实验报告,探讨了人类记忆的系统,揭示了遗忘变量和时间变量之间的内在关系。从此记忆就成为认知领域研究较多的主题,记忆理论和研究方法不断发展。记忆按储存的时间分为:瞬时记忆、短时记忆和长时记忆。③

(一)瞬时记忆

外界刺激物以极短的时间一次呈现后,保持时间在1秒以内的记忆,叫瞬时记忆,又称感觉记忆、感觉登记。瞬时记忆的特点主要体现在:具有鲜明的形象性;信息保持的时间极短;记忆容量较大;信息的传输与衰变取决于注意。相对短时记忆而言,感觉登记保持的信息量较大,但它们都处于相对未经加工的原始状态。如果不予注意,感觉登记的信息便很快丧失,所以保持时间相当短。其重要作用在于把环境刺激保持一定时间,以便进行更精细的加工。

(二)短时记忆

短时记忆作为一种独立的记忆结构,是在20世纪50年代后期由布朗(Brown)、彼特森(Peterson)等人通过实验证实的,实验发现,如果在加工处理刺激信息的过程中阻止对所加工信息进行复述,即使是很少的刺激信息也会被迅速遗忘。这显示短时记忆中信息的遗忘是由于记忆痕迹的消退引起。④米勒(Miller)在1956年从信息加工理论的角度出发,进行了一系列卓有成效的实验,发表了《神奇的数字7±2:我们信息加工能力的限制》的著名论文,提出了保持在短时记忆中的刺激信息项目大约为7个左右,即7个加2个或减2个的范围。米勒把短时记忆的容量单位用"组块"的概念来表示,它是指将若干较小的信息单元(如字母)联合成熟悉的、较大单位的、具有意义的信息单元,它可以是字母、数字,也可以是音节、词汇等。西蒙(Simon,1974)用单词和词组检验了米勒关于短时记忆容量的组块假设。通过实验研究,西蒙认为,一个人能够回忆出来的组块,在一定程度上依赖于每个组块的数目多少。

---

① 陈帼眉.学前心理学[M].北京:人民教育出版社,1989:120.
② 梁宁建.当代认知心理学[M].上海:上海教育出版社,2003:126.
③ 杨治良.记忆心理学[M].第二版.上海:华东师范大学出版社,1999:1-2.
④ 梁宁建.当代认知心理学[M].上海:上海教育出版社,2003:132-138.

传统观点认为,我们是通过记忆广度测试来确定短时记忆容量的,给个体快速呈现彼此不相关的项目(如数字),他们能够按精确顺序回忆起的数量就是记忆广度。心理学家常常用记忆广度任务来测量人的短时记忆能力,发现短时记忆能力随着年龄而变化,特别是从儿童到青少年时期有显著提高,而在老年时期又有所降低,从儿童到青少年时期,短时记忆能力发展十分迅速,这是短时记忆能力增强的主要时期。有研究表明,从 3 岁到 14、15 岁期间短时记忆广度提高 2—3 倍,此后很长一段时间记忆广度不再增加,50 岁以后有所减少,但通过新的加工策略补偿存贮能力的降低。[①]

(三) 长时记忆

长时记忆是相对于瞬时记忆和短时记忆而言的,一般是指信息储存时间在一分钟以上,最长可以保持终生的记忆。长时记忆中储存着人类关于世界的一切知识,为人类活动提供必要的知识基础。

长时记忆是一个非常复杂的现象,牵涉的既有历史事件、个人经历及不同的环境,也有概念、词语、公式及规则等。加拿大心理学家塔尔文等(Tulving & Donaldson)在《记忆的组织》一书中,依照所贮存的信息类型,把长时记忆分为两个部分,一是情境记忆,另一个是语义记忆。[②] 有学者将长时记忆做了更细致的分类,将长时记忆分为非陈述性记忆(或内隐记忆)和陈述性记忆,前者是内隐的、无意识的、不可言表的;后者是可表述的、有意识的、可以言传的。陈述性记忆又分为情境记忆和语义记忆,[③]其意义与塔尔文的分类相同。

威勒(Wheeler,1997)等人运用 PET(正电子放射成像技术,positron emission tomography)扫描技术,研究了情境记忆和语义记忆对刺激信息的编码过程。认为陈述性记忆与非陈述性记忆之间的主要区别在于:陈述性记忆是对事实事件有意识的记忆,而非陈述性记忆是无意识的记忆。科恩(Cohen)和斯奎尔(Squire)认为陈述性记忆中的情境记忆和语义记忆是外显记忆(explicit memory)。与之相对的非陈述性记忆,包括对运动技能、认知技能和其他如习惯的记忆等,通常是内隐记忆(implicit memory)。

三、记忆的发展

(一) 工作记忆

工作记忆是巴特利等人(Baddeley,1974)提出的,认为它是一种对信息进行暂时加工和贮存的能量有限的记忆系统。[④] 巴特利等人还将工作记忆分为三个子系统:视觉空间模板、语音环和中央执行系统。其中,视觉空间模板主要负责视觉信息的保持和控制,语音环主要用于维持语音信息,而中央执行系统则主要负责协调各子系统之间的活动,并与长时记忆保持着联系。[⑤]

工作记忆是指在短时记忆过程中,把新输入的信息和记忆中原有的知识经验联系起来

---

① 王晓丽,陈国鹏.短时记忆的一生发展研究[J].心理科学,2004(2):395-397.
② 朱宗秋.长时记忆结构模型比较研究[J].怀化学院学报,2007(5):141.
③ 梁巍.长时记忆的类型与加工[J].中国听力语言康复科学杂志,2004(6):60-61.
④ Baddeley, A. D. Working memory[J]. Science,1992(255):556-559.
⑤ Baddeley, A. D., Hitch G. Working memory:In the Psychology of Learning and Motivation(Ed.) New York:Academic Press, 1974:47-89.

的记忆。工作记忆不同于短时记忆,短时记忆仅仅强调暂时性的存储,而工作记忆在强调存储的同时还重视暂时性的加工能力,它是比短时记忆更加复杂的结构和系统。

近年来,随着研究方法的不断改进,人们对工作记忆本身结构的认识更加深入,工作记忆是一个位于知觉、记忆与计划交界面上的重要系统。大量研究证明,工作记忆系统对学习、运算、推理、语言理解等复杂的认知活动起关键作用。[1]

儿童形成工作记忆以后,可以在30秒左右的短时间内加工更多的信息。随着年龄的增长,工作记忆的能力越来越高。[2]

(二) 内隐记忆

随着认知神经心理学的发展,对长时记忆的研究更倾向于分子阶段。对无意识记忆作用下的记忆现象的研究,则是到了20世纪80年代初才开始深入展开的。而对"内隐记忆"的研究已经有一段时间了。对外显和内隐记忆概念给予定义的是格拉夫(Graf)和沙可特(Schacter)。他们认为"在任务需要有意识地回想已有经验时,表现的是外显记忆;在没有有意识回想的情况下,任务的成绩也能有所增进则表现的是内隐记忆"[3]。和外显记忆不同的是,内隐记忆是一种无意识、自动化的记忆。

早在17世纪,哲学家笛卡儿(Descaries)就明确涉及内隐记忆现象,19世纪艾宾浩斯提出了可以测量无意识作用的节省法,20世纪60年代,由于万里顿(Warrington)和威兰茨(Weiskrantz)关于遗忘症的研究使内隐记忆再次浮出水面,并从20世纪80年代中期开始成为记忆心理学研究的前沿课题,内隐记忆在研究方法、特点机制、神经心理学基础及应用研究等方面取得了长足进步。[4]

对影响内隐记忆的因素方面,国内外学者得出了不同的结论。杨治良等人(1991)利用汉字进行的实验研究发现,内隐记忆不太容易受到外界刺激信息的干扰。罗德格(Roediger)在一项研究中,对负荷量对内隐记忆和外显记忆的不同影响进行了探讨。结果发现,改变刺激信息项目的呈现方式对外显记忆和内隐记忆成绩也有不同的影响。[5]

迄今为止,内隐记忆的研究方法主要经历了三大阶段:1991年以前主要是采用任务分离范式;1991年开始采用分离程序研究内隐记忆;最近,内隐记忆的研究开始进入建模阶段。[6] 纵观内隐记忆研究的历史和新近的发展趋势可以看出,内隐记忆的研究具有深刻的理论意义和重要的应用价值:内隐记忆研究揭示了记忆的无意识侧面,激发了人们对记忆本质的新探索,启示了新思想、孕育着新突破;内隐记忆的研究,对无意识现象提出了新见解,为人类最终探明意识和无意识的关系提供了科学依据;内隐记忆的研究,对人类潜能的开发提出了新思路;内隐记忆的研究对确定内隐记忆的脑机制以及预测疾病进程有相当价值;内隐记忆的研究对临床心理诊断及咨询有重要意义;内隐记忆的研究带来了研究方法上的日新月异。内隐记忆的研究必将得到更快的发展并获得更广泛的应用。[7]

---

[1] 王恩国.工作记忆与学习能力的关系[J].中国特殊教育,2007(3):78-84.
[2] 陈帼眉.学前心理学[M].北京:人民教育出版社,1989:124.
[3] 梁宁建.当代认知心理学[M].上海:上海教育出版社,2003:168.
[4] 杨治良.记忆心理学[M].第二版.上海:华东师范大学出版社,1999:222-224.
[5] 梁宁建.当代认知心理学[M].上海:上海教育出版社,2003:172-173.
[6] 杨治良.记忆心理学[M].第二版.上海:华东师范大学出版社,1999:410-411.
[7] 赵晋全,杨治良.内隐记忆研究新进展[J].山西大学学报:哲学社会科学版,2002(1):25-28.

第2节 感官障碍儿童的记忆

一、视觉障碍儿童的记忆

(一) 瞬时记忆

1. 瞬时记忆不全面、不完整

视觉障碍儿童主要凭借听觉和触觉获取信息,而他们获取的信息往往是不全面、不完整的。由于视觉经验的匮乏,视觉障碍儿童主要是靠声音记忆,视觉表象难以形成,致使低年级视觉障碍儿童表现出以机械记忆为主的特点。[①]

2. 盲生对记忆的意识性提取优于低视力生

谢国栋有关盲人内隐记忆的实验研究表明:盲生和明眼学生意识性提取成绩优于低视力生,低视力生自动提取成绩优于盲生和明眼生。从认知心理学的角度讲,视障人群的表象、记忆、思维、解决问题的策略等信息加工过程与明眼人群之间并无质的区别,只存在某方面发展早晚和发展程度的差异。实验结果显示:意识性提取成绩和自动提取成绩存在被试类型的差异。由于盲生有触觉上的优势,导致其在完成触觉任务的记忆时,习惯于意识性提取,致使意识性提取成绩优于自动提取成绩,而低视力生则相反。[②]

3. 视觉形象记忆比健全人的形象记忆差

由于视觉障碍儿童在视觉方面有障碍,所以他们在空间知觉、视觉搜索、视觉表象、视觉形象记忆和观察模仿能力等方面都比正常人差。除了某些认知能力差以外,他们的人格特点也有很多弱点。然而,他们的听觉注意、听觉记忆和听觉表象都比正常人好。[③] 视觉障碍儿童视觉表象保留的质量和数量取决于视觉损伤的时间和程度。一般来说,失明时间越早,操作程度越重,视觉表象的保留就越差。就儿童失明的年龄而言,一般5岁是个关键期。

(二) 短时记忆

1. 短时记忆以机械记忆为主

视觉障碍儿童的记忆表象可能是单一的,或视觉表象,或触觉表象,或听觉表象,或嗅觉表象等;也可能是综合的,视觉、触觉、动觉、听觉等表象共同参与记忆活动。[④]

2. 听力记忆较强,短时记忆较好

由于视觉障碍儿童在生活和学习中主要是通过听觉获取信息,通过听觉通道获取的信息具有稍纵即逝的特征,视觉障碍儿童的听觉记忆力也得到不断的强化,记忆的技巧不断增加。铁尔曼和奥斯朋(1969)年在一项数字广度测验中发现,盲童的听觉记忆力较明眼儿童优越。国内的实验也得出盲童的短时记忆有优势的结论。

---

① 贺荟中,方俊明.视障儿童的认知特点与教育对策[J].中国特殊教育,2003(2):41-44.
② 谢国栋.视障运动员动作记忆感觉道效应的实验研究[J].上海体育学院学报,2006(3):48-52.
③ 马艳云.教师态度对视听觉障碍学生学习动机的影响[J].中国特殊教育,2005(2):22-26.
④ 教育部师范教育司.盲童心理学[M].北京:人民教育出版社,2000:40.

3. 工作记忆发展进程与正常儿童相同

低中年级视觉障碍儿童的工作记忆明显落后于视力正常儿童;随着年级的升高,差异逐渐减少,并趋于消失。苏振江(2000)通过不同的操作任务(数字视听、数字计算、姓氏排序、词语填空、图形排序和图形嵌入)来探讨盲人的工作记忆的容量和记忆任务对记忆效果的影响。实验结果表明:在低中年级,盲童工作记忆的效果明显地落后于视力正常儿童;在高年级,盲童与视力正常儿童工作记忆的能力的差距趋于消失。研究认为,随着年龄的增长和记忆训练的增强,盲童工作记忆的能力会得到改善。[1]

(三)长时记忆

1. 长时记忆比较牢固

捷姆佐娃研究发现,视觉障碍儿童单纯依靠触摸,对物体进行再认的成绩远低于明眼儿童。但视觉障碍儿童有较强的听力记忆。[2] 盲童教育工作者普遍认为,盲童的长时记忆较好,他们对教师上课讲的某些内容,如对古文诗词、数字和公式的背诵,对听、摸、闻、尝过的事物,对深刻体验过的情绪,对反复练习过的动作等,都有较强的记忆能力。有的儿童能牢牢地记住只接触过一次的人,到若干年后还能再认。克罗吉乌斯通过研究证明:"盲人在记忆和再现词、数字时,在背诵诗句时,比视觉正常儿童强得多,并且能长久地记住所获得的知识","盲人在记忆的发展方面比视觉正常的人优越得多"[3]。

2. 盲童的内隐记忆比低视力儿童要好

谢国栋关于盲生记忆的研究表明,盲童的内隐记忆比低视力儿童要好。还有一些研究者通过 ERP(事件相关电位)对视觉障碍儿童的认知特点也进行了研究,得出盲人的听觉记忆操作优于正常被试的操作的结论,并进一步认为可能是盲人的听觉注意力和听觉表象能力比正常人的要好。[4]

二、听觉障碍儿童的记忆

听觉障碍儿童在其对事物的记忆理解方面,因为从听觉获得的信息减少,所以会增强对视觉的依赖。从总的信息获取而言,仅通过听觉获得信息对极重度听力障碍儿童而言是很困难的。极重度听力障碍儿童通过听觉认识周围世界的机会减少,这就造成了他们认识事物的局限性。

(一)瞬时记忆

1. 形象记忆好于语词记忆

形象记忆是根据具体的形象来识记材料,而语词记忆是通过语言形式进行的记忆。听觉障碍儿童的感知特征决定了他们头脑中视觉表象较多,他们留存在大脑中的表象也就相应较多,对于直观形象的东西也保持得很好,并容易再现出来。听觉障碍儿童记忆语言文字材料很困难,记得慢,忘得快,但形象记忆好于语词记忆。

---

[1] 方俊明.感官残疾人认知特点的系列实验研究报告[J].中国特殊教育,2001(1):1-4.
[2] 贺荟中,方俊明.视障儿童的认知特点与教育对策[J].中国特殊教育,2003(2):41-44.
[3] 教育部师范教育司.盲童心理学[M].北京:人民教育出版社,2000:43.
[4] 马艳云.视听觉障碍儿童的认知能力[J].中国特殊教育,2004(1):59-61.

2. 视觉记忆好于动觉记忆

在一项研究中,向听觉障碍儿童和正常儿童两组被试用不同的方式呈现相同的图形,一组用视觉的方式呈现,即让被试通过看识记图形;另一组则用手沿着图形的轮廓触摸而完全排除视觉。研究结果表明:第一,听觉障碍儿童的动觉空间形象反映被识记图形的准确性较正常儿童要差;第二,听觉障碍儿童的视觉记忆的发展也落后于正常儿童,但视觉记忆的落后程度要小得多;第三,听觉障碍儿童和正常儿童的动觉记忆在学龄初期差距最大,中期缩小,到学龄晚期则几乎消失了。①

3. 对汉字的记忆受到语音的干扰,存在语音混淆现象

汉字的字形相似在一定程度上促进了记忆,但语音混淆干扰了个体对汉字的记忆;字形相似虽然能促进聋生的汉字记忆,但语音相似若与字形相似结合在一起,干扰会非常显著。谭和平等的实验结果表明,聋生不论在汉字字组的自由回忆中还是在汉字次序信息的记忆中,对汉字的记忆效果不仅都与字组类型有关,而且都受到了语音的干扰,存在语音混淆现象。② 国外对聋人的研究也发现聋人被试在瞬时记忆项目中存在语音混淆现象,证明聋人在言语加工中使用了语音编码。③

(二) 短时记忆

1. 短时记忆的编码方式和记忆容量与健全儿童有一定的差异

听觉障碍儿童的短时记忆,不仅与日常生活关系密切,如记新电话号码,且与许多教育活动,如学习阅读、阅读理解、算术等紧密相关。④ 此外,听觉障碍儿童语言学习迟滞、学习阅读困难、平均阅读水平远低于同龄健听人,在短时记忆的编码方式和记忆容量上呈现出一些不同于正常儿童的特点。王枫的研究已经表明,极重度听觉障碍儿童的视觉短时记忆的再重复能力要高于听力正常的同龄儿童。

袁文纲对听觉障碍儿童与听力正常儿童的汉字短时记忆容量及编码方式进行了比较,发现他们对低频复杂汉字的短时记忆容量小于听力正常人。⑤ 柯拉德(Conrad)为了证实其短时记忆主要以声音编码这一研究成果,采用序列回忆实验范式,发现语音相似性混淆现象在一些聋生身上同样存在;进一步研究发现,语言表达发展好的聋生有声音混淆错误,而语言表达发展不好的聋生则没有声音混淆错误。

2. 言语工作记忆广度小于视空工作记忆广度,视空工作记忆广度优于听力正常人

听觉障碍儿童的言语工作记忆广度小于视空工作记忆广度,他们和听力正常人相比在这两类工作记忆中有不同的表现,其言语工作记忆广度小于听力正常人,而视空工作记忆广度又显著大于听力正常人。

张茂林等人对听觉障碍儿童及听力正常人工作记忆进行了比较,研究表明:听觉障碍儿童和听力正常人在总体上的工作记忆任务中表现的差异并不明显,但如果将这些任务细

---

① 张茂林,王辉. 聋人及听力正常人工作记忆的比较研究[J]. 中国特殊教育,2005(5):21-25.
② 谭和平,昝飞,刘春玲. 聋生汉字加工的自由回忆与词序位置记忆实验研究[J]. 心理科学,2003(6):1065-1068.
③ Hanson V. L. ,Fowler C. Phonological Coding in Word Reading: Evidence from Hearing and Deaf Readers[J]. Memory and Cognition,1987(15):199-207.
④ 王枫,胡旭君,王永华. 听力障碍儿童与正常儿童视觉记忆能力比较研究[J]. 中国特殊教育,2002(4):32-34.
⑤ 袁文纲. 聋人与听力正常人短时记忆比较研究[J]. 中国特殊教育,2000(1):27-30.

分为言语任务和视觉任务,他们的差异就明显体现,同时听觉障碍儿童的言语工作记忆广度要明显小于听力正常人,而听觉障碍儿童在视空工作记忆方面的优势又比较明显。由于听觉障碍所导致的语言缺陷,使得他们的言语表征能力要远远落后于听力正常人,而信息的编码方式与记忆容量又有着密切的关系,所以听觉障碍儿童言语编码上的这种缺憾可能是导致他们言语工作记忆能力表现较差的重要原因。① 另有研究表明:聋童由于语言障碍,在认知过程中多采用直觉型的认知策略;聋童的语言障碍给他们的抽象推理能力的发展带来一定程度的影响,但是,聋童整体的认知发展并不特别依赖语言的发展。②

3. 工作记忆任务中的提取速度普遍慢于听力正常人

听觉障碍儿童在工作记忆任务中的提取速度普遍慢于听力正常人。张茂林和王辉对聋人和听力正常大学生运用不同难度的言语工作记忆材料和视觉工作记忆材料做的对比研究,发现聋人被试在两类工作记忆任务中的提取速度都慢于听力正常被试。但他们信息提取的准确率高,且不受任务难度影响。即聋组的反应正确率高但平均反应时较长③,说明了听觉障碍者的工作记忆任务中的提取速度慢于听力正常人。

4. 手语的使用增强了听障人群视空间工作记忆能力

手语对听障人群工作记忆的影响主要体现在手语对听障人群语言工作记忆、非语言工作记忆的塑造上。听障人群和正常人群在保持和处理语言信息上具有相同水平的工作记忆资源,但是这种资源在具体使用时分别被各自感觉输入通道的处理特性所影响。正常人对口语的编码利用了听觉特征的优势,时间不可逆转,是单向性的,其工作记忆的复述机制也是单向性的,因此正常听力被试对语言材料的正、倒序回忆成绩差异显著;听障人群对手语的编码利用了视觉特征的优势,其复述机制则没有这种单向性的限制,所以他们的正、倒序回忆成绩没有显著差异。综上所述,语言工作记忆中可能存在不同种类语言的机制,但仍然受到感觉输入通道处理特性限制。④⑤

有两种假设来解释听障人群增强的视空间处理能力即视空间工作记忆能力:(1)听障人群加强的空间语言表征能力有了非语言的用途。在空间工作记忆容量的测量任务中,使用手语的听障被试可能采用了视觉的语音编码策略来表征空间位置,这种策略与听力正常被试对非语言的声音刺激采用拟声的策略相类似。(2)手语的使用在更普遍的意义上增强听障人群的视空间处理能力。换言之,手语信息的编码和加工使用空间关系定位,对空间能力的运用有很高的要求,从而造成听障人群空间处理能力的普遍增强,而不仅仅局限于空间语言能力的增强。⑥⑦

---

① 张茂林,王辉.聋人及听力正常人工作记忆的比较研究[J].中国特殊教育,2005(5):21-25.
② Parasnis L. Samar,V. Bettger J.,Sathe K. Does deafness lead to enhancement of visual spatial cognition in children? Negative evidence from deaf nonsigners Journal of Deaf Studies and Deaf Education,1996(1):145-152.
③ 张茂林,王辉.聋人及听力正常人工作记忆的比较研究[J].中国特殊教育,2005(5):21-25.
④ Wilson M.,Emmorey K. The effect of irrelevant visual input on working memory for signlanguage[J]. Journal of Deaf Studies and Deaf Education,2003(8):97-103.
⑤ 陈可平,金志成,陈骐.听障人群的工作记忆机制[J].心理科学进展,2009,17(6):1193-1194.
⑥ Wilson M.,Bettger J. G.,Niculae I.,Klima E. S. Modality of language shapes working memory:evidence from digit span and spatial span in ASL signers[J]. Journal of Deaf Studies and Deaf Education,1997(2):150-160.
⑦ 王庭照,杨娟.不同视野位置下聋人与听力正常人注意捕获的眼动研究[J].中国特殊教育,2013(3):30-34.

(三) 长时记忆

1. 保持总量上和听力正常儿童相似

王乃怡研究表明听觉障碍儿童和听力正常儿童不仅在长时记忆保持的总量上大体相同,而且不同编码维量在系列位置的分布上也是近似的。① 听觉障碍儿童突出地显示出形码的相似性干扰。在短时记忆和长时记忆加工过程中两组被试都显示出了形义两维编码维量的作用最强,而音码的作用相对比较弱。两组被试也都显示出了明显的系列位置效应及大体相同的长时保持。

2. 外显记忆劣于听力正常儿童,内隐记忆差别不大

周颖等研究结果显示:人群和年龄对内隐记忆没有显著影响,而外显记忆存在显著的人群差异和年龄差异;外显记忆的人群和年龄存在显著的交互作用,聋童随年龄增长,其外显记忆存在显著的发展,而正常儿童的外显记忆有略微的下降。正常儿童从 11 岁到 15 岁似乎没有经历很大的发展,但听力障碍儿童的外显记忆在这个年龄段有了显著的提高。②

根据罗伯(Reber)的理论,与外显系统相比,内隐系统更为强健,更为稳定,更加不易受到被试变量(如年龄、智力、疾病等)和任务变量(加工水平、刺激类型等)的影响。③ 虽然听力障碍儿童的外显记忆劣于正常儿童,但是他们的内隐记忆丝毫不差于正常儿童。这说明内隐记忆不受听觉编码缺失的影响,换而言之,内隐记忆无需借助听觉编码。这也启示我们可以通过创设较好的内隐学习环境,激发他们的内隐记忆能力,这样就可以更好地弥补听力障碍儿童在生理上的缺陷。

第 3 节 智力异常儿童的记忆

一、智力障碍儿童的记忆

(一) 瞬时记忆

1. 记忆的盲目性

智力障碍儿童由于种种原因表现出对记忆的盲目性,对在极短时间内呈现的刺激反应不灵敏,尤其是中重度以上的智力障碍儿童,他们对眼前呈现的事物没有什么敏感性,反应比较迟钝,目光呆滞,缺乏记忆的意识,经常是答非所问。对于轻度智力障碍儿童而言,他们的瞬时记忆相对好一些,但是与智力正常儿童相比,还是有很大的差距。

2. 记忆的不完整性

智力障碍儿童对于极短时间内出现的事物记忆很不完整,经常是记住很有限的一两个东西,而对于其他的事物却没有什么印象,更有甚者对教师要求他记忆的东西也没有什么反应。他们对眼前事物的热情不是很高涨,智力方面的缺陷是影响记忆的重要原因之一。

---

① 王乃怡. 听力正常人与聋人长时记忆的比较研究[J]. 心理学报,1994(4):401-409.
② 周颖,孙里宁. 聋童和正常儿童在内隐和外显记忆上的发展差异[J]. 心理科学,2004(1):114-116.
③ Reber, A. S. An evolutionary context for the cognitive unconscious[J]. Philosophical Psychology,1992(1):33-52.

（二）短时记忆

1. 识记缓慢，保持差

丑荣之等的研究表明：在背数时，顺背时，轻度智力障碍儿童只能背出 5~7 个数字，一般要比正常儿童少背 3~4 个数字；倒背时，只能背 2~3 个数字，要比正常儿童少背 4~5 个数字。弱智儿童一节课识记 2~3 个生字，还很难记牢，往往当天记住了，第二天提问时又忘得干干净净。智力障碍儿童对感兴趣的或印象鲜明、强烈的事物容易记住。运动记忆容易激起他们的情绪活动，记忆效果好。形象记忆略差些，而对抽象词汇的逻辑记忆就更差。[1]

2. 意义识记差，机械识记相对较好

智力障碍儿童对感知材料不能很好理解，找不出事物的内部关系，分不清主要和次要的东西，把握不住事物的本质特征。因此，往往只能记住事物或现象的纯粹外部的某些特征。他们根本不可能运用意义识记，而只能用机械识记的方法来记忆学习材料。

3. 记忆的监控能力差

记忆监控指的是被试对自己记忆状态的意识和对自己记忆程度的判断和估计。智力障碍儿童的记忆监控能力差，不能很好地意识自己的记忆状态，同时对记忆普遍存在消极的盲目性，还有人发现，智力障碍儿童有近因效应，而无首因效应。[2]

4. 工作记忆普遍不佳

陈国鹏等的研究表明，轻度弱智儿童和智力一般儿童在神经反应的速度方面整体上没有显著差异。轻度弱智儿童与智力一般儿童在工作记忆上存在显著差异。轻度弱智群体在各基本认知能力中可能存在的缺陷并不平衡，工作记忆较稳定地反映了该群体在智力上的缺陷。[3] 轻度弱智儿童在工作记忆方面的表现具有较大的相似性和稳定性，也就是说，轻度弱智儿童的工作记忆普遍不佳。

（三）长时记忆

1. 记忆的编码加工过程不完善，组织水平低

记忆的编码加工是指学习者积极主动地运用一定的学习策略和方法，对学习材料进行自主的合理的组织和加工，以达到增强记忆效果的过程。弱智儿童不善于或根本就不可能应用适当的学习策略和方法对学习材料进行组织、编码、加工，他们多采用机械的、重复的方法来学习知识。

丑荣之等的研究表明，弱智儿童对数据组织、类群集、主观组织三类材料的识记大都采用机械识记法。[4] 记忆的数字组织水平低，只在难度低的项目上有记忆组织，对类群集和无关联材料的识记没有记忆组织。对数字组织材料识记时，弱智儿童表现出识记要借助于外部言语和手的动作，因而他们的识记速度缓慢。

2. 记忆目的性欠缺，有意识记忆差

智力障碍儿童的记忆欠缺目的性，识记的选择功能不完全，记忆发展水平停留在较低阶段，无意识记忆和有意识记忆都不强。但相比之下，有意识记忆更差，而无意识记忆相对还

---

[1] 丑荣之，王清汀，梁斌言.怎样培养教育弱智儿童[M].北京：华夏出版社，1990：63-67.
[2] 王甦，汪安圣.认知心理学[M].北京：北京大学出版社，1992：112.
[3] 陈国鹏，姜月，等.轻度弱智儿童工作记忆、加工速度的实验研究[J].心理科学，2007(3)：564-568.
[4] 丑荣之，王清汀，梁斌言.怎样培养教育弱智儿童[M].北京：华夏出版社，1990：53.

比较好一些。

3. 记忆不全面,图片效应低于文字效应

郝兴昌等的研究表明,在外显记忆中,图片效应显著低于文字效应;在内隐记忆中,图片效应极其显著地低于文字效应。[①] 在图片记忆上,低年龄智障被试好于高年龄智障被试;在文字记忆方面,高年龄智障被试好于低年龄智障被试。孙里宁等认为正常学生外显记忆明显优于弱智儿童,而在内隐记忆方面两者没有显著差异;年龄对内隐记忆和外显记忆没有显著影响。[②]

二、超常儿童的记忆

(一) 瞬时记忆

1. 瞬时记忆力强

超常儿童的瞬时记忆力强。在同样时间内,超常儿童记住事物的数量高于同龄常态儿童,以识记实物为例,在很短的时间内,常态儿童识记10~11个实物,超常儿童却能识记20个以上。或者在比其他儿童少一半的时间里识记相当数量的材料。

2. 记忆速度快、效果好

超常儿童不但记忆内容多,而且记忆速度快、效率高。例如,一个3岁零10个月就入小学的超常儿童,瞬间能记住12位数字,超过了比他大2—3岁的同班3个优等生。[③]

(二) 短时记忆

1. 记忆的品质好

超常儿童记忆的品质(广度、速度等)都在同年龄常态儿童的均值之上,有的记忆水平优于比其大3—4岁的常态儿童。[④] 但是,刘玉华在对超常与常态儿童短时记忆进行了比较研究后进一步认为:在认知方面,超常与常态儿童相比,超常儿童测验得分都高于常态儿童;观察力和记忆测验成绩,与同年龄常态儿童相比,差异不明显,并有随年龄发展而缩小的趋势。

2. 记忆策略有效

超常儿童记忆能力好,他们掌握了有效的记忆策略,能按"组块"或事物的内在逻辑联系进行记忆。如在"记忆广度"测试中,11岁的超常儿童刘××对5~12位的数字表,跟读快、复述准,甚至能倒背,他多采用"组块"记忆策略,对打乱顺序的单字,他也会将其迅速组成有意义的单句进行记忆。

(三) 长时记忆

1. 长时记忆保持长久

超常儿童能将大脑中所储存的信息迅速而正确地回忆起来,而常态儿童虽然回忆的数量与超常儿童差不多,但正确率低。这可能与超常儿童暂时神经联系形成得正确和牢固有

---

① 郝兴昌,佟丽君.智障学生与正常学生内隐记忆与外显记忆的对比研究[J].心理科学,2005(5):1060-1062.
② 孙里宁,周颖.智障儿童和正常儿童外显记忆与内隐记忆的比较研究[J].心理科学,2006(2):473-475.
③ 李孝忠.超常儿童的心理特点及其形成[J].中小学教师培训:小学版,1995(4):49-50.
④ 柳树森.全纳教育导论[M].武汉:华中师范大学出版社,2007:364-366.

关,也与大脑皮层的神经过程的灵活性有关,即兴奋和抑制的转化顺利而无障碍。① 幼儿阶段,智能超常孩子有以下一些行为表现:有精确、长久的记忆力。记忆容量大于一般孩子,记同样一段内容所用时间少于其他孩子。这与他们对事物理解得更深、更快有关系。②

2. 记忆的系统性强

在记忆时,超常儿童会将记忆材料进行重新组织加工,寻找材料之间的内在联系,使记忆信息有条有理,顺理成章。研究表明,常态儿童在识记时利用意义联系的场合平均只有28%,他们识记材料时多数只是利用低级的外部联系。而超常儿童利用材料意义联系的场合明显比常态儿童多。③ 记忆的系统性表现在生理上,就是暂时神经联系的系统化,即在旧有的暂时神经联系的基础上,形成新的暂时神经联系,并把新的暂时神经联系纳入旧有的暂时神经联系的系统之中。这样,记忆的系统性自然就具备了。

3. 善于运用记忆策略

超常儿童能采取记忆策略,对记忆信息进行编码、加工或用谐音关系,把无意义的字组成有意义的词或句子,"对于一定的记忆材料,识记一个星期后,一般儿童会忘记45%～50%,而记忆力超常的儿童,只忘记20%左右。"④超常儿童之所以能快速、长时间地把信息保持在头脑中,是与他们能快速地运用较高级的记忆策略分不开的。在整个记忆过程中,编码占有非常重要的地位,是记忆的核心。良好的编码要求个体对输入的信息进行积极的分类、组织、整理,或将正在输入的信息与头脑中原有的信息建立联系,从而使信息具有系统性和条理性。由于编码过程是一项积极的智力活动过程,所以记忆策略与认知能力是分不开的。超常儿童较之常态儿童记忆策略的差异反映了其认知水平的差异。

4. 记忆监控能力较强

记忆监控是指个体对自己记忆状态的意识和对自己记忆程度的判断和估计。超常儿童较常态儿童更能清楚地认识到自己的记忆程度和何种记忆状态对回忆有利。如记忆到了自己能默想一遍的程度肯定比只在脑子里有个印象要强得多。施建农的实验研究发现,要求超常儿童与常态儿童记忆同样的数字和图形,大部分超常儿童是自己先想一遍再报告记住了,而常态儿童大多数只觉得脑子里有个印象就报告记住了。⑤ 这说明超常儿童在报告记忆内容时有预先检测与评估的过程,而常态儿童则缺乏这一过程。

第4节 学习障碍儿童的记忆

学习障碍儿童,也称学习困难儿童。1981年英国《教育法》将其界定为:与同龄学生相比,在学习方面遇到严重的困难并表现出学习能力低下的儿童。1985年,美国成立学习障碍联合会开始对儿童和青少年的学习困难问题进行比较广泛和深入的探讨。近十多年以来,国内外比较普遍接受的是1994年全美学习障碍联合会(National Joint Committee on

---

① 柳树森.全纳教育导论[M].武汉:华中师范大学出版社,2007:364-366.
② 范崇燕.幼儿成长教育问卷[M].北京:科学出版社,1990:56.
③ 柳树森.全纳教育导论[M].武汉:华中师范大学出版社,2007:364-366.
④ 冯春明,等.超常儿童培育手册[M].石家庄:河北教育出版社,1990:47.
⑤ 施建农.超常与常态儿童记忆和记忆监控的比较研究[J].心理学报,1990(3):323-329.

Learning Disabilities)对学习困难儿童的界定：认为学习障碍儿童或学习困难儿童是特指在听、说、读、写和数学等方面有显著困难的儿童。国内外对学习困难儿童的研究，已经从最早医学界的脑损伤儿童的研究，发展到教育和心理行为的研究。近年来，又强调学习困难儿童社会认知和认知神经科学方面的研究，显示出这一特殊群体的研究由单一型向复合型发展的趋势。①

一、瞬时记忆

学习障碍儿童瞬时记忆能力比普通儿童差。有关阅读障碍儿童的命名速度的研究表明，阅读障碍儿童的瞬时记忆比正常儿童差、学习缓慢、命名错误多，这被认为是阅读障碍儿童的特征性记忆缺陷。

二、短时记忆

（一）存在不同程度的短时记忆缺陷

学习障碍儿童的短时记忆和长时记忆功能较正常儿童差。多数研究表明学习障碍儿童存在不同程度的短时记忆缺陷，尤其是与言语有关的记忆缺陷更明显，各型学习障碍不存在特别的缺陷模式，只有程度差异。科恩（Cohen）等的研究表明学习障碍儿童的短时记忆比正常儿童差。根据里昂（Lyon）和杜生（Torgeson）等的几项研究发现，在学习障碍儿童中有13%～20%表现为单纯的短时记忆缺陷，另有20%～30%除有短时记忆缺陷外，尚伴有其他认知功能损害。②国内薛锦的研究同样发现，阅读障碍儿童在短时记忆容量和提取效率上显著落后于普通读者。③

（二）记忆的广度不佳

程灶火、龚耀先研究发现，学习障碍儿童的数、词短时记忆广度均较正常对照组差，混合型学习障碍组的符号广度也较正常对照组差，提示学习障碍儿童的短时记忆存在轻度的缺陷。一些研究提示不同亚型学习障碍存在特异的记忆缺陷。④王恩国等人采用阅读广度任务和计算广度任务的研究结果表明，语文学习困难儿童的言语工作记忆与阅读广度不足有关，数学学习困难儿童的言语工作记忆主要与计算广度有关。⑤蔡丹等通过词语系列任务、阅读广度任务以及倒背数字任务比较数学困难学生与数学优秀学生的记忆广度差异，分别测查短时记忆、言语工作记忆以及数字工作记忆。进一步发现，数困组与优秀组的学生在阅读广度任务中具有显著差异，在倒背数字任务中具有极其显著的差异，阅读广度和倒背数字之间具有显著相关。⑥

---

① 刘丽,杨颖.学习困难生研究述评[J].教育前沿：理论版,2008(1)：38-39.
② Torgesen J. K. Studies of children with learning/disabilities who perform Poorly on memory spantasks[J]. Journal of Learning Disabilities,1988(10)：605-612.
③ 薛锦.阅读困难者短时记忆缺陷原因探析[J].中国特殊教育,2010(4)：57-61.
④ 程灶火,龚耀先.学习障碍儿童记忆的比较研究：Ⅲ.学习障碍儿童的长时记忆解码功能[J].中国临床心理学杂志,1999(1)：8-11.
⑤ 王恩国,赵国祥,刘昌,等.不同类型学习困难青少年存在不同类型的工作记忆缺陷[J].科学通报,2008,53(14)：1673-1679.
⑥ 蔡丹,李其维,邓赐平.数学学习困难初中生的记忆广度特点[J].心理科学,2011,34(5)：1085-1089.

(三) 工作记忆均比正常儿童差

在工作记忆方面,斯旺生(Swanson)认为混合型学习障碍的工作记忆存在缺陷,混合型学习障碍儿童存在全面的短时或工作记忆缺陷是可以理解的。[①] 斯旺生的研究发现,学习障碍儿童的短时记忆和工作记忆均比正常儿童差,尤其是工作记忆的差异更明显,这项研究包括言语短时记忆和视—空短时记忆,学习障碍儿童在这两方面均有缺陷。[②] 国内王恩国等人的几项研究表明,数学学习障碍及语文学习障碍儿童的工作记忆能力均比正常儿童差,数学障碍儿童的工作记忆缺陷在于数字工作记忆、视空间工作记忆和中央执行功能的整体不足,中央执行功能对数学学习困难儿童影响的解释量最大。[③] 语文学习障碍儿童工作记忆的缺陷在于言语工作记忆和中央执行功能的不足,与视空间工作记忆能力无关。语文学习困难既存在一般的工作记忆缺陷(中央执行功能),也存在特定的工作记忆(言语工作记忆)能力的不足。[④]

(四) 抑制能力不足

一些研究发现,数学障碍儿童不能抑制无关的信息进入工作记忆中,从而导致当前任务的失败。布鲁(Bull)使用数字Stroop范式发现,低数学能力者抑制能力较低。[⑤] 帕索朗吉(Passolunghi)和西格尔(Siegel)的研究结果显示,数学障碍儿童在需要抑制无关信息的工作记忆任务上得分低。[⑥] 国内王晓芳、刘潇楠等采用数值-大小干扰(magnitude-size Stroop)范式的研究再次证实数学障碍儿童抑制能力发展迟缓是数学障碍产生的原因之一。[⑦]

三、长时记忆

(一) 存在不同的缺陷模式

阅读障碍是学习障碍的重要组成部分,它主要表现为对言语材料的记忆困难,而数学障碍主要表现为对视觉—空间材料和数字材料的记忆困难。国外大多数研究都认为阅读障碍儿童在长时记忆方面存在不同的缺陷模式。[⑧] 程灶火、龚耀先对学习障碍儿童的记忆特点进行了一系列的研究,发现学习障碍儿童自由回忆能力有某种程度的缺陷,学习障碍儿童的长时记忆功能存在不同程度的缺陷,各亚型间的共同性多于特异性;各型学习障碍儿童对言语材料的记忆困难明显,对非言语材料的记忆缺陷较轻。[⑨]

---

① Swanson H. L. Working memory in learning disability subgroups[J]. Journal of Experimental Child Psychology, 1993(56):87-114.

② Swanson H. L. Short-term memory and working memory:Do both contribute to our understanding of academic achievement in children and adults with learning disabilities[J]. Journal of Learning Disabilities,1994(1):34-50.

③ 王恩国,刘昌,赵国祥.数学学习困难儿童的加工速度与工作记忆[J].心理科学,2008,31(4):856-860.

④ 王恩国,刘昌.语文学习困难儿童的工作记忆与加工速度[J].心理发展与教育,2008(1):94-100.

⑤ Bull R., Scerif G. Executive functioning as a predictor of children's mathematics ability:Inhibition, switching, and working memory[J]. Developmental Neuropsychology,2001,19(3):273-293.

⑥ HLS Clair-Thompson, S. E. Gathercole. Executive functions and achievements in school:shifting, updating, inhibition, and working memory[J]. The Quarterly Journal of Experimental Psychology,2006,59(4):745-759.

⑦ 王晓芳,刘潇楠,罗新玉,等.数学障碍儿童抑制能力的发展性研究[J].中国特殊教育,2009(10):55-59.

⑧ 王斌,刘翔平,等.阅读障碍儿童视觉长时记忆特点研究[J].中国特殊教育,2006(3):71.

⑨ 程灶火,龚耀先.学习障碍儿童记忆的比较研究:Ⅱ.学习障碍儿童的长时记忆功能[J].中国临床心理学杂志,1998(4):216-221.

（二）形音、形义的长时记忆落后于正常儿童

大多数研究都证明阅读障碍儿童长时记忆能力比正常儿童差。[1] 刘翔平等研究发现，阅读障碍儿童对字形的长时记忆能力和对形音、形义的长时记忆联结能力都显著落后于正常儿童，这三方面的缺陷是阅读障碍儿童的主要特征之一。[2] 在间隔时间短的条件下阅读障碍儿童对于简单材料的视觉长时记忆能力并不落后，而在间隔时间长的条件下对复杂视觉材料的长时记忆能力显著落后于正常儿童。程灶火等的研究表明，阅读障碍儿童对言语材料的长时记忆落后明显，对图形的长时记忆落后不明显（统计未达到显著水平）。[3]

（三）记忆策略运用不当

学习障碍儿童长时记忆（如自由回忆、再认和联想学习）受记忆策略（复述、归类和联想）和已有知识基础的影响较大，若短时记忆广度较正常儿童在长时记忆中有明显困难，则可能是由记忆策略不当所致。[4] 周永垒等人的研究表明，较之于学习优秀学生，学习困难儿童的元记忆监控水平较低。在记忆过程中，学习困难儿童往往没有明确的目的，缺乏精确的记忆意向，不能正确评价自己的记忆能力，不懂得根据材料的性质来选择相应记忆策略。这种监控的不精确性实际上反映了学习困难儿童记忆的自我意识水平低下，这又必然影响到他们对合适的记忆策略的有意识选择，影响到他们在记忆加工方面的发展水平。[5]

第5节　自闭症儿童的记忆

自闭症谱系儿童（ASD）从婴幼儿时期起，就存在广泛的发展障碍，尤其是严重缺乏社会认知能力，对周围事物，对人与人之间的关系缺乏合理的分析、综合、归纳、整理，也缺乏人际交往中的理解和沟通能力。但是，对某种信息，如机械的数字等，又可能具备惊人的记忆能力。[6] 因此，有关自闭症儿童认知的研究认为，自闭症谱系儿童的记忆可能有其自身的特点。

一、刻板记忆

刻板印象指的是人们对某一类人或事物产生的比较固定、概括而笼统的看法，是我们在认识他人时经常出现的一种相当普遍的现象。自闭症儿童经常强迫自己坚持行为的同一格式，若改变则产生强烈的焦虑反应，他们对社会群体不准确和简单化的见解，致使旁人依此对其有固定的看法。如果环境发生了变化让其随之改变，则会表现出不愉快或遭到拒绝，同时伴有刻板、反复绕动自己的手指、刻板地摇摆身体等。自闭症是一种以信息加工不完善为特征的认知障碍，特别是无法依据上下文信息构建含义，执行功能障碍假说可以较好地解释自闭症儿童的刻板行为，如反复地开关门、抽屉，重复地做某一个动作，或迷恋一些简单的无

---

[1] Bernice Y. L. Wong. Learning about Learning Disabilities[M]. NewYork：Academic Press，1991：163-193.

[2] 刘翔平，候典牧，等.阅读障碍儿童汉字认知特点研究[J].心理发展与教育，2004(2)：7-11.

[3] 程灶火，龚耀先.学习障碍儿童记忆的比较研究：Ⅱ.学习障碍儿童的长时记忆功能[J].中国临床心理学杂志，1998(4)：216-221.

[4] Kolligia J.，Sternberg R. J. Intelligence，information，processing and specific learning disabilities：A triarchic synthesis[J]. Journal of Learning Disabilities，1987(1)：8-17.

[5] 周永垒，韩玉昌，张侃.元记忆监控对学习困难生记忆影响的实验研究[J].中国特殊教育，2008(5)：42-46.

[6] 〔英〕洛娜·温.孤独症儿童：家长及专业人员指南[M].孙敦科，译.沈阳：辽宁师范大学出版社，1998：33-35.

意义的操作性行为。①

（一）机械记忆较好

在认知水平上，70%左右的自闭症儿童智力落后，但这些儿童可能在某些方面具有较强能力，20%的自闭症儿童智力在正常范围，约10%的自闭症儿童智力超常，多数患儿记忆力较好，尤其是在机械记忆方面。② 自闭症患者的机械记忆力和识别能力基本没有受损。自闭症儿童通常将信息以整块的方式，而不是重组和灵活整合的方式进行存储和记忆，因机械记忆不需要对信息的灵活整合能力，所以自闭症儿童的机械记忆能力较好，他们在识别物体时，需要有特定的暗示。因此需要在没有特定线索提示下进行自由回忆的记忆任务对他们来说就成问题了。

（二）优势记忆与劣势记忆并存

自闭症儿童的机械记忆和视觉记忆都具有很强的优势，如对列车时刻表，他们能倒背如流，对家里物品放置的位置，稍有变动便能觉察。宝诗龙（Boucher）的研究表明，自闭症儿童的记忆特征中，有"新近性"效果，即对新的材料的短期记忆能力较强，而要对以前的记忆材料进行编码记忆时，则显得困难重重。③

（三）信息的回忆、再认和联想记忆弱

自闭症儿童对重复呈现的信息进行回忆和再认时，存在严重的问题，而且联想记忆很弱。他们一般不能够处理多样化的语言、社会性和情感性信息，有的孩子有拘泥于细节的倾向，所以在交谈中就会出现没有想象力的、依照字面进行的诠释和应答。很多孩子的言谈很学究气，只说一些他们自己感兴趣的话题，不顾及听者的暗示，有的孩子用隐喻的方式说话，对方无法清楚地理解他的真正意图和含义。自闭症儿童会把不相干的事情怪异地联系起来，使得他们说的话可能和场景无关。

二、语言记忆

自闭症儿童在社会交往中很少使用言语，即使使用也多为模仿言语、刻板言语，有的代词颠倒、言语奇特，言语的可懂性差，对人与人之间的关系的认识更是极度缺乏，许多自闭症儿童对于人际交往、沟通中的最基本的语言都无法运用。自闭症儿童有时伴随着聋，对声音没反应，口中经常喃喃自语或者发出"咿呀""呀喂"等声音，其内容无法理解。

自闭症儿童在语言记忆方面能力低下。尽管还存在"回应性语言"，但在言语发展中，他们不能将学过的词通过编码，形成能进行交流的动态语言；在注意上，无视有意义的整体结构；在记忆中，因无法对材料进行意义上的编码而在"再认""回忆"等课题中，总体显出记忆能力的低下。④ 明斯（Minshew）和戈德斯坦（Goldstein）采用成套听觉和视觉记忆测验对自闭症儿童的言语工作记忆进行了研究，结果发现：在字母广度任务中，自闭症儿童的记忆成绩与正常儿童的记忆成绩相比并没有存在显著性的差异；但是在任务复杂性增加的词语广度和句子广度任务中，与正常儿童相比，自闭症儿童的记忆成绩更差。他们认为，由于任务

---

① 占江平.孤独症儿童认知心理的初步研究[J].赣南师范学院学报，2006(4)：30.
② 周念丽.自闭症儿童认知发展研究的回溯与探索[J].中国特殊教育，2002(1)：62.
③ 周念丽.自闭症儿童认知发展研究的回溯与探索[J].中国特殊教育，2002(1)：62.
④ 周念丽.自闭症儿童认知发展研究的回溯与探索[J].中国特殊教育，2002(1)：63.

的复杂性增加,自闭症儿童不能很好地运用语篇结构和组织策略来支持记忆,因而使他们对信息的记忆能力开始受到损害,并且这种损害随着任务复杂性的增加变得越来越明显。[1]

有语言能力的自闭症儿童,在交谈方面的表现也呈现出不同的特点。有的孩子似乎只理解交谈这个轮换行为的概念,并重复地提问或陈述,以维持一个可以预测的交互和响应过程。

另外,研究表明自闭症儿童在真实的社会场景中,难以识别和诠释他人的情感和面部表情。自闭症儿童虽然有时能够单个地理解这些感情表达方式,但是在真实场景中,当这些表达方式同时发生的时候,他们便缺乏整合处理的能力。

三、图形记忆

图形记忆主要是将图像和要记忆的文字或事物从发音或意念上建立某种联系。相对于刻板记忆和语言记忆,图形记忆在一定程度上弥补了自闭症儿童在记忆方面的缺陷,图形记忆能够更生动、形象地表现事物的特征。尽管他们在语言表述、动作灵敏度方面不是很理想,但是他们对图形的观察力和记忆力还是挺好的。所以在画画、视频图像动画等方面加以引导是有利于自闭症儿童记忆发展的。自闭症儿童对信息处理的方式与健全儿童有着显著的不同。他们在有效灵活地整合信息方面存在障碍,对于信息的素材,他们通常以整块的形式,而不是重组和灵活整合的方式进行存储和记忆。

本章小结

记忆是个体对其经验的识记、保持和再现(回忆和再认)。特殊儿童最初出现的记忆,属于短时记忆,短时记忆比长时记忆早出现,它和儿童大脑发育的成熟程度有关。随着对记忆的深入研究,一些研究者逐渐提出与建构了一些记忆理论和相关的记忆模型,如美国心理学家阿特金生和谢夫林在1968年提出的记忆多存储模型。此后,记忆理论和研究方法不断发展。记忆按储存的时间可分为:瞬时记忆、短时记忆和长时记忆。瞬时记忆是外界刺激物以极短的时间一次呈现后,保持时间在1秒以内的记忆,它的特点主要体现为:具有鲜明的形象性;信息保持的时间极短;记忆容量较大。短时记忆作为一种独立的记忆结构,是在20世纪50年代后期由布朗、彼特森等人通过实验证实的。而长时记忆是相对于瞬时记忆和短时记忆而言的,一般是指信息储存时间在一分钟以上,最长可以保持终生的记忆。工作记忆是一个位于知觉、记忆与计划交界面上的重要系统。随着研究方法的不断改进,人们对工作记忆本身结构的认识更加深入,而对内隐记忆和外显记忆也有进一步的研究。

各种类型的特殊儿童的记忆有某些相似的地方,同时也有许多不同的记忆特征。通过对视觉障碍儿童、听觉障碍儿童、智力异常儿童、学习障碍儿童和自闭症儿童的记忆特征的叙述,尤其从瞬时记忆、短时记忆和长时记忆这三个方面进行阐述,可以增强我们对各类特殊儿童记忆特点的认识,并且对进一步研究各类特殊儿童的记忆有一定的意义。

---

[1] Nancy J., Minshew, Gerald Goldstein. The pattern of Intact and impaired memory functions in autism Child[J]. Psychology and Psychiatry, 2001(8): 1095-1101.

思考与练习

1. 特殊儿童的工作记忆和内隐记忆有何特点?
2. 视觉障碍儿童的短时记忆有何特点?
3. 试分析听觉障碍儿童在长时记忆方面的特征。
4. 超常儿童和智力障碍儿童在长时记忆方面有何区别?
5. 学习障碍儿童与自闭症儿童在记忆方面有哪些缺陷?

第5章 特殊儿童的语言

学习目标

1. 领会语言基本概念与内涵,理解语言的一般功能。
2. 了解有关儿童语言获得的几种理论主张,熟悉儿童语言的发展阶段及其特点。
3. 认识并掌握感官障碍儿童、智力异常儿童、学习障碍儿童以及自闭症儿童的语音、词汇、语法、语义、语用等特征。

语言是人类沟通的工具,是情感交流的桥梁。维果茨基认为,"精神生产的工具"即人类社会所特有的语言和符号。语言是以语音或字形为物质外壳、以词汇为建筑材料、以语法为结构规律而构成的体系。语言以其物质化的语音或字形被人们所感知,它的词汇表示一定的事物,其语法规则反映人类思维的逻辑规律。言语是人们运用语言材料和语言规则所进行的交际活动的过程。特殊儿童的语言是特殊儿童心理学研究的重要内容之一,本章着重从语言系统(包括语音、词汇、语法和语义等四个子系统)与语言运用两个方面对特殊儿童的语言与言语现象展开阐述。

第1节 语言理论与语言的发展

一、语言概述

(一) 语言与言语

语言(language),就是将少量单个、无意义的符号,根据公认的规则进行组合,产生无数信息的一种复杂的符号系统。[①] 作为人类交往的手段和思维工具,所有语言都是由一套抽象的符号以及一系列将这些符号合并为更大单元的规则所组成,具体包括语音、词汇、语法、语义、语用等五种要素。其中,语音、词汇和语法使语言有了某种规范化的形式,语义使语言具有一定的内容,而语用使语言的使用符合特定的情境,从而达到沟通的目的。

言语(speech),则是个体利用语言进行交际和思考的心理过程或活动。言语有两种形式:一种是口头形式(听和说),另一种是书面形式(阅读和书写)。在言语活动中,说话和书写属于言语的表达过程,而听对方说话和阅读属于言语的理解过程。

语言和言语是两个密切相连而又明显有别的概念。两者的主要区别是:首先,语言是社会现象,是人们在长期的生活实践中逐渐形成的一种用于交际和思维的工具;言语则是心

---

① 〔美〕David R. Shaffer. 发展心理学——儿童与青少年[M]. 邹泓,等译. 北京:中国轻工业出版社,2005:355.

理现象,是个体利用言语符号进行思维和交往的心理活动。其次,语言是思想交流的工具,而言语则是交往的过程。尽管语言和言语不是一回事,但是彼此之间又密不可分:一方面,语言必须客观地存在于人们的言语活动中,只有经过言语交往活动,才能够发挥语言的交往工具的作用;另一方面,言语活动必须依靠语言来进行,人们只有利用语言中的词汇和语法规则,才能理解别人的思想、感情和态度,才能表达自己的思想、感情和态度,从而达到彼此之间的相互了解和沟通。一般情况下,人们并不把它们严格对应起来使用,往往是以语言代言语,把两者都称为语言。这种处理已约定俗成,为人们所公认,学术界也没有异议。多数情况下使用"语言",少数情况下使用"言语",以使表达更为确切。[①]

说到语言和言语,自然要涉及语言障碍和言语障碍的区分。语言障碍指的是个体在运用语言的过程中所表现出的语言知识系统达不到他的年龄应该达到的标准的状况,即个体在理解和运用语言符号及规则方面发生问题,或者个体语言能力的发展明显落后于同龄伙伴的水平。语言障碍不仅包括个体在言语表达方面的缺陷,而且还包括在言语理解方面的缺陷。言语障碍则是指个体和常人的言语偏离甚远,以致惹人注意,干扰了信息交流,甚至使说话人或者听话人感到苦恼的言语异常,即个体在发准声音、保持适当的言语流畅性及节律或者有效使用嗓音方面表现出的缺陷及困难。根据行为表现不同,言语障碍又包括构音异常、发声异常和流畅度异常。同语言和言语一样,语言障碍和言语障碍也没有很严格的划分,有些情况下常常统称为语言障碍或沟通障碍。

(二)语言系统与语言运用

1. 语言系统

儿童语言学家李宇明教授认为,语言能力应包括"语言系统能力"和"语言运用能力"。语言作为由语法单位(音素、词素、词、短语、句子)按一定语法结构(词法和句法)组织起来的符号系统,又包括语音学、词汇学、语法学、语义学等四大子系统。

(1) 语音学系统

语音是口头语言的物质载体,是由人类发音器官发出的表达一定语言意义的声音。语音分为音系语音和语流语音。[②] 音系语音是指音节范围内的音位系统,属于语言的范畴;语流语音是指包括语流音变、语调、语句重音、停顿、言语节律等在内的语音形式,属于言语的范畴。音位是语言中区别语音形式和意义的最小语音单位,美国语言学家萨丕尔(Sapir,Edward,1884—1939)对音位的定义是"一种语言特有的严格确定的语音模式或结构中有功能意义的单位"。音节是自然感觉到的最小语音单位,由一个或几个音位构成,可以看做是不同的元辅音序列。汉语音节一般是由声母、韵母和声调三部分构成。

音位根据音质分为元音和辅音。元音是指气流从喉部发出的不受很多阻碍,音色比较响亮的那些音。辅音是指气流受到发音器官的某一部位阻碍并且克服阻碍而发出的音,辅音的形成决定于发音部位和发音方法两个维度。发音时阻碍气流通过和气流克服阻碍的部位叫做发音部位,发音方法则指的是发音时,喉头、口腔、鼻腔节制气流的方式和状态,包括

---

① 柳树森.全纳教育导论[M].武汉:华中师范大学出版社,2007:248-249.
② 李宇明.儿童语言的发展[M].武汉:华中师范大学出版社,2004:58.

发音时构成阻碍和克服阻碍的方式,气流强弱的情况及声带是否振动等内容。根据发音部位,辅音一般分为双唇音、唇齿音、齿间音、舌尖前音、舌尖中音、舌尖后音、舌叶音、舌面前音、舌面中音、舌面后音、小舌音、喉壁音、声门音、喉音。根据发音方法,按气流成阻与除阻的方式可以把辅音分为塞音、鼻音、擦音、塞擦音、边音、颤音、闪音、半元音;按照声带颤动与否,可以把辅音分为清音和浊音两类;按气流的强弱,可以把辅音分为送气音和不送气音。[①]

音位是一组区别性特征,每一种语言的全部语音都可以归纳为数目有限的音位。理论上我们可以把音位的语音实现理解为包含了几个不同而相互依存的语音特征的一个连续的音段[②]。正是在这个意义上,音位通常又被称为音段音位。音段音位所表示的是音位实现为具体的语音形式时,主要用来区分不同的词位的音质特征。但是在音位的层面上,除了音质同时还具有音强、音长和音高,它们都会对音质产生影响。轻重音、长短音和声调、语调就是它们起作用的几种主要形式,而且在不同的语言里所扮演的角色也不一样。譬如,汉语中以音高特征相区别的阴、阳、上、去四种声调,它们在区分词位的作用上无异于通常理解下的音位。为了照应这种情况,西方学者又特别提出超音段音位这个术语,以与音段音位相对应,共同承担分析语言的各种音位问题的任务。[③] 简言之,语音有音高、音长、音强、音质四大属性,其中音质称为音段,音高、音长、音强称为超音段。

(2) 词汇学系统

词汇是一种语言、一个方言、一个人或一本书中的词的总汇。词是词汇家族的成员,是由语音和语义结合而成的最基本的语言运用单位。词汇量的发展是衡量儿童语言发展的一个重要指标,也是衡量儿童认知发展的一个重要指标。对儿童词汇量发展的研究有两种方式:一是考察儿童各年龄段总的词汇量及其发展,二是考察儿童各年龄段各类词的比例及其发展。两种方式相辅相成,但是在研究方法和研究效用等方面也有不同。[④]

词类是语法学上的概念,是根据词的语法分布和语法功能等语法标准划分出的语法类别。如名词、动词、形容词、代词、数量词、副词等实词,既有作为词类的语法功能,又有一定的词汇意义。在这里,只把词类作为一个个词汇集合来看,只为考察儿童词汇量的增长、词汇内部的成分变化、词的使用频率等问题,完全可以把它放在词汇里进行讨论。这也正是儿童语言学界的一种习惯的学术安排。

从词类的比例上研究儿童词汇量的增长,不仅可以看到儿童各年龄段词汇的构成情况,还能看到这些构成成分的消长变化。各词类的词汇量比例显示的是儿童掌握各类词的数量在儿童整个词汇量中的地位。词语的使用频率显示的则是词语在儿童实际话语中的活动,是从另一个角度来考察各种词语在儿童语言中的作用。各类词的词频量指的是各类词在话

---

① 申小龙.语言学纲要[M].上海:复旦大学出版社,2005:55.
② 音段是"一个单个的语音",在语音或是音系层次上,将话语当做线性串列时,串列中的最小单位"。"广义上说,音段被看做言语中发音器官或多或少地保持不运动的一个时段"。例如表示"社会"这个意思的词,说汉语的人很自然就把它分成两个音段 she-hui,而在说英语的人的感觉中 so-ci-e-ty 是四个音段。(引自:申小龙.语言学纲要[M].上海:复旦大学出版社,2005:42.)
③ 张旭.语言学论纲[M].天津:天津人民出版社,2002:50.
④ 李宇明.儿童语言的发展[M].武汉:华中师范大学出版社,2004:93-102.

语中实际出现的次数。它与词汇量的不同在于词汇量不统计一个词重复出现的次数。各类词的词频量与话语中的总词数(包括词重复出现的次数)的比,称为各类词的词频量比。词频率是指某类词或某个词的词频量与某类词的词汇量或某个词的词量的比值。使用频率最高的词称为高频词,高频词是儿童最常用的词。

(3) 语法学系统

语法由一系列语法单位和有限的语法规则构成,是语言的最为抽象的基础性系统,是语言的民族特点和一个人的语言能力的最为基本的表现。所谓掌握了一种语言,在很大程度上是指掌握了一种语言的语法系统。① 一般根据语法单位的特点将其分为语素、词、短语和句子四级。语素是语言中最小的有意义的单位,也是最小的语法单位。词是语言中最小的能独立运用的语法单位。短语是由两个或两个以上的词组成的,功能相当于词的语法单位,短语和词都是造句的备用单位,因此人们常常把词和短语合称为词语。句子是最小的言语交际单位,也是最大的语法单位,语法只研究到句子中词和短语间的组织联系。② 简言之,语法是语言的结构规律,包括构词规则和造句规则的总和。语法的本质就在于指导使用该语言的人懂得怎样选择合适的词语并进而造出为说本族语的人所接受的句子。③

语法分为词法和句法两部分。词法指的是词位复合结构,即以表现为复合或复杂形式的词的结构情况而言的。词法所关注的是词这种单位,包括单纯词和基于单纯词这类原始语言单位的各种复合或复杂形式,它们是怎么构成或怎么形成的。句法是决定如何将词语有意义地构成句子的规则系统。句法规则是每种语言所特有的,并制定了主语、谓语、宾语和其他句子要素之间满足人们要求的(即语法)规则。句意是词语的意思在相互之间语法和语序关系作用下的结果。

心理语言学界通常把句子平均长度(the mean length of utterance,简称 MLU)和句法结构的发展作为考察儿童语法发展乃至语言发展的指标。所谓句子平均长度,是指在采集的儿童自发言语的样本中,统计出每句话所包含的有意义单位的数目,求得平均数。这个平均数即是句子的平均长度。④ 句子平均长度是最"可靠的、容易测定的、客观的、定量的、并容易理解的测量语言成熟程度的长度"。所谓句法结构,主要是指单句的句子结构,即由句法成分组合构成的各种语法序列。汉语的句法成分主要有主语(S)、谓语(P)、宾语(O)、补语(C)和修饰语(M,包括定语和状语)等。这些不同的句法成分的不同组合,构成不同的单句结构,如主谓结构、动宾结构、状形结构等。

(4) 语义学系统

语义是用语音形式表现出来的语言和言语的全部内容,它是客观事物的特征以及事物之间的关系在人们头脑中的概括反映。从语言的结构层次上,语义可以分为词素义、词义、句义、话语义与篇章义。心理语言学界对儿童语义的研究主要着眼于词义与句义两大方面。

---

① 李宇明.儿童语言的发展[M].武汉:华中师范大学出版社,2004:135.
② 申小龙.语言学纲要[M].上海:复旦大学出版社,2005:131-132.
③ 张旭.语言学论纲[M].天津:天津人民出版社,2002:98.
④ 李宇明.儿童语言的发展[M].武汉:华中师范大学出版社,2004:153.

词义是语义系统中最基本的语义单位。关于词的语义表征有两种理论主张:心理词典与原型理论。心理词典是指永久性储存于记忆中的词及词义的心理表征。该理论认为,每个学会了语言和阅读的人,大脑中都具有一个心理词典,心理词典是由许多词条组成的,这些词条具有不同的阈限。所谓认知一个词,就是在心理词典中找出了与这个词相对应的词条,并使它的激活达到所要求的阈限水平。心理词典中对于词义的储存是有结构、有层次的,其语义结构和提取方式包括分层网络模型和激活扩散模型两种认知模型。原型理论则认为,词或概念是以原型的方式储存于人的头脑中的,人们只有掌握了一个词或概念的原型,这个词或概念才能被理解。原型是儿童学习某词义时最早接触的所指对象。儿童根据原型所提供的词语信息不断进行语义特征的调整,从而实现原型向典型的升华。典型是日常的目标语言中代表该词义的范例,人们是依照典型的特征来把握词义、认识事物的。儿童对词义理解有一个发展过程,这个过程大约是由指出个体(个体枚举)到外形和功能的把握,再到类的归属。

句义是言语中最小的独立的语义单位。句子语义加工是一个心理过程,在这个过程中,读者从书面文字中来构建其意义。句子的理解就是将句子的表层结构加工成深层结构。句子的表层结构是句子的形式,即句子中的词、词的时间序列以及由这些词组成的组合。句子的深层结构是句子的意义,即从书面词的序列中建构起具有层次安排的命题。句子语义加工的策略包括词序策略、词类策略以及语义策略。词序策略是根据词在句子中的先后顺序,了解词的句法作用,从而把句子分成构成成分,并决定它们之间的关系。词类策略是根据词的语法分类来理解具体词在句子中的作用。个体在进行句子的语义加工时,能够根据词类的暗含知识以及关于词类与它们在句子中语义结构作用的知识来推断它们在句子中的作用。另外,个体在对句子进行语义加工时,往往会采用一些语义策略,以达到更为准确的加工。[①]

2. 语言运用

语言运用,即语用。语用学研究在不同语境中话语意义的恰当表达和准确理解,寻找并确立使话语意义得以恰当表达和准确理解的基本原则和准则。[②] 语用是从交往能力方面研究语言,主要包括语境、指示词语、会话含义、言语行为、会话结构等五个方面。[③]

(1) 语境

语境是人们运用自然语言进行言语交流的言语环境,分为上下文语境、情景语境和民族文化传统语境。会话中我们往往要考虑到的是情景语境,情景语境包括会话的时间、地点、场合和交往者的身份及其相互关系。根据不同的语境,人们使用不同的交往策略,体现不同的话语特征。如果一个人不能根据语境调整自己的交往策略,那么就认为他在交往策略方面存在缺陷。

---

① 刘春玲.弱智儿童语义加工的实验研究[D].上海:华东师范大学博士学位论文,2004.
② 吴昊雯,陈云英.智力落后儿童语用障碍研究新进展[J].中国特殊教育,2005(6):3-7.
③ 有些情况下,会话含义和会话结构可以划归为会话技能。儿童语言发展需要掌握的会话技能一般包括发起话题、保持话题、话轮转换、修补话题等。

(2) 指示词语

指示词语是表示指示信息的词语，是语用学最早选定的研究对象，直接涉及语言结构和语境的关系。指示词语分为五类：人称指示、时间指示、地点指示、语篇指示和社交指示。其中，前三种典型而且普遍。说话人要准确地表达他所指的人、物、时间、地点等，同时听话人也要正确地理解别人的所指，这样会话才有得以维持的基础，如果缺少指示词语，会话就不能进行。作为会话的一方，无论是表达指示词语不明确，还是不理解别人的所指，都会给会话的顺利进行造成困难。

(3) 会话含义

语用学是在言语交际的总框架中研究话语意义的恰当表达和准确理解。因此，"合作原则"和"会话含义"就成为重要的研究课题。所谓"合作原则"就是在参与交谈时，要使你所说的话符合你所参与的交谈的公认目的或方向，参与会话的人都要遵守一定的规则，共同合作使会话得以顺利进行。合作原则又可细分为四条准则：量的准则、质的准则、相关准则和方式准则。会话如果不遵守这些准则时，就会引出"会话含义"。会话含义是隐含在话语中的意义，通过故意违反合作原则中的某一准则来传递，但是同时还要使听话人能够了解说话人的意图，不使会话中断。会话含义理论完成了从意义到含义的过渡，产生了"语用推理"这种新的推理形式，对语言学和逻辑学都作出了重要贡献。

(4) 言语行为

言语行为就是通过言语达到某种行为效果，通过言语手段实施某种行为。关于言语行为研究，以奥斯汀（Austin）的"三分说"和塞尔（Searle）的"四分说"最为典型。奥斯汀提出了言语行为三分说：叙事行为、施事行为和成事行为。其中，他最关注的是施事行为，并把施事行为的话语按语力分为五类：裁决型、行使型、承诺型、行为型和阐释型。塞尔继承、修正和发展了奥斯汀的理论，主张把言语行为分为四类：发话行为、命题行为、施事行为和成事行为。他在批评奥斯汀的基础上，以施事行为目的、施事方向、所表达的心理状态为标准，把施事行为分为五类：断言行为、指令行为、承诺行为、表态行为和宣告行为。此外，也有部分学者将言语行为划分为言语倾向、言语行动、言语变通等。

(5) 会话结构

列文森明确指出："语用结构的各个方面都是以运用中的会话为中心组织起来的。"会话结构研究以下几个问题：话轮转换、相邻对、修正机制、预示序列和总体结构。正确把握这些以经验为基础的问题，可以帮助我们揭示会话构成的规律，解释自然会话的连贯性，进而准确理解话语意义。以话轮转换为例，交谈双方保持同一话题以保证交谈的连贯性，是与人沟通、交流时重要的一方面。一般来说，同一时间内只有一个人说话，一个人说完下一个人再开始说话。从一个说话人开始说话到结束说话，称为一个话轮，从一个话轮转到另一个话轮是话轮转换。参与会话的人需要遵守话轮转换的原则，大家同时说会造成话语的重叠，话轮之间没有衔接则造成会话的停顿。

(三) 语言的功能

语言对人类文明的传承和个体智慧的发展具有重要作用，它在人类社会生活中扮演着重要角色。设想如果没有语言，人与人之间的思想和感情的交流会变得多么贫乏与困惑；如果没有语言,人类将不会具有丰富多彩的精神生活;如果没有语言,人类获得与加工信息的能力将大大减弱。[①] 一般认为,语言主要具有符号固着、概括和交流三种功能。

1. 符号固着功能

语言符号是声音和意义的统一体。每个词语的声音和形象都固着有一定的意义,标志着物体、现象或它们的属性、状态、行为等,也就是标志着人们从内外世界能够感受到的一切东西。词语对人来说,同样是现实刺激物,它能够引起其他(如具体形象)刺激物所能引起的所有反应。词语这种标志事物及其特征的功能就是符号固着功能。著名俄国生理学家巴甫洛夫把客观世界中的各种现实刺激物称为第一级信号,把能够取代它们的词语称为第二级信号,即"信号的信号"。正是由于这种符号固着功能,词语就能向人们提示各种不同的事物,被人们用于思想交流,达到彼此了解。

2. 概括功能

词语不仅能够取代各种各样的现实刺激物,更为重要的是它给人类的高级神经活动注入了抽象和概括的原则。词语既能表达个别的事物,还能反应某一类别的事物。每个词语都是对客观事物不同程度的概括。有了语言,人们就能分解出事物主要的本质的特征,舍弃事物次要的非本质的特征,对复杂多样的事物及其特征进行分类和抽象,构成非常简练而精确的概念体系。有了概念,人们就能够进行抽象逻辑思维,认识远远超出个人直接经验范围的客观规律,掌握各种各样的科学知识。

3. 交流功能

交流功能就是传达知识、态度和情感的功能。可以说,前两个功能大体上属于内部的心理活动,交流功能则表现为外部的、指向别人的行为。交流功能本身包含着报告、表情和调节三个方面。报告功能是指传递知识,和符号固着与概括功能密切相关。要传递好知识,必须善于挑选精确表达思想的词语,以便引起对方同样的思想或表象。表情功能是指传递个体的情感及态度,其充分发挥有赖于正确使用肯定与否定、强调与委婉、活泼与迟疑等不同的口气。同时,人们往往辅以相应的表情及躯体动作,把表现强烈情感的表情和说的内容融合在一起时,会增加说话的感染力。有时候,即使话的内容本身不一定很有依据,也能使听者信服。调节功能就是使对方的行为服从于自己的意图。这个功能的发挥也和说话时情感和态度的表达密切相关,说话态度明确、情感丰富的人,就容易控制对方的行为。[②]

二、语言的获得理论

儿童为什么能够获得语言?儿童为什么能够如此神速地获得语言?这是儿童语言学最为基本的理论问题。[③] 所谓语言的获得,是指一个人实际能够运用一种语言去自主地和自由地同已经获得这种语言的其他的人进行交际。[④] 迄今为止,在关于"儿童如何获得语言"的问题上,存在四种不同的理论主张:习得论、先天论、相互作用论、语觉论。

---

① 梁宁建.当代认知心理学[M].上海:上海教育出版社,2003:228.
② 柳树森.全纳教育导论[M].武汉:华中师范大学出版社,2007:249-250.
③ 李宇明.儿童语言的发展[M].武汉:华中师范大学出版社,2004:29.
④ 张旭.语言学论纲[M].天津:天津人民出版社,2002:32.

(一) 习得论

以巴甫洛夫条件反射和两种信号系统的学说、华生(J. B. Watson)的行为主义学说为理论基础的学者,在儿童语言发展的问题上都比较强调后天环境的因素。这些学者关于儿童语言发展的理论,可以称为后天环境论。一般说来,后天环境论者把语言看做一种习惯,否定或轻视儿童语言发展中的先天的或遗传的因素。[①] 在行为主义者看来,儿童掌握语言,就是在后天的环境中通过学习获得语言习惯,语言习惯的形成,是一系列"刺激—反应"的结果。儿童是通过聆听、模仿和重复他所听到的话而学会说话,通过父母的夸奖而使儿童说话的能力得到增强。简言之,根据学习理论观点,养育者是通过示范和强化合乎语法的言语去教会孩子语言的。

事实上,言语行为是相当复杂的,它既受语言交互环境的制约,也受说话人自身心理因素的影响,绝不可能归结为简单的"刺激—反应"过程,不可能像行为主义者所设想的那样——控制刺激就可控制反应、预测反应,就可控制和预测人的各种言语行为。许多语言学家通过长期观察与实验也证明,儿童掌握语言能力主要是通过人际交往,虽然有时儿童也有重复或模仿大人说话而得到夸奖的情况,但这绝非儿童获得语言的主要途径。在20世纪行为主义占统治地位的年代,"后天决定论"曾一度流行,从目前的情况看,这种观点已经过时。

(二) 先天论

先天决定论者,强调人的先天语言能力,强调遗传因素对儿童语言发展的决定性作用,忽视乃至否定后天环境因素的影响,是与后天环境论针锋相对的。这方面较有影响的理论主要是先天语言能力说和自然成熟说。[②]

1. 先天语言能力说

先天语言能力说,是由乔姆斯基(N. Chomsky)的语言学理论发展出来的一种儿童语言获得学说。同后天环境论者的观点相反,先天语言能力说认为,儿童有一种受遗传因素决定的先天的语言获得机制(language acquisition device,简称LAD)。语言获得机制包含两样东西:一是包括若干范畴和规则的语言普遍性特征(universal grammar,简称UG);二是先天的评价语言信息的能力。可能就是这种天生的机制(LAD)使儿童有能力处理语言输入,并推断音素规律、语义关系和句法规则等语言知识。这些知识描绘了语言的普遍特征,不管儿童听到的是哪一种,情况都是如此。所以,不管儿童一直在倾听的是哪一民族的语言,只要他已经获得足够的词汇,就可以通过获得装置,将单词组合成新的、受规则限制的言语,并理解他所听到的许多内容。儿童获得语言,就是运用先天的评价语言信息的能力,为这套普遍语言的范畴和规则赋上各种具体语言的值。儿童获得的不是一句一句具体的话语,而是关于语言的一系列规则。这一系列规则,能够使儿童听懂他从未听过的话,能够让儿童具有生成他从未听过的话语的能力。简言之,乔姆斯基认为,儿童的大脑中天生就有分析与把握普遍语法的言语中枢,只需把在日常生活与社会交往中所听到的各种句子作为言语输入数

---

① 李宇明.儿童语言的发展[M].武汉:华中师范大学出版社,2004:29-30.
② 李宇明.儿童语言的发展[M].武汉:华中师范大学出版社,2004:38.

据,通过 LAD 评价功能的评价与验证就可掌握相关的语法规则。

乔姆斯基的 LAD 理论是迄今为止唯一能对"儿童语言发展的核心问题"(即"为什么任何民族的四五岁儿童都能无师自通地掌握包含数不清的语法规则变化的本民族口头语言?")做出较合理解释的一种理论。[①] 但是,先天能力说也受到了不少的批评,这些批评可以归纳为如下方面:① 乔姆斯基的理论是思辨的产物。乔姆斯基并未对 LAD 理论所赖以建立的基础——人脑中先天就存在处理普遍语法的神经生理机制——这一关键问题提供脑神经生理学的证据。② 过分低估后天语言环境的作用。乔姆斯基认为儿童在数量不多的语言输入中,就可以概括出各种语言的规则。这种看法也是不符合实际的。一些研究结果表明,后天的语言输入对儿童的语言发展起着重要的作用,并非仅仅是一种触发的因素。③ 乔姆斯基把儿童学习语言的过程看得过于容易。事实上,儿童学话是一个十分艰巨的过程,不仅有大量的失误,而且会花费非常多的学习时间。

2. 自然成熟说

当代比较有影响的另外一种先天决定论是伦内伯格(E. H. Lenneberg)的自然成熟说。伦内伯格认为,伴随年龄的增长,儿童的发音器官和大脑的神经机能逐渐成长发育。当和语言有关的生理机能成熟到一定的状态时,只要受到适当外界条件的激活,就能使潜在的与语言相关的生理机能转变为实际的语言能力,所以儿童语言能力的获得是由先天遗传因素决定的。伦内伯格还指出,在儿童发育期间,语言能力开始时是受大脑右半球支配,以后逐渐从右半球转移到左半球,最后才形成左半球的语言优势(左侧化)。伦内伯格认为,左侧化过程发生在两岁至十二岁之间,并强调这是儿童语言发展的关键时期:在这一时期之后,如果大脑左半球受损,将会造成严重的语言障碍,甚至会使儿童终生丧失语言能力;如果是在这一关键期的开始或中间阶段(即左侧化完成之前)左半球受损,则语言能力将继续留在右半球而不受影响。简言之,伦内伯格把儿童的语言发展看成是受发音器官和大脑等神经机能制约的自然成熟过程。

从当前脑神经科学研究的进展来看,伦内伯格关于儿童发育早期(四、五岁之前)语言能力是受右脑控制的观点是值得商榷的,至少还没有得到实验证据的支持。尽管有这类争议,但就伦内伯格的自然成熟说本身而言,我们还是应当给予充分的肯定和高度的重视。事实上,儿童获得语言具有"关键期"(也称为最佳敏感期),现在已不再是一种"假说",而是已得到许多实验与观察证实的科学事实。

(三) 相互作用论

相互作用论以皮亚杰的认知说为理论基础,认为儿童的语言发展是天生的能力与客观经验相互作用的结果。语言发展来源于生理成熟、认知发展和不断变化的语言环境之间复杂的相互作用,其中,语言环境在很大程度上受到儿童与同伴之间沟通情况的影响。这种理论的支持者以加拿大心理学家唐纳德·赫布(Donald Hebb)为代表。他认为,婴儿在出生时就对人类言语的声音模式具有特殊敏感性,这是因为婴儿脑中具有接收、理解和生成言语的特殊结构。但是要使这种结构产生语言功能,还需要适当的环境和经验的作用。这就是说,

---

[①] 何克抗.儿童语言发展新说——语觉论[M].北京:人民教育出版社,2006:9.

人类之所以有言语功能：一方面是因为大脑先天就有专司言语功能的特殊结构——"听、说、读、写"四大言语中枢，具有处理抽象语言符号的能力；另一方面则是因为后天经验的作用和语言环境的影响。简言之，根据相互作用的观点，语言发展是自然和养育之间复杂的相互作用的产物。

然而，虽然相互作用的观点得到了许多发展心理学家的青睐，但这种理论尚未能科学地阐明儿童获得语言的具体过程，尤其是它还不能令人信服地解释关于儿童语言发展的最核心、也是最关键的问题——"为什么任何民族的四五岁儿童都能无师自通地掌握包含数不清的语法规则变化的本民族口头语言？"儿童怎样获得语言的问题还远未得到解决。

（四）语觉论

我国学者何克抗在全面总结现有理论成果的基础上，吸纳其所长，抛弃其所短，并结合自身的研究实践，提出了一种全新的儿童语言发展理论——"语觉论"——来解释儿童语言发展的关键问题。何克抗认为，婴幼儿获得语言的过程并非像行为主义心理学家所主张的那样从一张白纸开始，通过模仿、重复、机械记忆、一句一句地学习；也不是像乔姆斯基理论所宣称的那样，儿童天生就有语言获得机制（LAD），一生下来就已掌握适合不同民族、不同语言的普遍语法，甚至认为儿童是自然界专为掌握语言而设计、制造的小机器，因而儿童无需学习就能轻松地获得语言；也不是像唐纳德·赫布所描述的那样，虽然儿童有先天的"听、说、读、写"言语中枢的支持，可以有效地提高对这四方面语言能力的学习效率，但还是要通过一个一个具体句子的慢节奏学习来达到对语言的掌握。①

何克抗认为，婴幼儿获得语言的过程是通过语觉（语义感知觉）来实现的。语觉是人脑通过感知与辨析口语中的语音以及分析与识别话语中的各种语义关系来达到对句子真实含义理解的一种高级感知觉能力，这种能力就像视知觉、听知觉等能力一样，是经过长期的进化形成的、与生俱来的。语觉论对言语理解（即"听"）和话语生成（即"说"）所涉及的语音、语法、语义等三种不同的心理加工过程进行深入分析后得出以下结论：语音心理加工（语音感知和语音辨析）和语义心理加工（语义辨析和语义识别）具有先天遗传性；语法心理加工（词法分析和句法分析）具有后天习得性。在上述结论的基础上，语觉论将语言能力中的"听、说能力"和"读、写能力"加以明确的区分，认为前者主要靠先天遗传，而后者则主要靠后天习得，是两种本质特性完全不同的言语能力。简言之，何克抗认为，语言涉及语音、语法和语义，为了获得某种语言，儿童需要有语音、语法和语义等三方面比较完备的知识。婴儿对于语音和语义有天生的、遗传的感知和辨识能力，语音辨析能力和语义识别能力均可通过先天遗传获得，但对语法的辨识能力则要通过后天的学习才能掌握。为了能对儿童语言获得的过程做出科学的分析，何克抗建立了如图 5-1 所示的儿童语言获得模型。

---

① 何克抗.儿童语言发展新说——语觉论[M].北京：人民教育出版社,2006：84.

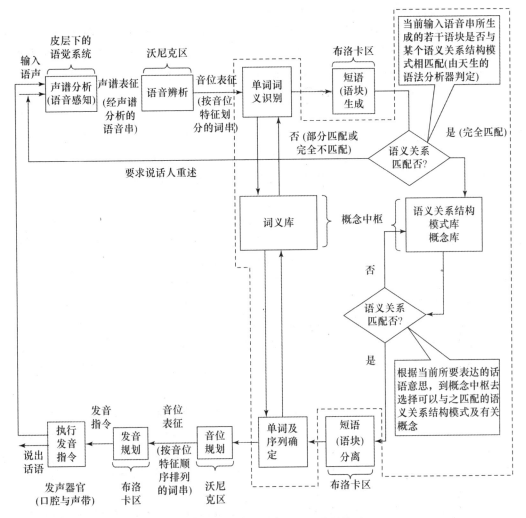

图 5-1 基于语觉的儿童语言获得模型

三、语言的发展阶段

儿童语言发展的阶段划分,在学术界很不一致,最主要的原因在于人们划分阶段的标准不同。儿童的语言发展,与儿童的自然年龄、生理发育阶段、心理发展水平有一定的关系,但是,语言发展必然不同于生理的发育和心理的发展,因此,划分儿童的语言发展阶段,应采用语言学的标准。儿童语言学家李宇明教授认为,合理的语言学的标准应是语言系统的发展和语言运用的发展这两个方面的结合,即儿童用什么样的语言形式(语言系统的标准)进行什么样的语言交际(语言运用的标准)。依据语言系统发展和语言运用发展相结合的语言学标准,儿童的语言发展可以划分为五个大的发展阶段。[①]

[①] 李宇明.儿童语言的发展[M].武汉:华中师范大学出版社,2004:321-323.

(一) 声音发展阶段(大约在 0—6 个月)

此阶段儿童只是发出各种无意义的声音,并出现对语声的最初模仿。儿童与成人之间的交流还不是语言性质的,而只是一些无条件反射和低级的条件反射。从语音系统发展来看,这一阶段可以再分为两个小阶段:非自控音阶段和咕咕声阶段(cooing)。

1. 非自控音阶段

大约是指从出生到 20 天这段人生的最初时期。研究表明,听觉反应和对人类声音的特别兴趣,是一种与生俱来的生物学现象。在 20 天之内,新生儿就可以建立初步的听觉条件反射。这一阶段的新生儿的发音以哭声为主,也有一些是咳嗽声和吃奶时的发音。这些声音绝大多数都是新生儿不能自己控制而发出的,因此,可称为"非自控音"。

2. 咕咕声阶段

出生后 21 天到 5 个月,是咕咕声阶段。此阶段儿童的声音听辨能力(已有区分音高、音长、音色和语言情感等初步能力)和发音能力(若干个音节不间断地发出即滑动音流)都有较大的发展,有大量的"玩弄"声音的现象,有了最初的语音模仿和"对话"意识。这些自控性发音听起来似鸽鸣鸠语,又似人咕咕低语,所以称为"咕咕声阶段"。

(二) 被动语言交际阶段(6 个月—1 岁)

在此阶段中,儿童虽然还不会说话,但已能对话语进行初步的理解,开始以被动的方式参与语言交际,对人生具有重要意义的第二信号系统也在此阶段开始建立。此外,儿童可以用简单的体态语与成人进行交际,表现出最初的社会交际意识。从语音系统发展来看,这一时期处于儿童的呀呀语阶段(babbling)。

呀呀语阶段,即从出生后 6 个月到儿童 1 岁左右说出第一批真正的词这一时期。此阶段儿童的听觉分析器已经相当敏锐,在他的头脑中已经开始建立起较为复杂的语音表象。儿童已经把声音的听辨纳入语言的范畴,出现了早期的话语理解反应,这标志着儿童语言活动的开始。众多的研究表明,在 1 岁前儿童已经获得了最基本的语调类型。

(三) 特殊语言交际阶段(1 岁—2 岁半)

在这一时期,儿童已能以主动方式进行词语言语交际活动,即不仅能听,而且能说。但此时儿童所使用的语言还不成熟、不完整,属于幼儿的特殊语言。儿童这一特殊语言,若孤立地看,是有歧义甚至让人无法理解的,但在一定的交流背景下(即有一定的上下文语境),并伴随儿童的手势、体态、表情,儿童用这类不完整的语言和别人交流将不会有什么障碍。从语法系统发展来看,这一时期又可划分为独词句、双词句和电报句三个子阶段。

1. 独词句阶段

独词句阶段是儿童开口说话的阶段,一般在儿童 1 岁左右时开始,到 1 岁半前后结束。独词句中的词不仅是一个词,而且还是一个句子。独词句阶段的"词"同语前阶段相比,发音逐渐清晰,意义所指逐渐明确,音义的结合也逐渐稳定。但是同目标语言相比,其音、义的含混性和音义结合的不稳定性,依然是此时期语言单位的一个重要特点。有研究者认为不妨将其称为"语元"。

2. 双词句阶段

由独词句阶段到双词句阶段,是儿童语言发展的必由之路,也是又一次大的飞跃。从理论上说,双词句阶段与独词句阶段的本质差异,不在于句子的长短,而在于双词句阶段儿童使用的最小语言单位具有了词的资格,即具有组合功能。就此而言,可以说由独词句阶段到双词句阶段,就是一个"语元词化"的过程。

3. 电报句阶段

一般说来,儿童在2岁至2岁半,语法发展处于电报句阶段。电报句阶段既是双词句的扩展,又是向成人语法过渡的阶段。由于这一阶段的语句仍然比较简略,主要是一些传递信息的关键词,就像是人们打电报时用的语句一样,所以哈佛大学的心理学家布朗(R. Brown)把这时(2岁至2岁半)的儿童语言称为"电报句"。从语法的情况考察,电报句阶段主要具有以下特点:开始建立句子的基本模型;出现了一些语法类化现象;句子表意较为复杂化和明显化。

(四)目标口语发展阶段(2岁半—6岁)

这一阶段大约是从2岁半到6岁。在这一阶段,儿童的特殊语言成分已经大大减少,语言已经纳入了目标语言的轨道,语音系统和基本的语法规则已经掌握,具有一定的词汇量和一定的语言运用技能。可以用词语来解释词语,并能进行一般的日常语言交际。从语法系统发展的角度来看,这一阶段的儿童处于语感逐步形成阶段。

语言能力的形成和发展,主要表现为语感的形成和发展。语感由多个子系统构成,其中最为重要的是语法感。在电报句阶段,儿童已开始对成人的语法有所感知,并开始由儿童的特殊语法向成人语法转变。当儿童的语言超越电报句阶段之后,语法发展便是在成人语法的框架里进行的。儿童的语言一旦纳入成人语法的轨道,就开始了形成语法感的旅途。有规律、成系统的类化现象的出现,是电报句阶段结束和语法感形成阶段开始的标志。当儿童进入语法感形成阶段以后,最有意义的发展表现在两个方面:改正语法错误;谈论语言。"改错"行为的出现,表明儿童已经建立起语法感;儿童能够谈论语言,表明儿童的语法感已基本形成,儿童的语法发展已经步入了初步成熟的阶段。

(五)成熟阶段(大约6岁—少年期结束)

在这一阶段中,儿童逐渐完善自己的语言系统和语言运用能力,掌握一些较难的语流发音形式和一些特殊的语法现象,迅速扩充词汇量,发展出各种语用技能。在一般的教育条件下,书面语也有较为可观的发展,并对口语发生重大影响,使之渐趋规范化。此期,儿童语言已经与目标语言没多大差别,语言发展趋于成熟。

当然,这种阶段的划分不是绝对的,不仅阶段与阶段之间存在着交叉现象,而且各个儿童的实际发展过程,也会与各阶段的年龄界定有出入。就语言的每一子系统而言,又各具自己的发展阶段。语音有语音的发展阶段,语法有语法的发展阶段,语用有语用的发展阶段。各种具体语言现象的发展阶段,也不一定完全与总体发展阶段相吻合。但是,一般认为,"开始具有初步言语能力"是在儿童的独词句阶段,即是在11或12个月前后(1岁左右);而"具有熟练的口语能力"则是在儿童语法感形成的阶段,一般在4岁半或5岁半左右。

另外,我国学者周兢从语言结构这个角度提出了0—8岁汉语儿童语言发展新说。周兢教授认为,儿童语言发展是在与社会环境相互作用中不断学习和获得语言结构能力的过程,汉语儿童语言发展可以分为以下四个阶段:前结构阶段(0—2岁);简单结构阶段(2—4岁);合成结构阶段(4—6岁);嵌置结构阶段(6—8岁)。[①]

[①] 周兢.汉语儿童语言发展阶段新说[J].南京师范大学学报:社会科学版,1997(1):58-64.

第2节　特殊儿童的语音特征

一、感官障碍儿童的语音特征

（一）视觉障碍儿童的语音特征

国外许多专家认为，语言的习得主要是依赖听觉而不是视觉，所以就视力残疾本身而言，并不影响儿童语言的发展。因此，视觉障碍儿童在语言的主要方面同正常儿童并没有较大差异，尤其是对音节的掌握，普遍较好。但这并不说明盲童在语音音段与超音段发展方面不存在弱点，对这一现象的具体分析如下。

1. 音段特征

音段方面，研究显示视觉障碍儿童对声韵的掌握普遍较好。[1] 这既与视觉障碍儿童的听觉补偿有关，也与盲文的学习特点及盲生长期系统的语音训练有关。

首先，长期有意识的听觉注意和听觉反馈，以及主动地调节发音，使视觉障碍儿童的声韵能力得到了较好的发展。视觉功能的丧失，使视觉障碍儿童在获取信息时更多依赖听觉，因而养成了良好的听觉注意、听觉辨析和听觉反馈的能力，这对声韵的学习十分有利。失明给盲童言语的发展带来了新的发展动力，那就是盲童可能比明眼儿童更具有使用和学习语言的动机。视残儿童比明眼儿童更注意倾听别人的讲话，更有兴趣倾听广播、电视、录音等，并对语音、歌词、故事、相声、评述、影视对白独白等都表现出惊人的记忆与模仿能力。他们比一般人更注意感知声韵间的细微差别，也更自觉地运用听觉感知和听觉反馈调整自己的发音，以使之符合标准音。[2] 其次，盲文的拼音文字性质，对视觉障碍儿童正确地掌握普通话语音系统有着重要作用。汉语盲文是直接表音的符号系统，它具有"以形系音，因音而义"的特征。也就是说，盲文不能像汉字那样直接从文字符号中析得意义，其意义的获得有赖于语音的呈现。由于汉语盲文的这个特点，盲校的盲文教学便特别强调语音的准确性。由此，声韵的教学作为盲文学习的一个部分被强化了。这种强化对视觉障碍儿童声韵的矫正与训练起到了非常积极的作用。

但是，部分视觉障碍儿童在音段方面也存在一定的缺陷。施廷切菲尔德（Stinchfield）调查发现，大约有一半的盲童会表现出某些言语缺陷，这些缺陷主要有口吃、字母替换、平舌音和翘舌音分辨不清。盲童的言语缺陷是由于失明看不见说话人的口形、姿势和手势而造成的，他们仅仅靠声音模仿和言语生成装置进行言语学习。在发音过程中，大脑各个中枢不仅发出指令，同时也不断对发音进行监听和修正，这是通过反馈来实现的。反馈有两条途径，一种是声音的反馈，另一种是肌肉的反馈。肌肉动觉的反馈有时需要借助视觉的帮助。只有发音时的肌肉运动和身体姿势两方面协同起来才最有助于儿童的言语学习。所以，失明有可能会使盲童的言语动觉、言语发展受些影响。[3]

---

[1]　马红英，刘春玲. 视觉障碍儿童口语能力的初步分析[J]. 中国特殊教育，2002(2)：52-55.
[2]　教育部师范教育司. 盲童心理学[M]. 北京：人民教育出版社，2000：54.
[3]　教育部师范教育司. 盲童心理学[M]. 北京：人民教育出版社，2000：23.

2. 超音段特征

超音段方面,白里兰德(Brieland)在比较了明眼儿童言语障碍后,把盲童的言语缺陷归纳成六点:发音时元音变化小;说话时缺少声调变化;说话要比明眼人响;语速较慢;缺乏说话时所伴随的有效手势和身体运动;发音过程中很少有嘴唇的运动。究其原因,主要在于盲童缺少伴随言语活动的视觉信息,在言语学习过程中,无法知觉到说话人的口形变化、面部表情和身体姿势。[①]

另外,盲童对声调的掌握普遍较好,但先天性或牙牙学语时期失明的盲童,由于看不见别人说话,不能模仿别人口形的变化,所以对学习语音会有一些影响,如某些音发不准,或有口吃、颤音等。但学习言语主要依靠听觉,所以影响并不明显。而盲童对声调的掌握普遍较好,是因为音节是汉语语言中最容易被感知的语音单位,它由声、韵、调组成。视觉障碍儿童的听觉补偿和盲文训练在促进声韵获得与发展的同时,也有利于对声调的掌握。

同时,视觉障碍儿童在语气、语调的掌握方面存在一定的缺陷。有的盲人说话语气"投射欠佳""抑扬失调",主要原因是"眼盲的并发缺陷",如"鼻腔、口腔或喉部的畸形"等。在针对不同场合、不同对象和不同内容的表达中,人们常常运用不同的语气、语调表现不同的人物和情绪色彩,以传达特殊的信息内容,达到最佳表达效果。研究显示,视觉障碍儿童说话过程中不太会或不会注意运用语调。马红英等通过对33位视觉障碍儿童故事续编测验对其口语能力进行了初步分析,发现仅有学前班1名女童注意运用不同的语调来塑造人物。分析缘由,可能是因为在平时的语训中,教师较多地强调了音节、词语选择和句子运用等方面的知识,强调表达的完整和主题的突出等;而对表达中的语调运用恰当与否,对学生能否运用不同语调塑造不同人物,能否通过语气变化渲染场景气氛等语用能力强调不够。[②]

(二)听觉障碍儿童的语音特征

总体来说,听觉障碍儿童由于听力损失减少了听的机会,又无法精确模仿发音和获得听觉反馈,难以区别语音、语调诸因素的细微差别,语音的正常获得受到阻碍并出现许多复杂情况。例如,听觉障碍儿童语音发展中最普遍的现象是发音不清和发音不好,最常见的是尖声尖气的"假嗓音"和语调不准,但同时他们在获得语言过程中也表现出与年幼正常儿童相似的特点。

1. 音段特征

研究表明,听觉障碍儿童声母获得顺序与年幼正常儿童基本上一致,塞音最早获得,然后擦音出现,个别擦音可能与塞音同时出现,翘舌音、塞擦音最晚获得。不考虑声母/r/,听觉障碍儿童最先也最容易掌握的9个声母(正确率超过半数)为/b、l、d、f、m、p、t、n、h/。根据发音位置分析,听觉障碍儿童最先最易掌握的声母为唇音(如/b、p/)和舌尖中音(如/d、t/),舌尖前音(如/z、c、s/)、舌尖后音(如/zh、ch、sh/)、舌根音(如/g、k/)则较难。根据发音方式分析,塞音(如/b、p/)比较容易,擦音(如/s、sh/)、塞擦音(如/j、q/)则较难。

听觉障碍儿童的声母发音最容易出现的错误是替代和省略,扭曲的出现率也较高,并表现出发音部位和发音方法上的特征。研究发现:塞擦音/j、q、zh、ch、z、c/和部分擦音/s、sh/

[①] 教育部师范教育司.盲童心理学[M].北京:人民教育出版社,2000:23.
[②] 马红英,刘春玲.视觉障碍儿童口语能力的初步分析[J].中国特殊教育,2002(2):52-55.

最有可能发生扭曲错误;首辅音省略错误较多发生在舌面音/j、q、x/和舌面后音(即舌根音)/g、k、h/。舌尖中音/t、n/的主要错误为替代,舌尖前音/z、s、c/和舌尖后音/zh、ch、sh/的主要错误为扭曲和替代。替代错误可以在任何位置出现,而且存在一定的规律:根据发音部位,同一位置的声母容易发生替代,如/p/-/b/、/m/-/b/、/n、t/-/d/、/k/-/h/;常用舌尖中音替代舌尖前音、舌尖后音和舌面音,如/zh、ch、sh、j、q、x、g、k/和/z、c、s/被/d、t/替代。根据发音方式,塞擦音、擦音常常被塞音替代,如/j、q/-/d、t/、/zh、z/-/d/、/ch、c/-/t/、/sh、s/-/d/;塞音/g、k/常发成擦音/h/,塞擦音发成擦音,如/sh/-/zh/、/s/-/z/、/j、q/-/x/;送气音/p、t、q、ch、c/常被不送气音/b、d、j、zh、z/替代。另外,也有不常出现的错误倾向,如不送气音发成送气音,塞音发成擦音,如/k/-/h/。

听觉障碍儿童的韵母发音的错误出现频率远低于声母,主要出现在前、后鼻韵母/i、ü/等高频韵母和复韵母上。研究发现,听觉障碍儿童常常将/ü/发成/u/,/i/音常发生扭曲,/i、ü/带头的韵母也常发生错误,如将/i/省略;将复韵母发成单个韵母音,甚至省略某个韵母,如/iu/-/i-u/、/uai/-/ua/。昝飞等运用听觉障碍儿童普通话语音测验对60名4.1—11.9岁的听觉障碍儿童进行了单个韵母检查和图片命名检查,结果发现:单个韵母检查中,除个别韵母有扭曲错误发生之外,主要是附加错误。在韵母发出前先发声母,常出现在/i/带头的韵母中,如/ie/-/die/、/in、ing/-/din、ding、jin、jing/、/iao/-/diao/、/ian/-/dian/。另外/e/常发生这类错误,如/e/-/ge/。在图片命名检查中,听觉障碍儿童也出现了一些较少见的特点,如/hua/-/ba/、/xiong/-/dong/、/dian/-/dan/。①

2. 超音段特征

研究表明,听觉障碍儿童由于呼吸控制不恰当,构音运动迟缓,常常在音的持续、连续音节、构音位置的变换上发生困难,并出现不恰当而频繁的停顿,使得语流不畅、语速过于缓慢。由于听觉辨别存在很大困难,某些频率段的声音很难发出,特别是高频音。而且音质较差,声音常常是粗哑的,有的鼻音明显带有呼吸声,有的使用假声。同时,听觉障碍儿童在语音的声调上也常常发生错误。

昝飞等通过对听觉障碍儿童在超音段特征检查中的表现进行统计分析发现,大多数聋儿的声音与正常儿童没有差别,部分听力残疾儿童完成音长、音强的检查存在困难,高频音的声音无法发出。连续三个音节(如/ba ba ba/)和交替音(如/ba bi ba bi ba bi/)发出困难。在声调习得上,一部分听力残疾儿童无法获得阳平和上声,声调获得从易到难的是阴平、去声、上声、阳平。听力残疾儿童在语音变调上存在很大困难,即使四个声调都已获得的听力残疾儿童也表现出这一问题。② 范佳露通过比较听障儿童构音能力和连续语音重复能力的差异,发现听障儿童的构音能力显著高于连续语音重复能力,二者分别代表了听障儿童言语发展的两个阶段,听障儿童的构音能力和连续语音重复能力存在高度相关。③ 胡朝兵等通过对照实验考察聋大学生的语音意识,发现聋生与听力正常大学生相比,虽然也表现出一定的音节意识,但音节意识显著较弱;韵脚意识和声调意识都显著较弱,但也表现出与听力

---

① 昝飞,汤盛钦.听力残疾儿童的语音发展研究[J].中国特殊教育,1998(1):10-17.
② 昝飞,汤盛钦.听力残疾儿童的语音发展研究[J].中国特殊教育,1998(1):10-17.
③ 范佳露.听障儿童构音能力和连续语音重复能力的关系研究[J].中国特殊教育,2010(9):58.

正常大学生非常一致的特点;音位意识显著较弱,基本上表现出与听力正常大学生相反的特点。① 聋童由于听不见自己的言语而很难评价自己的发音以及准确地模仿他人。这些问题带来的后果是,聋童的言语要么太大声要么太小声。由于在重音、反应能力以及语速方面的缺陷,聋童说话时常使用很不正常的高音,或是喃喃自语的小声说话。② 聋童发音中最常见的是尖声尖气的"假嗓音"和语调不准。导致这一现象的因素可能有两个:一是辨音能力差,听不清,听不准,而且不能自己控制声带;二是不会利用共鸣器。对于连续音节发音,一般正常儿童2—3岁,能说出十多个音节的句子,而聋童由于送气不如,发音不灵活,不能连续发出几个音节,所以语言缺乏流畅性。③

　　一般认为,造成聋儿语音发展受阻的原因有生理、心理和环境三方面的因素。首先,从生理条件看,一方面由于听觉障碍导致听觉通道的语言输入不畅,迫使聋儿更多地利用视觉线索达到交流目的。一般来讲,元音的视觉特征主要表现在口形上,发音特征较容易被辨认;但辅音的视觉特征是根据发音部位确定的,可见性很差,同一部位发出的几个音很相似,这种语音的相似性给聋儿的看话能力带来困难,再加上没有听觉反馈,要想成功掌握它们的正确发音,其难度可想而知。另一方面由于听力损失造成听觉障碍儿童呼吸控制能力差、咽部功能异常、构音持续能力差,使得正常发声所需的呼吸、声带振动发出声音、共鸣和构音四个系统之间缺乏协调运动,以致造成语音的障碍性发展。其次,从心理的方面看,聋儿的语言获得与他们对语言的理解具有某种关系。经验事实和理论都证明,聋儿的语音清晰度和其听力水平成正向相关。最后,影响聋儿语音清晰度的因素不只是听力,还包括语言获得的环境。聋童失去了正常的习得语音的自然环境,失去了学习语言的动力,就不愿积极地尝试、感知和使用语言,语言习得成了一件困难的事情。研究显示,现实的语言环境下的聋儿对声母、韵母和声调的掌握正确率明显高于非现实语言环境下的正确率。④ 林宝贵认为,早期的口语训练、残余听力的使用、父母的教学、早期佩戴合适的助听器等是聋人口语学习成功较为重要的因素。我国的研究人员也有研究证明,年龄越小的聋童学习发音的成就越好,音色自然接近常人,且容易养成用口语而非手势语与他人交流的习惯。⑤

二、智力异常儿童的语音特征

(一)智力障碍儿童的语音特征

　　智力障碍儿童言语的发展规律与正常儿童是一致的。但是,由于大脑发育功能受阻,或者听说功能差以及社会环境因素的影响,其语音发展要比正常同龄儿童困难而缓慢。构音障碍和发音异常,是许多中重度智力障碍儿童言语活动的明显特征。前者指说话时出现音素的替代、歪曲、遗漏和添加的言语异常;后者指声音的音质、音调和音量方面存在问题,如音调的高低分不清楚、语流不顺畅等。

---

① 胡朝兵,等.聋大学生语音意识特点的实验研究[J].心理科学,2009,32(5):1135.
② 〔美〕William L. Heward.特殊需要儿童教育导论[M].肖非,等译.北京:中国轻工业出版社,2007:302.
③ 方俊明.特殊教育学[M].北京:人民教育出版社,2005:171.
④ 杨丽娜,吕明臣.语境在聋儿语言获得中的作用探析[J].中国特殊教育,2008(4):11-14.
⑤ 教育部师范教育司.聋童心理学[M].北京:人民教育出版社,2000:65.

1. 音段特征

总体而言,智力障碍儿童声母的获得顺序和声韵的发音策略与正常儿童基本一致,而且音段的构音错误也同正常儿童有着相似的规律,尤其是语音的替换规律几乎一致。

声母方面,智力障碍儿童在声母获得顺序方面表现出与正常儿童相似的规律,都是先掌握元音、半元音、鼻音和塞音,后掌握擦音、塞擦音和边音。研究发现,智力障碍儿童最容易获得的7个声母(前1/3)有6个相同(/m、b、d、h、p、n/)与最难获得的7个声母(后1/3)有5个相同(/zh、ch、sh、z、l/)都具有一定的稳定性。声母发音错误方面,智力障碍儿童的发音主要表现为扭曲、省略、替代与添加,其中以替代错误最为常见。研究发现,最容易发生扭曲的声母为/z、s、sh、c、zh、ch、j、q/;最容易出现省略的声母为/n、l/;替代错误可以发生在任何部位,其中以舌尖后音/zh、ch、sh/、舌尖前音/z、c、s/、舌根清塞音/g、k/、舌面音/j、q、x/以及唇齿音/f/和舌尖中送气清塞音/t/最为典型。刘春玲等对声母的替代错误总结出这样的规律:① 发声部位相同的声母容易相互替代,如b与p,n与l,g与k,h,j与q,x的替代等;② 舌尖前音与舌尖后音的相互替代,即zh、ch、sh与z、c、s的替代;③ 舌尖中塞音与舌根塞音的相互替代,即d、t与g、k的替代;④ 送气音常被发成不送气音,即p、t、k、c、ch、q与b、d、g、z、zh、j的替代;⑤ 其他一些不常出现的错误,如将唇齿清擦音"f"发成舌尖中不送气清塞音"d"以及舌尖前不送气清塞擦音"z"、将浊擦音"r"发成舌尖中鼻音"n"与边音"l",等等。①

韵母方面,智力障碍儿童的韵母获得顺序与正常儿童不一致,但韵母获得情况总体优于声母。智力障碍儿童韵母的发音错误主要集中在带鼻音韵母上,具体表现在:① 丢失鼻音韵尾n,如对an、en、ian、uan韵母的发音;② 对鼻音韵尾n和ng的混淆,如an与ang、en与eng、in与ing之间的混淆;③ 以i、u开头的韵母常出现韵头的丢失,如uo与o、uan与an、uang与ang等。另外i、u带头的韵母还会出现扭曲的现象,表明智力障碍儿童在高频音上的发音困难。② 张青等人专门比较了学龄唐氏综合征儿童与普通儿童发非鼻音/a/、/i/、/u/及鼻音/m/的平均鼻流量值(MNS)③的差异,结果表明学龄唐氏综合征儿童非鼻音的MNS均显著低于普通儿童,而鼻音的MNS均显著高于普通儿童;青春期之前,两类儿童的非鼻音的MNS均随着年龄增长而增加;青春期之后,两类儿童非鼻音的MNS均有所降低,且与青春期之前相比,各自的差异均不显著;两类儿童鼻音的MNS均随着年龄的增长而降低,且青春期前后,MNS差异极其显著。④ 值得一提的是,智力障碍儿童韵母获得的顺序与正常儿童有所不同,其原因可能是受到方言的影响。

2. 超音段特征

超音段发展是智力障碍儿童的一个薄弱的环节。智力障碍儿童的超音段特征与正常儿童有着比较明显的不同,主要表现在发音的持续性、强度与变化上。而且,智力障碍儿童在

---

① 刘春玲,昝飞.弱智儿童语音发展的研究[J].中国特殊教育,2000(2):31-35.
② 昝飞,刘春玲.弱智儿童语音发展的比较研究[J].心理科学,2002(2):224-225.
③ 平均鼻流量值(Mean Nasalance Scores,简称 MNS),MNS 的大小可以较为客观地判断患者鼻腔共鸣是否异常及严重程度.详见:张青,万勤,关娇.学龄唐氏综合征儿童与普通儿童鼻腔共鸣特点的比较研究[J].中国特殊教育,2012(10):14-19.
④ 张青,万勤,关娇.学龄唐氏综合征儿童与普通儿童鼻腔共鸣特点的比较研究[J].中国特殊教育,2012(10):14-19.

音调的获得上也表现出明显的滞后；同时，不少智力障碍儿童还伴有呼吸音、声音嘶哑、鼻音过重等问题。

刘春玲等采用自编"弱智儿童普通话语音测验"对上海地区57名4—10岁弱智儿童进行了测试，结果发现：半数以上的弱智儿童在完成音长上有问题，其中主要反映在变化音及持续音的错误上。在完成音强任务上，全部正确的人数亦不足50%，主要表现在难以发出较响的音以及变化（强弱变化）的音。在交替音的连续发音中，同样表现出较大的困难，三种类型的交替音错误均在52%以上。相对而言，在音高与单音节连续音的发音上，弱智儿童有较好的表现，70%以上的被试能正确完成。在声调的习得上，弱智儿童也表现出较大的困难，近半数的人（49%）有不同程度的错误，其四声由易到难的顺序是：阴平、去声、阳平、上声。[①]发音不准、吐字不清是弱智儿童中常见的问题，尤其是唐氏综合征儿童，说话时常伴有呼吸音、嗓音失调和声音刺耳等。据调查，正常儿童发音问题的出现率为5%左右，轻度弱智儿童为8%～9%，中、重度弱智儿童则高达70%～90%。有的表现为发声和语音的产生有困难，发音时共鸣有障碍，如嘶哑声、假声甚至失声等。有的在说话时，听起来就像捏着鼻子说话，丧失了鼻音。有的在音调方面出现缺陷，如音调过高或过低、音调平平、缺少变化等。有的在音量方面出现问题，如音量过大或过小等。还有的在说话时表现出较为严重的口吃现象。[②]

造成智力障碍儿童语音发展障碍的原因主要有智力水平、发音器官、社会心理以及听辨能力四方面。首先，智力障碍儿童的语音获得与智力受损程度有非常直接的关系，智商愈低，则语音获得的成绩便愈差。其次，智力障碍儿童的语音获得还可能与发音器官的各部分功能不完善有关。比如，声音强度不够，可能是由于肺呼出气流的速度较低，也可能是由于喉功能较弱，还可能是由于共鸣器和语音清晰器的肌群活动与调节的不正常，等等。第三，除了发音器官的问题之外，其发音器官的灵活性与社会因素、心理因素，比如训练与练习的机会、开始的时间、注意、动机等也有一定的关系。最后，影响智力障碍儿童正常发音的另一重要因素是听辨语音的问题。统计表明，大约有10%～60%的弱智儿童存在不同程度的听力损失，学龄弱智儿童的听力损失一般都在40～60 dB之间。[③]

（二）超常儿童的语音特征

目前还没有出现专门针对超常儿童语音发展与特点的研究。综合已有文献发现，超常儿童由于对新事物敏感，善于模仿，大多数在语言发展上较常态儿童要早、要好，语言清楚，语句完整，具有以表达的丰富性、精确性、流畅性等为特征的语言行为。同时，不少超常幼儿很小就喜欢识字、阅读，表现为口头语言与书面语言同步发展。

三、学习障碍儿童的语音特征

语音异常是学习障碍儿童语言发展障碍的表现之一。学习障碍儿童的语音障碍在音段音位方面的主要表现是音位分辨与组合困难，在超音段音位方面的主要表现是语言清晰度

[①] 刘春玲，昝飞.弱智儿童语音发展的研究[J].中国特殊教育，2000(2)：31-35.
[②] 教育部师范教育司.智力落后儿童心理学[M].北京：人民教育出版社，1999：34.
[③] 徐方.弱智学生言语障碍问题的调查报告[J].教育研究，1991(5)：65-68.

发展迟缓,经常出现吞音、误音或者读不出、不流利、声音颤抖、声调过高等现象。

学习障碍儿童由于听觉记忆功能不足,很难把声音与其代表的事物或经验联系起来,或者不容易回忆听过的声音,并产生语言选用困难,难以说出某些名称、特性、关系。听觉分辨功能较差的儿童,易混淆相似的声音,难以完成节拍动作,这类儿童学习音乐特别困难。有的儿童听觉混合能力有缺陷,表现在缺乏把单个语音或音素混合成一个完整语词的能力,有这方面缺陷的儿童不能把音素"m-e-n"形成"men"。

学习障碍儿童经常出现听与说的不协调,主要表现为语言听力、语言组织能力差,在语言模仿中经常出现吞音、误音和病句。但这种现象多源于内部信息加工过程的紊乱而不是听力障碍或发音器官的障碍。学习障碍儿童的语言清晰度发展迟缓,阅读或说话时会出现一句话重复几遍、漏字、添字、调换顺序、读不出、不流利、声音颤抖、声调过高等现象。[1]

研究显示,在语言认知领域中,汉语阅读障碍儿童的语音加工技能(语音意识、口语短时记忆和快速命名能力)落后于正常儿童,[2]语素意识也存在问题。[3] 李虹等人的研究同样证实阅读障碍儿童的语音意识和语素意识差,语言认知能力显著落后于正常儿童;[4]刘文理等的研究发现语音意识困难存在个体变异性,有些个体表现出严重的言语知觉缺陷。[5]

四、自闭症儿童的语音特征

语言和言语的落后与无能是构成自闭症儿童的核心发展问题之一。鲁特(Rutter)在他的早期研究中指出,大约有一半的自闭症儿童不具备实用性语言。一些研究也显示,正常儿童大约在一岁左右开始说话,经过早期的训练,自闭症儿童可能在六岁前开始讲话,若到十岁都没有开始讲话,他就很难有可能出现口语,甚至终生保持缄默。自闭症儿童的音质、音量、音调方面常显示出与正常儿童不同。有的儿童说话像唱歌,有的常发出怪声怪调。[6]

1. 音段特征

自闭症儿童中有一部分儿童较为安静,从不使用有声语言进行交际,一直处于无语言状态。有些则会发出尖叫、哭闹以及别人听不懂的声音。这类儿童有时会被误判为患有听力障碍或失语症。虽然这部分自闭症儿童听力正常,外界的语音输入量与其他儿童相同,但是由于他们对外界的语言刺激充耳不闻,因此在接受训练前他们语音的发展几乎为零。由于缺少语音的发音刺激,他们的发声构音器官虽然机制健全,但是功能较弱,常会存在严重的构音障碍。另外一部分自闭症儿童或多或少地出现有声语言;但是与同龄儿童相比,这类自闭症儿童的语音发展时间较晚,他们一般很迟才开口说话,而且在掌握音素、音节的数量上也比同龄儿童少得多。他们常常重复某几个音节很长时间,而不去学习新的语音。[7]

---

[1] 柳树森.全纳教育导论[M].武汉:华中师范大学出版社,2007:208.
[2] Ho,C.S.H.,Lai,D.N.C. Naming-speed deficits and phonological memory deficits in Chinese developmental dyslexia[J]. Learning and Individual Differences,1999(11):173-186.
[3] Shu,H.,McBride-Chang,C.,Wu,S. & Liu,H. Understand Chinese Developmental Dyslexia:Morphological awareness as a core cognitive construct[J]. Journal of Educational Psychology,2006,98(1):122-133.
[4] 李虹,舒华.阅读障碍儿童的语言特异性认知缺陷[J].心理科学,2009,32(2):301-303.
[5] 刘文理,杨玉芳.汉语语音意识困难儿童的言语知觉技能[J].心理科学,2010,33(5):1038-1041.
[6] 方俊明.特殊教育学[M].北京:人民教育出版社,2005:297-298.
[7] 吴月芹.浅谈孤独症儿童的语言问题[J].南京特教学院学报,2007(4):43-46.

到底是他们不想说话,还是不会说话?哈平安等人的研究表明,自闭症儿童确实存在不想说话的情形,但事实是他们的说话能力或言语能力也可能导致他们说不出话。当他们要说话时,声带却不能够随意振动,因此,发不了音,自然说不出话。另外,他们在听他人的言语时,理解不了,或对别人的话不理解,也是导致他们不想说话的原因。[①] 杨希洁认为,自闭症儿童不出声或发音不当,均与自闭症儿童言语呼吸不正常以及构音器官功能不足有关。一是他们的言语呼吸功能不佳、肺活量小,导致吸纳的气息无法支持声带的有效震动;二是自闭症儿童的上下颌连接韧带过紧,舌、唇、上下腭等肌肉或者过于松弛,或者过于紧张,无法对声带发出的声音进行加工,并且他们还经常用口呼吸,这容易造成发音嘶哑。[②]

尽管如此,自闭症儿童在获得语音的顺序和过程上与正常儿童相似,语音错误也与其他儿童类似,例如平翘舌/zh、ch、sh/与/z、c、s/分辨困难。自闭症儿童同样存在构音障碍,在一些音素如/s/和/z/、/f/和/h/上存在困难,说话时以一个音代替另一个音,或者出现遗漏,说话时将某些音素省略,将/dai/念成了/da/,将/shu/念成了/shi/,或说话时添加了某些音素,将/fei ji/念成了/huei ji/。但是,令人惊奇的是,尽管他们经常性的言语水平不高,但是,却偶尔有瞬间的言语表现出高水平,但这只是偶尔。

2. 超音段特征

自闭症儿童的语音发展中最为严重的问题是超音段音位的发展异常,即那些由非音质(音色)音素确定的语调、重音、语气、速度、节律等。自闭症儿童的音质、音量、音调方面常显示出与正常儿童的不同,突出特征是语言韵律失调,即自闭症儿童说话的声音语调比较单调平板,无抑扬顿挫之感,还会出现异常的高声尖叫。但是,一小部分自闭症儿童一旦掌握了正确的发音,语音还是很准确的。

语言韵律的障碍是自闭症儿童最显著的语言特征之一。虽然部分自闭症儿童可以背整首诗或唱整首歌曲,甚至大段的叙述语句,但是他们说话时犹如木偶一般,十分机械,一字一顿。缺乏语音的音调、节奏、抑扬顿挫的变化,不能像普通人那样通过语调的变化、轻重音的改变以及其他的非语言的沟通方式来表现情绪或是感受。语言的流畅度及节律与正常人有明显的差异,也不能在不同的情境中使用不同的音量。[③] 各种临床研究和诊断都可显示,自闭症儿童异常地高声尖叫,奇妙的声调,失去节奏平衡和不同寻常的交谈方式等现象非常显著。

研究发现,自闭症儿童之所以出现语言韵律失调,主要与自闭症儿童的脑部发育以及其对韵律的感知和表达有关。首先,这可能和自闭症儿童的脑部发育不全有关。因为沟通中的语言符号部分和非语言部分分别由左右脑控制,绝大部分人的左脑控制语言符号,而表达时的非语言部分主要来自右脑,如语气、语调、轻重、情绪、身体的姿势等。其次,自闭症儿童在韵律的感知与表达方面与正常儿童相比有显著差异。这些儿童虽然能感知到口头呈现的故事中有韵律线索,但是不能把感知到的这种韵律线索运用到表达性语言中。即便是高功能自闭症儿童,也较少能采用有效的语调模式参与交流,他们或是将语调信号随意地传递给

[①] 刘全礼.特殊教育导论[M].北京:教育科学出版社,2003:158.
[②] 杨希洁.自闭症儿童语言障碍表现及其教育训练对策[J].中国特殊教育,2008(9):40-43.
[③] 吴月芹.浅谈孤独症儿童的语言问题[J].南京特教学院学报,2007(4):43-46.

听者,或是完全系统性地错误运用语调。① 人们常常感觉到,这种会话韵律的异常,一般到其青少年期尚无很大的改善迹象。② 许多研究者认为,语言的韵律,是解明自闭症儿童语言障碍本质的一条重要的线索。

第3节 特殊儿童的词汇特征

一、感官障碍儿童的词汇特征

(一)视觉障碍儿童的词汇特征

总体来讲,视觉障碍儿童基本词的获得没有太大困难,但一般词汇的获得有一定的困难,主要表现为盲童获得和使用的词汇缺少感性的基础,缺少完整的、准确的视觉形象,从而导致词与形象相互脱节。

马红英等通过对 33 名视觉障碍儿童续编的口语故事中的词汇进行分析,发现视觉障碍儿童在基本词汇的获得上没有太大困难,但在一般词汇的获得上有一定的困难。究其原因:基本词汇在日常生活用语和儿童文学作品中使用频率高、范围广,儿童熟悉它们;而一般词汇在学生的日常生活和学习中出现频率低、语体分布窄、课堂运用少,因而不易掌握。③

研究还发现,视觉障碍儿童的语言普遍缺乏个性与色彩。具体表现有三:① 对词语的色彩掌握差,在词语运用上缺乏选择;② 表达中缺乏表现个性的词语运用,很少有创造性;③ 表达中形象词语的使用少,很少选用具有联想义的词语。分析其原因:一是词语的形象色彩以视觉形象居多,听觉、嗅觉、味觉等虽也能构成形象感,但很少。盲生因视觉受损,很难通过视觉获得具有形象特征的词语,也就难以理解类比、比喻、借代等修辞手法所表现的新词义,因而在具体话语中表达必然平淡、色彩单一。二是盲生对抽象概念和复杂内容的学习主要靠听他人的讲解和描述,他们的话语结构——包括词、句子、篇章等,大多是学习讲述者的,因此在话语中复述的成分多,创造的成分少。三是联想多局限于主观联想范畴,这是由于这类词语的获得与运用必须首先建立在具有客观而广泛的视觉经验基础之上,必须建立在由视觉经验所产生的视觉形象基础之上。对无法通过视觉获得形象和经验的人来说当然难以做到。④

此外,点子盲文的学习某种层面上对视觉障碍学生词汇获得的量和质产生了不利影响。首先,点子盲文属拼音文字范畴,没有汉字那样复杂的偏旁部首和字形结构。因此,盲童在理解盲文书写的词义时,不能像明眼儿童那样得到汉字字形的启发。如"月"(象形)"牧"(会意)"刃"(指事)"吐"(形声)。汉字中形声字约占 80% 以上,明眼儿童很容易按其结构,将音、形、义联系在一起理解,牢固掌握汉字。盲文则不然。其次,由于现行盲文只有 5% 的标调率,这使盲童对汉语盲文中大量存在的同音词的辨别与理解容易发生疑义,从而影响了摸读速度和表情达意。如"电灯"与"点灯"、"大嫂"与"打扫"等词语,读音相近,意思却相差甚远,

---

① 李晓燕,周兢.自闭症儿童语言发展研究综述[J].中国特殊教育,2006(12):60-66.
② 徐光兴.自闭症儿童认知发展与语言获得理论研究综述[J].华东师范大学学报:教育科学版,1999(3):56-60.
③ 马红英,刘春玲.视觉障碍儿童口语能力的初步分析[J].中国特殊教育,2002(2):52-55.
④ 马红英,刘春玲.视觉障碍儿童口语能力的初步分析[J].中国特殊教育,2002(2):52-55.

甚至完全相反。对这类词语一般都应标出调号,汉语中同音同调的词很多,如"暗示""暗室""暗事",所以盲童常需联系上下文来回反复摸读、猜测,很花时间。[①] 因此,有不少研究者关注了盲文研究。钟经华等人对《汉语盲文简写方案》[②]、盲文标调[③]、盲文简写[④]以及藏族盲文[⑤]进行了研究,其中《汉语盲文简写方案》填补了我国汉语盲文简写方案的空白,在兼容原方案的基础上,实现了简明性与科学性兼顾,简写效益与语音规律、触觉阅读规律兼顾的设计目标,能够提高盲文的阅读和书写速度,能够区分部分同音词。

(二)听觉障碍儿童的词汇特征

听觉障碍儿童由于听觉损伤,在词汇能力发展方面表现出明显的落后。概而言之,与同龄正常儿童相比,听觉障碍儿童在获得的词汇量以及对词汇的掌握等方面都存在着一定的差距和困难。

曾研究听觉障碍儿童词汇理解力的多赫瑞恩和袊(Doehring & Ling)以"毕保德图画词汇测验"(PPVT)测量6—13岁听觉障碍儿童,发现听觉障碍儿童学习词汇能力低于普通耳聪儿童。几年后,戴维斯(Davis)等再以"毕保德图画词汇测验修订版"(PPVT—R)测量5—17岁的听觉障碍儿童,结果显示:听觉障碍儿童的词汇发展落后于常模,落后的程度为2—4年,平均的年龄差距是2.18年。不同年龄组听觉障碍儿童的表现与同龄正常儿童相比,并没有因年龄增加而将差距拉大。戴维斯等的研究还显示 PPVT—R 与阅读、语文、数学及推理能力有显著的相关。[⑥]

与健听儿童相比,听力损失儿童词汇量少,而且他们与前者的差异会随着年龄的增大而加大。听力损失儿童学习具体词语如"树""跑""书""红色"比学习抽象词语如"疲倦""幽默""相当于""自由"等容易得多,他们在学习功能性词语或动词词组上也存在困难,如"the""an""on"以及"have been"。形容词方面,聋生书面语词汇量少,很少使用形容词,高频出现的限于"干净""冷""热""高兴"几个。有研究者统计了近30个聋生在日记写作中形容词使用出现的偏误,得到的语料也仅30条左右。[⑦]

对于听力损失儿童——特别是听力损失90分贝或更大的儿童而言,学习英语的技能会受到极大的制约。健听儿童可以自婴儿期就从别人或自己的谈话中学习大量的词汇、语法知识、成语表达、祝愿词以及其他许多词汇知识。一个自出生或稍后即损失听力的儿童,由于无法听到别人的言语,因此,他们无法像健听儿童一样同时学习语言与言语。由于阅读和写作涉及对音位语言进行图解式的陈述,而聋童由于自身缺陷只能努力地将有限的课本语言进行解码并将知识内化。另外,他们可能会省掉词尾结构,如复数形式"s"、过去分词"ed"或动名词"ing"。由于英语的语法与结构时有不遵循语法规则与规范的情况出现,因此,听力损失者需要付出很大的努力去使用正确的形式进行读写。比如:talk 的过去时是 talked,

---

① 教育部师范教育司.盲童心理学[M].北京:人民教育出版社,2000:23.
② 钟经华.现行盲文多音节词简写的优选设计[J].中国特殊教育,2009(2):42.
③ 钟经华,等.关于现行盲文标调问题的调查研究[J].中国特殊教育,2012(3):52.
④ 钟经华.汉语现行盲文双音节高频词的简写研究[J].中国特殊教育,2008(1):33.
⑤ 钟经华,等.藏语盲文及简写研究探讨[J].中国特殊教育,2011(10):49.
⑥ 教育部师范教育司.聋童心理学[M].北京:人民教育出版社,2000:60-61.
⑦ 梁丹丹,王玉珍.聋生习得汉语形容词程度范畴的偏误分析——兼论汉语作为聋生第二语言的教学[J].中国特殊教育,2007(2):23-27.

那么为何 go 的过去时不是 goed？如果 man 的复数是 men，那么为何 pan 的复数不是 pen 呢？同一个词语的多种形式也是很难掌握的一个方面。对于一个从没有正常听力的聋人而言，他们很难理解"He's beat"与"He was beaten"的区别。[①]

二、智力异常儿童的词汇特征

（一）智力障碍儿童的词汇特征

总体而言，智力障碍儿童的词汇存在着明显的贫乏现象。和正常儿童相比，智力障碍儿童所掌握的词汇相对有限，而且词汇的积累和增加非常缓慢，使用的词类也不全面。到入学年龄，即使是轻度弱智儿童也只能掌握几百个词语。他们所掌握和使用的词类，大都是一些表达物体和动作的名词和动词，至于形容词、副词或连接词则使用极少。而且，在同一词类的发展上存在差异，例如，有研究表明，智力障碍学生在程度副词、时间副词、范围副词中，理解得最好的是时间副词。[②]

在词汇量的获得上，国内外研究发现，与正常儿童相比，智力障碍儿童所表达的词汇数不论是整体比较还是同年龄层比较，均比正常儿童少。但以发展的进程而言，智力障碍儿童的词汇量与正常儿童一样会随年龄的增长而渐增。据奈尔森（Nelson）记录，正常儿童获得10个词的平均年龄是15个月，50个词的平均年龄是20个月，24个月时所能表达的词汇平均数量为186个。芬森（Fenson）等也提供了相关数据：2岁正常儿童已能运用500～600个词，他们的词汇量以每天10个词的惊人速度增长，到6岁时已有14000个词汇语。而中重度弱智儿童获得第一个词的时间通常是24～30个月，到4岁时才开始出现较多有意义的词。刘春玲等人调查发现，平均年龄为9.97岁、智龄为4.14岁的一到三年级中重度弱智儿童表达性词汇的总量平均为700个，不及正常3岁儿童的水平。

在词类获得的顺序上，国内外研究证明，智力障碍儿童和正常儿童有着相似的词汇获得模式：即名词——动词/形容词——其他各类词。在名词中，掌握最多的是表示具体事物名称的词。在有关弱智儿童获得形容词、代词、介词以及连词的研究中，目前国内的研究成果很少，国外研究结论也不尽一致。有研究者分析了轻、中度弱智儿童空间形容词的理解情况，依 PPVT 测得的语词年龄为标准，将其分为三个阶段：第一阶段，为48个月，对空间形容词很难理解；第二阶段，为58个月，能理解"正向"空间形容词，如 big, tall, high, long 等，而不能理解"负向"形容词，如 short, low, small 等；第三阶段，为71个月，能够正确理解上述所有的空间形容词。关于代词的掌握，巴特尔（Bartel）等人的研究表明弱智儿童要在其智龄（MA）较高时才能掌握部分代词，如 he, she, they, her, him 和 them，但科金斯（Coggins）的观察报告却称，像 this, that, these, those 这些词在弱智儿童较早的语言发展阶段（3—6岁）就能获得。关于连词和介词的获得，有研究发现，大约60%的弱智儿童在 MA 为4岁左右时理解"and"与"or"，轻度弱智儿童在 MA 为5岁左右时能够正确使用"and"。弱智儿童在理解方位词时明显滞后。[③]

---

① 〔美〕William L. Heward. 特殊需要儿童教育导论[M]. 肖非，等译. 北京：中国轻工业出版社，2007：302.
② 孙圣涛，姚燕婕. 中重度智力落后学生对汉语副词理解的研究[J]. 中国特殊教育，2007(9)：33-37.
③ 郑静，马红英. 弱智儿童语言障碍特征研究综述[J]. 中国特殊教育，2003(3)：1-5.

徐胤等通过研究一名 5 岁的轻度弱智儿童在自然情境中的自发性语言,发现语料中出现比例最高的是名词(292 个,占 37.58%)和动词(300 个,占 38.61%)。这也为智力障碍儿童词汇的获得模式提供了有力的例证。简言之,智力障碍儿童一般先掌握具体动作或形象为依据的词,后掌握抽象概括水平较高的词。儿童感兴趣的词先掌握,能满足其各种需要的词先掌握。他们在名词中掌握最多的是表现具体事物名称的词,获得的动词主要集中在表现具体动作和行为的词,获得的形容词主要是描述物体的外形特征和颜色的词。

(二)超常儿童的词汇特征

词汇方面,较常态同龄儿童相比,超常儿童掌握的时间要早、数量要多、速度要快、水平要高。超常儿童由于对新事物敏感,善于模仿,词汇的质和量都比同龄儿童优越,具体表现为:词汇丰富,并能正确应用,具有表达的丰富性、精确性、流畅性等特征的语言行为;或在入学前已大量识字,阅读和写作能力远超过同班同学。

"幼儿期是口头言语发展时期,特别在 3 岁左右,口头言语发展特别迅速,一般能掌握 900—1200 个词汇。但是这个时期的超常儿童书面语言却迅速发展,他们大都从 2 岁就开始识字,而且速度很快,从七八百到两千多。如洪涛,11 个月开始讲话,2 岁多开始识字,3 岁多就能认识七八百个汉字。又如出生在山区农村的周××,3 岁时就跟舅公学会 1000 多字,3 岁 10 个月时已学会 2000 多汉字,相当于小学三年级的水平。"[①]

三、学习障碍儿童的词汇特征

由于视知觉、听知觉和书写等异常,学习障碍儿童,尤其是阅读障碍儿童,词汇学习困难表现在阅读、拼写、写作、口头表达和听力等多个方面。视知觉异常表现在阅读、计算时会把一些相近的字词混同,出现单词的认识错误,如把天和夫、大和太、于和干等看混,看书跳行、跳字、看成镜影文字等。当他们进行口头阅读时,他们会省略、插入、替代或者颠倒词语。盖笑松等人的研究表明汉语阅读障碍儿童朗读流畅准确性都低于普通儿童,朗读中的替代错误、添加错误、省略错误都显著多于普通儿童。而二者在颠倒错误上的差异不显著。在替代错误中,音似、形似、语义及无关替代显著地多于普通儿童。[②] 听知觉异常表现在不能在短时间内分辨出听到的声音,尤其是相近的音,如三和散等。书写异常表现在不能写(肌肉张力掌握不了,某种协调能力如小肌肉协调能力差)、视写异常(如不能摹写、书写镜影文字等)和听写异常(如不能空书)等方面。杨双等人的研究表明听写困难儿童在词汇加工阶段的主要特征是缺乏或延迟整体字形加工。[③]

四、自闭症儿童的词汇特征

词汇是语言发展的基础,词汇的早期发展直接反映儿童心理世界中意义的构建过程。在词汇上,有些自闭症儿童仅能说几个词,有些即使会说,也不愿说,常常是用手势来表达自己的愿望和要求,有些自闭症儿童获得了许多的词汇,但不会恰当或有效地使用。[④]

---

① 刘玉花,朱源,等.超常儿童心理发展与教育[M].合肥:安徽教育出版社,2001:74.
② 张婵,盖笑松.汉语阅读障碍儿童与普通儿童朗读错误研究[J].中国特殊教育,2010(2):48-52.
③ 杨双,宁宁,刘翔平,等.听写困难儿童的整体字形加工特点[J].心理发展与教育,2008(4):34-38.
④ 〔美〕William L. Heward.特殊需要儿童教育导论[M].肖非,等译.北京:中国轻工业出版社,2007:234-235.

一般来说7岁正常儿童的词汇量为4000左右,研究发现,从日常观察与转录的语料来看,自闭症儿童的词汇量远远低于正常儿童的水平,其中对于具体名词和简单动词的掌握较好;对形容性、人称代词的掌握较困难,只掌握了少量比较直观的形容词,对于比较抽象的形容词,如"容易""困难"等一个也没有掌握,开始懂得人称代词中的"我""你"的意思,但经常使用错误。对于时间名词和疑问代词几乎完全没有掌握。

自闭症儿童由于存在对外部世界的感知障碍,他们学习词语、句子的过程与其他儿童不同。正常儿童获得词汇符号的过程,是一个把语音形式与词语所表达的意义内容相结合的过程,每一个词语的意义又都和周围的客观世界相对应。因此,儿童语言的学习和其思维的发展、认知的发展密切联系。如儿童在学习"花"这个词时,是在模仿成人多次发出"huā"的读音的同时,观察认识了各种各样的花之后才获得的。当儿童正确使用"花"这个词,造出"这是花""妈妈,花很漂亮"的句子时,他已经完成了对"花"的意义的理解,"花"不指向某一朵具体的花,而是具有"花"的特征的一类花,这是思维进行概括的结果。而一些表示属性、特征等的词语还需要抽象思维的能力。

然而,自闭症儿童获得的词语却很少与意义有关,词汇的语音形式与意义内容并未完全整合在一起,因此他们一般不能利用语义关系来理解语言。虽然他们说出来的话语音清楚,合乎语法,让人听得懂,但是在语义上与交际情境毫无关系。通过对自闭症儿童的语言进行分析不难看出,他们学习语言的过程并不都是像其他儿童那样,由理解到表达,而是对语音形式的收录和播放。[1]

第4节 特殊儿童的语法特征

一、感官障碍儿童的语法特征

(一) 视觉障碍儿童的语法特征

1. 词法

马红英和刘春玲从语法功能角度对所获得的词语进行分析,发现视觉障碍儿童的词法有如下特征:视觉障碍儿童能够掌握话语中使用频率较高,与其生活学习密切相关的名词、动词、量词、代词等实词和副词、介词、连词、助词等虚词;但对形容词和表示逻辑意义(关联意义)的虚词掌握较差。[2]

这是因为,实词的意义实在而确定,相对容易理解和把握;而虚词虽然意义不实,但对智力正常的视觉障碍儿童来说,简单的逻辑关系还是能够理解的。但形容词多是反映视觉形象和视觉感知的词语,因其视觉障碍使他们不能构成对事物的视觉认识,他们便很难整体感受、把握事物的性质和特征,把握动作行为发展、变化的动态过程与细节,因而在表达中对形容词的使用就不可能像名词、动词等那样自如。而他们在语言的生动性、准确性、连贯性、得体性、创造性等方面也必然较正常儿童落后。另外,显示复杂逻辑关系的虚词同样在很大程

---

[1] 吴月芹.浅谈孤独症儿童的语言问题[J].南京特教学院学报,2007(4):43-46.
[2] 马红英,刘春玲.视觉障碍儿童口语能力的初步分析[J].中国特殊教育,2002(2):52-55.

度上是建立在视觉理解基础上的,没有视觉对所感知事物的理解,就很难准确把握事物发展的内在线索,也就无法准确反映话语间的逻辑关系。

2. 句法

马红英和刘春玲从33名视觉障碍儿童续编的口语故事中,共获得有效完整句202个。从句型结构的角度对202个句子进行分析,共获得单句177个,复句25个。其中既有一般单句,也有特殊单句;既有简单复句,也有多重复句。①

(1) 单句分析

汉语单句的8种基本结构类型在收集的177个单句中,均已出现。如:① 连动结构:如"猫医生为小动物们去治病"。运用连动结构,要求说话人必须清楚两个动词共同陈述的对象是什么,同时做到对两个或两个以上的动词所表示的行为时间顺序正确而不颠倒。② 兼语结构:如"大象让猫医生骑到他的背上"。兼语句的运用,要求说话者搞清使令动作的发出者和接受者之间的关系,还要清楚前一动作的接受者同时又是下一动作的发出者,这之间的逻辑关系绝对不能表达错。③ 兼语、连动套用:如"一条蛇让他踩在自己的背上过河"。从兼语、连动套用的句法结构所表达的语义关系看,学生已经基本掌握了这两种特殊句法的逻辑关系。④ "把"字句和"被"字句:"把"字句和"被"字句的获得有一定的难度。大部分视觉障碍儿童都能正确使用这两种句型,但也发现有个别儿童未完全掌握,使用有误。如"河水给淹没了",实际其所要表达的意思是"桥给河水淹没了"。由此看出,该儿童对所要表达的意思是明确的,但在选择用词、安排表达顺序时,对被动句的句法结构还没完全掌握,因而出现错误。

(2) 复句

汉语复句有8种基本结构类型,视觉障碍儿童共运用了4种复句类型。使用最频繁的是承接复句,有15句;其次为因果复句,有7句;再次是并列复句、转折复句各1句;另有多重复句1句。从视觉障碍儿童使用的复句形式看,他们与正常儿童一样习惯于少用或不用表示逻辑关系的关联词语,而喜欢用具体语境和意合法来使听话人理解句子意思,但也有个别言语能力较强的儿童表述时偶尔使用关联词。

(3) 省略

与书面语相比,口语表达中句子大都比较简略,甚至不要求句子完整,因为省略的部分能在具体语境中得到补充和体现。而且,在口语表达中恰当的成分省略,标志着语言使用者对该语言掌握的熟练程度。在研究者所收集的语料中也有不少主语的承前省略、蒙后省略等。这些省略在具体话语中的运用,使得表达既清晰又简略,加强了表达效果。但是,省略还包括谓语省略、介词省略等,这在此次的语料中尚未见到,说明被试在运用省略技巧上还有待提高。②

(二) 听觉障碍儿童的语法特征

任何语言都有它的语法结构。语法是人类思维长期的抽象化的工作结果,是社会约定俗成的。人类的语言需要长期的学习过程。听觉障碍儿童往往缺乏早期教育,缺乏良好的

---

① 马红英,刘春玲. 视觉障碍儿童口语能力的初步分析[J]. 中国特殊教育,2002(2):52-55.
② 马红英,刘春玲. 视觉障碍儿童口语能力的初步分析[J]. 中国特殊教育,2002(2):52-55.

语言环境,故在掌握语法规则方面的能力就显得更为不足。国内外对听觉障碍儿童语法的研究主要着眼于书面语的语法。书面语是听觉障碍儿童语言思维的文字载体。从某种程度上说,它是聋生语言能力投射的平台,可以反映其手语、口语水平,并可作为衡量其语言能力的尺子。总体而言,听觉障碍儿童的语法错误类型繁多,动词方面主要表现在动词运用不当、成分残缺、语序颠倒、搭配不当;形容词程度范畴习得上主要有程度范畴缺失和程度范畴误用两大偏误问题;句法结构方面主要表现为成分残缺、位置摆错、词性误用、表达不周、用词不当。聋生的这些错误深受其内部语言机制影响,短期内不易纠正。

1. 词法

(1) 动词

刘德华提出,将聋生书面语中动词及相关成分运用中出现的问题归纳起来,主要有以下一些表现形式:

① 动词运用不当。例如:晚上,小巷没有路灯,李强很担心(是"害怕",不是"担心")。

② 成分残缺。动宾词组遗漏宾语。例如:在学校的大门口,站着一位身穿嫩绿色上衣的( ),宛如春天早晨亭亭玉立的小树(遗漏"少女")。动宾词组遗漏动词。例如:下雨时,人们( )雨伞看电影(遗漏"打着")。用"能愿动词+不+能愿动词"这样的结构时,遗漏前面一个能愿动词。例如:你( )不肯参加这次活动(遗漏"肯")?遗漏相应的时态助词。例如:王东撑( )队旗,李明打( )鼓,一起向主席台走去(遗漏"着")。遗漏结构助词。例如:走道被装饰( )那么美丽,那么迷人(遗漏"得")。

③ 语序颠倒。主语和谓语颠倒。例如:接受老师的批评我(应为"我接受老师的批评")。动词和宾语颠倒。例如:电业局的工人电线拉(应为"电业局的工人拉电线")。动词和状语颠倒。例如:我们打篮球在篮球场上(应为"我们在篮球场上打篮球")。

④ 搭配不当。动词与宾语搭配不当。例如:在会上,大家都提出了自己的决心("提出"可改为"表示",或"决心"改为"想法")。普通动词与趋向动词搭配不当。例如:老师一布置完作业,同学们立即就做下去("下去"可改为"起来")。①

(2) 形容词

研究发现,聋生在形容词程度范畴习得上主要有两个方面的问题,即程度范畴缺失和程度范畴误用。② 程度范畴缺失主要表现为光杆形容词作谓语,且未出现在显示比较或对照意义的语境中。例如:曹老师的宝宝可爱;小陆高兴;曹老师生气了,严肃。这些例子就像"价钱便宜""天气热"一样,因为缺少程度范畴,所以不能自主成句,修改时只需前加状语或后加补语即可。程度范畴误用有两种表现:一是在同一结构中,形容词的状语和补语同现,或状语与形容词的构形式同现。例如:很难受坏了;桃花多么美丽极了;我会先擦的窗子,很干干净净。二是修饰成分的误用。状形式是形容词用以表示性质程度的一种最常见的格式,也是聋生使用最多的形式。在这种格式中,关键是对形容词修饰成分的选用。形容词前最常出现的成分是程度副词,比如"很"已成为鉴定形容词词性的一个标志成分。聋生在选择

---

① 刘德华.聋生书面语中动词及相关成分的异常运用[J].中国特殊教育,2002(2):43-46.

② 梁丹丹,王玉珍.聋生习得汉语形容词程度范畴的偏误分析——兼论汉语作为聋生第二语言的教学[J].中国特殊教育,2007(2):23-27.

程度副词时常犯的错误有以下两种：一是用原本修饰名词性成分的"很多"代替"很"修饰形容词，或程度副词之间的错误替代。例如：我们心里很多高兴；我忙问她："别多难过！"（应为"别太难过！"）二是在同一个结构中，不止一个修饰成分与形容词同现。我觉得天气格外好热；丁老师看见我们的小画报越来越非常瑰丽。

聋生的形容词使用偏误的成因可从以下两个方面分析：首先，聋生在句法层面未能遵守"同性相斥"的规律。比如状形式、形补式、AABB式均可表示性质程度，所以在同一结构中，只能出现一个。程度副词连用也是如此，"真好热""格外好热"，"真""好""格外"在修饰形容词"热"时句法语义功能几乎完全相同，用一个即可，连用反而不合法。其次，聋生容易在修饰成分之间发生替代偏误。比如"很多"用于修饰名词性成分，表示数量多，但聋生将其与形容词共现，导致偏误。这两类偏误不仅仅出现在形容词上，聋生在动词使用中也经常发生类似的偏误。例如：苗甜甜很生病；一会儿妈妈把白菜、蘑菇很做好；五年级常常太打架。"很""太"本用于修饰形容词，在上面例句中被误用为修饰动词。"常常""多"可用于动词前表示动作行为的频率高，根据"同性相斥"的规律，二者也不可同现。不遵循"同性相斥"还不止于上面所举的例子：妈妈去买被子，家里床上被子好看美丽极了；我们班得了冠军第一名。"好看"与"美丽"，"冠军"与"第一名"相斥。要对以上各现象做出统一的解释，还需要理论语言学家的积极参与。

（3）名词

王姣艳收集了武汉市某聋校小学五年级10名学生的30篇作文，共233个句子，最短篇幅4句，最长篇幅14句，共计106处错误。研究发现，听觉障碍儿童名词方面的异常主要表现在词性误用和运用不当。词性误用的情况有名词误用为介词或动词。例如：老师……黑板面字。也有动词误用为名词。例如：同学们走到食堂买吃。这都是手语使用习惯的真实反映。另外，名词运用不当的情况也时有发生。例如：我和王××、李××吃食堂。[①]

（4）虚词

王姣艳在对收集的语料进行分析后发现，听觉障碍儿童虚词运用的问题很多，如漏用助词"的"：孙老师说李××和张××（的）日记本有意义。连词"后"使用不当：我劳动完了，后我和王××……还有表示动作完成状态的副词"了"的遗漏：上课（了），买（了）票，洗（了）澡。叹词的运用较为生疏：30篇作文里未使用一个叹词，这说明聋生还没掌握其用法。

2．句法

（1）述宾结构

述宾结构是汉语中最基本、最重要的句法结构之一。陈凤芸对聋童汉语述宾结构习得的特征进行了调查分析，研究发现：聋童在汉语述宾结构的习得过程中，往往会出现诸多的错误，可以粗略地将其概括为四种类型，即动词"价位"运用不当、述宾搭配不当、成分残缺不全、成分重复连用。而且，这四种类型呈现出如下的分布态势："动词'价位'运用不当"在聋童的书面语表达中是出现最多的类型；其次是"述宾搭配不当"的问题，"述宾搭配不当"的类型中又以"述语动词运用不当"表现最为突出；在"成分残缺不全"的类型中，最常见的是"述

---

① 王姣艳.从聋校学生的书面语谈其语言能力与教育对策[J].中国特殊教育，2004(7)：17-20.

语动词残缺";"成分重复连用"句式类型也占相当的比例。①

① 动词"价位"运用不当

在述宾结构中,动词所支配的语义成分在句法结构中的位置,即价位。如:"老师休息"当中的"休息"的施事在句中投射为主语"老师",我们称"休息"为一价动词;"小猴吃桃子"当中的"吃"的施事和受事在句中分别投射为主语"小猴"和宾语"桃子",我们称"吃"为二价动词;"朋友送我一支笔"当中的"送"的施事、受事、与事在句中分别投射为主语"朋友"、直接宾语"一支笔"、间接宾语"我",我们称"送"为三价动词。一般而言,一价动词、二价动词或三价动词所支配的语义成分在句法结构中都有相对固定的位置,而在聋童的书面语中常会出现动词价位运用不当的现象。

一是误将一价动词当二价动词用。如:章羽跳舞律动室。同学们休息宿舍。我们敬礼国旗。类似于"跳舞、休息、敬礼"等一价动词在句法表达上并不能构成述宾结构的句式,而聋童之所以写成上述形似述宾结构的语句,实质上是源于述宾结构已在他们的脑海中形成了一种思维定式,即看到动词就习惯性地使用述宾结构的句式,而"跳舞、休息、敬礼"所对应的句式应为"主语+状语(在、向)+动词",从语法层面来看,这是聋童误将一价动词当二价动词使用,从而出现价位运用不当的现象。

二是二价动词的价位运用不当。在一般的述宾结构当中,二价动词所形成的最简单的抽象句的句法结构为"主语+动词+宾语",如:小红踢毽子。但在聋童的书面语当中往往会出现述宾结构语序颠倒的现象,其实质属于二价动词价位运用不当的问题。例如:陈老师王彬奖夸(夸奖)(应为"夸奖王彬")。四年级同学问题讨论(应为"讨论问题")。我自己拿纸玻璃擦,终于(把)玻璃(擦)完了(应为"擦玻璃")。我帮助哥哥房间里的书收拾(应为"收拾房间里的书")。我一点儿吃,好不好(应为"吃一点儿")。但是,像"结婚"这类二价动词所形成的最简单的抽象句往往类似于一价动词的句法结构,即"主语+状语+动词",而不是常见的"主语+动词+宾语"的句法结构,如"小王跟小李结婚"。因此,像"结婚"这类二价动词不能形成述宾结构的句式,而聋童往往会误写为"小王结婚小李"的述宾结构,这又是值得我们关注的一类现象,如:孙冬梅打架孙德琴(应为"和孙德琴打架")。陈老师聊天缪老师(应为"与缪老师聊天")。我道歉张老师,我做得不对(应为"向张老师道歉")。爸爸带我到饭店吃饭,有阿姨服务我(应为"为我服务")。清明节到了,我们去扫墓,同学们鞠躬烈士(应为"向烈士鞠躬")。

三是述语动词"价"多余。在聋童的书面语当中还经常出现述语动词"价"多余的现象。例如:妈妈爱我快乐(应为"爱我")。我们在校门口欢迎新生您好(应为"欢迎新生")。陈老师教我们语文作文(应为"教我们语文")。"爱、欢迎"是二价动词,只允许二个价成分与之共现,在上面的句子中出现了三个价。"教"是三价动词,在上面的句子中却出现了四个价,"陈老师""我们""语文""作文"。

② 述宾搭配不当

在述宾结构中,听觉障碍儿童常出现述宾搭配不当的错误,如述语动词运用不当,往往会在同义或近义动词的选择上发生偏差。宾语使用不当,往往会因词性不分而误将动词、形

---

① 陈凤芸.试论聋童汉语述宾结构的习得特征[J].中国特殊教育,2008(1):50-55.

容词当名词使用或因相似手语语素的干扰而出现误用现象。

述语动词运用不当。例如：陈老师来到教室里宣布大家说："大家都要认真打扫"（应为"叮嘱大家"或"告诉大家"等）。我心里感到妈妈的心情好（应为"觉得妈妈的心情好"）。下课了,缪老师出去教室（应为"走出教室"）。我要考试《绿色的办公室》（应为"默写《绿色的办公室》"）。六年级同学没有保护门（应为"爱护门"）。我天天坚持跑步练习身体（应为"锻炼身体"）。

宾语使用不当。一是词性不分,动词、形容词当名词用。例如：我有刷牙（应为"有牙刷"）。我在教室打扫干净（应为"打扫卫生"）。二是相似手语词的干扰。例如：小狗还会游泳,他感到发现（应为"感到奇怪"）。四年级的同学在操场上做玩（应为"做游戏"）。

③ 成分残缺不全

在听觉障碍儿童的书面语中,常出现一些句子成分残缺不全的现象。其中,有很大一部分是因为句子中的述宾结构缺少述语动词或宾语。

述语动词残缺。例如：同学们在教室里电脑（应为"打电脑"）。袁阳常常鼻子红血了（应为"流红血"）。我觉得应该礼物给老师,（祝老师）节日快乐（应为"送礼物"）。我们排队去操场上运动会（应为"参加运动会"）。

宾语残缺。例如：老师拿坐在我旁边,教我做数学题（应为"拿椅子坐在我旁边"）。邱宵锐在操场上踢（应为"踢足球"）。妈妈累了,我给一杯水（应为"我给她"）。

④ 成分重复连用

在听觉障碍儿童的书面语中,还经常出现述语动词重复连用的现象,导致句子不通,影响句意表达。例如：陈老师回来到教室（应为"来到教室"）。下午,老师检查看黑板（报）（应为"检查黑板报"）。奶奶在家做洗碗（应为"洗碗"）。小孩子们喜欢爱看动画片（应为"喜欢看动画片"或"爱看动画片"）。妹妹陪舅舅一起去回家（应为"回家"）。我们都知道懂那件事（应为"知道那件事"）。冒婉玉和戴思慧常常打吵架（应为"吵架"或"打架"）。陈老师来到教室里没有看发现纪尹颖（应为"发现纪尹颖"）。

(2) 句式语篇

句式方面,一般而言,听觉障碍儿童很难从陈述内容中发现问题。许多听觉障碍儿童在理解和书写过去式或从句时存在困难,大多数听觉障碍儿童书写句子存在句子短、不完整以及组织不全等问题。

在听觉障碍儿童作文中,很多句子都是单纯的主谓宾式,缺少修饰词,比较零散。例如：同学们去操场踢球,同学们学习踢球。其意思就是：同学们去操场上学习踢球。聋生的作文内容较浅显,多是单纯描述身边发生的事情,处于表面层次的叙述,不能反映出一定的写作意图。在结构上,缺乏布局,不能有主次、有重点地叙事写人。当然,少数听觉障碍儿童语言水平是较好的。下面是一篇原文,代表了部分听觉障碍儿童的作文水平。

> 今天下午,我去食堂里,我看电视,我去操场上,张××去踢球,我去初一教室里,我等坐,我去宿舍里,我喝水,我去快教室里,我去阶梯教室里,我去厕所,我来到阶梯教室里,我准备写字,张××去买汽水,张××来,陈××去教室里,黄××拿着书,我看见黄××来。[①]

---

① 王姣艳.从聋校学生的书面语谈其语言能力与教育对策[J].中国特殊教育,2004(7):17-20.

(3) 复句

刘卿对聋人学生的复句应用情况进行了调查,通过对就读于大专院校的聋生写作的1568个复句进行统计和分析,探讨聋生复句应用过程中各种错误类型产生的原因,揭示聋生习得汉语复句的特点,指出聋生掌握复句的重点与难点,并提出相应的教学策略。他认为,由于聋生不能准确地把握书面语言复句内部各分句间的逻辑关系,在多重复句的结构层次划分和逻辑语义衔接能力方面存在较大缺陷,对关联词语结构上的关联作用、组织中的语法地位、关联词语位置搭配的陌生以及词语、词组等基础知识的薄弱导致其对复句的应用处于较低的水平。[①]

总之,听觉障碍儿童书面语语法能力较差,与同龄的正常儿童相比,无论是对词语的理解、应用,还是造句、作文,差距都比较大。聋生学习书面语容易产生如此多的问题,原因是多方面的,其中既有聋生自身身心发展中的缺陷带来的不良影响,也有聋校语言教学中客观存在的问题所产生的不良作用。

二、智力异常儿童的语法特征

(一) 智力障碍儿童的语法特征

1. 词法

(1) 名词

徐胤等对一名5岁的轻度弱智儿童在自然情境中的自发性语言进行语料分析后发现,名词中表示具体事物的名词(如:水、灯、老虎等)的使用率最高,为30.63%,占所有使用的名词的81.51%。个案能对大部分接触到的事物进行命名,表述时能直接说出事物的名称。表示人的名词也是个案使用较为频繁的,使用率为5.79%,占所有使用的名词的15.41%,他能正确地称呼"爸爸""爷爷"以及图画书上人物的名字。另外,对于表示方位或表示抽象事物的名词,使用率仅为1.15%,占所有使用的名词的3.08%。还有其他的一些表示时间、处所、社会组织、科学术语的名词,在个案使用的语言中尚未出现。这说明个案语言能力的发展和他的生活环境有着密切的联系。对于较为抽象的名词,因为没有具体的实物存在,而且有一部分名词在日常生活中个案接触到的机会本来就很少,所以个案难以把它们与实际生活联系,无法用语言来表述。此外,张积家等在对智障儿童基本颜色命名和分类研究中发现,智障儿童颜色命名的正确率随着年级的增长而提高,对11种基本颜色正确命名的次序是:红、黑、白、黄、绿、蓝、紫、橙、粉红、灰和棕。

(2) 动词

徐胤等的研究还发现,个案使用的动词中,最常使用表示动作行为的一类动词(如:拍、打、喝等),这类动词占所用动词的63.67%。除此之外,个案也常使用表示趋向(如:上来、下去等)、表示能愿的动词(如:要、会等),这可能是个案为了使自己的要求能得到满足而采用的一种交际手段。个案很少使用表示存在、消失以及表示心理活动的动词,这可能与他本身的认知发展水平和对周围世界的关注程度有关。根据对个案父母的问卷调查,他们也反映出小A很少关心身边发生的事情。

[①] 刘卿.聋生对复句的掌握状况调查研究[J].中国特殊教育,2011(8):53-55.

(3) 形容词

有研究者分析了轻、中度弱智儿童空间形容词的理解情况,依 PPVT 测得的语词年龄为标准,分为三个阶段:第一阶段,为 48 个月,对空间形容词很难理解;第二阶段,为 58 个月,能理解"正向"空间形容词,如 big,tall,high,long 等,但不能理解"负向"形容词,如 short,low,small 等;第三阶段,为 71 个月,能够正确理解上述所有的空间形容词。在形容词的使用上,个案喜欢使用表状态、表形状的形容词,如大、小、快、冷等,这两类形容词占所用形容词的 81.25%;而对于表性质的形容词,个案仅会使用表示事物颜色的个别词,如白、黑、黄等。这说明他已初步具有形状大小的概念,对日常生活中出现的一类形容词(如冷、热),个案也会使用。

(4) 代词

研究显示,中度智力障碍儿童的代词理解能力高于表达能力;疑问代词表达能力明显落后于人称代词、指示代词的表达能力;指示代词能力"这"及其派生的复合指示代词早于"那"及其派生的复合指示代词,其中"这"始现于 1 岁 6 个月的儿童语料中,"那"始现于 1 岁 8 个月的儿童语料中。不仅如此,在智力障碍儿童习得指示词语的过程中还出现了趋"这"现象,即儿童在多数情况下不使用指示代词"那"及其派生的复合指示代词,而是用"这"及其派生的复合指示词语代替。徐胤等也发现,个案使用较为频繁的是指示代词和人称代词,分别占所用代词的 57.14% 和 34.92%。个案在语境中会较多地出现边用手指边说"这儿""那儿"的情况,以及出现较多的人称代词。而疑问代词只占了所用代词的 7.94%,这说明个案不喜欢提问,即使在会话中出现自己不清楚的事物,他也很少进行提问。这是智力障碍儿童常出现的情况,思维上的惰性,使他们很少会主动思考问题、提出问题。[①]

(5) 量词

在对量词的掌握上,弱智儿童与正常儿童顺序一致,但发展速度非常慢,并很难达到后者的水平。[②] 中度弱智儿童对汉语约定俗成的量词掌握较差。他们对语法结构掌握差,有的不用量词,有的只用"个"或"只"来做量词。获得的量词数量少,智力障碍学生到 12 岁仅掌握了"个、只、支、本、条、朵、双"7 个量词。词义理解不深刻,运用能力差,易受干扰,如将"一支笔"说成是"一笔",且泛化现象严重,如"一双裤子"。数词一般与量词结合使用,有时也能单独使用。徐胤等发现,个案使用的数词均为基数词,在收集到的语料中,一共出现了 28 个基数词,使用率为 3.60%。这可能与其认知水平和年龄有关。另外,个案在使用数词时也结合了量词,但非常单一。无论什么情况下都只使用"个"这一量词。这说明个案掌握的量词数量极其有限,且并没有完全理解量词与名词搭配的规则。[③]

(6) 副词

关于副词,研究显示,7 岁至 18 岁的中重度智力障碍儿童理解程度、范围、时间这三类副词的正确率随着年龄的增长而增高,其中理解得最好的是时间副词。智力障碍儿童理解程度副词的正确率在组别维度上都存在着显著的差异:对副词"最"的理解在 7 岁至 14 岁之间

---

① 徐胤,刘春玲.轻度弱智儿童语言能力的个案研究[J].中国特殊教育,2006(7):47-51.
② 佟子芬.智力落后学生掌握量词特点的调查[J].中国特殊教育,1998(2):5.
③ 徐胤,刘春玲.轻度弱智儿童语言能力的个案研究[J].中国特殊教育,2006(7):47-51.

发展迅速,对副词"很""比较"的理解在 11 岁至 18 岁之间发展迅速,对副词"有点"的理解在 7 岁至 18 岁期间发展迅速;智力障碍儿童在 15 岁之前范围副词"只有""全部"发展迅速;智力障碍儿童 15 岁之前时间副词"已经"发展迅速,对时间副词"将要"的理解在 7 岁至 18 岁期间发展速度大体均衡。徐胤等的研究发现,在副词的使用中,个案出现最多的是表示否定的副词(占副词总数的 55.56%),在与自己意愿相违背的情境中个案经常使用这类副词。个案很少使用表示程度的副词(仅占副词总数的 2.22%)。[①] 正因如此,个案的话语听起来相当贫乏。在收集到的语料中,未出现表示情状和表示语气的副词,这说明个案难以把自己与周围的人或事物联系起来。

(7) 虚词

关于连词和介词的获得研究发现,大约 60% 的弱智儿童在 MA(智龄)为 4 岁左右时理解"and"与"or",轻度弱智儿童在 MA 为 5 岁左右时能够正确使用"and"。此外,弱智儿童在理解方位词时明显滞后。华红琴等研究了弱智儿童的方位词和时间词的获得,方位词的获得顺序大致为:上、后、前、中间和左右。时间词获得顺序为:拿时和一……起拿(同时),拿出……以后拿……(顺向),拿……前先拿出……(逆向),这与正常儿童掌握方位词的顺序基本一致,但弱智儿童获得这些词和结构的年龄要大得多,即使匹配了智龄,也远不如正常儿童。[②]

徐胤等的个案研究发现,个案除连词没有使用外,其他五大类型的虚词均有使用。叹词的使用频率最高,占所用虚词的 37.10%。被试在激动时,常会使用叹词"Yeah""啊呀呀"等来表达自己的喜悦。除此以外,象声词和语气词也是个案喜欢使用的,他常会在说话的时候突然冒出"嘟嘟"的声音。这与收集到的语料来自口语和个案的实际年龄有关,儿童最初的话语主要是为了表达自己的情感和愿望,个案借助于这几类虚词有效地表达了自己的情感和愿望。其次是助词,占所用虚词的 30.65%。所使用的助词,主要集中在时态助词"着""了"和结构助词"的"上,个案能正确使用这两类助词。如"睡着了""滑下来了""沉香的爷爷",这表明个案对动作、行为的发展有所感受,并能运用"态"的手段对事物的发展变化或结果进行描述,同时也表明个案对于自己熟悉的人或事的内在联系也有一定的认识。在个案使用的介词中,全都是表示方位的介词,如"楼梯上""楼上""大海里"等,这可能是由于虚词不能单独充当句法成分,它需要连接或附着在实词中。所以对于还处在词汇学习阶段的儿童,特别是弱智儿童,在使用时容易产生困难,尤其是那些连接或附着功能较强的虚词(如连词、介词等)。[③]

2. 句法

拉克纳尔斯(Lacknerls)曾对五个因先天或早期脑病所致弱智儿童进行研究,对照组为五位正常儿童,从每个被试的自然语言中随机抽取 1000 个句子进行分析对比,结果发现两组儿童的句法发展过程是一致的,即:陈述句—疑问句—被动句—否定句—被动疑问句。在句法发展上,正常儿童随年龄进步,弱智儿童随 MA 进步。弱智儿童对不同句法的理解和

---

① 徐胤,刘春玲.轻度弱智儿童语言能力的个案研究[J].中国特殊教育,2006(7):47-51.
② 华红琴,朱曼殊.学龄弱智儿童语言发展研究[J].心理科学,1993(3):130-137.
③ 徐胤,刘春玲.轻度弱智儿童语言能力的个案研究[J].中国特殊教育,2006(7):47-51.

反应能力存在差异,例如对陈述句和祈使句的理解和反应能力都显著优于反问句;在陈述句、祈使句和反问句中,弱智儿童的反应能力都显著优于理解能力。①

在句子表达上,弱智儿童与正常儿童最明显的差异体现在句子的长度上。句长发展缓慢可以说是中重度弱智儿童非常显著的弱点。马红英等研究显示,平均年龄为10岁的中度弱智儿童使用频率最高的为2—10个音节的句子,他们自发语句中的平均句长为60个音节。使用最多的是由3—8个词构成的句子,句子的平均用词量为413个。研究者认为,这一语言能力基本相当于四五岁正常孩子的水平,但其间的差异很大。②徐胤等通过研究一名5岁的轻度弱智儿童在自然情境中的自发性语言,收集到个案在自然情境中的口语句393句,运用CLAN系统统计出个案的平均句长(MLU)为2.06,仅相当于2岁左右正常儿童的水平,最长5句话的平均长度(MLU5)为4.40。③根据朱曼殊等人的研究结果,5岁儿童的MLU在7.87左右。显然,从这个方面来看,个案远低于5岁正常儿童的水平。

不仅如此,弱智儿童所表述的句子中,还存在着明显的句法问题。年龄较小的弱智儿童说话时,常常有"电报句"的特征,主要是因为他们在句中很少使用冠词、介词、连词、代词、情态词、助动词等。发展到后来,在匹配了句长之后,弱智儿童与正常儿童在各类词的使用上基本一致。德瓦特(Dewart)指出,在MA匹配的情况下,与正常儿童相比,弱智儿童滞后的程度不断增加。通过对轻度、中度、重度弱智儿童在理解语法词、词性、双宾结构、从属结构、时态从句以及从句间的相互关系等分析后发现,弱智儿童与正常儿童相比,尽管匹配了MA,但发展滞后。华红琴等的研究也表明,弱智儿童的语言连贯性差,对言语缺乏有序的组织和表达,言语表达中停顿重复多……就其言语的产生和运用来讲,与正常儿童有"质"的差异。④

在句法结构的习得上,华红琴等对学龄弱智儿童语言发展研究表明,随MA增长,弱智儿童言语中不完整句越来越少,其语句趋于完整,同时完整句中的修饰成分逐渐复杂,复杂谓语句比例逐年增大,单句减少,复句增多,这种变化趋势与正常儿童语句结构发展趋势一致。⑤但是,智力障碍儿童对句法结构掌握程度方面表现欠缺,通常使用的语句过于简单,而且逐渐出现不适合语法规则的现象,突出特征是语序混乱、句子成分的随意添加或减少。正常儿童一般到三四岁时,已能大量使用简单句,并开始使用各种复合句;到五六岁时已能大量使用复合句,入学前已基本掌握了言语交往能力,能正确运用比较丰富的口头词语造各种基本类型的句子,表达自己的思想和需要。而智力障碍儿童到入学时,还只能使用一些简单句,甚至只能讲些短语。他们常常使用情境性语句,句子语法结构不完善。这种句子离开具体的情境,其意义就无法确定,使人无法理解。智力障碍儿童在连贯性的叙述句子中喜欢用"他们""那儿"等代词指代具体的人物、地点。但由于句子中代词使用太多且无主次,往往指代不清、语无伦次。他们叙述一件事情或表达一种想法时,常常说不清、道不明。无论是口头言语还是书面语言,智力障碍儿童都很少使用也不太会使用复合句,尤其是主从复合句,

---

① 孙圣涛,等.中重度智力落后学生对不同句类理解的研究[J].中国特殊教育,2011(12):31-34.
② 马红英,刘春玲,翟继红.中度弱智儿童语言能力的初步分析[J].中国特殊教育,2001(1):27-30.
③ 徐胤,刘春玲.轻度弱智儿童语言能力的个案研究[J].中国特殊教育,2006(7):47-51.
④ 刘春玲.弱智儿童语言获得的研究[J].心理科学,1999(4):442-446.
⑤ 华红琴,朱曼殊.学龄弱智儿童语言发展研究[J].心理科学,1993(3):130-137.

表示时间、空间或因果关系的复合句,他们就更难掌握了,即使经过教师耐心教育和反复训练也很难说出和写出符合语法规则、让人听懂或看懂的复合句。智力障碍儿童在口语和书面语中运用复合句的能力发展缓慢,而且存在差异,例如,有学者的研究表明智力障碍儿童因果关系复句与条件关系复句的判断成绩显著优于转折关系复句的判断成绩。① 通常来说,智力障碍儿童到了学龄初期,掌握和运用语法结构的能力,大约达到三四岁正常儿童的水平。究其原因,言语中的语法结构,实际上是人们的思维,尤其是抽象思维的反映与体现,人们掌握和运用语法结构,是与思维的发展水平一致的。智力障碍儿童思维有明显的缺陷,因而,使用语法简单,理解和使用复合句有困难,这是很容易理解的。②

(二)超常儿童的语法特征

一般而言,由于浓厚的阅读兴趣,超常儿童不仅讲话早、大量识字、阅读,同时还能编故事、写短文,而且语言清楚、语句完整。从儿童心理学研究看,2岁的孩子只能讲简单句,复合句只占3.5%,而且句子不完整。而超常儿童雷×已能讲较复杂的复合句,句子还完整。如雷×1岁会讲话,2岁时能用语言表达意思。一次他在街上看到许多人拉煤,便说:"快来看呀!伯伯排队拉煤啦!"再譬如,王×10个月会说话,2岁多看图识字,4岁10个月开始写日记,语句通顺、生动、完整。5岁多的王××,在读完《毛主席和儿童团》《让马》后,写了一篇500多字的短文。一次让她命题写话,她写出了300字的短文,句子完整,层次分明,标点符号一般都正确。③

三、学习障碍儿童的语法特征

关于学习障碍儿童的语法,目前国内外还没有出现专门的研究。据已有文献,语法障碍是学习障碍儿童语言发展落后的特征之一,具体体现在学习障碍儿童的语法不完整,他们难以根据标准的语法来用词造句,往往用词不当。作文和口头表达不流畅,词语搭配不当,句子不合语法,没有意义。

四、自闭症儿童的语法特征

在语法习得方面,自闭症儿童语法发展速率显著滞后于普通儿童。在语法运用方面,自闭症儿童虽然能以正确的语法形式完成句子的完形填空,却不能在语义情境中完成句子完形填空,得分甚至低于阅读困难儿童;④转换语法形态时,自闭症儿童错误率高。由此可见,自闭症儿童能习得一些语法结构,但在运用的灵活性、适应性以及最终能达到的水平上均与普通儿童存在差异。⑤

1. 词法

一般来讲,自闭症儿童的词汇多使用作为主、谓、宾等成分的实词,而较少使用连接词、

---

① 孙圣涛,范雪红,王秀娟.智力落后学生句子判断能力的研究[J].心理科学,2008,31(4):901-904.
② 教育部师范教育司.智力落后儿童心理学[M].北京:人民教育出版社,1999:66.
③ 20世纪发生了什么——100个小天才[EB/OL]. http://e.580520.com/resource/EBooks/NEWBooks/01120065.pdf.
④ Frith U., Snowling M. Reading for meaning and reading for sound in autistic and dyslexic children[J]. Journal of Development Psychology,1983(1):329-342.
⑤ 李晓燕.自闭症儿童语言的范畴特征研究与整合取向[J].中国特殊教育,2009(11):35-42.

形容词和介词。而且,自闭症儿童经常混淆意义相反的词,当他说"关窗户时"可能是要求将窗户打开。他们对只有一个意义的词的理解问题不大,但是对多义词、同义词或短语的理解就困难多了,他们对成组使用的词混淆不清,可能把"冷"说成"雪",把"晚上"说成"黑暗"。另外对抽象的词语的理解更是困难重重,常错用代词,"你""我""他"的称谓很难区分,将"我"说成"你"。"我要吃饭",通常说成是"你要吃饭"。

在高功能自闭症儿童与成人中常出现自创特异词汇意义的现象,被称为"创造新词"。沃尔顿(Volden)等的研究证实,自闭症儿童使用更多的是新词与特异性语言,特异性语言的使用频率随语言的复杂性增多,而弱智儿童特异性语言的使用频率随语言能力的增长而下降。由此,研究者们认为,自闭症儿童的自创特异新词倾向与他们的认知能力、所处的社会环境和语言能力有关。

另外,自闭症儿童最容易犯的词法错误是把词语的字母顺序颠倒,例如在听写的 20 个单词中平均有 6—8 个单词由于这个原因写错。另外,他们常把介词或连词忽略,他们会说"把杯子放(在)桌子(里)"。在英语里这种错误尤其明显,例如:"I ate a hot dog(because) I was hungry."[我吃了一块热狗(因为)我饿了]。

2. 句法

和字母顺序颠倒一样,自闭症儿童句子中的词序也会颠倒,这可能与逻辑思维能力有关。例如他们会说:"把汽车放进箱子","用方便面泡水"之类的话。另外,还存在句子结构和功能性词语的缺省问题,他们的只字片语就像是幼儿的"电报词语"缺乏句法功能,别人不能轻易理解他们的言语,正常儿童在这一时期持续得不会很久,但自闭症儿童似乎很难跨过这个门槛。

对于语言发展水平比较高的自闭症儿童,发现他们在叙述时,经常出现"颠三倒四"或偏离主题的情况。比如某位儿童说道:"我早上和妈妈去××公园,这个公园建立于××××年,占地面积××××万平方米,种植了××××种植物。我和妈妈去玩风筝,风筝飞了,妈妈让我放风筝。我去吃饭。"如果是普通儿童说这段话,则是:"我早上和妈妈去××公园玩风筝,到了公园,妈妈让我放风筝,它飞得很高。放完风筝后我们一起去吃饭。"

剖析自闭症儿童的叙述内容,可以发现他们对于事件发生的顺序记忆混乱,对事件主题把握有偏离(出现了公园建立年代等无关描述)。此外,自闭症儿童在描述事物,或概述活动主题和场景时,还经常出现过于关注细节而忘整体的情况,比如看到同学玩游戏的图片,问他:图片里大家在做什么?他则回答说"有一个白色兔子"。实际上,自闭症儿童语言逻辑问题,与他对空间顺序、时间顺序、事件因果关系、对事物的整体与局部的观察、活动主题的理解等有密切关系。[1]

李伟亚关于自闭症谱系障碍学生汉语句子理解过程的实验研究表明:词义在自闭症学生理解听觉输入的汉语简单句时具有最重要的影响作用,但词序在自闭症学生理解视觉输入的汉语简单句中的影响比词义更为显著,不同句式结构(主谓宾句、主题句和"把"字句)对自闭症学生汉语简单句理解的影响没有达到显著水平。[2]

---

[1] 杨希洁.自闭症儿童语言障碍表现及其教育训练对策[J].中国特殊教育,2008(9):40-43.
[2] 李伟亚.自闭症谱系障碍学生汉语句子理解过程的实验研究[D].上海:华东师范大学博士学位论文,2009:144-148.

第5节 特殊儿童的语义特征

一、感官障碍儿童的语义特征

（一）视觉障碍儿童的语义特征

国外许多专家认为,语言的习得主要是依赖听觉而不是视觉,所以就视力残疾本身而言,并不影响儿童语言的发展。因此,视觉障碍儿童在语言的主要方面同明眼儿童并没有较大差异。但这并不说明盲童在语言表达的学习方面不存在弱点,其中一个突出的表现是由于盲童使用的词汇缺乏感性的基础,缺少视觉形象,常出现词与视觉形象相互脱节,不能准确把握一些视觉性词汇之内涵的现象。[①] 卡特福斯(Cutsforth)等一些专家根据盲人这一特有的语言现象,提出了"语意不符的表达(Verbalism)"这一专门术语。

一般而言,"儿童不断掌握语言的过程,就是儿童言语的发展过程,就是第一信号和第二信号系统协同活动发展的过程"[②]。正常儿童的语言发展,是视觉经验与语言符号结合的结果。视觉障碍儿童由于视力有不同程度的缺陷,在视觉经验与语言符号的统合上自然感到困难,因此盲人语言常表现出与感觉经验脱节的现象。

对于盲人"语意不符的表达"现象,目前有两种观点：一种认为语言是交流的工具,盲人与有视力的人生活在同一社会,他们使用这样的语言来表达自己的感受是很自然的、可以理解的,这并不显现出盲童语言发展的缺陷。另一观点则认为语言是建立在自己对物体感知和经验的基础上逐渐发展而成的,盲童的语言听起来和普通人一样(如喜欢用视觉的形容词来描述他们的经验)是教育训练的结果,不是盲人自己的语言。这种人为地训练盲童使用与普通人一样的语言描述经验违背了认知规律,可能会影响他们的认知发展,因此盲童的用语应以他们的感知经验为依据。

刘春玲和马红英对低年级视觉障碍儿童词义理解的实证研究发现,教育对视觉障碍儿童词义理解确实有显著作用;同时,低年级视觉障碍儿童的词义理解能力显著低于普通儿童。在词义理解上,视觉障碍儿童大多处于具体的、功用的水平,难以归纳、概括事物的本质属性,而且个体间差异明显。[③] 这是因为,视力正常儿童会从日常经验中得到大量有用的知识储备,但是视觉障碍儿童就缺少了大量这样的偶然信息的机会。盲童在认知任务中比视力正常儿童表现差,他们需要理解力以及把不同信息联系起来的能力。视力低弱或缺失会给经验间类似的理解造成困难(字面的,当然也是认知上的)。"似乎盲童的所有教育经验都存放在一个单独的空间内"(Kingsley)。这样就使得盲童在一般语言概念的学习中存在困难,如"猫有尾巴""香蕉是软的"。对看不见的儿童来说,抽象概念、类推、习惯用语的学习尤其困难。[④]

[①] 方俊明.特殊教育学[M].北京：人民教育出版社,2005：133.
[②] 胡智惠,李梅.儿童语言发展的过程及影响因素[J].天中学刊,2009(3)：139-140.
[③] 方俊明.特殊教育学[M].北京：人民教育出版社,2005：134.
[④] 〔美〕William L. Heward.特殊需要儿童教育导论[M].肖非,等译.北京：中国轻工业出版社,2007：332.

（二）听觉障碍儿童的语义特征

语言的理解是听者或者读者接受别人的语言刺激，把声音或文字转变为意义的过程，它包括语言识别、句法分析和语义分析、推理、语义整合等环节。正常儿童是通过与成人交往及接受系统的学校教育经自然途径逐渐理解语言的。

聋童对语言的理解与正常儿童相比，难度大得多。"聋童失去了正常的习得语音的自然环境。一般后天致聋的儿童最早发现也多在1岁至1岁半左右。之前他们是没有声音环境及语言环境的。而这一时期正是儿童初次尝试语言的时期。因此他们错过了很好的初试语言的时期。"[①]即使有残余听力训练的聋童也要求语音刺激量达到或超过其听觉阈限时，才能对语音进行识别，把声音变为意义，从而分析整合，了解含意。所以他们往往把语言的感知和使用视为十分困难的事，不愿意积极地去尝试。他们发音不清，音节受限制，词汇量少，语法比较差，这些都是学习的障碍，但早期的康复训练可以大大改善上述情况。

聋童语言理解的另一特点是通过手语和看话的方式感受口语。手语是用手的动作、面部表情以及身体姿势来表达思想感情的，包括手指语和手势语。看话是一种特殊的感受口语的方式，故聋童手语的掌握程度及看话的水平直接影响其对语言的理解程度。[②]

关于聋童语义分类的研究中，冯建新等主要考察聋生基本水平概念归类能力与健听生的差异，书面词语和手语对聋生语义分类的影响以及手语语音、语义和书面语语音、语义对聋生语义分类的影响。结果显示，聋生基本水平概念语义分类能力成绩受刺激材料的性质影响较大，聋生在手语干扰下的语义分类成绩优于在书面语干扰下的语义分类成绩。语音对聋生语义分类影响不大，手形对聋生语义分类有显著影响，干扰词与靶子词具有主题关联联系时对聋生语义分类任务影响不大。[③]

二、智力异常儿童的语义特征

（一）智力障碍儿童的语义特征

1. 词义理解

由于发音问题、记忆能力等方面的限制，智力障碍儿童时常会表现出对词的理解与表达相脱离的情况。研究发现，轻度弱智儿童词的语义储存结构更接近于智龄匹配的正常儿童。就其心理词典的构成而言，轻度弱智儿童较为松散，其间还散见一些错误，由此在一定程度上影响了词与词之间相互联结的强度。中度弱智儿童也能够建立各自的心理词典，他们在语词的语义存储方面，与实龄相匹配的轻度弱智儿童在储存形式上较为接近，但其语义网络相对更加松散，并嵌入了大量的错误。在词的语义提取方面，弱智儿童表现出速度慢、正确率低的特点，表明其在词的语义特征分辨能力上的不足。[④] 在词义学习的策略上，弱智儿童与正常儿童一样，都倾向于将分散的词合并为有意义的单位，并利用已有的语言背景知识来理解其意义。弱智儿童对于词的多种含义的理解存在差异，孙圣涛等通过实验研究表明，中度智力障碍儿童对"深"的掌握要显著好于对"浅"的掌握，对"深""浅"表示距离、颜色含义的

---

① 方俊明.特殊教育学[M].北京：人民教育出版社，2005：171.
② 教育部师范教育司.聋童心理学[M].北京：人民教育出版社，2000：57-58.
③ 冯建新，冯敏.书面词语和手语对聋生语义分类影响的实验研究[J].中国特殊教育，2012(10)：27.
④ 刘春玲.弱智儿童语义加工的实验研究[D].上海：华东师范大学博士学位论文，2004：65-68.

掌握显著好于表示时间、程度含义的掌握。[1]

此外,方燕红等通过图片命名任务,以实龄相同的智力正常儿童为参照,考察了弱智儿童语义损伤的模式和语义发展的特点。结果表明:和正常儿童相比,低、中年级弱智儿童存在着生物范畴和非生物范畴[2]的双重损伤,但生物范畴比非生物范畴损伤更为严重。但是,到了高年级,生物范畴仍然表现出比较严重的语义损伤,而非生物范畴的语义知识则随着经验的积累、心理的成熟和教育的影响逐渐达到相对完好的状态。研究还表明:弱智儿童生物范畴和非生物范畴语义水平随着年龄的增长而逐渐发展;弱智儿童语义损伤程度轻于脑损伤患者。[3] 对于智力障碍儿童词汇识别的这一语义特征,具体分析如下。

(1) 弱智儿童生物和非生物范畴的双重损伤

低、中年级弱智儿童大脑整体机能低下导致生物和非生物范畴的双重损伤。神经心理学研究表明:语义范畴特异性脑损伤具有一定的神经生理基础,脑损伤的部位不同将引发不同的范畴特异性损伤。从生理角度看,弱智儿童多为基因问题和因缺氧造成的脑损伤,进而影响大脑结构与功能的正常发育,致使大脑生理机能低下和大脑功能缺陷的儿童。弱智儿童的脑损伤或脑疾病不是专指某个区域的损伤或疾病,而是大脑整体机能的低下。朱逸仁认为,弱智儿童高级神经活动的主要特点是皮质的接通机能明显减弱,难以形成较复杂的神经联系。因此弱智儿童条件反射形成的速度缓慢,不容易建立,即使是暂时建立了条件反射,也是不巩固的,容易消退和泛化。这种高级神经活动特点形成了弱智儿童的特殊心理:感觉不分化、知觉狭窄、对事物分辨力差、概括能力低、调节作用弱等。这样,弱智儿童,尤其是受环境和教育影响有限的低、中年级弱智儿童,不仅组织生物范畴知觉信息和语义信息的效率低,难以建立层次分明、结构清晰的生物范畴网络,而且接受非生物范畴信息的能力也弱,非生物范畴知觉知识和语义知识的储存量少,结构混乱。这就影响了弱智儿童生物和非生物范畴语义信息的提取,出现提取不能或提取错误,致使弱智儿童在生物范畴和非生物范畴的得分均低于正常儿童,出现双重损伤。此外,生物和非生物范畴物体结构、加工、出现频率等方面的差异导致生物范畴比非生物范畴损伤更严重。其一,生物范畴和非生物范畴的事物的结构相似性不同。生物范畴的成员之间有较高的结构相似性,成员之间共同特征多,区别性特征(如老虎的花斑和狗的吠叫)少。非生物范畴的成员之间的结构相似性低,成员之间的区别性特征多,共同特征(如床和椅子都是由木质构成)少。成员之间的共同特征越多,就越难以区分和识别;成员之间的区别性特征越多,就越有利于区分和识别。因此,相对非生物范畴的成员,弱智儿童更难以识别生物范畴的成员。其二,生物范畴物体和非生物范畴物体加工层次不同。识别生物范畴的成员依赖于感知觉特征,如大小、形状、颜色等,人脑对它们的加工主要限于感知觉层面。由于弱智儿童区分和概括能力差,往往容易混淆有相似外形特征的物体。识别非生物范畴的成员不仅依赖于感知的特征,更依赖于功能的特征,如有什么用途等,人脑对它们的加工不仅停留在感知层面,还要深入操作层面,这种深层次

---

[1] 孙圣涛,叶欢. 中度智力落后儿童对于"深""浅"词义掌握的研究[J]. 中国特殊教育,2012(9):30-33.

[2] 物体范畴包括生物(如动物、果蔬)和非生物(人造物)两大类。语义范畴特异性损伤是指脑损伤病人识别某个或某些特定范畴物体的能力出现选择性损伤,而识别其他范畴物体的能力则保持相对完好的一种神经心理现象。详见:方燕红,等. 弱智儿童语义范畴的特异性损伤[J]. 中国特殊教育,2008(9):17-22.

[3] 方燕红,等. 弱智儿童语义范畴的特异性损伤[J]. 中国特殊教育,2008(9):17-22.

加工巩固了对非生物范畴成员的认知。其三,生物范畴物体和非生物范畴物体的出现频率不同。生物范畴物体(尤其是动物)在弱智儿童生活中的出现频率低,非生物范畴物体(如家具、家电、厨具、交通工具等)在弱智儿童生活中出现频率高。儿童早期就接触各种人造物,物体功能与儿童的生活息息相关。弱智儿童的课程之一就是适应生活,利用物体功能维持基本生存。弱智儿童通过把握物体的不同功能识别不同物体。多次接触某一事物后,事物在弱智儿童头脑中的表征越来越清晰,对事物的认知也会越来越深刻。

(2) 弱智儿童存在生物和非生物双范畴的语义知识发展障碍

弱智儿童生物和非生物范畴存在双重损伤,但弱智儿童语义知识在哪种或几种水平上存在发展障碍并没有得到充分研究。方燕红等人设计了三个实验,分别考察弱智儿童类别语义知识、感知觉语义知识和功能/联想语义知识的发展情况。实验结果如下:第一,中度弱智儿童存在类别语义、知觉语义与功能/联想语义的多类型语义知识的发展障碍。语义知识由两个子系统构成:知觉特征子系统和功能特征子系统,它们拥有相对独立的神经基础。生物和非生物两个不同范畴的特异性损伤,分别是由知觉和功能这两个子系统受损造成的。即语义知识的知觉子系统受损时,会产生生物范畴的特异性损伤;功能特征子系统受损时,会出现非生物范畴的特异性损伤。但语义的两个子系统之间并非完全独立,知觉特征和功能特征在生物和非生物体的识别和区分中的作用也并非非此即彼,只是权重不同而已。既然弱智儿童的生物和非生物的神经基础均受损伤,引发了整个语义系统的发展障碍,那么,弱智儿童生物和非生物的知觉语义的发展也必然受牵连,生物和非生物的功能/联想语义也不例外,故而存在发展障碍。第二,中度弱智儿童存在视觉和听觉的双通道形式语义知识的发展障碍。在实验过程中,采用口头分类任务,给儿童以视觉形式呈现图片或以听觉形式呈现词汇,要求儿童对图片和词汇做口头分类,说出图片和词汇表达的物体是动物、果蔬还是人造物。结果表明,不论是以视觉形式还是以听觉形式呈现生物和非生物,中度弱智儿童完成任务的正确率均较低,且在两种形式上的成绩相当。可能的原因是弱智儿童利用信息的能力弱,主动利用信息的意识更弱,而且弱智儿童头脑中储存的事物表象数量少,或表象的清晰度不够,不能在完成视觉任务时提供更多的帮助,导致弱智儿童在完成视觉和听觉任务时成绩差异不显著。[①]

(3) 弱智儿童语义范畴特异性损伤程度比脑损伤患者轻

这与两者脑损伤的范围和程度有关。脑损伤患者主要由于后天意外伤害(如头部撞击导致的脑受伤)或突如其来的病变(如脑膜炎、中风等),损伤程度一般较大,位置也比较固定,致使患者局部脑功能丧失,丧失对相关物体的识别和语义储存能力。弱智儿童的脑损伤主要是先天遗传或缺氧所致,损伤位置不固定,有扩散性,损伤程度因人而异。脑损伤程度越大,大脑整体功能越低,但并未完全丧失。有研究表明:弱智儿童加工信息的能力并未完全缺失,只是加工信息速度慢,有的弱智儿童认知水平甚至接近正常儿童。同时,由于学校教育和家庭生活的影响,弱智儿童头脑中逐渐建立起越多的条件反射,弱智儿童就越能识别一定数量的物体。这些因素共同导致了弱智儿童的语义损伤程度轻于脑损伤患者。

---

① 方燕红,张积家,尹观海.中度弱智儿童语义知识发展障碍的实验研究[J].中国特殊教育,2013(4):18-24.

（4）弱智儿童的语义水平随着年龄增长逐渐提高

心理的成熟、环境和教育的积极影响促进弱智儿童生物范畴和非生物范畴语义水平的发展。低年级弱智儿童年龄小，生活经验少，学校教育的影响也非常有限，因此相比低年级正常儿童，他们识别生物和非生物范畴物体的能力都比较低下。随着年级的增长，中、高年级弱智儿童生活经验逐渐积累，心理发展逐渐成熟，区分事物、概括事物的能力逐渐提高。同时，学校通过生活情景教育、生活适应教育、生存甚至发展教育等对弱智儿童施加了越来越大的影响，提高了儿童识别事物的能力，促进了儿童语义水平的发展，致使高年级弱智儿童掌握了较多的范畴知识，尤其是人造物语义达到较高水平。弱智儿童生物范畴和非生物范畴的语义随着年龄增长而逐步发展，这一趋势与正常儿童的发展趋势一致，但语义发展速度要比正常儿童慢得多，水平也明显落后于正常儿童。这种发展特点与弱智儿童其他认知能力的发展特点相同。研究表明：中重度弱智儿童的语言习得过程与正常儿童大致相同，他们有先天的语言获得装置和语言能力；弱智儿童数概念掌握和同智龄正常儿童没有显著差异；轻度智力障碍儿童与智力正常儿童心理词典中词的语义储存有类似结构，但在信息量上有明显差异；弱智儿童颜色命名能力的发展趋势也与智力正常儿童一致。因此，弱智儿童的语义也是有发展潜力的。[①]

2. 句义理解

一般而言，智力障碍儿童的言语理解能力确实较强于其言语表达能力，但与同龄正常儿童相比，智力障碍儿童言语理解能力的发展要慢得多。他们对言语的理解存在着许多困难，从别人讲话中区分词语的过程比正常儿童缓慢得多。这里除了对言语的识别困难外，主要还是他们对辨认讲话的意义理解缓慢。他们听故事只能记住一些片段情节，阅读文章后概括不出文章的思想，上课不能完全听懂教师讲授的内容。他们对言语的理解往往只停留在言语的表层。听别人讲话，不能区分各个言语单位，只能听出和分辨为数不多的单音，不能理解言语的内容，更不能理解别人言语中的"言外之意"。他们有可能会背诵课文，但未理解言语的内容。刘春玲等人采用试卷分析的方法，对随班就读轻度智力障碍儿童的阅读能力做了系统分析，发现智力障碍儿童对语词理解与句子理解方面优于段落大意理解及篇章理解。即学生能理解词语的基本义，但不会根据上下文理解词语在具体语境中的隐含义。在句子理解中随班就读生对复句的理解以及反问句转换陈述句的掌握相对较好，对句子的引申义理解和上下文的推论理解掌握非常差。[②] 智力障碍儿童言语理解有困难，对那些含有多个指令的话就更难理解，执行起来更力不从心。智力障碍儿童往往不能正确理解别人说话的含义，或是模棱两可，或是断章取义。由于对辨认的言语不够理解，因此，出现答非所问的现象。

华红琴等研究发现：弱智儿童在理解增加了长度、扩大了信息量的句子时，只能对句子中局部信息进行加工。因此，弱智儿童难以准确、迅速理解较长的，含有信息量较多的复杂的句子。引起理解错误的原因既有主观因素也有客观因素。他们理解句子速度慢，错误多，加工句子不准确。随MA增长，弱智儿童与正常儿童相比，其发展速度极其缓慢，MA为5

[①] 方燕红,等.弱智儿童语义范畴的特异性损伤[J].中国特殊教育,2008(9):17-22.
[②] 刘春玲,马静静,马红英.随班就读轻度智力残疾学生阅读能力研究[J].中国特殊教育,2010(5):18-22.

岁到 MA 为 10 岁的变化发展似乎只是正常儿童从 5 岁到 6 岁发展的慢镜头,而 MA 为 10 岁的弱智儿童其实际年龄已十五六岁了。显然,他们对句子的理解发展非常迟滞。[①] 此外,弱智儿童容易受到语义线索的干扰作用,而且他们对不同句子的理解具有一定的顺序:首先是动态的、人类可以控制的,然后才是静态的、抽象的。

弱智儿童对句子语义加工的模式与正常儿童相同,但弱智儿童掌握有关时态关系的句子特别困难。其具体表现是如果句子表述的顺序与事件发生的顺序一致,弱智儿童更容易掌握,反之便有一定的困难。在句子语义加工能力方面,研究结果显示:弱智组被试在加工中主要关注的是语言本身的规范性以及顺序性,而正常组较少注意规范性和顺序性,而更多关注语义以及概念问题。

刘晓明等研究发现:弱智儿童由于大脑受到不同程度的损伤,语言能力的发展较一般儿童迟缓,且水平比较低,对单句的理解仍然停留在词序和事物的具体性上,难以掌握事物的本质特征,难以进行真正的抽象和概括,难以对单句进行深入、复杂的理解。在单句理解过程中,弱智儿童主要以理解主动句为主,特别是现实性主动句,而对被动句的理解仍很困难。就理解单句时所使用的策略而言,基本上是采用语序策略和意义策略,其中使用最多的为语序策略。究其原因,弱智儿童的抽象概括能力相对较差,很难真正从本质上予以掌握,他们常常是依据实际生活中的某些感性经验或头脑中的某些表象来认识词义的,对大部分较抽象的语言内容,除了声音或文字形式作为具体刺激物之外,他们不会理解更多的东西。因此,弱智儿童采用语序策略多于意义策略是受其认识水平制约的,因为他们只能完全掌握和运用最低层次的单句理解策略。[②]

3. 随班就读学生的阅读能力和写作能力

与普通儿童相比,智力障碍儿童的语言发展相对缓慢,表现在读、说、听、写各个方面,刘春玲等人通过试卷分析法,对轻度随班就读智力障碍儿童的阅读能力和写作能力做了分析,结果发现,智力障碍儿童的阅读能力和写作能力与普通儿童相比有一定的差距,但都随着年级的增长而不断提高,也就是说,教育在智力障碍儿童的语言学习中发挥着重要作用。

随班就读生的阅读能力有四个方面的特点:(1)阅读理解停留在表层水平,他们对词语的本义理解尚可,但理解词语的引申义有较大的障碍,难以完成句子引申义的理解和上下文的推论理解;(2)归纳与概括水平低,他们难以准确完成段落大意理解以及篇章理解;(3)对词语及句子层面的理解优于段落和篇章层面的理解;(4)阅读理解能力的个别差异大,随班就读生在几乎所有的阅读理解项目中,其得分率的标准差都大于平均数,说明该群体阅读理解能力的离散程度非常大。[③]

写作方面,随班就读轻度智力落后学生的写作能力低于普通学生,且个体差异较大,但随着年级的增长,随班就读轻度智力落后学生的写作能力逐渐提高。具体表现在以下几个方面:(1)篇幅不长。绝大部分的随班就读轻度智力落后学生写作字数、词数和句数没有达到试卷中的要求。篇幅较长的虽能达到试卷的要求,但是存在为增加篇幅而堆砌词句的问

---

① 刘春玲. 弱智儿童语义加工的实验研究[D]. 上海:华东师范大学博士学位论文,2004:18.
② 刘晓明,张明. 弱智儿童单句理解过程的实验研究[J]. 心理科学,1995(5):315-316.
③ 刘春玲,马静静,马红英. 随班就读轻度智力残疾学生阅读能力研究[J]. 中国特殊教育,2010(5):18-22.

题。(2) 错别字较多。随班就读轻度智力落后学生写作中错别字比例为 1.8%,远远高于普通学生,但随着年级的增长而逐渐减少。(3) 语法能力较弱。词法上,有较多用词不当、生造词和添漏字现象,而且语气词、叹词和象声词使用较少,而是较多使用名词、形容词、动词和代词。句法上,病句现象较多,如语序颠倒、成分残缺、词义重复以及句式杂糅等。随班就读轻度智力落后学生平均一篇作文中有 24.50% 的句子是病句。普通学生平均一篇作文中有 9.15% 的句子是病句。随班就读轻度智力落后学生写作病句比例高于普通学生。(4) 标点符号使用不灵活。逗号、句号、引号虽然是随班就读轻度智力落后学生与普通学生使用最多的标点,正确率却远远低于普通学生,但随着年级的增长,正确使用率在逐渐提高。引号是三种标点符号中正确使用率最低的。在随班就读轻度智力落后学生作文中,"一逗到底"和"只写左引号不写右引号"的现象随处可见。(5) 谋篇布局能力相对较弱。对于随班就读轻度智力落后学生而言,有 31.94% 的学生试卷叙事不完整,在写作中容易出现偏题、跑题现象,仅半数的随班就读轻度智力落后学生能使作文既切题又有中心。[1]

(二) 超常儿童的语义特征

一般而言,语义理解方面,智能超常儿童的语言能力包含着高度的综合能力,能够掌握复杂和抽象的概念以及通常年龄较大儿童才能掌握的关于概念之间的联系。[2]

三、学习障碍儿童的语义特征

阅读方面的困难是迄今为止在学习障碍儿童中最为常见的特征。这种障碍的特征主要表现在单词认知的精确性或流畅性方面存在困难,以及拼写问题和解码问题困难。近年来的研究揭示:大多数有阅读问题的学习障碍儿童,其问题在于单词方面而非文章或处理信息的水平(如无法正确、流利地解码个别单词)。杨双等人的研究表明在自然加工条件下,听写困难儿童无法快速形成整字语义表征。[3] 在阅读障碍儿童中最为常见的一个认知方面的缺陷,就是在理解口头语言中单词的语音结构方面存在功能障碍。薛锦、陆建平等人的研究发现阅读障碍儿童和普通儿童之间在规则字和不规则字阅读的正确率上都存在显著差异,意味着语义和语音表征的链接在阅读障碍组中是很薄弱的,导致表征之间相互激活效率更低。阅读障碍者更依赖形音对应关系来进行汉字的阅读。[4] 与正常读者比,许多有诵读困难的儿童和成年人都在视觉命名速度方面(迅速地说出所呈现的刺激物的名称)有重大缺陷。当被要求说出所呈现的视觉刺激物(如字母)的名称时,许多有阅读障碍的人,尽管他们认识这些字母,但在迅速地回忆并说出字母的名字方面存在困难。"双重缺陷假设"这一术语用于描述那些在音位认知和快速命名速度方面都存在潜在缺陷的儿童。

阅读的目的是理解,阅读理解的实现依赖于对短语、句子、段落和篇章层面的理解,而不仅仅是通过能够识别个别词汇就可以实现的。但是,缺乏迅速识别词汇的能力会在两个方面影响阅读理解:首先,识别速度快的读者所接触的词汇和概念单元更多,因而有机会理解

---

[1] 吴筱雅,刘春玲.随班就读轻度智力残疾学生写作能力研究[J].中国特殊教育,2010(2):24-28.
[2] 柳树森.全纳教育导论[M].武汉:华中师范大学出版社,2007:365.
[3] 杨双,宁宁,杨美玲.听写困难儿童对形声字的整字语义加工特点[J].中国特殊教育,2010(2):53-68.
[4] 薛锦,陆建平,杨剑锋,舒华.规则性、语音意识、语义对汉语阅读障碍者阅读的影响[J].中国特殊教育,2008(11):44-49.

更多的内容。其次,假定单词识别和理解都要消耗有限的认知加工资源,那么,一个在困苦中挣扎、将更多的认知加工资源用于识别单词的读者,就只有"更少的认知加工资源能够用于理解了"。阅读障碍儿童在字词知识方面的能力缺陷会使儿童的工作记忆负担过重,并对儿童的阅读理解造成不利影响。①

四、自闭症儿童的语义特征

语言缺陷是自闭症儿童的核心症状之一。近几十年,许多认知心理学和神经心理学家针对这类个体的语言缺陷问题开展了大量的实验研究,认为语义理解是他们语言发展的主要缺陷,即不能运用语义知识来帮助对语言材料进行编码和进行回忆等,如:不能够利用语义信息来促进单词系列的回忆效果。倾向于利用语法策略,而不是语义策略来帮助理解句子,不能够根据语义情境来解释单词,当要求列举某些类别(如动物)的例子时,提供的例子更加远离原型(如虎猫、刺猬,而不是狗、猫)。② 然而,研究发现:像其他认知领域一样,自闭症个体又保存着一些基本的语义能力。对于这种语义缺陷和能力并存的现象,复杂信息加工缺陷模式、弱的中心统合理论均认为这体现了自闭症谱系障碍一般的认知特点,即缺乏高级的复杂信息的加工统整能力,而保存着简单信息的加工能力。曹漱芹在2010年对自闭症儿童和正常儿童就汉语词汇语义加工和图片语义加工进行实验比较研究,发现两组儿童在图片启动和词汇启动两种条件下都产生了语义启动效应;与词汇相比,自闭症组被试更容易通过图片而通达语义;自闭症儿童比正常儿童通过图片而通达语义的优势更加明显。③ 近年来,自闭症谱系障碍认知神经科学领域的研究成果——"脑神经联结假设"为进一步解释以上心理机制带来了希望,现有的与语义有关的功能性核磁共振(fMRI)研究证明了该假设。目前有关自闭症谱系障碍语义的研究主要集中于对单词、句子和篇章三个不同水平的探讨。其中,又以单词水平的研究成果最为丰富。④

(一)单词水平

在单词水平的语义理解方面,自闭症谱系障碍表现出语言能力和缺陷并存的分离现象,并可能运用异常的语义编码策略。一方面,自闭症个体能够掌握一般的语义关系,也能够理解基本的概念和单词意义;另一方面,又无法运用基本的语义能力完成较复杂的语义任务。

具有一般语义加工能力的实验证据:① 布赖森(Bryson)等先后使用一系列 Stroop 实验⑤范式检验了自闭症儿童单词水平(包括具体词和抽象词)的理解能力,并和正常儿童进行了比较。研究发现:自闭症儿童与正常儿童在各项任务上均表现出正常的 Stroop 干扰效应,这表明自闭症儿童具有正常的自动语义加工能力,其至少能够理解部分词汇的意思。② 鲍彻(Boucher)采用"有语义类别线索"材料(包括颜色类、动物类和食物类词汇集合)和

---

① 〔美〕William L. Heward.特殊需要儿童教育导论[M].肖非,等译.北京:中国轻工业出版社,2007:166-169.
② 曹漱芹,等.自闭症谱系儿童语言干预中的"视觉支持"策略[J].中国特殊教育,2008(5):26-32.
③ 曹漱芹,方俊明.自闭症儿童汉语词汇语义加工和图片语义加工的实验研究[J].中国特殊教育,2010(10):57-62.
④ 曹漱芹,等.自闭症谱系障碍语义加工特点与认知神经机制的研究综述[J].中国特殊教育,2008(9):27-34.
⑤ Stroop 实验是心理学中的基本实验,在普通心理学中是指当词的印刷颜色与词的意义相冲突而任务是命名印刷颜色时,被试的反应要慢。

"无语义类别线索"材料(包括任意的9个声音刺激词和17个视觉刺激词)对三类被试(自闭症、语言发展障碍和正常个体)的词汇流畅性进行了比较研究。研究结果表明:在语义线索的提示下,自闭症被试的词汇流畅性与正常个体相比同样良好,且都优于他们在无语义线索材料上的表现。③ 塔格-弗卢斯伯(Tager-Flusberg)等人通过语义判断任务来考察自闭症儿童的语义加工状况。例如,他们要求被试对图片显示的单词进行分类,判断某图片是否属于"鸟""船""食物"和"工具"等类别。这项研究表明:自闭症儿童在单词水平的语义基本类别表征上与正常儿童之间没有显著差异。④ 采用语义启动任务也是考察单词水平语义能力的重要技术,实验假设是语义密切相关的启动任务将会促进目标词汇的反应。日本东京大学的神尾和滋贺大学的东便运用语义启动技术,探查了20名高功能自闭症成人的语义能力。在这一内隐实验范式研究中,启动任务分为图片启动和语词启动两种,测试任务均为填补残缺词。被试借助相关语义的提示,完成残缺词的填补,显示了其对语义关联性的掌握情况。结果表明:在两种启动条件下,两组被试不存在语义成绩的显著差异,自闭症组与控制组都表现出语义启动效应,即相关联的启动刺激的出现促进了后面目标刺激的识别。自闭症被试具有较完好的语义理解和加工能力。此外,比阿特利兹(Beatriz)等也设计了"图片—图片"和"言语—言语"两类启动任务,考察了自闭症谱系障碍单词水平的语义情况。研究结果显示:自闭症组被试在两种任务中都出现了启动效应,并没有表现出与单词水平语义命名相关的损害。这再次表明,无论视觉形式呈现还是口语形式呈现,自闭症谱系障碍都能够整合单词水平的语义刺激。

具有语义加工缺陷的实验证据:① 研究者运用口语记忆任务探查了自闭症儿童单词水平的语义加工。在这类实验任务中,要求被试记住一系列的词汇,继而进行回忆。这类实验结果表明:普通儿童回忆词汇时,更容易回忆出那些有语义关联的刺激词。然而,绝大部分自闭症儿童并没有表现出上述回忆效应。瑞美林(Rmelin)和奥科罗(O'Connor)发现,自闭症儿童只是按照词汇呈现的时间顺序回忆词汇,而不能像正常个体和学习障碍个体那样运用语义的关联性来回忆词汇。塔格-弗卢斯伯等也发现自闭症儿童在回忆与语义相关的词汇系列(如动物)和无关的词汇系列的成绩上并不存在显著差异。② 有关自闭症儿童概念形成与理解的研究也证实,尽管自闭症儿童能够理解基本的词汇意义,但他们却不能够抽取类别特征,这就意味着他们不仅不能够利用语义知识来帮助学习和记忆,也不具备概念形成的基础。在一项词汇流畅性测验中,研究者要求高功能自闭症被试列举某些类别(如动物)的例子,发现尽管被试能够像正常个体一样快速而准确地说出类别成员,但是他们提供的例子更加远离原型(如虎猫、刺猬,而不是狗、猫)。这些现象表明他们虽然能够辨别不同的词汇类别,但可能有不同于正常人的语义组织。这一假设在明舒(Minshew)等的研究中得到证实。他们发现10—30岁的自闭症个体在完成分类任务时,能够根据明确规定的规则对事物进行分类,却不能自行提取出不同事物的共同特征。明舒等认为,自闭症个体可能存在概念识别和概念形成的分离现象。

以上两方面的研究结果颇令人费解,既然有证据表明自闭症谱系障碍儿童能够掌握词汇之间基本的语义联系,那他们为何又不能利用这种语义联系来促进回忆以及概念的学习呢?于是,有些研究者提出,自闭症个体可能使用了某种异常的语义编码策略,即自闭症个体的语义能力可能更依赖于较低水平的非口语能力。就自闭症成人而言,图形语义能力要优于口语语义能力。从这个角度看,自闭症成人的语义编码策略可能运用的是一种不成熟的类似于儿童的加工策略。有关"加工水平效应"的研究进一步支持了自闭症谱系障碍语义编码异常的假设。就正常个体而言,语言系统不同的加工层级将对信息加工产生不同的影响。更深层次的语义加工,将会比更浅层次的知觉加工或单词再认加工更能促进信息的保留。

(二) 句子水平

来自口语记忆、同形异义词研究和其他相关的研究结果表明,自闭症个体句子水平的语义加工能力普遍存在明显的缺陷。

口语记忆任务:口语记忆的句子研究表明,自闭症谱系障碍儿童回忆有意义句子(如they went to the theatre)和回忆随机字符串(如school run the on girl)的正确率不存在显著差异,这似乎说明自闭症个体不能够利用语义线索来帮助识记句子。

同形异义词任务:英文中,一些单词有两种发音或两种意思(如 tear),这样的单词被称为同形异义词。哈普(Happe)和乔里福(Jolliffe)等针对高功能自闭症患者的多项研究发现,在根据情境来读出同形异义词的正确发音方面,自闭症患者力不从心,相反,他们更倾向于读出这些词的常用发音。此外,正常个体所具有的同形异义词的"首效应"现象在自闭症个体身上也表现不明显。"首效应"指的是同形异义词位于句末比位于句首更容易辨认,这是因为句子本身的信息能够帮助被试选择正确的发音。但乔里福等的研究表明,自闭症个体似乎不受同形异义词位置影响,这等于表示自闭症个体的词语理解没能更多地利用语境信息。

其他任务:研究发现,自闭症儿童在理解主动句和被动句上比正常儿童更差,因为他们不能够运用以语义为基础的理解策略,而更加依赖语法顺序。例如,当呈现名词—动词—名词样式的句子(包括主动句和被动句)时,自闭症儿童都将第一个名词视为施动者,第二个名词视为受动者,而不是根据语义原则,将有生命名词视为施动者,将无生命名词视为受动者。李伟亚等人对 12 名自闭症谱系障碍儿童和以性别和生理年龄匹配的弱智儿童进行了关于词序和词义在汉语简单句理解中的作用及相互关系的比较研究。实验结果显示:自闭症儿童汉语简单句理解中,词序和词义都产生显著作用,且两者存在交互作用;自闭症儿童和弱智儿童完成本实验任务的反应类型和反应时均无显著差异;部分自闭症儿童在实验反应中表现出明显的固着性行为。[①]

(三) 篇章水平

在篇章水平方面,自闭症儿童的语义缺陷表现得愈加明显。福瑞斯(Frith)和斯诺林(Snowling)发现自闭症儿童不能够选择合适的词来填补故事的空缺。此外,与发展性语言障碍儿童不同,随着口语材料复杂性的提高(从句子到故事),高功能自闭症儿童对语言材料的记忆明显变得愈加困难。乔里福和巴隆·科恩(Baron-Cohen)曾经使用"局部水平任务"和"全面水平任务"检验了 18—49 岁自闭症个体对篇章的理解能力,研究发现:在局部水平任务中,高功能自闭症个体除了不能完成"同形异义词"任务之外,同时:① 更不能够在两个句子间选择正确的连接句(如"George 开了洗澡水,George 重新整理浴室",正确选择为"洗

---

① 李伟亚,方俊明.自闭症谱系障碍学生汉语简单句理解的实验研究[J].中国特殊教育,2009(5):17-22.

澡水溢出了房间")。② 更不能够根据情境来消除句子的含糊性,不管这种含糊是来自语义(he drew a gun)还是来自语法(the man was ready to lift)。在"全局水平任务"中,乔里福等发现高功能自闭症个体更加不能够一贯、通顺地组合句子,也不能够根据情景进行全面的推理。近来,诺布利(Norbury)和比肖普(Bishop)使用自然故事情境和开放性问题对比了高功能自闭症儿童和语言障碍儿童篇章理解能力上的差异,也同样发现自闭症儿童更可能具有篇章联结和推论上的缺陷。①

第6节 特殊儿童的语用特征

一、感官障碍儿童的语用特征

(一)视觉障碍儿童的语用特征

如前所述,视觉障碍儿童在语言的主要方面同正常儿童并没有较大差异,仅在说话时的姿势、体态等次要方面表现出异样。在言语交际中,非言语交际手段的运用起着相当大的作用。但是,非言语交际手段的获得有赖于学习者的日常观察与模仿。由于视觉障碍儿童无法运用视觉习得表情、姿态等非语言要素,因此在交流中大多不能正确使用非言语交际手段进行交际,如不自信地低头、东张西望、摆弄手指或衣服等行为。②

在盲校,经常发现有些盲童不断用手揉眼睛,头部或身体左右摇摆和前后摇晃,这种行为往往具有很强的重复性、刻板性,人们就把盲童的这种行为习惯称为盲态。目前,人们还无法令人信服地揭示产生这种现象的原因。比较一致的观点认为,盲童出现这种盲态是为了提高感觉刺激的水平。由于盲童缺乏大量视觉信息的刺激,只能通过自我身体部位的运动刺激来弥补视觉刺激的缺乏。③

(二)听觉障碍儿童的语用特征

听觉障碍儿童的最明显的心理特点是言语障碍,即使那些经过较好训练的儿童,也可能在发音等方面存在异常。同时,他们的言语水平相对来说不如普通儿童。但是,那些经过良好教育的聋童,情况要好得多。他们与普通人交流有困难,尽管一些聋儿能够说话,别人也能听懂他们的话,但是,由于听力的损失,使他们难于对其他人的言语做出同步反应。当然,由于一些全聋的儿童学会了读唇——即唇读,一些有残存听力的儿童佩戴了助听器,同时,还不断出现一些聋人与健全人交流的工具,这就减少了聋人和听力正常人交往的难度。值得注意的是,聋人和聋人之间的交流看上去要流畅得多,似乎比与普通人交流容易。④ 对听觉障碍儿童语用发展的研究虽较正常儿童少,但这毕竟已引起国外一些学者的关注,并促使他们展开一定研究。当前已有研究主要集中于语境、会话技能和言语行为等方面,而言语行为更多地侧重于母子交往过程中的言语行为。

---

① 曹漱芹,等.自闭症谱系障碍语义加工特点与认知神经机制的研究综述[J].中国特殊教育,2008(9):27-34.
② 马红英,刘春玲.视觉障碍儿童口语能力的初步分析[J].中国特殊教育,2002(2):52-55.
③ 教育部师范教育司.盲童心理学[M].北京:人民教育出版社,2000:22.
④ 刘全礼.特殊教育导论[M].北京:教育科学出版社,2003:141.

1. 语境

语境对听觉障碍儿童的语言获得、发展及其运用有着极其重要的作用,主要体现在聋儿的语音清晰度、语言理解力、语词记忆和话语表达等方面。

首先,现实的语境可以提高聋儿的语音清晰程度和语言理解力。聋儿的语言获得和语言交流与正常儿童一样,都是在现实的语言环境中完成的。现实语言环境包括说话和听话的场合以及为理解词语涉及的具体事物。研究显示,不同语言环境下聋儿对声母、韵母和声调的掌握情况均表现出类似的规律,即在现实的语言环境下的正确率明显高于在非现实语言环境下的正确率。现实的语境不仅能帮助聋儿通过认知事物的外部特征来获得指称这个对象的词语,提高他们的学习兴趣,还可以提高聋儿在嘈杂环境中的听觉能力,刺激和诱发听觉,为聋儿的语音感知提供信息,从而帮助话语的接收,避免一些错误的语音感知,进而提高聋儿语音的清晰程度。同一个聋儿,同一个词,在非现实的语言环境中发的是不清晰的音,可在现实的语言环境中却变得清晰了。对这种现象的唯一合理的解释是:聋儿理解了现实中词语的意义,这种理解有助于语音的发出。概括地说,聋儿对言语意义的理解会作用于他对言语声音形式的感知,进而影响他的言语发出(即较为清晰的词语)。

其次,语境可以为词语的识记增加线索以促进词语的保持。聋儿在现实的语境中获得语言时,上下文的输入和情境输入共同结合起来同大脑中已有的记忆结构发生联系,可以使所学的词语不易被遗忘。在聋儿语言获得过程中,语言形式结合语境出现,便于理解、记忆和巩固,因为言语本身是具有情境性的。在教词语时,结合情境教学,能使词语的意思解释更为准确。同时,情境也为词语的无意识记创造了十分有利的条件,以情境为依托可以使新词语的掌握和记忆花比较少的时间。当受到内外刺激需要提取语言信息的时候,情境往往作为一条有效的记忆线索,易化提取过程。调查显示,在现实的语境中聋儿掌握词语的数量明显多于非现实语境下掌握的。汉语的声调掌握对许多聋儿来说是一个难点,汉语的声调无法通过视觉区别,当它们与不同声调组合时聋儿更加不易准确发音。但在具体的说话场所使用这些词语时,聋儿对不同声调的掌握均有改善,包括阳平和上声。

最后,语境有利于聋儿言语表达能力的发展。语言研究已经证明,语言环境对于言语交际意义的理解至关重要,要理解意义,就必须在特定的环境中去理解,聋儿也不例外。将其孤立于现实的交际环境之外,不利于意义的理解,进而影响其表达。只有在现实环境下才会出现表达和理解的需要和动机,进而促使聋儿去理解和表达。语言最基本的职能就是交际,真正的语言获得不仅指语言知识的获得,更主要的是让聋儿主动地使用语言进行交际。很多聋儿已经掌握一些基本语言知识,但是缺少用语言表达的意识,现实的环境使得聋儿接受具体事物的刺激,这样非常有利于激活他的语言表达意识,以致最终实现这种表达。而且,在现实语言环境下获得语言,也可以体会口语的必要性和优越性,培养和激发他们学习语言的愿望,逐渐养成用口语实现交际意图的习惯。①

2. 会话技能

研究表明,听觉障碍儿童在会话语用中的交际意图和给予会话搭档的反馈方面与听力正常的儿童具有相似性。然而,听觉障碍儿童发起会话、采用策略参与会话等会话能力仍存

---

① 杨丽娜,吕明臣.语境在聋儿语言获得中的作用探析[J].中国特殊教育,2008(4):11-14.

在局限性。究其原因,和健听儿童相比,听觉障碍儿童获得更少的语言输入。因为他们不能够获得很多健听儿童在自然环境下接收的妈妈的口语表达。听觉障碍儿童很少有机会参与自然的、有意义的会话交际。因此,他们不太可能获得完整的会话语用技能。

3. 言语行为

国外研究发现,对于听觉障碍儿童而言,普通的语言沟通、微笑、皱眉是能够在父母和儿童之间建立起来的。家庭环境中的听力状况对儿童的语言发展有很重要的影响作用,家庭环境中听力状况的一致性,成为儿童语言能力发展的一个重要因素。儿童的沟通能力是一个强有力的因素,母亲的言语刺激质量和儿童行为具有很高的相关性。研究进一步发现,儿童的语言能力与母亲的积极情感和回应之间存在正强化的关系。

贺利中从言语倾向、言语行动、言语变通三个维度探讨了4—6岁汉语重度听觉障碍儿童在口语交流背景下与健听母亲在亲子言语交流过程中言语行为发展的特点和规律,及其与听力正常儿童的差异,以及母亲言语行为特点与听觉障碍儿童言语行为的相互作用。研究发现:① 4—6岁汉语重度听觉障碍儿童在言语交流行为中的三个维度上所使用的类型种类随年龄逐步提高,但未见显著性年龄差异。② 在言语交流行为中的三个维度上,听觉障碍儿童言语倾向类型使用的比例和使用率随着年龄的增加都有明显的增长,复杂程度体现了儿童认知能力发展和其他语言发展的相关状态。③ 4—6岁汉语重度听觉障碍儿童在与其健听母亲言语交流过程中,存在主要言语倾向类型、主要言语行动类型、主要言语变通类型、主要言语交流行为的发展,具体体现着听觉障碍儿童语用能力的变化,同时从另外的视角反映了认知发展状态。④ 4—6岁汉语重度听觉障碍儿童语用各个要素中三种言语交流行为的评价指标之间,各个年龄阶段都出现了存在具有意义的正相关关系。相比较之下,言语行动和言语变通之间的相关关系更为密切。⑤ 4—6岁汉语重度听觉障碍儿童在和正常儿童的对比中发现,听力损伤严重影响了儿童语用发展,听觉障碍儿童语用发展滞后于正常儿童。⑥ 对4—6岁汉语重度听觉障碍儿童与其健听母亲的关系研究发现,汉语重度听觉障碍儿童与其健听母亲的言语行为相互影响。⑦ 4—6岁汉语重度听觉障碍儿童与其健听母亲互动过程中形成了一套共同的主要言语行为类型。①

二、智力异常儿童的语用特征

(一) 智力障碍儿童的语用特征

言语缺陷严重阻碍了智力障碍儿童交际能力的发展,他们很难用言语表达自己的内心世界和主观要求,也难正确及时地理解别人言语的含义及对自己的要求。他们在言语交往中较少获得成功的喜悦和体验,困难或失败挫伤了他们的情感,使他们不愿与人交往,在与人交往时产生自卑感。② 智力障碍儿童的语用发展是较新的研究领域,国内外主要是从语境、指示词语、会话含义、言语行为和话轮转换五个方面进行研究。③

1. 语境

除唐氏综合征儿童外,陌生的对象和陌生的环境是智力障碍儿童运用语用能力的障碍。

---

① 贺利中.4—6岁汉语重度听觉障碍儿童语用发展研究[D].上海:华东师范大学硕士学位论文,2007:80-81.
② 教育部师范教育司.智力落后儿童心理学[M].北京:人民教育出版社,1999:66.
③ 吴昊雯,陈云英.智力落后儿童语用障碍研究新进展[J].中国特殊教育,2005(6):3-7.

艾伯杜特(Abbeduto)等的研究发现,智力障碍儿童与同龄人交往的错误率高于与父母交往的错误率,而且在陌生环境中,无论与熟悉的人交往还是与陌生人交往,都会影响他们会话的顺利进行。① 这说明智力障碍儿童与不同身份的人交往,成功完成会话的可能性不同：与熟悉的人(如父母)交往,成功的可能性大；与不熟悉的人交往,成功的可能性小。艾伯杜特等后来对X染色体脆折症男孩的研究也证明了这一点,结果指出X染色体脆折症男孩在陌生的情境中与人交往时,感到了很大的压力,这影响会话顺利进行。这里所指的陌生情境不仅包括以前提到的不熟悉的人,而且还包括不熟悉的环境,也就是说,智力障碍儿童在陌生的环境中,即使与熟悉的人(如父母)交往,也可能会感到较大压力。目前国内对智力障碍儿童语用障碍的研究中也发现,对语境理解不当会造成会话失败。

但是,并非所有的智力障碍儿童都属于上述情况,库明(Kumin)等对唐氏综合征儿童的语用能力作出总结,指出唐氏综合征儿童可以根据不同的交往对象和环境调整他们的交往策略。这可能和唐氏综合征儿童的整体语用能力有关,因为"与X染色体脆折症儿童和孤独症儿童相比,他们有与人交流的要求,并且具有良好的社交技能"。

2. 指示词语

指示词语方面,弱智儿童在非面对面的交流中对指示词语的理解优于表达。亨普希尔(Hemphill)对弱智儿童进行描述图片的实验结果发现：相对于语言年龄和智龄匹配的正常儿童,轻度智力障碍儿童更不可能恰当地使用指示词语。布劳内尔(Brownell)等也做了一个相似的实验,并且得出一致的结论：智力障碍儿童表达的指示词语所含信息量都没有智龄匹配的正常儿童表达得明确。由此可知,智力障碍儿童在非面对面交流中存在指示词语表达的困难。至于智力障碍儿童面对面交流中对指示词语的理解,目前这方面的研究数据还很缺乏。

相对于表达而言,智力障碍儿童能够比较有效地理解指示词语,这在唐氏综合征儿童身上表现更为明显。艾伯杜特等研究表明,智力障碍儿童能够有效地使用上下文信息来分辨他人的指示词语所指。此外,伯格伦德(Berglund)等从唐氏综合征儿童的父母报告中得出,唐氏综合征儿童可以理解父母提到的不在现场的人或事物,这证明了他们较好的理解指示词语的能力。伯格伦德等人做的父母报告研究中还有一项数据证明：年龄越增长,唐氏综合征儿童对指示词语的掌握越好。

3. 会话含义

会话含义方面,对弱智儿童无从考究,但是苏德霍特(Sudhalter)等指出,弱智儿童很难对所提出的话题有反应或者是保持谈话主题,但是唐氏综合征的儿童能够在焦点话题上保持相对长的时间。霍尔和马克耐特(Hall & Mark Knight)检查了弱智儿童给不同程度的观众解释游戏规则的能力,结果发现高分或低分儿童均根据他们的听众调整了他们的语言。另外,雷佛和路易斯(Leifer & Louis)对儿童在自然环境下的会话能力进行了研究,结果表明：正常儿童的非正确语句较同样年龄的弱智儿童少,而不同年龄,有同样智商的弱智儿童的非正确率最低；实验还发现不同智商的弱智儿童会话模式与正常儿童一样。雷佛因此指出,在任何语言层次(语法、语音、语义等),弱智与正常儿童的语言发展都遵循同样的顺序,

---

① 吴剑飞,陈云英.唐氏综合征儿童语言发展研究的现状分析[J].中国特殊教育,2005(11):7-13.

但在某横断面也许会有不同。

合作原则方面,研究发现,智力障碍儿童存在违反相关准则的障碍,而且主要集中在X染色体脆折症儿童身上。麦乐特(Mirrett)等调查了51位言语—语言病理学家对X染色体脆折症男孩的早期干预情况,这些病理学家和58名2—9岁的X染色体脆折症男孩进行语用技能方面的访谈,其中有9名男孩接受相关准则方面的谈话,结果只有15.5%的男孩对提出的问题有所反应,能够保持谈话话题。这说明X染色体脆折症男孩话语与话题联系不紧密。在这之前苏德霍特等曾比较过X染色体脆折症儿童、孤独症儿童和其他病症的智力障碍儿童,得出的结果是离题现象在X染色体脆折症儿童中比较普遍,但是在其他病症的智力障碍儿童中并不普遍。而且,库明在对唐氏综合征儿童语用能力的描述中也提到:相对来讲,唐氏综合征儿童能在焦点话题上保持相当长的时间。

4. 言语行为

关于弱智儿童言语行为的研究包括叙事行为和施事行为两个方面。

科尼什(Cornish)认为,弱智儿童不能运用有意义的话语传达信息,他们只是机械地模仿,或重复自己感兴趣的部分,或重复某些个别的音和词语。艾伯杜特认为弱智儿童缺乏弥补自己理解不足的手段,经常造成答非所问、话题中断的现象,而且弱智儿童的命令行为明显多于陈述行为。有人对弱智儿童的提问和反馈行为做了研究,发现弱智儿童不善于使用有效问句获取所需信息以弥补理解的不足;而在回答对方的问题时又容易转移话题或答非所问。这说明弱智儿童在交际中另一个突出的问题是理解模糊,表达不清。研究表明:弱智儿童在言语交际中,停顿多,理解他人话语速度和表达速度皆缓慢,经常重复短语、词或句子、不善于运用连词、语句零碎而混乱,语言缺乏组织,影响了人际沟通。

艾伯杜特指出,轻、中度智力障碍儿童不能表达和理解询问这一施事行为。这使得智力障碍儿童缺乏弥补自己理解不足的手段,例如他们不能通过"你刚才说的那个人是谁?"等问题来补救自己丢失的信息;同时也使他们不能有效获得别人对自己话语的理解情况,因为他们很少问"你明白我刚才说的话吗?"这样的问题。这样一来,就会造成智力障碍儿童所答非所问,甚至会话中断的现象。还有人研究了智力障碍儿童的命令和陈述行为。麦克林(Mclean)等对77名重度智力障碍儿童言语行为作出统计,结果表明这些儿童的命令行为明显多于陈述行为。

此外,有研究者对智力障碍儿童的语言清晰度和礼貌度进行了个案研究,结果发现:个案发音非常模糊,除了与他朝夕相处的照料者(保姆),其他人(包括其父母在内)基本上无法听懂他的话。与人交流时,个案不会使用礼貌用语,由于所说的话无法被人理解,通常在重复几次后,个案会表现得很激动,甚至大喊大叫。①

5. 话轮转换

在弱智儿童的话轮转换方面,早期研究集中在弱智儿童与父母的交流上。由于父母对儿童错误的容忍度大,所以这不能说明弱智儿童的话轮转换能力。麦乐特(2003)等分析了51名言语—语言病理学家和X染色体脆折症男孩语用技能的面谈结果,其中一项是关于13名X染色体脆折症男孩儿话轮转换技能的。面谈的结果是只有22.6%的儿童对话轮转换

---

① 徐胤,刘春玲.轻度弱智儿童语言能力的个案研究[J].中国特殊教育,2006(7):47-51.

技能的治疗有反应。这说明 X 染色体脆折症男孩儿的话轮转换能力不高。

此外,有人对智力障碍儿童的话轮转换问题进行了个案研究。结果显示:个案在与人交谈的过程中,很难保持同一话题,经常是没有持续三个连续对话话题就中断,他们便去玩耍或者发出极不耐烦的声音,甚至会用粗鲁的语言,如"给我滚"来强行转换话题。这些状况的发生都使与之对话的人不得不终止正在进行的一个话题,改用另一个新话题以再次吸引个案的注意力。产生这种情况的原因可能是由于个案根本无法理解说话者的意图,无法从说话者那里获得继续对话的有效信息,这些迫使他不得不强行转换话题。

(二)超常儿童的语用特征

早慧阅读是超常儿童语用发展的突出特征。在大量识字的基础上,这些儿童四五岁就开始独立阅读。他们如饥似渴地读历史故事、科学幻想读物、儿童文学等,有些连成人的书报(包括医学、天文、地理、文学及历史)都广泛涉猎。如姚××3 岁开始认字,4 岁学习写字,5 岁能看大部头小说。邝××6 岁多能流畅地朗读《人民日报》;刘××5 岁多能阅读《红岩》《暴风骤雨》等长篇小说。有的 8 岁时阅读速度每小时达 40 页之多,读后还能复述基本内容。不少人从小养成了广泛阅读的兴趣,直到中学或大学时期还继续保持着。

由于浓厚的阅读兴趣,使的儿童四五岁时便开始练笔,记日记或写读后感。不到 6 岁就能写出 300~900 余字的短文,语句通顺生动、层次分明、结构完整,其中有的儿童如王某等进入小学和中学后,多次在作文竞赛中获奖。

有些超常幼儿不仅本国语言发展好,而且,在四五岁时开始学习外国语。儿童马某参加英语培训班,学习成绩优异。有些儿童在家长指导下通过电视或录音学习外语,1~2 年后便能与人用英语交往,或看英语读物,表现了较强的语言能力。[①]

三、学习障碍儿童的语用特征

1. 言语行为与会话技能

有些学习障碍儿童有严重的沟通障碍,既不能正确理解别人的语言,又不能恰当地表达自己的思想,也不能灵活地调节自己说话的主题、内容、目的、时间或情境。他们在说话时经常会使用一些幼儿语言,往往用词不当,回答别人问题也有困难,常常答非所问。

2. 阅读障碍与书写障碍

阅读困难是学习障碍儿童最显著的问题之一。阅读需要具备词的知识(识字和词)和理解(字面理解、解释性理解和评价性理解)这两种基本技能。儿童阅读障碍即指阅读水平明显低于同龄儿童水平,以默读或朗读时不能理解阅读材料的含义为特点的阅读能力失常。其症状有:① 视觉记忆或区分困难,表现为不能识字,或者对字的形体有错误的认识,在阅读时常把字形颠倒,如分不清 b 和 d。② 知觉速度慢,表现为逐字阅读,或者用手点着读,甚至一个字看好几次,不能正确停顿。③ 缺乏理解能力,不理解阅读材料的含义。④ 词汇辨别困难,对音同、音近或形近的字词识别不正确,难以辨别拼音字母,把字母与发音联系起来存在困难。⑤ 当需要以听觉协助理解时,发声读时嘴唇运动频率较低。⑥ 不能从听觉上再现声音或文字,表现为能够默读但不能朗读,能把音义与视觉符号相联系,但不能把视觉符

---

① 查子秀.超常儿童心理学[M].第二版.北京:人民教育出版社,2006:82.

号转化为听觉。阅读障碍的学生在阅读中会表现出单词认识错误的症状。当他们进行口头阅读时,他们会省略、插入、替代或颠倒词语。他们缺乏回顾和辨别基本事实、序列或主题方面的能力。同样地,阅读困难还会使学习障碍儿童遭受挫折,因为在阅读中,他们读得结结巴巴、吞吞吐吐,让人难以理解,如得不到有效的矫正与帮助,自己也失去了自信。

造成阅读障碍的发展性问题主要是听觉理解能力差、听觉或视觉速度慢、无法知觉文字符号、缺乏阅读所需要的知识、无法注意到关键字词或段落、无法了解书写文字的单位等。研究表明,拼音文字的阅读问题与语言技能的缺乏有关,特别是与音位意识有关。缺乏音位意识的学生无法在口语中组织音节。例如,push 有三个音节或音位:/p/u/sh/。非拼音文字的阅读困难与视觉空间认知能力有关,视觉空间认知能力的障碍是影响阅读的主要因素。

书写包括写字和书面表达。写字涉及空间知觉、视动协调、肌肉控制的能力。书面表达涉及词汇、语句和文章书写能力。儿童书写障碍即在书写字词或用书面语表达信息、交流思想感情方面的能力存在缺陷,主要表现在写字、拼写、课文结构、句子结构、单词用法和写作方面。有书面表达困难问题的学生在开始写作时感到困难,并会感到被写作任务压得喘不过气来,很难组织和利用写作结构,很难流利地表达他们的观点,常常在拼写和以流利的方式组织作文上有困难,写的内容过于简单,等等。在拼音文字中,书写困难学生常见的拼写问题有:增加多余的字母、省略必要的字母、颠倒元音、颠倒音节等。在汉语中常见的书写错误有:左右偏旁颠倒、漏掉笔画、写别字、写错字等。

造成书写障碍的发展性问题,主要为视知觉分辨能力和视知觉记忆能力相对落后和视觉—动作整合出现问题及视觉编码上存在困难。研究发现,书写障碍会由动作协调能力不足、不专心、感觉能力缺乏、视觉图像记忆精确性不足以及课堂上不恰当的书写教育所引起。书写困难的学生要把注意力集中在写的技能上而不是学习内容上,故很难完成学习任务,因此他们在学习过程中备受挫折。

四、自闭症儿童的语用特征

自闭症是一种具有沟通及社会性缺陷,并伴随特殊行为、兴趣的发展障碍,语言与沟通障碍被认为是引起其他障碍的首要与促发因素。语言功能的发展缺陷是自闭症儿童难以得到改善的症状,过半数的自闭儿始终没有发展出功能性的语言。自闭症儿童的主要言语缺陷在于无法利用语言作为社会沟通的工具。[1] 概而言之,自闭症谱系儿童存在显著口语或非口语沟通困难、社会互动困难以及固定而有限的行为模式和兴趣,常表现出鹦鹉学舌、代词颠倒、词不达意,不知如何开启话题、轮流对话、维持和结束谈话,不了解说话的意图、技能和前提,不懂得说话对象、表述内容和沟通形式之间的关系等情况。[2]

1. 语境

不能根据具体语境进行有效的交际,这是自闭症儿童最根本的语用障碍。自闭症儿童对交际不主动,对交际情境漠不关心,加上他们在语义理解和表达上的诸多问题,在交际中不能做出符合交际情境的语言表达。我们经常听到自闭症儿童流利地说出一句话甚至一段

---

[1] 陈伟伟.自闭症儿童的非言语沟通能力缺陷[J].中国特殊教育,2007(11):55-59.
[2] 曹漱芹,等.自闭症谱系儿童语言干预中的"视觉支持"策略[J].中国特殊教育,2008(5):26-32.

话,但是这段话和你的问话毫无关系。你问的问题得不到回答,而他所说的东西你却不知所云,如同"鸡同鸭讲",互不相通。妈妈问一位自闭症儿童"你喜欢跑步吗?"他却回答:"在亚马逊地区跑得最快的是猎豹,它……"把动物世界里的解说词滔滔不绝地背出来。这就像我们在电脑中检索信息一样,有些自闭症儿童具有超强的机械记忆能力,他会把他听过或者看过的语言一字不漏地"储存"下来,当他听到跟其中内容有关的问话时,就会把所有的"存储""输出"给你。①

2. 指称代词

自闭症儿童语用发展方面最特别的异常是经常出现第一人称代词"我"与第二人称代词"你"以及第三人称代词"他""她"的混用现象。坎纳(Kanner)在研究中曾指出,自闭症儿童有时会反复、固执地使用某个代词(如"你"),而不考虑语境和语法关系,他将此现象称为"人称代词的固着"或"人称代词的逆转"。这种代词混用现象是自闭症儿童独有的语言发展障碍现象。之所以会出现这种障碍,主要是由于自闭症儿童不能正确分辨对话中的各种角色及其功能以及对话中的规则。

通常情况下,自闭症儿童把自己说成"你",把交谈对象说成"我",表明他们在交流时出现说者与听者之间转换对话角色的困难,反映出自闭症儿童在对自己和他人的概念进行概念化的加工过程中存在问题。此外,自闭症儿童说话时还有回避使用人称代词的现象。在一项横向匹配研究中发现,与非自闭症弱智儿童比较,自闭症儿童较少运用代词"我"的宾格,他们更多地用指物或指人的名称代替代词。这些研究结果说明,大多数自闭症儿童在日常生活中有明显的人称代词使用问题,存在以其他名称指代自己或其他人、事的现象。

3. 回声性言语

回声性言语是自闭症儿童言语交际中较为典型的语用特征。回声性言语指说话者对他人话语的部分重复,或者完整重复,有时甚至是对他人话语语音语调的精确重复。一般认为,回声性言语是指言语的一种形式,是对另一个人刚刚说的一个单词或单词串的重复。近年的研究发现,自闭症儿童因为交流经验非常有限,导致其自发言语能力出现困难,出现回声性言语的频率较高且持续时间较长。②

回声性言语可以分为两种,即即时性回声言语和延时性回声言语。即时性回声言语的基本特征是,具有这种现象的儿童往往重复或模仿刚刚听到的所有话语或部分话语。他们讲的话大部分是模仿语言——逐字对他身边的人所说过的话进行重复,并且是一些不带任何明显交流目的的口头短语,这些短语没有语境关系。曾经有研究者指出,即时性回声言语是有问题的,因为它影响了交流和学习的有效性。另一种回声性言语是延时性回声言语,指说话者重复或模仿在过去的某一时间听到的话语,这种重复可能包括几分钟前、几小时前,或者几天、几个星期前,甚至是几个月或者几年前的信息。例如一个成人问儿童:"这个周末你干吗了?"儿童回答:"不要把游泳池中的中继线关掉。"成人又说:"哦,你去游泳了?"儿童回应:"把护目镜戴上,然后眼睛就不会进水。"可见,儿童使用延时性回声言语在与成人交往,他没有直接回答成人的问题。研究者曾经认为,延时性回声言语也是一种不适当的话

---

① 吴月芹.浅谈孤独症儿童的语言问题[J].南京特教学院学报,2007(4):43-46.
② 周兢,李晓燕.特殊儿童回声性言语的语用功能[J].中国特殊教育,2007(3):38-43.

语,因为这个话语是儿童在过去的某一时间听到的。例如墨菲(Murphy)报告说,7岁的自闭症小男孩整天都在重复着他从电影、动画片、电视、体育广播员以及数学老师那里听来的话,如"Hermione,我们去找 Harry!""你好,Squidward!""Angelica,帮帮我!""今天的 Noggin 解码是你在麦当劳的好友送给你的。""Jeff Gordon 走远些!""加五减一。"①

有关回声性言语究竟是怎样形成的问题,研究者们从浅层和深层不同角度进行了探讨。回声性言语形成的浅层原因是:① 说话者对问题缺乏理解。② 说话者不能清楚地表达一个答案。③ 说话者缺乏对语用问题的理解,即对交流方期望得到的答案不理解。近年来,一些研究者致力于回声性言语形成的深层原因的探讨。研究发现,回声性言语是一种完形语言,而完形思考或完形加工造成了完形语言的获得;自闭症儿童语言发展会经历一个从完形语言到分析语言的过渡阶段。此外,很多研究者发现,自闭症患者的强项和弱项的模式是由于其右脑加工偏好所致,右脑对信息的加工通常是"整体性的",而不是"分析性的"。作为最著名的自闭症患者,坦普尔·葛兰汀(Temple Grandin)把她的思考过程描述为"用图画思考的过程"。对她来说,在回忆或学习概念"力量、权力"时,她就必须看到"权力的轮廓"。因此可以说,自闭症儿童以不同于常人的方式思考和学习。

关于回声性言语的价值,早期的研究认为,回声性言语是不能运用于现实交流的,因为说话者从表面上看是使用了单词与句子,却不是以有意义的方式在使用,因此被看做是自闭症患者必须去除的一种不合适的行为。但近年来,不少研究者开始重新思考回声性言语的价值,认为应从儿童认知和语言成熟的过程来看待这个问题,可以将之视为一种发展现象。"有用论"的观点认为,在回声性言语和合适的言语之间,有可能存在功能的联结。回声性言语是自闭症儿童由缄默无语期到明显具有语言知识的过渡时期,是他们在陌生的情境中借此语言形态与事件建立联结关系的方式。自闭症儿童的延时性回声言语中包括大量主动性内容。比如,要求、呼唤、指引他人、提供信息等。即使是回声性言语,自闭症儿童在运用的时候也会根据不同的环境进行调整,存在自身运用的积极主动性特征,是按照自己的语用规则进行语言运用的阶段现象。具体而言,从语言交流行为的角度看回声性言语,我们可以发现回声性言语具有影响说话者和听话者之间的关系的不同作用:① 回声性言语具有表达基本交往愿望倾向的作用。② 回声性言语具有引起和保持交流过程的作用。③ 回声性言语具有促进学习运用言语行动的作用。从语用会话技能的角度看回声性言语,尽管它难以构成有效会话的组成部分,但是使用回声性言语交谈的儿童在语言发展过程中,回声性言语的使用对于他们会话技能发展具有比较重要的意义:① 回声性言语具有会话接应作用。② 回声性言语具有话轮交替作用。③ 部分回声性言语具有发起和转移话题的作用。总之,回声性言语虽然是不恰当、不规范的语言运用,但它是特殊儿童语言发展过程中存在的特殊语言现象。对部分特殊儿童来说,回声性言语具有积极的学习和发展交流能力的作用。②

4. 言语行为

言语交流行为关注的是儿童语言运用能力最基本的层面。交流时所运用的语言在说话者和听话者之间造成的影响,可以从两个水平层次上进行分析:第一个水平层次是语言所

---

① 〔美〕William L. Heward. 特殊需要儿童教育导论[M]. 肖非,等译. 北京:中国轻工业出版社,2007:234-235.
② 周兢. 李晓燕. 特殊儿童回声性言语的语用功能[J]. 中国特殊教育,2007(3):38-43.

表达的交往倾向,即说话者要表达的社会交往意图;第二个水平层次是语言运用所采用的言语行动形式,也就是一个人用什么样的形式来表达自己的愿望倾向。儿童言语交流行为研究探讨的是,儿童怎样在学习语言和进行交流的过程中,逐步学会用不同的语言形式来表达自己的不同交流倾向使自己的语言具有越来越强的交往功能。

有关自闭症儿童言语交流行为的研究发现,自闭症儿童通常缺乏社会性言语行为。虽然他们在运用语言提出要求、进行想象假装和自我管理时,与正常儿童相比似乎不存在显著差异。但是,他们很少使用指向人的一些社会指向性的言语行为类型,包括评论、展示、感谢听者、要求信息等。

(1) 言语倾向

研究发现,在使用语言保持社会接触时,自闭症儿童几乎从来不对正在进行的或过去的行为作出评论,也较少使用语言寻求或分散注意,不提供新信息,不倾向于表达意图或现状。罗林斯(Rollins)的研究发现,在言语倾向水平评估方面,与唐氏综合征儿童相比,自闭症儿童几乎不接应母亲有关关注物体的讨论,而且他们表达自己交流意图的言语倾向类型十分有限,甚至出现发展过程中语言交流倾向表达倒退的现象。研究者认为,这种社会性言语行为缺乏的问题,可以称之为自闭症儿童语用交流倾向习得异常。

(2) 言语行动

研究显示,自闭症儿童在言语行动水平上更多地指向较基本的需求。波尔(Ball)发现,自闭症儿童仅仅使用直接回应问题的陈述性句子,但是不会做出陈述性的陈述与评论。在另一项情境会话研究中,研究者将高功能自闭症儿童、纯语言障碍儿童、阿斯伯格综合征儿童、正常儿童四组进行对比研究,发现:高功能自闭症儿童使用肯定性言语行动类型的比率高于其他组,他们使用表达内在状态和解释的肯定性言语行动类型的比率,显著低于阿斯伯格综合征儿童,而阿斯伯格综合征儿童又低于纯语言障碍儿童和正常儿童;高功能自闭症儿童与阿斯伯格综合征儿童使用的表达心理状态的肯定性言语行动类型,往往有指代需求的取向,而纯语言障碍儿童与正常儿童则较多使用指向思想与信念的词汇。上述研究结论表明,自闭症儿童存在着言语行动类型习得和使用的困难。[①]

5. 会话技能

作为人们运用语言与他人交流的最基本的方式,会话需要参与者具有共同的有关语言表述的认识、态度、情感和能力,并且在运用语言表达时分享共同的规则。儿童语言发展需要掌握的会话技能包括发起话题、保持话题以及修补话题等。在现实生活实际中,儿童要在运用语言与人交流的过程中,逐步获得一系列会话的意识和能力,即如何用适合角色的语言进行交谈,如何用轮流的方式与人谈话,如何用修补的方法延续谈话,包括自我修补和他人修补等方法策略。

(1) 发起话题

在有关自闭症儿童会话能力的研究中发现,自闭症儿童发起话题能力比其他儿童要差,他们较少主动发起交流。有的研究结果指出,自闭症儿童在高结构化社会环境中,如参与仪式活动时,有较强的发起会话的能力;但是在低结构化社会环境中(如游戏互动),他们发起

---

① 李晓燕,周兢.自闭症儿童语言发展研究综述[J].中国特殊教育,2006(12):60-66.

会话的能力就比较弱;被迫与同伴亲近时,他们就会对社会环境做更多限定,以求环境结构化。罗林斯对自闭症儿童会话能力的研究发现,这些儿童发起话题和回应话题有脱节现象。对这个研究结果,罗林斯解释为自闭症儿童发起话题与回应话题存在着两个不同的能力板块,这与正常儿童发起话题与回应话题的能力一致是截然不同的。由此,罗林斯认为,自闭症儿童的会话技能的问题主要在于,他们缺乏足够的会话所需的交互意识。

(2) 话轮转换

研究显示,自闭症儿童与正常儿童在话轮转换,即会话轮流的相对比率上没有差异,说明他们不存在这种低水平的会话技能障碍。但是,自闭症儿童在会话过程中存在较多的不适当回应和不回应现象。在同母亲的交流中,虽然自闭症儿童能够较多地回应母亲的问话,但是这些回应并没有发展、拓展或阐述母亲提供给他们的信息,而是引入了一些无关或重复的评论。一项对自闭症儿童与弱智儿童的互动保持与社会意图回应的研究也证明,自闭症儿童产生的积极回应较少,他们的"不回应"较弱智儿童多。比较而言,自闭症儿童不愿意保持游戏会话。在言语年龄匹配的情况下,这些自闭症儿童和弱智儿童存在显著差异。究其原因,可能在于自闭症儿童不清楚交际是听话者和说话者轮替互动的过程,不能区分说话者和听话者角色关系及作用,不懂得轮流说话和礼貌待人,常常以自我为中心,自说自话。譬如,我们常常会看到他们一个人喋喋不休,全然不顾对方的反应。

(3) 修补话题

自闭症儿童能意识到交流中断,并运用各种修正策略回应要求,但与正常儿童相比仍有差异。沃尔顿(Volden)以语言水平为匹配标准,对9个不同年龄的自闭症儿童、9个正常儿童进行了会话研究。在交流情境中,由一个不熟悉的实验者创设10个交流中断片段。每一个交流片段都包括三个问题,而且要求修补话题的回应:"什么";"我不理解";"以别的方式告诉我"。对参与研究的两类儿童的言语与非言语回应进行编码,结果发现自闭症儿童与控制组相似,会采用重复与替代等多种修正策略,但是较少使用增强策略。当中断一直持续时,他们会逐渐增加信息使修正策略得到改变,但其出现的不适当回应显著高于正常儿童。另一个对6组2至5岁自闭症儿童的母子会话情境进行的研究得到了同样的结果。①

 本章小结

语言既是人类思想、情感沟通交流的桥梁,也是人类"精神生产的工具"。所谓语言,就是以语音或字形为物质外壳、以词汇为建筑材料、以语法为结构规律而构成的一套人类特有的符号系统,包括语音、词汇、语法、语义、语用等五大要素。而言语,则指的是人们运用语言材料和语言规则进行的交际活动的过程。儿童语言的发展经历了声音发展阶段、被动语言交际阶段、特殊语言交际阶段、目标口语发展阶段、成熟阶段等过程。不同类别的特殊儿童在语言的不同层面表现出各自不同的特征,但其中也不乏与正常儿童有共通或一致的规律,但总体而言,除超常儿童语言发展偏优外,其他类别特殊儿童的语言发展都或多或少存在着一定的迟缓、困难、落后,甚至是无能等异常特征。特殊儿童的语言是特殊儿童心理发展过

---

① 李晓燕,周兢.自闭症儿童语言发展研究综述[J].中国特殊教育,2006(12):60-66.

程中一个不容忽视的重要领域,如何更深入、更全面、更细致地了解和理解不同类别的特殊儿童语言发展的不同层面的特征和原因,进而探究和实施科学、合理、有效的语言的训练、矫治、康复等策略,仍需要心理语言学界和特殊教育人士的共同努力!

 思考与练习

1. 比较不同语言获得理论的异同及应用特色。
2. 儿童的语言发展经历了哪些阶段?
3. 自闭症儿童语言韵律失调的表现与成因有哪些?
4. 视觉障碍儿童的词汇特征有哪些?
5. 听觉障碍儿童述宾结构常见的语法错误有哪些?
6. 超常儿童语言发展的一般特点是什么?
7. 简析学习障碍儿童的阅读障碍的表现。
8. 试述智力障碍儿童的语用特征的表现及其原因。

第6章　特殊儿童的思维

学习目标

1. 了解思维的基本理论流派以及各个流派对思维的不同认识和思维在各个发展阶段的不同特点。

2. 掌握感官障碍儿童（视觉障碍和听觉障碍儿童）、智力异常儿童（智力障碍和超常儿童）、学习障碍儿童以及自闭症儿童的形象思维和抽象思维的特点以及各类特殊儿童思维特点的异同。

3. 掌握感官障碍儿童（视觉障碍和听觉障碍儿童）、智力异常儿童（智力障碍和超常儿童）、学习障碍儿童以及自闭症儿童的形象思维和抽象思维之间的联系。

4. 根据各类特殊儿童的思维特点，学会针对其特点对各类儿童进行相应的训练和教育。

思维是借助语言、表象或动作实现的对客观事物概括的和间接的认识，是认识的高级形式。它能揭示事物的本质特征和内部联系，并主要表现在概念的形成和问题解决的活动中。思维可分为形象思维和抽象思维。形象思维是用直观形象和表象解决问题的思维。抽象思维是运用概念和理论知识来解决问题的思维，它以知识为中介，以语言为表达工具，以概念、判断、推理为主要形式。本章着重从形象思维和抽象思维两个方面阐述各类特殊儿童的思维特点。

第1节　思维理论与思维发展

一、思维理论

（一）联想主义心理学

以联想作为解释记忆、思维和学习基本原则的联想主义，始于英国的霍布斯（Thomas Hobbes，1588—1679）和洛克（John Locke，1632—1704）。联想主义把概念看成表象的联想，判断是概念的联想，推理是判断的联想，这就把思维活动机械化和简单化了。联想的原则本来可以部分解释某些思维活动，但是如果把它当做唯一的解释原则，并机械地加以运用，就等于取消了对思维的研究。

(二)思维心理学

在心理学史上,真正把思维当成心理学专门研究课题的是从冯特的学生邱尔佩(O. Kulpe)开始的。他改变了过去冯特(Wilhelm Wundt,1832—1920)的思想,深信思维过程可以用实验来进行研究。他和他的学生在符兹堡大学对思维心理学进行了大量的研究,形成了符兹堡学派,也叫做思维心理学。他们在实验中使用内省法研究思维,研究结果认为,被试在思维过程中,只能意识到问题的内容,意识不到感觉或表象的变化。于是他们断言思维是没有意象(表象)参加的,即所谓"无意象思维"。我们认为,符兹堡学派看到了思维不等于表象,但他们却把思维与表象加以割裂,这不利于对思维的研究。

(三)格式塔心理学

格式塔心理学,诞生于1912年,是现代西方心理学的主要流派之一。他们反对思维是由心理元素(如感觉、知觉、联想)形成的观点,认为思维是由于人的心理内部的相互关系的整体的不断变化而产生的,用他们的术语说就是"完形"的不断改组。格式塔心理学着重研究了思维,并且开始研究儿童思维,还强调思维活动的整体结构,对思维的研究作出了重大的贡献,主要表现在:首先,提出问题在思维活动中的作用。他们认为思维是一个过程,是由问题情境中的紧张而产生的。其次,提出了"顿悟"学说。格式塔心理学认为,思维过程就是"完形"的不断改组,领悟了问题内在的相互关系,就产生了"顿悟"。再次,进行了创造性思维的研究。维特墨(M. Wertheimer)还特别研究了创造性思维,他不仅研究了爱因斯坦等大科学家发明创造的思维,还研究了学生解题的思维。维特墨认为创造的思维与对问题中某些格式塔的顿悟有关,打破旧的格式塔,并发现新的格式塔,这就是创造的思维。维特墨的研究,不仅提供了探索创造性思维的途径,并且对于教师教育学生打破框框,勇于创新,培养他们创造性思维的能力,也有现实的参考价值。

但是,格式塔学派也有很大的局限性。这个学派所强调的完形结构是先天的,即所谓的"天赋"。所强调的完形的变化,只是内部的或内心的变化,而不强调主客体的互相变化,更不强调活动和实践的作用。这就导致主观唯心主义的错误。格式塔学派把"顿悟"与"尝试错误"绝对地对立起来。这不利于对思维以及思维发展的全面深入的研究。

(四)行为主义心理学

行为主义关于思维的基本观点有以下几点。

首先,行为主义认为思维是无声的语言,是一种行为。斯金纳说:"思想,仅仅是一种行为,语词的或非语词的,隐蔽的或公开的。"行为主义并不承认思维是脑的机能,而认为思维是全身肌肉,特别是喉头肌肉的内隐活动。在根本上,思维与打网球、游泳或其他任何身体活动没有本质上的区别,只是难以观察或更为复杂罢了。

其次,行为主义认为思维的发展,先是大声地对自己讲话,再逐步过渡到内隐的活动。儿童的思维,先从对白开始,逐步发展到嘴唇活动(这是一种能用仪器测得的活动),最后出现无声词的活动。思维高级形式的发展,同样是无声词活动的变化。创造性活动,就是复杂的无声词的活动。文学家的创作,只是在用词的行为水平上比较高明,我们一般人的水平则比较低一些。

最后,在对儿童思维或学习的研究方法上,行为主义反对内省,提倡实验。华生指出,因为没有一个人除了能够对自己的内省观察外,还能对任何别人进行内省观察,所以内省陈述的真假无法确定。行为主义所运用的手段是条件反射,这种方法类似于巴普洛夫所创建的研究方法。条件反射被华生应用到儿童身上,来说明思维、学习等是通过条件反射所习得的。华生还证明了S-R这一关系中专一性的不足,即刺激的泛化。这些都有利于推动儿童概括思维能力的研究。

行为主义对思维及儿童思维发展的研究是有贡献的。其一,行为主义强调思维与语言的关系,特别提出思维与内部语言的关系,存在一定的合理性。其二,行为主义关于思维的学说是外周说,这与思维的中枢说相反。中枢说认为思维纯属大脑皮层的活动,外周说认为思维是整个身体的机能。尽管华生的外周说排斥中枢说是不对的,应该说中枢说和外周说是相互补充的。现代生理科学表明,思维的确与全身肌肉有关,不仅仅是大脑的活动,可见外周说也有一定的可取之处。其三,行为主义采用了一套实验方法,研究了儿童再现性思维的发展,这对儿童思维研究的开展和学习理论的发展是有一定作用的。行为主义还利用他们的实验研究了思维与情绪的关系。因此,行为主义对思维及思维发展的研究,不论在理论上还是在实验研究上都是有一定成绩的。

然而,行为主义对思维及思维发展的研究是不全面的。其一,行为主义将复杂的心理活动的思维,仅仅停留在低级水平或行为上作分析,将S-R公式作为整个心理活动的解释原则,否定了思维的意识性和主观能动性。其二,行为主义从S-R出发,研究的仅仅是再现性思维,而忽略了创造性思维。其三,行为主义不承认思维主要是脑的功能,用外周说排斥中枢说。

(五) 维果茨基社会文化观

维果茨基研究了儿童的思维和语言,并提出了儿童思维与言语发展的理论。维果茨基的《思维与言语》一书,是苏联思维发展心理学的一本指导性著作。在这本著作中,他指出思维的生活制约性,客观现实对思维的决定作用,并提出思维是人的过去经验参与解决他面临的新问题的活动,是人脑借助于言语实现的分析综合活动。他对儿童,特别是学龄前早期儿童的思维形成条件提出了一些见解。他指出,儿童大脑所具有的自然的思维可能性,是在成年人的调节下,与周围环境发生相互作用的过程中实现的。儿童与实体世界的关系是以儿童与教育他的人们的关系为中介的。利用言语实现与周围人的交际,是儿童思维发展的特殊条件。他还叙述了儿童思维的一般性发展过程及制约儿童思维发展的一些心理因素。例如,维果茨基指出,学生理解发展表现在概念的形成与完善的过程中,在研究儿童思维的时候,必须注意到思维与其他心理现象的关系,特别是思维与情绪、情感因素的联系。他说,不联系到情绪,便不能理解思维,尤其是儿童思维的发展。

苏联心理学家对儿童思维的研究和理论工作,有五点值得重视:

第一,强调以辩证唯物主义的认识论作为研究儿童思维的基本原则,来克服唯心主义的内省派和机械唯物主义的行为派在思维心理学上所造成的困境,并运用内、外因的唯物辩证法,揭示儿童思维发展的动力。

第二,强调"活动"的作用,认为不研究儿童的活动就无从说明儿童思维的发生和发展。

第三,强调儿童思维发展年龄特征的研究,并建立了一整套这方面的理论。通过数十年的研究,苏联心理学家针对儿童发展的不同时期或阶段的思维特点,积累了大量的资料,提出了一系列划分思维发展年龄阶段的理论。这对国际心理学的发展是个重大的贡献。

第四,强调思维发展心理学要为教育服务,强调儿童思维的发展与教育是密不可分的,是具有积极意义的。

第五,强调科学的研究方法,创建了一套儿童思维发展的研究方法。

(六) 皮亚杰认知心理学

皮亚杰将儿童思维的发展划分为四个大的年龄阶段。这四个阶段分别是:

1. 感知运动阶段(从出生到2岁左右)

这一阶段主要指语言以前的阶段,儿童主要是通过感觉动作图式来和外界取得平衡,处理主、客体的关系,这只是人的智力或思维的萌芽(起源)。这一阶段又分为五个时期:① 反射练习时期(0—1个月);② 动作习惯和知觉的形成时期(1—4、5个月);③ 有目的动作的形成时期(9—11、12个月);④ 感觉动作智慧时期(11、12—18个月);⑤ 智慧的综合时期(18个月—2岁)。

2. 前运算阶段(2岁左右到6、7岁左右)

语言的出现和发展,促使儿童日益频繁地用表象符号来代替外界事物。重视外部活动,这是表象思维。这一阶段儿童的认识活动的特点是:①相对的具体性。借助于表象进行思维活动,还不能进行运算思维。② 不可逆性。表现为:第一,关系是单向的,不可逆的,不能进行可逆运算;第二,还没有守恒结构。③ 自我中心性。儿童以自我经验为中心,参照他自己才能理解事物,认识不到自己的思维过程。他的谈话多半以自我为中心,缺乏一般性。④ 刻板性。表现为:一是在思考眼前问题时,其注意力还不能转移,还不善于分配;二是概括事物性质时,还缺乏等级的观念。

3. 具体运算阶段(7岁左右到11岁左右)

这是由前一阶段很多表象图式融化、协调而形成的。在具体运算阶段,儿童思维出现了守恒和可逆性,因而可以进行群集运算。群集运算包括:①组合性;② 可逆性;③ 结合性;④ 同一性;⑤ 重复性。但这个阶段的运算一般还离不开具体事物的支持,还不能组成一个结构的整体,一个完整的系统,因而这种运算是"具体的"运算。

4. 形式运算阶段(11岁左右到15岁左右)

形式运算就是命题运算思维。这是和成人思维接近的、达到成熟的思维形式,这种思维形式,可以在头脑中把形式和内容分开,可以离开具体事物,根据假设来进行逻辑推演的。尽管此时还不能意识到诸如"四变换群"和"格"(组合分析)等逻辑结构,但儿童已经能够运用这些形式运算来解决面临的逻辑课题,例如组合、包含、比例、排除、概率、因素分析等等,此时思维已经达到了逻辑思维的高级阶段。

皮亚杰毕生从事儿童思维发展的研究,他的贡献不仅在于建立了一套新的思维发展理论,而且还创造了一种研究儿童心理的独特方法,即所谓"临床法"。

(七) 信息加工理论

信息加工论关于思维研究的突出特点是,把认知的两个阶段或水平(感性的、理性的)结合起来,从输入到贮存、加工,再到输出,成为一个完整的控制系统。有关学者在一些研究中,具体模拟了概念是如何在感性的基础上形成的,问题解决和逻辑推理是如何进行的,等等。

信息加工论者把知识分为两种:一是陈述性知识,这是属于感觉、知觉、记忆等方面的。

一是程序性知识,这是属于思维方面的。程序性知识主要是关于问题解决的知识。对于要解决的问题,信息加工论者研究的办法是把解题过程编成一套程序,并用电子计算机把它模拟出来,如果这套程序是成功的,和人解决问题的过程相符合,那么,就能用以说明人的思维过程。这也是所谓"人工智能"。[1]

(八)思维的神经机制

当代认知神经科学利用无创性脑成像的工具,可以观察正常人脑思维活动时脑功能的变化,从而了解思维活动的脑机制。但是这些新技术仍不十分理想,各有优势又均具不足。主要介绍几项有代表性的研究成果:① 法格科萨(Fugclsang)利用功能性磁共振成像技术,研究正常人知觉因果性关系的推理过程中脑的激活区。发现两个圆球相撞而引起的运动和两个球独立运动的判断任务诱发出的脑激活区不同。判断因果关系运动引起右半球额中回和下顶叶的激活。因果关系判断时脑激活区减去彼此独立的两球运动判断时的脑激活区,得到了右顶和右颞区的激活。② 库达(Kuda)利用正电子发射层扫描技术分析脑区域性血流变化,发现正常人根据以往经验对未来进行前瞻性预见时,额叶和内侧颞叶产生较高的激活,尤其前内侧额叶激活水平更高。③ 普雷特卡(Plateka)利用功能性磁共振技术发现人们对着镜子看自己的面孔,同时思考着别人心思时,右半球额上、额中和额下回激活,说明自我面孔认知和理解他人心思时均发生一致性脑区激活。

近年的研究告诉我们,当代认知科学利用无创性脑成像技术可以研究各式各样思维活动下的人脑激活区的情况,但对思维过程的动态研究较少。人们对于两类思维活动的脑空间与时间两个维度的动态变化还认识得相当肤浅,还需相当长一段时间进行科学事实的累积。[2]

二、思维发展

(一)婴儿期思维发展的特点(1—3岁)

一般来说,1岁前的儿童,只有对事物的感知,基本上没有思维。儿童思维是从婴儿(即1岁后)时期开始产生的。在儿童的活动过程中,在儿童的表象和言语发展的基础上,由于经验的不断积累,儿童开始出现了具有一定概括性的思维活动,这是人思维的低级形式。[3]

(二)幼儿期思维发展的特点(3—6岁)

幼儿的思维是在婴儿时期思维水平的基础上,在新的生活条件的影响中,在其自身言语发展的前提下逐渐发展起来的。幼儿思维的主要特点或基本特点,是它的具体形象性以及进行初步抽象概括的可能性。幼儿思维发展的趋势具有以下特点。

1. 思维的具体形象性是幼儿思维的主要特点

幼儿期的思维结构材料,主要是具体形象或表象,而不是依靠理性的概念材料来组织。当然,幼儿思维发展有一个过程,在幼儿阶段,思维从直观行动向具体形象再向抽象逻辑发

---

[1] 朱智贤,林崇德.思维发展心理学[M].北京:北京师范大学出版社,1986:54-91.
[2] 沈政.两类思维的脑科学观[EB/OL].[2006-07-03].http://www.bjpopss.gov.cn/bjpssweb/n5871c52.aspx.
[3] 朱智贤,林崇德.思维发展心理学[M].北京:北京师范大学出版社,1986:427.

展。幼儿期,直观行动思维还占有一定的地位,但幼儿期继续发展着的直观行动思维不同于3岁前的思维,这个阶段新发展起来的直观行动思维,向"操作性思维"或"实践性思维"靠近一步。

2. 思维的抽象逻辑性开始萌芽

在幼儿时期,对于熟悉的事物,儿童已经开始有可能进行简单的逻辑思维。对于不熟悉的事物,要想去发现它的本质逻辑关系,就不容易了。其实,不仅仅幼儿如此,小学儿童和青少年也是这样。在正确的教育条件下,到了幼儿晚期,随着儿童知识经验的增长,随着儿童言语,特别是内部言语的发展,儿童认识活动中的具体形象成分相对减少,抽象概括成分就开始逐渐增加起来。当然,幼儿,特别是幼儿晚期的儿童,虽然开始进行一些初步的抽象思维,但是他们的思维自觉性还是很差的。他们还不能像小学儿童那样自觉地调节和支配自己的逻辑思维过程。

3. 言语在幼儿思维发展中的作用不断增强

幼儿思维的发展,改变着思维中言语跟行动的关系。思维的抽象概括能力和对行动的自觉调节作用是人的意识的两个基本特点。由于言语的作用,我们在幼儿那里,可以开始明显看到这两个特点。

4. 5—6岁是幼儿思维活动水平发展的关键年龄

这就是说,从5、6岁起,儿童的抽象逻辑思维开始较迅速地发展起来,为他们入学奠定了智力的基础。[1]

(三)小学儿童思维发展的特点(7—13、14岁)

我国心理学家认为:

首先,整个小学时期内,儿童的思维逐步过渡到以抽象逻辑思维为主要形式,但仍然带有很大的具体性。

其次,小学儿童的思维由具体形象到抽象逻辑思维的过渡,是思维发展过程中的"飞跃"或"质变"。在这个过渡中,存在着一个转折时期。这个转折时期,就是小学儿童思维发展的"关键年龄"。一般认为,这个关键年龄在四年级(10—11岁),也有的认为在高年级,也有的教育研究报告指出,如果有适当的教育条件,这个关键年龄可以提前到三年级。

再次,小学阶段,儿童逐步具备了人类思维的完整结构,同时思维结构还有待进一步完善和发展。从小学阶段起,儿童逐渐具备明确的思维目的性,表现出完整的思维过程。有着较完善的思维材料和结果。思维品质的发展使个体思维表现出显著的差异性。儿童思维的监控和自我调节能力也日益加强。

最后,小学儿童的思维,在从具体形象思维向抽象逻辑思维的发展过程中,存在着不平衡性。[2]

(四)青少年思维发展的特点(14、15—17、18岁)

中学的青少年思维的基本特点是:整个中学阶段,青少年的思维能力迅速提高,抽象逻

---

[1] 朱智贤,林崇德.思维发展心理学[M].北京:北京师范大学出版社,1986:440-446.
[2] 朱智贤,林崇德.思维发展心理学[M].北京:北京师范大学出版社,1986:472-479.

辑思维处于优势的地位。但少年期（主要是初中生）和青年初期（主要是高中生）的思维是不同的。在少年期的思维中，抽象逻辑思维虽然开始占优势，可是在很大程度上，还属于经验型，他们的逻辑思维需要感性经验的直接支持。而青年初期的抽象逻辑思维，则属于理论型，他们已经能够用理论指导来分析综合各种事实材料，从而不断扩大自己的知识领域。同时，我们通过研究认为，儿童从少年期开始，已经可能初步了解矛盾对立统一的辩证思维规律，青年初期则基本可以掌握辩证思维。[1]

第 2 节 形象思维

一、感官障碍儿童的形象思维

（一）视觉障碍儿童的形象思维

1. 缺乏视觉表象为形象思维提供素材

视觉障碍儿童由于视觉能力的丧失，无法通过视觉建立表象，其表象只能通过感觉道和运动觉来建立。在"河内塔"实验中，视觉障碍儿童只能通过触摸觉感知问题情境，以触摸觉为中介进行思维，建立表象，并加以操作。在"河内塔"经典实验中，通过对被试的访谈发现，视觉障碍儿童先是在头脑中建立圆盘的表象，然后逐渐地在思维中操作表象并以此代替触摸觉。视觉障碍儿童被试已经适应了以触摸觉表象为手段的思考方式，很少试图在头脑中建立视觉表象和通过表象操作进行思维。

2. 难以建立完整的触摸觉表象

由于视觉障碍儿童是通过触摸觉整体表象来进行思维的，当他们需感知过大的物体或自然景观等难以触摸的事物时，自然就难以建立完整的触摸觉表象并通过表象操作进行思维。如"盲人摸象"就是一个典型的例子。而对于可以通过触摸觉感知的事物，也会造成所能感知的外界事物特征减少，准确性差。如视觉障碍儿童不能直接感知光、色和物体的透视。

3. 形象思维制约概念的形成

视觉障碍儿童形象思维方面缺乏感性经验，某些概念的形成有困难。由于视觉障碍儿童很难建立视觉表象，听觉信息未能呈现物体在空间的形状和幅度，所以对某些过大、过小或飘动不定的较为抽象的概念，例如，蚊子、蚂蚁、河流、云雾、飞机等这类物体的概念的形成有困难，并且对形成沸腾、燃烧、毁灭等这类动作概念也有一定的困难。[2]

（二）听觉障碍儿童的形象思维

1. 思维主要依赖于事物的具体形象

听觉障碍儿童的思维主要依赖事物的具体形象，表现在他们能够掌握具体事物的概念，但不易掌握抽象的概念。比如，他们知道鸡、鸭、猪、小鸟，但是对"动物"就不太容易理解了。

---

[1] 朱智贤，林崇德. 思维发展心理学[M]. 北京：北京师范大学出版社，1986：537.
[2] 关慧洁. 视障儿童与正常儿童"河内塔"问题解决过程的比较研究[D]. 西安：陕西师范大学硕士学位论文，2000：1-30.

思维的形象性还表现在听觉障碍儿童主要是依据头脑中的表象或表象的联想来思考的。例如,展示穿白大褂、戴白口罩、身上挂听诊器的人物图片,问听觉障碍儿童他是干什么的,听觉障碍儿童会回答"打针的""我不哭"等。他们只是依赖于头脑中过去形成的鲜明形象来回答问题,但很难正确地说出医生这个词。

2. 思维的具体形象性存在于每个年龄阶段

听觉障碍儿童思维的具体形象性是他们思维的一大特点,不仅表现在学龄前期(三岁至六七岁),学龄初期(六七岁至十一二岁),即使到了高年级(十一二岁至十四五岁),这一特点仍然存在。这种具体形象性从思维过程来看是以事物的外部特征作为概念的依据。如在他们看来,"儿子"一定是个小孩子,"爸爸"则是长胡子的大人,如果谈及某人的儿子是个长胡子的大人,他们就会感到惊讶。因为他们所理解的"儿子"就是如他们自己一般的形象,而没有形成关于"儿子"的抽象概念。①

3. 动作思维为形象思维奠定基础

听觉障碍儿童在学语前和学语后相当长的一段时间内,很难获得本义上的概念。他们主要利用形象和动作思维,也利用形象和动作表达,就像健全人用何种语言思维,也用何种语言表达一样。聋教育工作者都有这样的经验:听觉障碍儿童在表述某件事情时,往往采取动作演示的方法。②

二、智力异常儿童的形象思维

(一)智力障碍儿童的形象思维

1. 思维水平长期停留在直观、具体层次上

智力障碍儿童的思维受具体形象或表象的束缚,不能理解现象背后本质性的共同特征。例如,问刚入学的智力障碍儿童"什么叫小鸟",他可能回答"鸟是黑灰色的、小的、有小鼻子和小嘴"。他们对鸟的认识只停留在具体形象的某种鸟上,还不能概括出鸟的本质特征。他们的思维主要依赖于事物的具体形象或表象以及这些形象和表象之间的联系,缺少分析和综合,很难将自己已有的知识、概念和表象综合起来。对各种事物只有与具体情境联系在一起时,才能理解其意义。例如,他们只有把动物园与其中的某一具体事物(如猴子、孔雀等)联系起来才能理解动物园是什么。③

2. 在词汇掌握上,具体名词的掌握优于抽象名词

郭海英在布鲁默学习测验(Bloomer Learning Test,简称 BLT)的测试中发现,智力障碍儿童对具体名词的掌握优于抽象名词,如儿童会很快地记住"朋友、老师、红旗"等词,而记忆"时间、工作、科学、世界"等词则较难。他们能更迅速地提取出生活中熟悉的词来,如"面包、水果、医生、河流"。智力障碍儿童对形容词的掌握主要包括物体的外形特征词和颜色词,如概念形成任务中,对"高、白、绿"的反映比对"静、硬、动"等词的反映要快一些。④

---

① 张宁生.听力残疾儿童心理与教育[M].大连:辽宁师范大学出版社,2002:68.
② 刘淑珍,梁海天.聋童抽象思维形成的心理学问题研究[J].教育探索,2000(5):43.
③ 肖非.智力落后儿童心理与教育[M].大连:辽宁师范大学出版社,2002:120.
④ 郭海英,贺敏,金瑜.轻度智力落后学生认知能力的研究[J].中国特殊教育,2005(3):45-48.

(二) 超常儿童的形象思维

超常儿童在形象思维的发展上超过常态儿童,具有丰富的想象力。例如:被誉为东方毕加索的小画家王亚妮,两岁半开始握笔绘画,最初所画虽然只是别人看不懂的一些符号,然而每张她都可以讲出生动的故事。那些小创造发明者的脑中也是先有"想象实验",而后才有纸上设计,才有新产品的出现。[①]

三、学习障碍儿童的形象思维

学习障碍儿童往往对信息的解释倾向于具体,面对问题情境时能解决问题,但是这种能力只限于对当前的具体情境或熟悉的经验。他们很难从具体的情境问题中归纳出一般原理与规则,更难以利用抽象的原理、公理去进行逻辑推理。学习障碍儿童比其他正常同龄儿童更易于凭冲动行事,遇到具体问题不是在方法上作一番选择,而是匆匆作答,明显缺乏分析和思考。因此学习障碍儿童一般只注意到问题的表面信息,而几乎不关注问题的隐藏信息,思维缺乏预备性而且不深刻。[②]

四、自闭症儿童的形象思维

自闭症儿童形象思维占绝对优势,具有较强的形象感受能力,但形象思维所依赖的表象特征比较贫乏、零碎,内容相对单调,反映刻板化。塔格-弗卢斯伯对自闭症儿童进行语言概念和意义理解的实验研究,结果发现,他们对语言概念的把握,处于一种"机械的反射性记忆"状态,缺乏明确的内涵。[③] 相关研究中也发现自闭症儿童的形象思维能力低于同龄的正常儿童。[④]

第3节 抽象思维

一、感官障碍儿童的抽象思维

(一) 视觉障碍儿童的抽象思维

视觉障碍儿童的抽象思维是否落后于正常儿童的抽象思维发展呢?学者有两种不同的意见。一种认为,视觉障碍儿童的形象思维较差,进而影响以形象思维为基础的抽象思维的发展。例如皮亚杰认为,个体的逻辑结构在语言出现之前,视觉障碍儿童固有的运动—感知模式从一开始就是有缺陷的,后天语言的习得并不足以补偿视觉缺陷。也有实验证明,掌握了语言的视觉障碍儿童和正常儿童完成相同的逻辑推理作业,前者比后者延迟四年或以上。但也有研究显示,同年级的视觉障碍儿童和正常儿童在逻辑推理能力上并没有显著的差异,同年龄的视觉障碍儿童与正常儿童存在较大差异,这是因为视觉障碍儿童入学比正常儿童

[①] 查子秀.超常儿童心理学[M].第二版.北京:人民教育出版社,2006:142.
[②] 赵斌.浅谈学习障碍儿的思维特点及训练[J].现代特殊教育,2001(1):20-21.
[③] 杨娟.孤独症儿童心理理论和执行功能的研究[D].长沙:中南大学硕士学位论文,2007:1-64.
[④] 陈光华.自闭症谱系儿童模仿能力系列研究[D].上海:华东师范大学博士学位论文,2009:159.

晚,这也说明后天教育在培养视觉障碍儿童逻辑推理能力上的重要性。① 逻辑推理能力差不是视觉障碍儿童的固有属性,而是由于缺乏直观感知的经验,通过适当的直观教学和其他的教育措施,例如皮亚杰概念作业,可以提高视觉障碍儿童的抽象思维能力。斯蒂芬斯的研究证实了这样的推论。②

1. 概念形成

视觉障碍儿童在概念形成方面,往往存在较大困难。无论具体概念还是抽象概念,正常儿童都是通过辨别事物正反例子的特征,逐步概括出事物的共同特征,从而使概念形成。然而,视觉障碍儿童没有具体事物的视觉经验,也就无法形成事物的视觉表象,更不能像正常儿童那样借助事物的表象,通过比较,达到对事物本质属性的认识。虽然他们能依靠听觉和触觉感知到一些事物的特征,但往往不完全、不连贯、甚至不正确,如"盲人摸象"就是一个典型的例子,加之还有一些无法通过听觉或触摸觉感知的事物。所以,在正常儿童看来非常简单的具体概念,对于视觉障碍儿童,也相当困难。③ 形成概念的困难也会造成联想、推理与判断的失误。

视觉障碍儿童由于视觉感受器受损,主要靠听觉和触觉接受外界信息,这致使视觉障碍儿童的视觉感知和视表象模糊不清,残缺不全,导致视觉障碍儿童认识方位、形成空间概念比较困难。如克罗吉鸟斯的研究指出,视力残疾者在估计线条的长度,弧的曲率,角的大小,图形的位置时,其错误大于正常视力者。④

在具体概念形成方面,对视觉障碍儿童的研究主要集中在概念表征、颜色概念、空间概念以及社会观点采择能力等方面。在概念表征上,宋宜琪等人的研究表明,与普通学生相比,视障学生联想的特征数量少,分布分散;视障学生的概念表征受感知觉经验缺失的影响,概念表征具有明显的通道差异;视障学生触觉通道的概念特征显著多于普通学生;在感觉代偿和语言学习的帮助下,视障学生能够形成对缺失感觉通道信息的概念的表征。⑤ 颜色概念方面,张积家等人运用颜色概念测试和颜色词分类的方法,研究了视障儿童的颜色概念及其组织。结果表明:视障儿童的颜色概念测试通过的顺序和明眼儿童颜色命名的顺序既相似,又存在着差异;视障儿童的基本颜色词的语义空间中有两个维度"彩色/非彩色"和"实物色/背景色";视障儿童的颜色概念组织具有主题关联和 slot-filler 联系的性质,即根据自身的知识和经验,强调事物的功能、语境以及事件之间的联系。⑥ 空间概念方面,视觉缺失对视障儿童的空间概念及其组织也有重要影响。章玉祉的研究表明,视觉缺失决定视障儿童的空间词组织的特点,但语言、文化和教育对视障儿童的空间概念及其组织也有重要影响。⑦ 社会观点采择上,视障儿童社会观点采择能力低于普通儿童。李洁瑛通过实验发现视障儿童社会观点采择能力与普通儿童存在显著差异,视障儿童得分明显低于普通儿童;通过相关

---

① 刘旺.盲童与正常儿童类比推理的比较研究[D].西安:陕西师范大学硕士学位论文,2000:1-30.
② 教育部师范教育司.盲童心理学[M].北京:人民教育出版社,2000:57.
③ 贺荟中,方俊明.视障儿童的认知特点与教育对策[J].中国特殊教育,2003(2):41-44.
④ 谢国栋,庄锦英.视觉群体的编码方式对动作内隐和外显记忆影响的实验研究[J].心理科学,2004(1):124-126.
⑤ 宋宜琪,张积家,王育茹.感觉经验缺失对视力、听力障碍学生概念表征的影响[J].中国特殊教育,2012(1):31.
⑥ 张积家,党玉晓,章玉祉,等.视障儿童心中的颜色概念及其组织[J].心理学报,2008,40(4):389.
⑦ 章玉祉,张积家,党玉晓.盲童的空间概念及其组织[J].心理科学,2011,34(3):744.

分析,视障儿童的社会观点采择能力两个维度间具有显著相关;视障儿童的社会观点采择能力在年级、视力、是否独生子女、是否学生干部和学生的来源上差异显著,但在性别、父母的文化程度和父母的职业上差异不显著。①

2. 分类能力、概括与抽象能力

所谓分类,就是通过比较事物之间的特征,区分出这些特征的异同,从中抽取出事物的本质特征,把具有共同本质特征的事物归为一类。由于视觉障碍儿童在概念形成,即在把握事物的本质特征方面存在较大困难,因此他们对事物进行分类的能力也较正常儿童差。例如,有的视觉障碍儿童认为苍蝇和蜜蜂是一样的,因为他们都是能飞的昆虫;还有的视觉障碍儿童认为苹果是圆形的,于是就把梨子、圆形玩具等也都说成是"苹果",因为它们都是圆的。

视觉障碍儿童难以归纳、概括事物的本质属性。视觉障碍儿童常常将一个物体的部分的、细节的特征或部分功能作为物体的特性加以描述,例如在对词义的理解上,大多处于具体的、功能的水平,尤其是对于需要借助较多感知经验加以理解的词汇,比如将"自行车"解释为"骑的",将"钉子"解释为"教室里有图钉、订书钉"等。对于较为抽象的词汇,其解释往往局限于表层的、例举式的,比如将"勇敢"解释为"不怕疼""跌倒了也不哭",将"危险"解释为"你穿马路,一辆车过来,很危险",等等。视觉障碍儿童在完成类ון任务的过程中,常常用具体的、细节的内容提取两个事物之间的关系,比如将"钢琴—二胡"说成"都会响",将"电话—收音机"说成"都能听",等等。②

3. 推理能力

刘旺对视觉障碍儿童类比推理与因果推理能力的实验研究表明:先天视觉障碍儿童与正常儿童在类比推理能力方面不存在显著性差异;因果推理能力的发展又好于类比推理能力的发展。这种现象的原因可能是对很多无法用听觉和触觉感知的事物,家长和教师常借一些视觉障碍儿童能够感知到的事物,通过类比推理的方法进行说明,结果视觉障碍儿童类比推理能力便得到提高。③

但是视觉障碍儿童感知觉方面的局限性,会导致他们思维结果的某些谬误。在进行分析、综合、判断的思维活动中,他们需要根据自己获得的感性经验和已掌握的概念。然而,限于主客观条件,一方面他们的感性经验中缺少视觉经验,另一方面通过其他感觉获得的仅是事物的局部特征,这就很容易产生思维推理上的错误。④ 如有的视觉障碍儿童把"动"的概念仅仅理解为"用脚走路",所以当他们听说云在天空中飘动时,就理解为云是长脚的。⑤

奥莱隆(P. Oleron)和弗思(H. Furth)等人对聋哑儿童、盲童、正常儿童进行了比较研究,研究发现无论是先天盲童还是正常儿童,在分析综合时一般都能以类比推理的范围为前提,然后通过尝试对每个问题进行初步分析,再通过综合性分析找到它们和范例的相同点,最后判断,并选择出与范例具有共同类比特点的一对词组。研究同时也发现,低年级先天盲童,在类比推理的分析综合过程中,有时试图以自由联想和实际理由达到类比推理的结果,

---

① 李洁瑛.视障儿童社会观点采择能力的发展[J].中国特殊教育,2012(5):35.
② 刘春玲,马红英.低年级视觉障碍儿童词义理解的初步研究[J].中国特殊教育,2002(3):38-41.
③ 贺荟中,方俊明.视障儿童的认知特点与教育对策[J].中国特殊教育,2003(2):41-44.
④ 朴永馨.特殊教育概论[M].北京:华夏出版社,2001:92.
⑤ 华国栋.特殊需要儿童的心理与教育[M].北京:高等教育出版社,2004:32.

但是有时根本无法达到,甚至导致错误的现象。这是因为他们在思维过程中往往不自觉地脱离了类比的范例,忘了以此去判断相同或类似的对象,于是思维中便出现了自由联想或就实际判断的情况,这在一定程度上反映了盲童知识经验的局限性。如一个二年级先天盲童被试在完成"并列"关系的题目时(范例为白菜—萝卜),选择了"镰刀—锄头",虽然选对了,但在问其理由时,却回答说"我家有镰刀和锄头",类比推理过程已经脱离了"白菜—萝卜"的并列关系的范例,而正常儿童身上则几乎没有出现这种情况。①

(二) 听觉障碍儿童的抽象思维

听觉障碍儿童抽象思维的发展,一方面以动作思维、形象思维为基础,另一方面更主要地是建立在语言概念与命题的基础上。正常儿童是逐步以具体形象思维为主发展到以抽象思维为主。对听觉障碍儿童来说,由于语言发展迟缓,概念贫乏且不牢固,思维的发展表现出更为明显的过渡性:一是时间更长,二是抽象思维发展的同时仍表现出很大的具体形象性,两种思维呈现出均势状态。

1. 概念的扩大和缩小化

听觉障碍儿童多半是通过列举概念的方法来阐明概念而不是通过概念的内涵来界定概念,所以,在思维过程中易发生扩大或缩小概念的错误。比如,一个有残余听力又有一定语言基础的学生,教师见他刚理完发,就问他是妈妈给他理的,还是理发店理的,他说:"不是理的,是买的。"教师听了,便更改说:"不是买的。"他却认真地说:"是买的,两块五毛钱。"这就是说,他把"买"的概念扩大到了所有用货币的地方,而并没有理解只有反映货币交换关系的才是"买"。除了犯概念扩大化的错误外,有时他们又不合理地缩小概念。如认为汽车、火车、自行车是交通工具,而轮船不是,因为它不能在地上跑;猫、狗、牛、马是动物,而蚂蚁不是,等等。

2. 分析与综合、比较

在操作和直观分析方面,听觉障碍儿童并不感到十分困难,甚至比普通儿童分析得更细致、更具体,但语词和逻辑分析发展得较为迟缓而不完善,分析较为困难,往往不深刻。他们的综合能力较分析能力发展得更为迟缓。随着语言能力的提高,概念的日益丰富以及生活经验的积累,其分析和综合的能力都会得到逐步发展和提高,但一般来说,其分析能力往往要优于综合能力。

听觉障碍儿童不善于做全面比较,往往找到了相同点就忘了不同点,注意了不同点就忽略了相同点。注重事物的外在差异而忽略事物的本质区别。随着分析综合能力的提高,其比较能力也逐步发展。

3. 分类

分类是一种较复杂的思维活动,它要在比较、分析、综合、推理的基础上进行。五六岁的听觉障碍儿童虽开始具有一定的分类能力,但不会按事物的本质特征来分类,而是依据感知的特点、生活情境或物体功用来分类。比如,把桌子、椅子、电话分为一类,把衣服、鞋子分为一类,被子和床分为一类等。②

4. 推理、守恒能力

瑞文测验联合型(CRT)可以测量一个人的推理能力。它共有六个单元,其中前三单元

---

① 刘旺.盲童与正常儿童类比推理的比较研究[D].西安:陕西师范大学硕士学位论文,2000:1-30.
② 张宁生.听力残疾儿童心理与教育[M].大连:辽宁师范大学出版社,2002:70.

主要是依靠被试直接观察辨别的能力,涉及人的直接形象思维;而后三单元问题的解决则依靠间接抽象概括的思维能力——类比推理。CRT结果显示14—16岁聋生的CRT分数相当于12.5—13.5岁正常儿童的分数,比同龄正常儿童要低1—3岁。前三单元和后三单元的分数基本平衡,也都在12.5—13.5岁正常儿童的分数之间。即聋生思维的这两个方面的发展虽然都落后于同龄正常儿童但能保持平衡。[①]

奥莱隆(Oleron)等人率先探讨听觉障碍儿童守恒能力的发展。他们的研究发现,语言并不是认知发展的必要条件,在感觉运动阶段,听觉障碍儿童与健听儿童有同等的认知能力,但在前运算阶段和具体运算阶段,就表现出一定程度的发展滞后,这种滞后在形式运算阶段表现得更为明显。瑞滕豪斯(Rittenhouse)和斯皮罗(Spiro)比较了36名(4—16岁)健听儿童,16名寄宿聋校儿童,24名在正常学校就读的听觉障碍儿童的体积和重量守恒能力。研究发现,参加实验的听觉障碍儿童中,也只有16名寄宿聋校的聋生的守恒能力明显地低于健听儿童。[②]

5. 抽象思维的发展以形象思维为基础

听觉障碍儿童抽象思维的发展是建立在形象思维发展的基础上的。如在弗思的实验中,听觉障碍儿童没有掌握语言,但是能够把苹果、橘子和白菜、菠菜分开,进而把它们和面包、馒头分开,能够把萝卜按大小排成一排,能够分清哪个玻璃杯里装的水多。这是因为最初,听觉障碍儿童会将各种具体的表象进行情境组合,但处在这一时期的听觉障碍儿童,必须经过具体实物(如一个红苹果,一幅关于苹果的图)的刺激,才会产生相应的思维活动。这一时期类似于条件反射,但在整个思维活动中,掺杂着一些回忆性和憧憬性的东西。继而,听障儿童受到一定的刺激(如别人吃苹果),在他的头脑中会产生一个表象(苹果),这个表象不是关于某一个具体事物的,而是无数个具体形象的组合(苹果这一事物)。并且他会将这一表象进行思维设置(怎样得到苹果)。最后,听觉障碍儿童的思维已开始有"类"的参与。例如,听觉障碍儿童看到橘子会想到他最爱吃的苹果(水果一类),而不会想到他最爱吃的菠菜(蔬菜一类)。此时他们能够进行初步的归类和区分,能够进行极其简单的抽象思维。所以听觉障碍儿童之所以能区分苹果、橘子和白菜、菠菜,并不是他们真掌握了水果和蔬菜的概念,而是通过一些异同点来分类,如苹果和橘子都是圆的,归为水果类;白菜和菠菜都是叶状的,归为蔬菜类。然后通过学习水果和蔬菜的概念后,听觉障碍儿童懂得了水果不光是圆的,蔬菜不光是叶状的,重要的是水果能生吃,不在餐桌上,而蔬菜则不然。如此反复,听觉障碍儿童会逐渐掌握各种概念的本质属性,从而建立一个比较完善的概念系统。[③]

二、智力异常儿童的抽象思维

(一)智力障碍儿童的抽象思维

1. 比较、分类

智力障碍儿童在比较事物或现象时,只是依据偶然的外部特征,而不能区分出本质特

[①] 杨艳云,等.聋童推理能力与言语理解能力关系初探[J].中国特殊教育,2001(1):31-33.
[②] 方俊明.聋儿的认知与综合语言教育[J].中国听力语言康复科学杂志,2004(6):44-49.
[③] 刘淑珍,梁海天.聋童抽象思维形成的心理学问题研究[J].教育探索,2000(5):43.

征。如他们在比较麻雀与乌鸦时说:"麻雀是灰色的,而乌鸦呱呱叫。"在进行分类时,也是按照自己的生活经验来进行的,如把衣服与衣柜放在一起,把水兵与舰艇放在一块,把蝴蝶与花朵放在一处,而不是按其功能进行分类。这与五岁左右的正常儿童的思维特点相似,但智力障碍儿童到了十二三岁时依然如此。

2. 概念形成

智力障碍儿童的概念形成发展过程比普通儿童缓慢。张积家、方燕红等人对智力障碍儿童食物分类和概念结构的研究发现,低年级弱智儿童基本上没有分类标准,未形成有效的概念组织方式;中年级弱智儿童开始按照情景分类,概念之间具有 SF(Slot-filler)[①]联系;高年级弱智儿童主要依据相似性分类,概念之间构成分类学关系。[②] 也就是说智力障碍儿童概念联系类型由以 SF 联系为主向以分类学关系为主转变,概念发展趋势与正常儿童相同,但在速度和水平上却大大落后于正常儿童。而且教育与环境在弱智儿童的概念发展中起重要作用。[③]

3. 抽象概括能力

智力障碍儿童的抽象概括力很弱,任何需要一定抽象概括能力的活动,都会使他们感到很大困难。例如,在做数学习题时,尽管已经学过关于两个加数位置交换得数不变的规则,但是,计算过"7+8=15"后再计算"8+7",计算过"5+6=11"后再计算"6+5",他们仍然要从头算起,说明他们看不出事物间的联系,也不能通过具体的习题演算得出一个概括性的认识。

有人曾经用排除法(从一组图片中除去一张与其余几张不同类的图片)来研究智力障碍儿童的概括水平。被试是 36 个 8—11 岁的轻度智力障碍儿童,平均年龄为 9 岁零 8 个月,对照组是幼儿园大班(平均年龄为 6 岁零 2 个月)的 39 名儿童和中班(平均年龄是 5 岁)的 16 名儿童,共采用 10 组图片,每组 4 张。测量成绩分为四级,即:

一级:归类正确,理由正确;

二级:归类正确,但是理由说不出来;

三级:经提示后能正确归类;

四级:经提示后也不能归类。

三组被试的情况如表 6-1 所示。

表 6-1 不同儿童完成归类任务的结果表

级别	一		二		三		四		总计
	人次	%	人次	%	人次	%	人次	%	人次
幼儿园中班	49	16.33	126	42.00	86	28.67	39	13.00	300
幼儿园大班	131	33.59	161	41.28	83	21.28	15	3.58	390
轻度弱智	32	20.00	32	20.00	52	32.50	23	14.37	160

---

① SF 的含义是同一类别概念之间构成主题关联联系;还可以按照事物的情景、功能和地位分类,进而同类别的概念之间就构成基于脚本的 Slot-filler 联系,简称 SF 联系。

② 方燕红,张积家,马振瑞,等.弱智儿童对常见食物的自由分类[J].中国特殊教育,2011(2):19-24.

③ 张积家,方燕红.弱智儿童常见食物的概念结构[J].中国特殊教育,2009(3):54-62.

从表 6-1 中可以明显看出，9 岁多的轻度智力障碍儿童的概括水平达到一级水平的明显少于幼儿园大班和幼儿园中班，而他们的年龄相差 3 岁半到四岁零八个月。[1]

4. 思维目的性不明，刻板性强

思维过程的开展是由其目的所引导的。不了解所要达到的目的，就不能保持思维的连贯性。智力障碍儿童往往不能有的放矢地进行思维，他们一旦开始进行某项活动或解决某个问题，便不能始终如一地坚持下去，像是驾驶着一辆失去方向盘的车子，容易偏离预定的目标，所以很难进行连贯的思维。如教师问："一个小朋友有两块糖，丢了一块，还剩几块？"智力障碍儿童的回答是："需要把这块糖找回来。"这就忽视了问题的目的，而考虑问题的情境。智力障碍儿童的思维刻板，不灵活，也是造成思维目的性障碍的一个重要原因。这种刻板性表现在他们已形成的心理定势不易改变，在遇到新情况需要重新调整时，他们仍然用固定模式去解决问题。例如，教他们讲礼貌，每天早上见到教师时说一声"老师早"，结果，下午见到教师时，他们还是说"早"。尽管反复地给他们讲，进行训练，他们仍然改不了，即使到了十五六岁，仍然如此。

5. 思维缺乏批判性，调节功能薄弱

智力障碍儿童的思维缺乏批判态度，独立性差，特别容易受暗示。例如，他们在回答问题时，经不起教师的反问，不论回答得对不对，只要反问一句，马上就会改口。因为他们深思熟虑的能力较正常儿童低得多，很少有思考的习惯，故回答正确与否自己没有把握，因而也没有自信心。思维缺乏批判性又导致思维调节作用的削弱。一般来说，许多外部的行动由于多次重复，可以转化为头脑内的操作过程，通过思维来完成。这时候，思维先于行动，并可预见到思维的结果。正常儿童在行动之前，会先考虑如何更好地去行动，通过什么途径，达到什么效果，思维能调节自己的行动，以便达到预期的目的，而智力障碍儿童就很难做到这点。他们经常不考虑自己的行为，也不能预见行为的后果，做到哪算哪，看到新的问题，马上就着手回答，头脑中根本不考虑结果如何。这就是思维调节功能薄弱的表现。[2]

6. 思维不能体现守恒性

按照瑞士心理学家皮亚杰关于儿童思维发展的理论，7—12 岁的儿童正处于具体运算阶段，这一阶段具体运算图式的特点是守恒性。在左右概念的测试中正常儿童组和智力障碍儿童组的被试就年龄划分均在具体运算阶段范围内。正常儿童组的测试结果基本上体现了儿童思维的守恒性。不管本身位于哪个方向，物与物之间处于何种相对位置，他们大多数能抓住概念的实质，因此基本上通过了各测试题的测试。而智力障碍儿童组则远未能到达具体运算阶段，其思维不能体现守恒性，未能从左右概念的各种变化中抓住本质，也不能辨别对面人的左右，或只能分清人的左右而不能区分物的左右等。[3]

（二）超常儿童的抽象思维

1. 概括能力

超常儿童的概括能力强，善于抓住事物、图形或数量之间的本质关系或主要特征进行推

---

[1] 肖非.智力落后儿童心理与教育[M].大连：辽宁师范大学出版社，2002：120-124.
[2] 花蓉.弱智儿童思维特点与教育初探[J].江西教育科研，2001(6)：36-37.
[3] 广州市越秀区培智学校，广州市教育科学研究所联合课题组.弱智儿童左右概念的测试研究[J].教育导刊，2002(2)：62-64.

理。比如五岁半的超常幼儿对于 39 幅图片,能正确地按照图片所示实物之间的本质关系进行一级和二级分类,表现了较高的概括水平。

2. 逻辑思维

逻辑思维强是超常儿童思维的又一突出特点。他们在学习中一般会对基础知识、基本概念进行认真分析,重视找出知识间或学科间的内在系统。在写文章或解决问题时思考过程也是有条理地、符合逻辑地进行论证或回答。如王某(8 岁)在做"某仓库里有 7 个车头,25 个车轮,要把他们全部用起来,能装成几部三轮车和几部四轮车,请用 32 根火柴迅速摆成"这一问题时,她首先取出 7 根火柴,摆出 7 个车头,接着在每个车头下放四根火柴,在摆到第六个火车头时,只剩一根,经过适当调整,迅速摆成(比规定时间提前一分钟)。①

3. 类比推理

类比推理能力是思维的重要组成部分。它是建立在联想和比较基础上的一种推理形式。表 6-2 提供了 3—6 岁超常儿童与常态儿童类比推理平均成绩及比较。表 6-3 提供了 7—10 岁超常儿童与常态儿童三种类比推理平均成绩比较。

表 6-2 3—6 岁超常儿童与常态儿童类比推理平均成绩的比较

姓名	图形类比推理			图形类比推理			数类比推理		
	成绩	超过同年龄均值几个标准差	高于几个年龄的均值	成绩	超过同年龄均值几个标准差	高于几个年龄的均值	成绩	超过同年龄均值几个标准差	高于几个年龄的均值
姚某(4 岁)	6	1.5	2 个年龄	5	1.0	1 个年龄	5	1.8	2 个年龄
孙某(4 岁)	5	0.8	1 个年龄	6	1.7	2 个年龄	6	2.4	2 个年龄
宋某(4.5 岁)	6	1.5	2 个年龄	4	0.8	接近 1 个年龄	6	2.4	2 个年龄
侯某(4.5 岁)	6	1.5	2 个年龄	6	1.7	2 个年龄	6	2.4	2 个年龄

表 6-3 7—10 岁超常儿童与常态儿童三种类比推理平均成绩比较

	常态	超常	常态	超常	常态	超常	常态	超常
图形	5.1	8.5*	6.3	8.1	7.5	10.0*	8.1	10.0
语词	2.1	8.0**	3.5	8.9**	5.7	11.0**	6.7	10.1*
数	2.7	11.8***	5.1	12.6**	7.4	19.3***	9.6	20.5**

*超过 1 个标准差,**超过 2 个标准差,***超过 3 个标准差以上。

从表 6-2 和表 6-3 中可以看出两点:① 3—6 岁超常儿童三种类比推理的多数项目高于同年龄儿童 1—2 个标准差或以上,7—10 岁超常儿童类比推理的平均成绩多高出同龄儿童 1—3 个标准差或以上,说明超常儿童类比推理能力明显优于同龄常态儿童。② 不论 3—6 岁或 7—10 岁的超常儿童都是数类比推理与同龄常态儿童的差异最大,语词类比次之,图形类比推理差异最小(有的不到一个标准差)。这与数、语词和图形三种类比推理测验所反映的关系的抽象程度与难度不无关系。②

---

① 查子秀.超常儿童心理学[M].第二版.北京:人民教育出版社,2006:88.
② 查子秀.超常儿童心理学[M].第二版.北京:人民教育出版社,2006:100-101.

李毓秋针对智力超常即天才儿童在韦氏儿童智力量表第四版(SISC)-中文版中的测验结果研究发现，智力超常儿童最突出的优势能力是对视觉信息进行抽象思考和加工处理的能力(即流体智力)。智力超常儿童由于流体智力的优势，他们有很大的发展潜力和空间，外界的教育环境以及个人认知策略的改善，可以使他们的认知能力得到很大的提升。[1]

4. 数的认知

"对数的认知"是抽象能力的一个重要组成部分。早期超常儿童具有更好的数认知能力，其水平相当于更高年龄段的普通儿童。研究发现2—3岁、3—4岁的超常儿童所掌握的基数概念远比普通儿童要广，4岁前的超常儿童基本上都掌握了20以内的基数，而同年龄普通儿童则相对少得多。而且研究还发现：3—4岁的超常儿童的基数掌握相当于4—5岁组的普通儿童。特别要指出的是，超常儿童相对普通儿童在数认知能力上的不同，不仅是量的差异，而且是质的差异。比如，2—3岁组普通儿童显然还没有掌握"一一对应原则"及"基数原则"，他们对数的认知只停留在最初的感知水平上，而同年龄组的超常儿童却显然已经掌握了相应的计数原则，二者的这一区别有着本质的差异。另外，"数守恒"的研究也证明了超常儿童的数认知能力与普通儿童之间存在质的差异：3—5岁的超常儿童在守恒发展上显然优于普通儿童，尤其是4岁以后的超常儿童已理解了"数的守恒"，并能用不同水平的"守恒原则"来解释"大数目"的守恒问题，而同年龄的普通儿童则还不具备"守恒概念"。同时发现3—4岁是超常儿童"继时守恒"的敏感期。3岁前的超常儿童普遍倾向于用"知觉线索"来回答守恒问题，与同年龄普通儿童一样，还不具备数的守恒；3—4岁的超常儿童已有部分表现出了"逻辑上的守恒"，尤其在"继时守恒任务"上策略显著优于普通儿童；4—5岁的超常儿童在"同时守恒任务"上，表现出优于普通儿童的策略运用。超常儿童在数守恒策略上的优势进一步反映了超常儿童与普通儿童在数认知发展中存在质的差异。[2]

徐浙宁通过对2—5岁超常儿童对数的认知及其策略运用特点进行探究，结果发现：2—5岁超常儿童的数认知发展优于同龄普通儿童，且两者存在质和量上的差异。具体表现为：(1) 2—5岁超常儿童的集合比较能力显著优于同年龄普通儿童；(2) 2—3岁超常儿童不具备数数比较两个集合的能力，通常依靠"视觉线索"判断集合大小；(3) 3—5岁超常儿童自发运用数数策略的能力显著优于普通儿童；(4) 3—5岁超常儿童普遍可以运用数数策略进行两个集合的比较。[3]

5. 创造性思维

创造性思维是思维的最高形式，是智力水平高度发展的表现，也是鉴别超常儿童的指标之一。1982年，李仲涟等经过对创造性思维测验的压缩和修订，以突出思维的独创性、可塑性和流畅性特点，编成了10个项目的测试，然后对14个省市的1398名7—14岁的常态儿童及部分超常儿童进行了比较研究。发现超常儿童的创造性思维测验成绩不仅远远高出同年龄常态儿童的平均成绩，而且高于比他们大2—4岁常态儿童的平均成绩。[4]

---

[1] 李毓秋.智力超常儿童韦氏儿童智力量表第四版分数模式及其认知特性的初步研究[J].中国特殊教育,2009(4):47-51.
[2] 徐浙宁.2—5岁超常儿童对数的认知及其策略的研究[D].上海：华东师范大学博士学位论文,2005:1-97.
[3] 徐浙宁.2—5岁超常儿童的集合比较及其策略研究[J].心理科学,2009,32(5):1224-1227.
[4] 李仲涟.7—14岁超常与常态儿童创造性思维的比较研究[J].湖南师范大学学报,1984(1).

之后中国超常儿童协作研究组查子秀、荆其桂等人，运用1982年修订的创造性思维测验，对北京八中及天津实验小学的超常儿童实验班的超常儿童进行测验。部分结果见表6-4。

表6-4　7—11岁超常与常态儿童创造性思维测验平均成绩比较

	7岁组	8岁组	9岁组	10岁组	11岁组
超常儿童	16.7	21.6	26.5	29.3	29.4
常态儿童	2.6	4.7	8.9	11.8	14.4
高于同年龄均值的标准差数	3个标准差以上	3个标准差以上	3个标准差以上	3个标准差以上	3个标准差以上

注：超常儿童各年龄组人数是10—29人，常态儿童年龄组人数是213—221人。

从表6-4的数据可以看出，7—11岁各年龄组的超常儿童，他们的创造性思维测验的平均成绩，超出同年龄常态组的平均成绩2—3个标准差，这一结果和前面的结果相一致，再次说明我国超常儿童在创造性思维方面表现的优势。[1]

三、学习障碍儿童的抽象思维

（一）思维的调节能力弱

学习障碍儿童按次序排列信息有困难，不能从错误和成功中总结经验。他们一般不能正确区分重要信息和次要信息，简单问题和复杂问题，更不知道他们自己所作的答案正确与否，因此正确的结果对他们有很大的偶然性。由于学习障碍儿童在选择学习材料时不能区分重要性，常常将呈现的所有材料同等程度对待，眉毛胡子一把抓，解题时亦然。

（二）思维的不连贯性

学习障碍儿童思维的不连贯性常常表现在儿童开始能正确解决问题，以后由于偶然的错误或某种印象对注意力的偶然吸引而偏离了解题的正确途径，在回答老师提问时可能答非所问。

（三）抽象能力弱

王淑珍等研究表明，学习障碍儿童的抽象概括思维能力、对抽象信息的感知、加工处理及运用能力均低于正常儿童。[2] 他们在理解对象间相互关系，对信息进行分类，理解事件之间联系和形成概念等方面有障碍。在解数学题时，不能理解题意或者不能列式解答，运算操作多属尝试错误，不能逻辑思考，在关系的理解和共同要素抽出上有缺陷，所以掌握数的概念和进位、退位等运算有困难。空间认知的障碍导致取位和"0"概念操作出错，有的学生会算10－6，但对100－6却表现出"10位是0，借不来"的困惑等。[3]

以往我们把抽象思维能力、概念形成、推理能力当做是核心的认知能力，在测验中并未发现学习障碍儿童与学习中等组儿童的显著差异。这也提示抽象和概括能力可能不是导致

---

[1] 查子秀.超常儿童心理学[M].第二版.北京：人民教育出版社，2006：147.
[2] 赫尔实.近年来国内学习障碍儿童认知特征研究综述[J].中国特殊教育，2005(3)：85-89.
[3] 华国栋.特殊需要儿童的心理与教育[M].北京：高等教育出版社，2004：42-43.

学习障碍的主要原因。(大脑)顶叶的空间能力和枕叶的视知觉能力方面也不存在显著的差异,提示某些高度特异性的认知功能可能并不是主要原因,而那些更为广泛和弥散的认知活动(如注意和记忆)才是导致学习障碍的主要原因。①

四、自闭症儿童的抽象思维

自闭症儿童的思维停滞在具体形象思维阶段,抽象思维出现得晚,发展得慢,水平低。

自闭症儿童可以认识个别的事物,但是难以理解事物之间的关系。一个玻璃杯子和一个塑料杯子,让自闭症儿童分别说出它们的颜色、形状、材料、功能等,这不是难题。但是,让他们说出它们之间的相同点和不同点,这就难了。因为这需要对两个事物进行观察比较,在此基础上进行抽象概括。在看一幅画时,他们往往只能关注个别人物和个别动作,不能理解图画中人物之间的关系,不能完整把握整个画面的内容,至于理解这幅图和下幅图之间的关系就更难了。自闭症儿童听故事的困难也是因为不能理解故事中事情发展的因果关系,他们只能理解个别的字句、个别的情节、个别的行为,但是不理解事情的前因后果。②

戈尔茨坦(Goldstein)等指出,自闭症儿童的操作性智商较言语性智商好。运用机械记忆和空间视觉来完成的题目所得成绩较好,而靠把握意义的能力来完成的题目所得成绩相对较差。这表明自闭症儿童在对事物的抽象、理解、形成概念的能力等方面的障碍较明显,而在机械记忆、空间视觉等方面的障碍较轻,甚至由于代偿的原因,其发育非常良好,出现一种"孤岛"现象。③

镶嵌图和积木设计是考察视觉空间推理与操作能力的重要方式。大量研究表明,自闭症者从复杂刺激中找出某个图形的表现比普通人要优异。儿童版与成人版的镶嵌图直接测验了自闭症者的这种能力,结果都发现自闭症者的成绩显著高于普通人,但是随着年龄的增长成绩慢慢下降。目前关于镶嵌图的研究,多数研究者认为自闭症者比与之在智力和年龄上匹配的普通人表现优异。④

 本章小结

思维是借助语言、表象或动作实现的对客观事物概括的和间接的认识,是认识的高级形式。思维可分为形象思维和抽象思维。

思维的理论流派主要有联想主义心理学、符兹堡学派、格式塔心理学理论、行为主义、维果茨基及苏联儿童思维的研究、皮亚杰的认知心理学与信息加工理论、思维的神经机制。而不同的理论流派都对思维有不同的认识。思维主要经历了四个发展阶段:婴儿期、幼儿期、小学儿童期、青少年期,各个阶段都有不同的特点。

不同类别的特殊儿童思维发展进程遵循普通儿童思维发展的一般规律,但在思维发展的不同层面表现出各自不同的特征。例如听觉障碍儿童以动作思维、形象思维为主,视觉障

---

① 赵斌.浅谈学习障碍儿的思维特点及训练[J].现代特殊教育,2001(1):20-21.
② 甄岳来.孤独症儿童社会性教育指南[M].北京:中国妇女出版社,2008:119.
③ 陈源.孤独症儿童的特征与训练策略[J].闽江学院学报,2004(4):64-67.
④ 马玉,王立新,魏柳青,等.自闭症者的视觉认知障碍及其神经机制[J].中国特殊教育,2011(4):60-66.

碍儿童则偏重于抽象思维,智力障碍儿童以形象思维为主,超常儿童思维整体表现优异,学习障碍儿童抽象思维能力较差,自闭症儿童思维发展停滞在形象思维阶段。特殊儿童思维是特殊儿童心理学研究的一个重要领域,随着研究方法与技术的改进,研究的成果将不断丰富和完善。

 思考与练习

1. 视力障碍儿童思维有哪些特点?
2. 听力障碍儿童形象思维和抽象思维有何关系?
3. 智力障碍儿童的思维水平为什么会低?
4. 搜集学习障碍儿童的思维事例,并分析其特点。

第 7 章　特殊儿童的元认知

1. 理解元认知的概念
2. 掌握各类儿童元认知的特点
3. 结合实际深入了解特殊儿童的元认知能力

无论是感官障碍还是学习障碍,智力落后还是智力超常,特殊儿童的出现都给忙碌的人们打开了另一个视窗,使我们反思到底应该给他们什么样的生活,应该怎么做。这种反思就是一种元认知。元认知简言之就是对认知的认知。绝大部分的特殊儿童认知方面都有各式各样的缺陷,这给他们的学习带来种种阻碍。但是"人残志坚",特殊儿童也可以从元认知方面增强自身的计划、监控、调节能力,尽最大的可能克服身体的障碍带来的不足。特殊教育工作者们应该思考,以合适的教学方法提高特殊儿童的元认知能力。

第 1 节　元认知理论与元认知的发展

一、元认知概述

元认知是近几十年来心理学较流行的一个研究领域。元认知的倡导者弗拉维尔(Flavell)认为,元认知是关于个人自己认知过程的知识和调节这些过程的能力,对思维和学习活动的知识和控制。[1]

后来很多研究者在此基础上发展出很多看法,尽管表达上不尽相同,但是大家公认元认知就是个人在意识到自身认知过程的基础上,对其认知过程进行的自我反省、解悟、自我控制与自我调节,简言之,元认知就是对认知的认知。[2] 在一定程度上,元认知表明了认知过程的自觉性、能动性和监控性。

---

[1] 陈琦,刘儒德.教育心理学[M].北京:高等教育出版社,2005:318.
[2] 杜晓新.元认知与学习策略[M].北京:人民教育出版社,1999:10.

二、元认知的理论

(一) 元认知三要素关系的模型

如图 7-1 所示,这个模型描述了元认知包含的三个成分(元认知知识,元认知体验,元认知技能)以及三个成分之间的关系。①

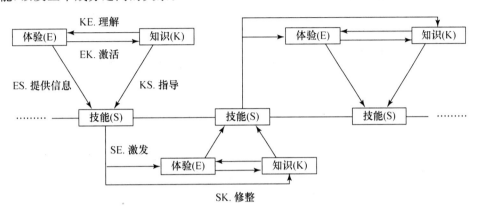

图 7-1　元认知三要素的关系示意图

(二) 元认知加工模型

美国认知心理学家尼尔森和那伦斯(Nelson & Narens)等人提出一个加工模型(见图 7-2),将人的信息加工划分为两个相互关联的水平:元水平和客体水平。元认知的监测和控制发生在两个水平之间:监测指客体水平的信息反映到元水平;控制指元水平对客体水平的调节。②

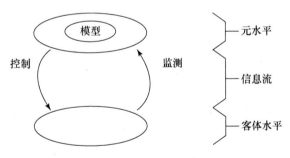

图 7-2　元认知模型简图

(三) 学习监控模型

尼尔森 1990 年提出学习监控模型(见图 7-3),描述了学习的各个过程,监视和控制的各个成分,以及它们的相互作用。③

---

① 汪玲,郭德俊.元认知的本质与要素[J].心理学报,2000(4):458-463.
② 汪玲,方平,郭德俊.元认知的性质、结构与评定方法[J].心理学动态,1999(1):6-11.
③ 张荣.学业不良学生提高元认知监控能力的思考[J].江苏教育学院学报:社会科学版,2005(2):108-110.

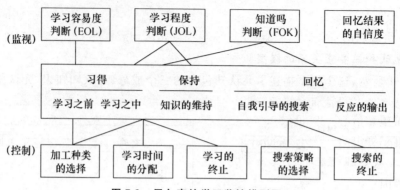

图 7-3 尼尔森的学习监控模型图

（四）信息加工模型

加涅的信息加工模型（见图 7-4），其中控制过程决定学习者如何进行注意、存贮、编码和检索信息。因此，它起着调节作用。期望代表着学习者所要求达到学习目标的特别动机，它是一种连续的定向，指向完成的目标，这种定向能使学习者选择每一加工阶段的信息输出。[1]

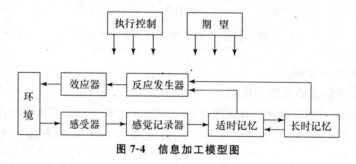

图 7-4 信息加工模型图

（五）元认知的神经机制

关于元认知能力的神经机制，相关研究表明，大脑皮层的感觉功能区主要负责自我监控各种信号刺激的接受、感知，起反馈、监视的功能。[2] 运动功能区主要负责自我监控中对各种运动、行为的指挥、驱动，起执行、控制、调节的功能。言语功能区是人类特有的，主要负责涉及言语符号信息层次上的自我监控，其中感觉性言语区偏重于各种言语符合刺激的接受与反馈。运动性言语区偏重于各种言语符号指令的控制与调节，并且两者分别与相应的感觉区和运动区协调配合，完成言语符号信息层次上的自我监控机能。联合功能区促使以上三个功能区的各种具体机能相互沟通、相互结合、相互补充。

三、元认知的发展

关于元认知的发展笔者将介绍两个方面：一是元认知研究的发展；二是元认知在不同年龄阶段的发展。

（一）元认知研究的发展

19 世纪 80 年代以后，内省法贡献颇大。欧洲心理学家们采用内省法研究人的心理，并

---

[1] 高觉敷,叶浩生.西方教育心理学发展史[M].福州:福建教育出版社,1996:288.
[2] 董奇,周勇,陈红兵.自我监控与智力[M].杭州:浙江人民出版社,1996:84.

认为,人的心理功能不仅可以意识到,而且能用语言报告出来,这正是元认知实质的思想。20世纪30年代以前,詹姆斯、杜威、桑代克等人对元认知思想的实质、元认知理论模型、元认知发展水平的差异等内容都进行了初步的探讨,提出了早期模型。20世纪30年代以后,心理学家们开始探讨元认知的运行机制。例如,对自我调节的机制,语言对自我意识的调节作用以及自我调节的脑生理机制进行了可能的假设和初步的研究,使人们对自我调节的认知探讨更有希望和信心。20世纪60年代以后,元认知的理论不断地完善。元认知的理论结构已由弗拉维尔提出的元认知知识、元认知体验、元认知调节三种维度拓展为元认知知识、元认知体验、元认知调节、动机等多种维度。人们不仅将元认知作为智力的核心,而且将它与学习动机等因素结合起来考虑。①

20世纪90年代中期以来,元认知理论的发展出现两个新特点:一是元认知的内涵不断拓宽,二是元认知加工机制的研究不断深入。前一特点主要反映在教育心理学领域,如波科维斯基(Borkowski)将动机信念和有关自我知识纳入元认知体系,鲍卡特(Boekaerts)则将动机和情感结构置于元认知概念之下,使人们在实践中对于元认知的理解变得更为宽泛。后一特点主要体现在认知心理学领域,其中影响最大的是尼尔森等人提出的元认知模型,该模型将人的信息加工划分为两个相互关联的水平:元水平和客体水平。②

目前对元认知理论的研究主要集中在两个方面:一是以元认知知识为对象,通过研究个体关于自己和他人的认识活动、过程、结果和特征以及与之有关的知识来探讨元认知的有关问题。二是以元认知监测过程为对象,研究个体为了达到预定目标和完成预定任务,如何将自己正在进行的认知活动作为意识对象,不断对其进行积极的自觉的监视、控制和调节。③

(二)元认知在不同年龄阶段的发展

我国有学者从信息加工和自我调控的角度来研究元认知的问题,认为个体的生长成熟和心理发展都伴随着自我监控能力的发展。④

婴儿期(0—2岁):感觉调控(包括直接刺激的调控,视觉与触觉的协调),感知觉调控(包括感觉与知觉的协调,知觉信息整合调控),初步的知觉思维调控。

幼儿期(2—7岁):表象思维、语言符号的信息调控和具体思维水平的信息调控。

学龄初期(7—11岁):思维水平的调控,意志力薄弱,抗诱惑力差。

少年期(11—15岁):初步的知情意的整合调控,有抗诱惑力,但多凭感情支配,意志行为增多。

青年期(15—18岁):较高的知情意的整合调控,心理结构已基本形成,有坚强的意志。

青年晚期(18—25岁):人格水平的统一调控。

皮亚杰的研究发现,7—11岁的儿童在说出完成任务的过程时,表现出一种发展了的能力。皮亚杰把这种能力称为"对认知的意识",其功能相当于元认知。⑤陈英和等人的研究表明3—5岁幼儿表现出了一定的元认知监控能力。⑥

---

① 程素萍.元认知思想的历史演变[J].心理科学,2002(3):377-378.
② 张雅明,俞国良.学习不良儿童的元认知研究[J].心理科学进展,2004(3):363-370.
③ 梁宁建.当代认知心理学[M].上海:上海教育出版社,2003:308.
④ 方俊明.认知心理学与人格教育[M].西安:陕西师范大学出版社,1990:334.
⑤ 程素萍.元认知思想的历史演变[J].心理科学,2002(3):377-378.
⑥ 陈英和,王雨晴,肖兴荣.3—5岁幼儿元认知监控发展特点的研究[J].心理与行为研究,2006(1):5-8.

第 2 节　计划能力

一、感官障碍儿童的计划能力

（一）视觉障碍儿童的计划能力

1. 视觉障碍与计划能力的关系

视觉障碍儿童往往有很好的听觉、触觉等能力。众所周知，很多视觉障碍人士在音乐、按摩方面有杰出的成就。他们能取得成功当然需要很好的元认知能力，至少他们在这些擅长的领域拥有良好的计划能力。

由于视觉障碍，他们的注意、思维、语言等方面不可避免地出现一些滞后，而这些能力与元认知能力相关，从而影响到元认知能力，首先表现为对计划能力的影响。关慧洁用相同的方法测试视觉障碍儿童和正常人，结果能成功地用语言刺激正常人的元认知活动，对视觉障碍儿童却不起作用。[①] 因此我们推测是他们的语言发展障碍影响了元认知。

2. 视觉障碍儿童计划能力的发展

赵斌等人的研究表明，视觉障碍儿童在学习的过程中表现出元认知能力的不足，与学校教学有关。[②] 专门的学习策略训练可以提高高年级视觉障碍儿童对学习策略使用的意识水平，促进教学状态的转换，使得他们在教学外部要求、诱发和控制下有意识地选用学习策略，促使视觉障碍儿童从无意识学习向有意识学习转变。

（二）听觉障碍儿童的计划能力

1. 听觉障碍与计划能力的关系

听觉障碍儿童有着敏锐的视觉等知觉功能，对计划能力有着积极的作用。听觉障碍影响语言、思维、注意等方面，这些与元认知的培养和获得有联系，从而导致听觉障碍儿童计划能力发展比较滞后。李一员等人的研究表明听觉障碍儿童的执行功能发展的时间比正常儿童滞后 2 年左右。[③] 听觉障碍儿童执行功能在 6 岁发展迅速，7 岁以后到达天花板效应的水平，因此听觉障碍儿童在 6 岁后才具备了完成卡片分类（dimensional change card sorting）任务所必需的抑制能力和表征转换能力。他们推测特殊符号系统、注意、额叶的某些特定功能干扰执行功能的发展，使之滞后。于素红研究表明，听觉障碍学生解决加减文字题时遇到的困难主要是面对文字题不能设计出正确的解题计划，而不能设计出正确的解题计划的主要原因是阅读能力薄弱，不能正确地理解文字题的语言、不能正确地建构相应的问题模型、表征策略不当、元认知水平低。[④]

2. 听觉障碍儿童计划能力的发展

于素红的研究表明，解决加减文字题困难并不是听觉障碍学生的固有缺陷。[⑤] 通过持续

---

① 关慧洁. 视障儿童与正常儿童"河内塔"问题解决过程的比较研究[D]. 西安：陕西师范大学硕士学位论文，2000：21-28.
② 赵斌，冯维. 精加工策略训练对盲生理解记忆影响的实验研究[J]. 中国特殊教育，2001(4)：46-49.
③ 李一员，等. 聋童执行功能发展：聋童与正常儿童的比较[J]. 心理学报，2006(3)：356-364.
④ 于素红. 聋生解决加减文字题的认知研究[D]. 上海：华东师范大学博士学位论文，2007：2.
⑤ 于素红. 聋生解决加减文字题的认知研究[D]. 上海：华东师范大学博士学位论文，2007：92-96.

一段时间的语言理解、表征策略、问题模型建构、元认知等方面的综合训练,可以提高听觉障碍儿童解决加减文字题的实际水平和认知能力。听觉障碍儿童的元认知能力,表现为学习上的策略,通过合适的教学方法能得到很大的改善。听觉障碍儿童也可自主形成学习策略,在元认知能力上获得好的发展,进而在学习上取得发展。①②

二、智力异常儿童的计划能力

(一)智力障碍儿童的计划能力

1. 智力落后与计划能力的关系

一方面,智力落后的相关因素对计划能力有一定的影响,比如思维能力、语言、动作发展等方面落后,给计划能力的发展带来一定阻碍。另一方面,计划能力的低下也导致了智力落后,斯滕伯格(Sternberg)就认为计划能力的低下是导致智力落后的部分原因。他说,"毫无疑问,在目前的概念体系中,元成分是智力发展的主要基础"。他解释说,智力落后很大程度上是由于使用元成分的能力低下造成的。③

2. 智力障碍儿童计划能力的发展

智力障碍儿童的计划能力在一定范围内可以得到提高,但是提高的程度因人而异,与个人智力落后程度相关,与训练的策略也有关。智力障碍儿童的计划能力是可以发展的,但是发展也是有限的。人们对智力障碍儿童的发展做了可能性分析,发现不同程度智力障碍儿童能达到的最高阶段是有限的,计划能力的发展也是有限的。④

(二)超常儿童的计划能力

1. 智力超常与计划能力的关系

很多研究表明,元认知能力是超常能力的一部分,计划能力属于其中的一部分,当然也是非常出色的。桑标分析了超常儿童定义里元认知的成分,以此表明越来越多的对超常的定义涉及元认知能力的成分,其中当然包括计划能力。⑤ 在达斯(Das)等人提出的人类智力活动的三级认知功能系统理论(Planning-Attention-Simutaneous Successive Processing Model,即PASS模型)中,计划系统是最高层的系统,是整个认知功能系统的核心,负责认知过程的计划性工作,在智能活动中确定目标,制定和选择策略,对注意—唤醒系统和编码加工系统起监控和调节作用。显然,计划系统与元认知、元成分的作用几乎是一致的,智力水平的高低与此关系非常密切。

超常教育领域中的研究,对超常儿童和一般儿童之间的元认知技能进行了比较,结果发现,超常儿童不管是在学龄前、小学还是成人阶段,在元认知方面都占有优势。有许多研究都表明了超常儿童会在解决问题时运用元认知策略。例如在拟订问题解决的计划,组织不

---

① 张爱芬,杜晓新.语感教学对提高聋生阅读能力的实验研究[J].中国特殊教育,2001(4):36-40.
② 郑裴,马伟娜.国内外聋哑儿童心理特点研究及心理健康教育建议[J].杭州师范学院学报:医学版,2008(3):197-200.
③ 董奇,周勇,陈红兵.自我监控与智力[M].杭州:浙江人民出版社,1996:87-99.
④ 祝新华,洪佳琳.弱智儿童教育研究[M].杭州:杭州大学出版社,1992:14-17.
⑤ 桑标.对元认知和智力超常关系的探讨[J].华东师范大学学报:教育科学版,1999(3):75-80.

同层次的知识时,超常儿童的元认知策略与专家完成任务的方法很相似。[1]

2. 超常儿童计划能力的发展

超常儿童已经具有杰出的才能,但这并不是说他们的计划能力已经到达顶峰,他们反而可以有更多的发展。他们更自觉更有效地增长自己有关计划能力的知识,积累有关计划能力的经验,提高自己的计划能力。波科维斯基(Borkowski)等认为,超常儿童通常在幼年时便显示出知觉方面的高效率(如极佳的短时记忆、反应时快等)。[2] 由于观察到孩子的这些特点,家长倾向于以一种挑战性的活动方式与孩子交往。在这一交往过程中,儿童逐步发展了他们的反省思维和熟练策略,因此元认知发展较普通儿童要好。

三、学习障碍儿童的计划能力

(一) 学习障碍儿童具体学科学习方面的计划能力

学习障碍儿童计划能力的不足在不同的学科有不同的表现,所以在描述他们的特点时,将分学科叙述,主要是语文方面和数学方面。

语文方面,主要是阅读和写作上的研究。比如张雅明、俞国良的研究表明,学习障碍儿童在写作中更关注结构性方面而非实质性方面。更关注诸如拼写正确等低水平的加工,而不是与特定对象的连贯的沟通的语言,这样一来在目标设定和策略使用方面必然受到影响,也就是计划能力不是很理想。[3]

数学方面的研究集中在几何和应用题的解决上。德索艾特(Desoete)等人的研究显示,中等以上数学问题解决者、中等水平数学问题解决者和数学学习障碍者在元认知预测和评估方面存在差异。[4] 牛卫华、张梅玲的研究发现,优秀生和数学学习障碍学生解答学习过的中等偏上难度的数学应用题时,两组学生在步骤上大致都要经历阅读、分析、假设、计算、检查几个阶段,但是优秀生解题过程中用时所占比例最高的是在分析阶段,而学习障碍学生解题过程中用时比例最高的是在计算阶段。[5] 这表明优秀生由于受元认知策略指导,知道在分析阶段要进行哪些内容和过程的分析,数学学习障碍学生在这方面存在缺陷。在解决几何问题的研究中,学者发现学习障碍学生多采用盲目试误的方法,不能依据题目的整体结构来明确思维大方向。[6]

另外,对学习障碍学生时间安排的研究表明,他们在学习时间管理能力上的相对滞后,集中反映在对学习时间的规划上。[7] 不能很好地计划学习时间、统筹安排自己的学习活动是学习困难学生基本学习素质不高的重要方面,不善于学习、总结和发展适合自己的有效提高学习效率的策略是其最突出的问题。

---

[1] 张炼.国外超常儿童的认知发展研究综述[J].中国特殊教育,2004(7):75-79.
[2] 桑标.对元认知和智力超常关系的探讨[J].华东师范大学学报:教育科学版,1999(3):75-80.
[3] 张雅明,俞国良.学习不良儿童的元认知研究[J].心理科学进展,2004(3):363-370.
[4] 张雅明,俞国良.学习不良儿童的元认知研究[J].心理科学进展,2004(3):363-370.
[5] 牛卫华,张梅玲.学困生和优秀生解应用题策略的对比研究[J].心理科学,1998(6):566.
[6] 张庆林,连庸华.优等生解决几何问题的成功思维策略分析[J].西南师范大学学报:哲学社会科学版,1995(1):19-23.
[7] 房安荣,王和平,蒋文清,杜晓新.学困生与学优生学习时间管理能力的对比研究[J].外国中小学教育,2003(4):45-49.

总的来说,学习障碍学生在学习之前往往不能明确学习任务的难度或无推测难度的意识,不能明确哪种学习策略使学习变得更容易,更不会由此订立出周全的学习计划。[1]

(二)学习障碍儿童计划能力的发展

学习障碍儿童的记忆操作和策略使用随年龄而发生变化。通过科学的训练,他们的元认知能力能得到很大程度的改善。如霍加(Hogan)等人的研究表明,接受记忆策略训练加上个别化数学学习计划的学习障碍儿童比只接受个别化数学学习计划的儿童的成绩更为优异。舒马克(Schumaker)等人的研究表明,写作策略指导能够使学习障碍儿童写作成绩有明显提高,学习障碍儿童不仅从中掌握了这些策略,而且还能在新的任务和情境中使用这些策略,写出适合于其教育水平的多段作文,通过所在区或州的能力测验。[2] 他们能取得这样的进步,作为元认知能力非常重要的一部分的计划能力是必须要得到提高的。

四、自闭症儿童的计划能力

达马索奥和毛瑞尔(Damasio & Maurer)报道,他们比较自闭症与那些额叶脑部受损的患者对任务的执行情况,发现其执行功能障碍。索佐洛夫(Sozonoff)等发现自闭症和亚斯伯格综合征儿童均在威斯康星卡片分类测试(Wisconsin Card Sorting Test,简称 WCST)和河内塔实验中能力受损,河内塔或伦敦塔任务是要求受试者在规定的步数内将木珠从开始状态移动到目标状态,以了解受试者的计划能力,而且在测试时必须遵守一定的规则。研究已显示自闭症患者在计划能力方面也有缺陷。休斯(C Hughes)等也发现自闭症儿童与对照组相比,在两项执行功能测试定势转移和伦敦塔任务中都表现出不同程度的缺损。[3]

第3节 调节能力

一、感官障碍儿童的调节能力

(一)视觉障碍儿童的调节能力

1. 视觉障碍与调节能力的关系

马红英、刘春玲对视觉障碍儿童口语能力学习的研究发现,视觉障碍儿童"比一般人更注意感知声韵调间的细微差别,也更自觉地运用听觉感知和听觉反馈调整自己的发音,使之符合标准音","长期有意识的听觉注意和听觉反馈,以及主动的发音调节,使视觉障碍儿童的音韵调节能力得到了较好的发展"。[4]

但是视觉障碍儿童的调节能力并不是对每一个方面都这么有效,如在语调能力、词汇能力、语法能力方面,由于他们缺乏视觉感知,调节学习也变得很困难。[5]

---

[1] 张荣.学业不良学生提高元认知监控能力的思考[J].江苏教育学院学报:社会科学版,2005(2):108-110.
[2] 张雅明,俞国良.学习不良儿童的元认知研究[J].心理科学进展,2004(3):363-370.
[3] 李咏梅,邹小兵.孤独症认知理论研究概况[J].中国儿童保健杂志,2006(2):169-171.
[4] 马红英,刘春玲.视觉障碍儿童口语能力的初步分析[J].中国特殊教育,2002(2):52-55.
[5] 张雅明,俞国良.学习不良儿童的元认知研究[J].心理科学进展,2004(3):363-370.

2. 视觉障碍儿童调节能力的发展

马红英、刘春玲认为视觉障碍儿童语调能力、词汇能力、语法能力方面的不足可以通过更合理的教学得到提高。① 从某种意义上说,视觉障碍儿童这些方面的提高,必然包括了调节能力的提高。

(二) 听觉障碍儿童的调节能力

1. 听觉障碍与调节能力的关系

听觉障碍儿童有着敏锐的视觉等知觉功能,对调节能力有着积极的作用。斯蒂瓦勒(Stivalet)等人研究发现,听力重度受损的成人在分心刺激中辨认目标刺激的速度快于听力正常的成人。②

但是听觉障碍影响语言、思维、注意等方面,这些与元认知的培养和获得有联系,从而导致听觉障碍儿童调节能力发展比较滞后。听觉障碍儿童的调节不够灵活。根据泽拉佐(Zelazo)的研究推测,听觉障碍儿童能够完全理解和记住规则,但是在执行这些规则的时候却仍然难免会出错。③ 他们认为造成这种知识掌握和知识运用脱节的根源是听觉障碍儿童不能"消化"这些知识,不能反映这些规则及规则间的内在联系,而且他们的抑制控制能力还不足以抑制优势反应。转换前、转换后的规则从本质上没有区别,他们完全能够正确地掌握转换前和转换后阶段的规则,只是不能在转换后阶段成功地实现规则间的灵活转变。

2. 听觉障碍儿童调节能力的发展

在补偿说看来,听觉经验的丧失势必会使听觉障碍儿童更多地依赖视觉经验,给他们的视知觉能力发展带来更多的机会,而表现出一种视觉发展提高的倾向。而在缺陷说看来,听觉经验的丧失使听觉障碍儿童难以利用听觉信息进行有效的视觉定位和搜索,给他们的视知觉能力发展带来障碍,而表现出一种视觉发展受阻的倾向。④ 补偿说支持听觉障碍儿童的调节能力通过其他感知觉能力的补偿得到提高,而缺陷说却提示人们听觉障碍儿童的调节能力始终会受到限制,提高是有难度的。

二、智力异常儿童的调节能力

(一) 智力障碍儿童的调节能力

1. 智力落后与调节能力的关系

斯滕伯格在研究中发现,一些智力落后的儿童在执行认知任务、解决问题的过程中,不能充分协调自动化与非自动化过程,不能进行良好的迁移和转换,缺乏那种依据原有的知识和经验产生一种新的策略以解决新问题的灵活性。⑤ 他认为调节能力的不足是导致智力落后的部分原因。当然调节能力也受到其他因素的影响。

---

① 张雅明,俞国良.学习不良儿童的元认知研究[J].心理科学进展,2004(3):363-370.
② 张兴利,施建农,黎明,宋雯.听障碍与听力正常儿童视觉注意技能比较[J].中国心理卫生杂志,2007(12):812-816.
③ 李一员,等.聋童执行功能发展:聋童与正常儿童的比较[J].心理学报,2006(3):356-364.
④ 王庭照.聋人与听力正常人图形视觉加工能力的比较实验研究[D].上海:华东师范大学博士学位论文,2007:178.
⑤ 桑标.对元认知和智力超常关系的探讨[J].华东师范大学学报:教育科学版,1999(3):75-80.

2. 智力障碍儿童调节能力的发展

埃利斯(Ellis)证明轻度和中度智力落后者不能主动地应用有效的复述策略,他们在对获得的信息进行内部转换的过程中是相当被动的。巴特菲尔德证明,某些智力落后者能学会相当复杂的复述策略,并能利用这一策略来提高他们的记忆成绩。但这是对他们进行特别记忆策略的训练后取得的,而且这些被试很难将这些新学会的策略主动迁移到类似的记忆任务中去。另外,个人认识水平发展的不同也会表现出元记忆水平的差异。[1]

(二) 超常儿童的调节能力

1. 超常与调节能力的关系

超常儿童的调节能力是他们超常能力的一部分。杰克逊和巴特菲尔德(Jackson & Butterfield)提出"调节任务分析的高级过程和问题解决行为的自我管理可能是将超常的任务操作从普通的任务操作中区分出来的重要因素"。[2]

超常儿童有着杰出的调节策略。施建农在研究中发现,超常儿童不仅能意识到要重组材料,更重要的是他们能找到更多有效的途径组织记忆。[3] 高特尼(Gaultney)发现,超常儿童会和普通儿童一样陷入"应用新策略缺陷"表现,但是能更快地从这种表现中摆脱出来,因为他们很快就形成了新策略的自动化应用的能力。[4]

2. 超常儿童调节能力的发展

超常儿童的超常能力也不都是天生的,更多的靠后天培养。在对超常儿童早期教育的研究中,很多家长谈到自己超常孩子的培养,主要是靠在合适的时机进行了合适的教育。[5] 超常儿童调节能力的发展也不例外,他们超常的调节能力是训练而来的,他们了解更多调节的知识,有丰富的调节体验,并且知识和体验之间相辅相成,使调节能力得到锻炼提高。

三、学习障碍儿童的调节能力

(一) 学习障碍儿童具体学科方面的调节能力

学习障碍儿童在阅读方面不能有效使用阅读策略。柯菲尔(Kavale)发现学习障碍儿童在回答阅读理解问题时不像一般儿童那样使用有效推理策略,弗莱舍和加内特(Fleischner & Gannett)发现一些学习障碍儿童尽管已获得解决文字题的技能,但从不在解题时主动、恰当地使用它们。[6]

在写作的研究上,恩莱特(Englert)及其同事系统地研究了学习障碍儿童有关写作过程的元认知知识。结果表明,学习障碍儿童在写作的策略意识和怎样调节写作过程上均与普通学生存在差异。[7] 例如,学习障碍学生倾向于使用外部线索判断自己是否写完,在起草、修改文章时很少考虑读者的需求。

---

[1] 杜晓新. 元认知与学习策略[M]. 北京:人民教育出版社,1999:179-189.
[2] 桑标. 对元认知和智力超常关系的探讨[J]. 华东师范大学学报:教育科学版,1999(3):75-80.
[3] 施建农. 超常与常态儿童记忆和记忆组织的比较研究[J]. 心理学报,1990(2):127-134.
[4] 张炼. 国外超常儿童的认知发展研究综述[J]. 中国特殊教育,2004(7):75-79.
[5] 刘玉华,朱源. 超常儿童心理发展与教育[M]. 合肥:安徽教育出版社,2001:308-415.
[6] 张雅明,俞国良. 学习不良儿童的元认知研究[J]. 心理科学进展,2004(3):363-370.
[7] 桑标. 对元认知和智力超常关系的探讨[J]. 华东师范大学学报:教育科学版,1999(3):75-80.

数学问题解决方面,蒙塔古(Montague)的研究显示,学习障碍学生报告的解决问题的方法与非学习障碍学生在数量上并无差异,但他们的描述更多集中在低水平策略(如计算)而非高水平策略(如表征)上,这一结论表明学习障碍儿童并非完全缺乏策略性知识,但他们在根据任务要求选择和使用策略上存在问题,即元认知调节方面没能得到很好的发展。[1]

在解决几何问题的研究中,学者发现,学习障碍学生一般只有一条思路,一个方向走不通,他们不会换一个角度去思考。往往不能充分使用已知条件,不能使信息增值,缩短与未知条件的"思路距离",所以不能正确解答问题。思路带有随意性,不知道用未充分使用的已知条件与未知条件作为启发信息来促使自己顿悟。[2]

(二)目标定向对调节能力的影响

通过比较不同学习水平学生的目标定向和调节能力的关系,研究者发现目标定向对调节能力有一定的影响。如雷雳等人的研究表明了掌握定向、回避定向和成绩定向对不同学生调节能力有不同的影响。[3] 优生比较倾向于进行掌握定向,而学习障碍学生比较倾向于进行回避定向;优生在学习活动上更多进行深层加工,而学习障碍学生则进行表层加工或产生自我阻碍;优生在遭遇学业失败时,更倾向于以问题解决的策略来应对,而学习障碍学生倾向于情绪发泄,且采取遗忘、寻求社会支持、自我谴责等方式进行应对的倾向也高于优生。成绩定向对于优生的学习未必有不利的影响,但对学习障碍学生而言是一种不利的定向方式。在这种定向方式下,学习障碍学生在学习过程中不倾向于对学习材料进行深层加工,在面临失败时不倾向于采取问题解决的策略进行应对,而这些都不利于学习障碍学生学业的进步。

但是优生和学习障碍学生的调节能力也有一些共同特性。雷雳等人做了全面的总结:① 无论学习障碍学生还是优生,进行回避定向的倾向越明显,在学习活动中越有可能进行表层加工,越有可能出现自我阻碍的情况。② 无论优生还是学习障碍学生,如果进行掌握定向,在遇到学业困难时更有可能采取问题解决的应对方式;如果进行回避定向,则更有可能会以情绪发泄的方式进行应对,或通过寻求社会支持以重新获得心理平衡。③ 无论优生还是学习障碍学生,越是习惯于对学习材料进行深层加工,在面对学业挫折时越有可能采取问题解决的方式进行应对;而越是习惯于进行浅层加工,在挫折面前越有可能通过寻求社会支持而重获心理平衡。[4]

四、自闭症儿童的调节能力

自闭症儿童常伴有刻板和多动的行为,自我控制能力偏低,调节不够灵活。采用威斯康星卡片分类测试来研究自闭症儿童,研究结果表明,自闭症患者比对照组持续性应答的次数多,也就是说,当需要从一个分类原则到另一个分类原则时,自闭症儿童感到非常困难,总是按第一种分类原则进行分类。这些障碍反映其在思维的灵活性、行为的监控性方面都存在缺陷。研究者认为,这种现象可能与日常生活中的重复刻板行为和刻板的思维方式有密切的关系。[5]

---

[1] 桑标.对元认知和智力超常关系的探讨[J].华东师范大学学报:教育科学版,1999(3):75-80.
[2] 张庆林,连庸华.优等生解决几何问题的成功思维策略分析[J].西南师范大学学报:哲学社会科学版,1995(1):19-23.
[3] 雷雳,汪玲,Tanja Culjak.优生与差生自我调节学习的对比研究[J].心理发展与教育,2002(2):6-11.
[4] 雷雳,汪玲,Tanja Culjak.优生与差生自我调节学习的对比研究[J].心理发展与教育,2002(2):6-11.
[5] 李咏梅,邹小兵.孤独症认知理论研究概况[J].中国儿童保健杂志,2006(2):169-171.

第4节 监控能力

一、感官障碍儿童的监控能力

(一) 视觉障碍儿童的监控能力

1. 视觉障碍与监控能力的关系

视觉障碍人士有敏锐的听觉、触觉等其他感知觉,这在监控的过程中会起到促进的作用。陈光华对视觉障碍者感知觉缺陷补偿的实验研究发现,视觉障碍者被试部分声音辨别感受性好于明眼被试,视觉障碍者在触觉—大小的比较上速度快于明眼被试,也迁移了阅读盲文的习惯,在这些方面体现了较好的监控能力。① 如在动觉定位实验中,明眼被试对自己是否能点到拿起笔的位置,没什么信心,大都会说凭感觉点,而部分曾上过按摩基础课程的视觉障碍被试,说起来却头头是道,"记住拿起笔时的腕关节、肘关节的动作,以及手臂移动的距离,离身体中轴线的位置如何……"

视觉障碍对视障人士的监控能力也有消极影响。在对视觉障碍者和明眼人进行触觉—大小比较实验时发现,尽管视觉障碍者能在更短时间内进行触觉判断,但他们缺乏像明眼人那样的多角度解决问题的策略和灵活性。视觉障碍者被试在判断方式上就显得过于单调了。他们缺乏详细而完整的解决问题的方法和策略。

2. 视觉障碍儿童的监控能力的发展

补偿说认为视障人士具有敏锐的听觉、触觉等其他感知觉,是后天训练补偿的结果,② 这也证明了视觉障碍儿童的监控能力是可以通过合理的学习策略得到补偿的。视障儿童语调能力、词汇能力、语法能力方面的不足可以通过更合理的教学得到提高。从某种意义上说,视觉障碍儿童这些方面的提高,必然包括了监控能力的提高。

(二) 听觉障碍儿童的监控能力

1. 听觉障碍与监控能力的关系

听觉障碍儿童有着敏锐的视觉等知觉功能,这对元认知发展有着积极的作用。赵美荣等在对听觉障碍儿童学习能力分析的过程中发现听觉障碍儿童依据视觉的鉴别和比较区别重要特征和细节的分析能力,对色彩刺激的视觉记忆能力和视觉的辨别能力,对事物间相互关系的概念和认识环境的能力较强。③

听觉障碍影响语言思维、注意等方面,这些与元认知的培养和获得有联系,从而导致听觉障碍儿童监控能力发展比较滞后。李一员等人从正常儿童的表现推测听觉障碍儿童由于缺乏内部语言的控制,导致执行功能发展迟缓。④ 执行功能是一种涉及问题解决的高级认知功能,包含着计划、持续注意、执行、监控等内容,这些活动也需要内部语言的指令。因此,我们认为,语言不可避免地对执行功能起着某种作用。然而,听觉障碍儿童作为丧失了全部或

---

① 陈光华.视觉障碍者感知觉缺陷补偿的实验研究[D].大连:辽宁师范大学硕士学位论文,2003:21.
② 陈光华.视觉障碍者感知觉缺陷补偿的实验研究[D].大连:辽宁师范大学硕士学位论文,2003:25.
③ 赵美荣,陈卫,花桂莲.聋哑儿童学习能力分析[J].中国学校卫生,1998(4):268-269.
④ 李一员,等.聋童执行功能发展:聋童与正常儿童的比较[J].心理学报,2006(3):356-364.

大部分听力的特殊群体,与正常儿童相比,他们缺少了一种重要的认知技能——自然语言。

2. 听觉障碍儿童监控能力的发展

以语言为例,听觉障碍儿童缺少内部语言,这进而影响执行功能。所以提高听觉障碍儿童的监控能力可以从提高他们的语言能力入手。当然,听觉障碍儿童的语言训练是一种高难度并且需要坚持不懈的训练,因此需要寻找合适的方法。

关于听障大学生阅读理解监控能力的眼动研究中,刘晓明运用错误觉察范式和眼动方法探查听障学生在文章通达与非通达情况下的阅读监控特点。结果表明:听障学生阅读理解的整体能力低于健听学生,主要表现在文章阅读的整体效率显著低于健听学生;听障学生阅读监控能力低于健听学生,主要表现在基于自信心评价的理解监控和以回视为指标的眼动监控均低于健听学生;听障学生在阅读监控眼动指标上与健听学生有显著差异,主要表现在回视次数、回视时间和回视点个数上明显低于健听学生。① 张茂林等则对不同类型学生的理解监控过程进行了实验研究。结果表明:聋人大学生对错误区的注视点平均持续时间显著大于正常区域,显示出他们具有一定的监控能力;在基于自信心评价的理解监控分数上,不同阅读策略运用倾向的聋人大学生没有显著差异;高策略组聋人大学生对逻辑错误的觉察能力显著优于低策略组聋人学生,而在经验错误及同音字误用两种错误类型上没有显著差异。②

二、智力异常儿童的监控能力

(一) 智力障碍儿童的监控能力

1. 智力落后与监控能力的关系

在中度智力障碍儿童抑制性研究的实验中发现,完成动作抑制任务时,有些中度智力障碍儿童会自发地用语言来指导自己的动作(低声重复实验规则:"老师伸手我握拳,老师握拳我伸手"),③说明他们有一定程度的监控,但是监控能力受到动作发展迟滞的影响。监控能力不能在运用的过程中得到锻炼,自然发展也会迟缓一些。

斯滕伯格在研究中发现,在智力的成分亚理论中一些智力不良的儿童在执行认知任务时,其元成分即元认知成分不能充分地监控其他操作成分和知识获得成分以获取构建策略的充分资源。④ 他认为这是导致智力落后的部分原因。

2. 智力障碍儿童监控能力的发展

智力障碍儿童的监控能力是可以得到提高的。以中度智力障碍儿童抑制性控制发展为例,16岁以上中度智力障碍儿童比10—12岁中度智力障碍儿童有显著进步。⑤ 内容抑制上的发展趋势与总体趋势相同,而大小抑制发展的重要时间段约在13岁至16岁之间。同一年龄组的中度智力障碍儿童在抑制性控制各项任务上的发展呈现出不均衡性,大小抑制能

---

① 刘晓明.听障大学生阅读理解监控的眼动研究[J].中国特殊教育,2012(1):20.
② 张茂林,杜晓新.基于眼动分析的聋人大学生理解监控能力研究[J].中国特殊教育,2012(7):49.
③ 王怡.抑制性控制能力对中度智力落后儿童心理理论发展影响的研究[D].上海:华东师范大学硕士学位论文,2006:42.
④ 桑标.对元认知和智力超常关系的探讨[J].华东师范大学学报:教育科学版,1999(3):75-80.
⑤ 张炼.国外超常儿童的认知发展研究综述[J].中国特殊教育,2004(7):75-79.

力发展得最好,内容抑制能力次之,而动作抑制能力最差。这种发展趋势与抑制性控制的难度特点相一致。

布朗(Brown)等人研究发现,低效能智力障碍儿童在当前记忆监控能力上比常态儿童心理年龄低6年。[①] 他们观察到被试智力障碍儿童对自己当前的记忆状态很少监控。然后他们对被试进行元认知技能的训练,结果高效能智力障碍儿童的记忆监控技术有明显提高,而低效能被试的记忆监控技术没有显著提高。这表明智力障碍儿童的记忆监控能力是可以通过训练得到提高的。

(二)超常儿童的监控能力

1. 智力超常与监控能力的关系

对超常儿童研究较多的是他们的记忆力,从记忆的角度分析他们的超常之处可以说明一些问题。施建农的研究表明超常儿童的记忆监控更精确,[②]一方面反映了超常儿童比常态儿童更能清楚地意识到自己的记忆程度,另一方面也反映了超常儿童比常态儿童更能清楚地意识到何种记忆状态对回忆有利。超常儿童的回忆量与记忆监控的相关性不太显著,而常态儿童的记忆监控与回忆量之间却有显著相关。他推断,记忆监控只有在记忆活动水平相当低的情况下才与回忆量有相关。戴维生和斯滕伯格认为,问题解决时,超常儿童在以下三项能力上比普通儿童的能力均要高一些:即有选择地对重要信息进行译码,而忽略一些不相关的信息的能力;有选择性地把重要信息与问题的结论结合起来;有选择性地把问题与以往所学习的材料进行比较。[③] 对超常儿童的认知控制研究表明,超常儿童具有更好的认知监控能力。

2. 超常儿童监控能力的发展

超常儿童监控能力并不是与生俱来的优势,它也是后天训练的结果。超常儿童往往在优秀的监控能力的基础上,更能自觉有效地巩固监控能力,在监控活动中提高监控能力,用优秀的监控能力投入监控的活动,使其相得益彰。

三、学习障碍儿童的监控能力

(一)学习障碍儿童具体学科方面的监控能力

张雅明、俞国良的研究发现,在阅读方面,学习障碍儿童拥有较少的有关阅读的元认知知识,很少对记忆、理解和其他认知过程进行监控,将阅读理解为解码过程而非意义获得的过程,难以发现和处理阅读中的矛盾信息,不能很好控制整个阅读过程。[④] 但这并不是说学习障碍学生没有理解监控能力,只不过他们监控的层面不同。杨双等人的研究表明,在课文基面表征的建构上,阅读理解困难儿童进行了正常的阅读加工和理解监控。但是在课文情境模型表征上,阅读理解困难儿童的理解监控水平落后。[⑤] 阅读理解困难儿童对字词的理解性监控水平高于正常儿童;对句子的理解性监控水平和正常儿童相当;对课文整体意义的理

[①] 周林.元认知与特殊儿童的心理研究[J].心理发展与教育,1993(4):42-46.
[②] 施建农.超常与常态儿童记忆和记忆组织的比较研究[J].心理学报,1990(2):323-329.
[③] 张炼.国外超常儿童的认知发展研究综述[J].中国特殊教育,2004(7):75-79.
[④] 张雅明,俞国良.学习不良儿童的元认知研究[J].心理科学进展,2004(3):363-370.
[⑤] 杨双,刘翔平,林敏,宋雪芳.阅读理解困难儿童的理解监控特点[J].中国特殊教育,2006(4):53-57.

解性监控水平落后。

李伟健研究学习障碍学生对阅读材料不一致的察觉能力,发现他们的察觉能力显著弱于优生,而且理解监控水平与对阅读材料外部不一致的察觉水平显著相关,但方向不一致。与对阅读材料内部不一致的察觉水平显著相关,且方向一致。[1]

采用学习时间分配作为学生控制变量的研究发现,虽然学优生和学习障碍儿童用于高难度阅读材料的时间分配都显著多于低难度阅读材料,但学习障碍儿童用于高难度阅读材料的时间分配显著少于学习优秀学生,学习障碍儿童学习判断分数与时间分配的相关性不显著。[2] 有研究者使用回视作为理解监控的指标,发现学习障碍儿童较少使用元认知回视,也表现出了理解控制的缺陷。赵晶等人认为,学习障碍儿童不能有效分配阅读学习时间,并不是其不能对任务难度做出准确的学习判断,而可能是其没有有效地利用理解监测的信息对理解控制产生作用,在学习障碍儿童的理解监测和理解控制之间可能存在着整合缺陷。[3]

解决几何问题的时候,学习障碍儿童解完一个题就只学会了解这一个题,不善于总结概括思路,不能迁移总结概括自己的思路,不考虑自己解这一题的方法"和过去的解法有什么不同之处","这种思路还可以用来证明什么类型的题",不能举一反三。[4]

在解决数学问题上,学习障碍儿童常难以判断问题是否得到了正确解决,他们倾向于使用计算正确与否的标准评价作业,在检查错误方面更多使用表面标准和单一标准,还常使用错误或不准确的标准。[5]

(二) 任务难度对学习障碍儿童监控能力的影响

刘海燕等人的研究表明,学习障碍学生在课堂掌握目标定向下,在较难任务上能比在较易任务上更多地使用元认知监控策略。[6] 在课堂成绩目标定向下,学习障碍学生在任务上的表现与掌握目标定向下的情况正好相反。这是因为低学业水平学生在课堂成绩目标定向下,易导致个人成绩—回避目标定向,从而倾向于选择较易任务以避免失败,为了避免失败便会运用一些监控策略。在从事较难任务时采取不努力的防御策略。

四、自闭症儿童的监控能力

关于自闭症儿童的元认知监控能力,麦佛伊(McEvoy)等发现幼小自闭症儿童在空间反转任务中操作有缺陷,这个任务要求作记忆、抑制性控制和情景转换,说明不同年龄和能力范围的自闭症个体均存在执行功能缺陷。[7] 进一步的研究还认为,自闭症儿童监控能力的缺陷可能和前额的脑神经的信息整合能力薄弱有一定的关系。

---

[1] 李伟健.学习困难学生阅读理解监视的实验研究[J].心理与行为研究,2004(1):346-350.
[2] 赵晶,李荔波,李伟健.学习困难学生理解监测和控制的特点[J].中国特殊教育,2007(10):48-51.
[3] 赵晶,李荔波,李伟健.学习困难学生理解监测和控制的特点[J].中国特殊教育,2007(10):48-51.
[4] 张庆林,连庸华.优等生解决几何问题的成功思维策略分析[J].西南师范大学学报:哲学社会科学版,1995(1):19-23.
[5] 张雅明,俞国良.学习不良儿童的元认知研究[J].心理科学进展,2004(3):363-370.
[6] 刘海燕,邓淑红.课堂成就目标定向、任务难度、学业水平与元认知监控策略运用[J].心理科学,2007(2):454-457.
[7] 李咏梅,邹小兵.孤独症认知理论研究概况[J].中国儿童保健杂志,2006(2):169-171.

本章小结

本章简单介绍了元认知的概念、模式以及发展,详细介绍了各类特殊儿童元认知的特点。总体来说,特殊儿童的缺陷一方面导致了元认知的缺陷,另一方面,也提供了康复训练的切入点。让人欣慰的是,无论何种特殊儿童,通过适当的训练,元认知都会有不同程度的提高。

 思考与练习

1. 选取自己感兴趣的特殊儿童类型,想一想如何提高这类儿童元认知的能力?
2. 比较视觉障碍儿童和听觉障碍儿童元认知的异同,想想有什么启示?
3. 比较智力障碍儿童和超常儿童元认知的异同,想想有什么启示?
4. 找一个特殊儿童的案例,分析其中的元认知成分。
5. 思考并叙述智力障碍儿童元认知能力发展是否有一个顶峰?
6. 结合超常儿童元认知能力发展状况,想想给你的学习什么提示?

第8章　特殊儿童的情绪情感

学习目标

1. 熟悉情绪情感发展的生理和心理基础及其他相关因素。
2. 掌握各类特殊儿童的情绪情感特点。
3. 在实践中能运用相关知识解释与特殊儿童情绪相关的现象。
4. 反思与特殊儿童情绪发展相关的课程设置和课程内容。

人的心理是知、情、意的统一。情绪、情感的发展对认知和人格的形成和发展都会产生重要的影响。对特殊儿童而言,情绪、情感的发展水平更是影响其适应环境,融入学校、社区、社会的重要因素。本章在普通儿童情绪情感发展的理论基础上,结合每类特殊儿童的身心特点,探讨不同类型特殊需要儿童的情绪、情感特点及其影响他们情绪情感发展的重要因素。

第1节　情绪情感基本理论

一、情绪、情感的基本理论

(一) 情绪、情感的概念

由于情绪、情感本身的复杂性,心理学家对情绪、情感的实质有不同的理解,对情绪的概念也有不同的界定。有的从情绪产生的原因这个角度,将情绪、情感定义为"以个体的愿望和需要为中介的一种心理活动"[①];有的从情绪可以引起的各种变化的角度,将情绪、情感界定为"一种躯体和精神上的复杂的变化模式,包括心理唤醒、感觉、认知过程以及行为反应,这些是对个人知觉到的独特处境的反应"[②]。斯切尔(Scherer,2000)从认知评价和情绪之间的关系将情绪定义为"情绪是由对事件的非线性动态评价所产生的次级系统"[③]。

有的心理学家将情绪和情感相提并论,一起使用。但大多数心理学家强调两者之间的区别。有的将情感作为情绪的一个主要成分,是指"一个人的个体情绪体验";有的将情感定义为人类的高级情感,认为情绪和情感具有以下区别:① 情绪是和有机体的生物需要相联系的体验形式,而情感是同人的高级社会性需要相联系的。② 情绪是人和动物共有的,而

---

① 彭聃龄.普通心理学[M].北京:北京师范大学出版社,2004:364.
② 〔美〕理查德·格里格,菲利普·津巴多.心理学与生活[M].王垒,等译.北京:人民邮电出版社,2003:352.
③ 刘海燕,郭得俊.近十年来情绪研究的回顾与展望[J].心理科学,2004(3):684-686.

情感是人所特有的。③ 情绪带有情境的性质,而情感既具有情境性,也具有稳固性和长期性,①是指"同人的社会化需要相联系的主观体验"②。本书倾向于将情绪和情感区别开来,作为不同的概念展开论述。

(二) 情绪、情感的分类

心理学对情绪的分类有不同的标准。罗伯特(Robert,2003)将情绪分为基本情绪和复合情绪。基本情绪包括恐惧、惊讶、厌恶、悲伤、愤怒、期待、快乐、接受这八种情绪;复合情绪是由一种基本情绪和相邻情绪混合而成的。③ 拉塞尔(Russell,1980)将情绪划分为愉快度和强度两个维度,各种不同的情绪状态在这两个维度下环绕分布。④ 情绪状态可以分为心境、激情和应激。心境是指人比较平静而持久的状态。激情是一种强烈的、爆发性的、为时短促的情绪状态。应激是指人对某种意外的环境刺激所做出的适应性反应。⑤ 情绪还可分为积极情绪和消极情绪两类。积极情绪是指个体由于体内外刺激、时间满足个体需要而产生的伴有愉悦感受的情绪,积极情绪对个体的适应具有广泛的功能与意义。⑥ 消极情绪是指在某种具体行为中,由于外因或内因影响而产生的不利于个体继续完成工作或正常思考的情感,包括忧愁、悲伤、愤怒、紧张、焦虑等。关于积极情绪和消极情绪的关系,不同的理论模型有不同的看法。⑦

情感包括道德感、理智感和美感。道德感是指根据一定的道德标准在评价他人的思想、意图和行为时所产生的主观体验。理智感是在智力活动过程中,在认识和评价事物时所产生的情感体验。美感是根据一定的审美标准评价事物时所产生的情感体验。⑧

(三) 情绪情感的生理基础

随着脑成像等研究技术在心理学中的运用,我们对情绪的脑中枢机制的了解日益增加,发现人脑的前额皮层、杏仁核、海马、扣带回、网状结构是与情绪情感直接相关的脑组织。

1. 前额皮层

有些关于情绪脑功能的研究表明:左侧前额皮层与趋近系统和积极感情相关,右侧前额皮层与退缩系统和消极感情相关。⑨ 但是,一些新的研究结果又认为:大脑皮层在加工积极情绪和消极情绪时并不是完全分离的,而是有大量的重叠的神经通道同时调节大脑皮层对不同效价的情绪的加工。⑩

2. 杏仁核

杏仁核在情绪方面具有以下功能:① 负责产生害怕情绪,它提供了一条简捷的情绪刺

---

① 北京师范大学,等.在职攻读教育硕士专业学位、全国统一(联合)考试大纲及指南[M].北京:北京师范大学出版社,2003:219.
② 彭聃龄.普通心理学[M].北京:北京师范大学出版社,2004:371.
③ 〔美〕Dennis Coon,John O. Mitter.心理学导论——思想与行为的认识之路[M].郑刚,等译.北京:中国轻工业出版社,2007:461.
④ 彭聃龄.普通心理学[M].北京:北京师范大学出版社,2004:369.
⑤ 彭聃龄.普通心理学[M].北京:北京师范大学出版社,2004:370-371.
⑥ 郭小艳,王振宏.积极情绪的概念、功能与意义[J].心理科学进展,2007(5):810.
⑦ 刘宏艳,胡治国,彭聃龄.积极与消极情绪关系的理论与研究[J].心理科学进展,2008(2):295-301.
⑧ 彭聃龄.普通心理学[M].北京:北京师范大学出版社,2004:372.
⑨ 彭聃龄.普通心理学[M].北京:北京师范大学出版社,2004:374.
⑩ 王亚鹏,董奇.情绪加工的脑机制研究及其现状[J].心理科学,2006(6):1512-1514.

激加工的"快速通道",保证我们对危险做出自发的快速反应。① ② 识别情绪,特别是恐惧的情绪。③ 与消极情绪相关,例如抑郁病人杏仁核的激活水平就较高。② ④ 情绪学习和记忆的重要基础。③

3. 海马和前扣带回

海马是大脑中与学习和记忆相关的重要脑区,海马参与了与杏仁核的协作,在情绪记忆的编码、储存、提取阶段发挥重要的作用。④ 前扣带回皮层在表征主观的情绪反应时扮演着比较重要的角色,并且与额叶的背侧一起在识别愤怒情绪中起着重要的作用。⑤

4. 网状结构

网状结构对情绪的激活有着重要的作用。网状结构靠近下丘脑部分,既是情绪表现下行系统中的中转站,又是上行警觉激活系统的中转站。⑥

除了脑神经机制,情绪的产生还会引起自主神经系统、分泌系统和躯体神经系统的生理变化。

二、情绪、情感的功能

随着对认知和情绪的研究,进一步证明了情绪的影响具有普遍性,其影响已经扩展到认知和行为的所有方面。这些领域包括注意、感知觉、记忆、心理防御、主观幸福感、态度和说服、推理和决策、表情表达、情绪感染、人际关系和政治信息处理等。⑦

(一)情绪对认知的影响

由于情绪的复杂性、实验的有限性和在实验中使用的情绪引发和情绪评价的方法不同等原因,研究者对于情绪是否影响认知,如何影响认知得出了不同的结论。鲍尔(Bower)提出的"情绪一致性处理"概括了情绪对认知的影响,即"当人们在处理和提取信息时,对于那些和当前情绪一致的内容会表现出选择的敏感化","那些与一个人目前的情绪相一致的材料更容易被发现、注意和深入加工,联系也更为细致"。⑧ 耶克斯-道德逊定律显示了情绪的唤醒水平和绩效之间的影响:随着唤醒水平的提高,复杂工作的绩效降低,而简单工作的绩效随着唤醒水平的提高而提高。艾森(Isen)综合了两百多篇情绪对认知影响研究的文献后指出:"快乐、兴趣、喜悦之类的中等强度积极情绪在促进思维、提高创造力、问题解决灵活性方面都具有促进作用,而悲哀、恐惧、愤怒之类的负性情绪会抑制或干扰认知操作活动,消极情绪的激活水平越高,操作效率越差。"⑨下面将介绍情绪如何影响认知的各个方面。

1. 情绪对注意的影响

伦敦精神病学者所做的一项研究显示:在情绪性斯托普注意任务中,高焦虑的儿童倾

---

① [美]Dennis Coon,John O. Mitter.心理学导论——思想与行为的认识之路[M].郑刚,等译.北京:中国轻工业出版社,2007:462.
② 彭聃龄.普通心理学[M].北京:北京师范大学出版社,2004:374.
③ 王翠艳,等.杏仁核情绪功能偏侧化的成像研究述评[J].心理科学进展,2007(2):313-318.
④ 吴润果,罗跃嘉.情绪记忆的神经基础[J].心理科学进展,2008(3):458-463.
⑤ 王亚鹏,董奇.情绪加工的脑机制研究及其现状[J].心理科学,2006(6):1512-1514.
⑥ 彭聃龄.普通心理学[M].北京:北京师范大学出版社,2004:376.
⑦ 刘海燕,郭得俊.近十年来情绪研究的回顾与展望[J].心理科学,2004(3):684-686.
⑧ [美]理查德·格里格,菲利普·津巴多.心理学与生活[M].王垒,等译.北京:人民邮电出版社,2003:360.
⑨ 廖声立,陶德清.情绪对不同智力水平学生推理操作的影响[J].心理发展与教育,2004(2):34-39.

向于选择与恐吓有关的信息,外伤后紧张混乱的儿童倾向于选择和外伤相关的信息,而抑郁儿童对任务中的两种信息都没有注意。①

2. 情绪对记忆的影响

大量的研究证实了情绪对记忆的影响,例如消极情绪对记忆的影响和情绪调节对记忆的影响。学者们多从认知资源的分配,特别是注意资源的分配角度来解释这一现象。

格诺斯(Gross)将情绪调节定义为"个体对具有什么样的情绪、情绪什么时候产生、如何进行情绪体验与表达施加影响的过程"②。格诺斯的研究显示:反应调节对记忆产生了显著影响。格诺斯认为,原因在于反应调节是一种在情绪时间全过程中需要持续自我监视、自我纠正的活动,这需要消耗认知资源以加工情绪信息,影响了记忆任务。李静等所做的研究证实反应调节对记忆有显著的影响,并得出反应调节显著降低了元认知水平的结论。③

艾森克(Eysenck)和卡尔沃(Calvo)提出"过程效能理论",大量的研究证明焦虑对认知的影响是工作记忆受损引起的:焦虑被试更多会关注自己的强制思想、担忧和负面认知等焦虑反应,消耗了有限的工作记忆资源。拉夫里奇(Lavric)的实验和ERP研究进一步显示:负面情绪选择性地影响了空间工作记忆,而没有影响词语工作记忆。负面情绪对空间工作记忆的影响可能是由于负面情绪限制了空间工作记忆中所需的注意资源造成的。④ 罗跃嘉等以中国人为被试,以中国情感图片系统、中国人情感面孔图片系统、中国情感数码声音系统和汉语情感词系统为实验材料所做的研究得到了一致的结论。⑤

易琦(Eich)认为情绪依赖性记忆,是指在一定情境中,如果他们当时的情绪和将事件存入记忆时的情绪相同,他们更容易提取信息。⑥

3. 情绪对推理的影响

对于情绪是否对推理起到作用,正负情绪分别起到什么作用,研究者没有得出一致的结论。大部分的研究证实,焦虑等消极情绪对推理起消极作用。贝雷戴尔和克莱能(Baradell & Klein,1993),贝恩斯和吉尔斯博迪(Bensi & Giusberti,2007)以及克瑞恩(Krain,2008)等的观察和实验都显示:高焦虑者在进行推理任务时倾向于采用"启发式"的问题解决策略,与正常被试相比,缺乏耐性和策略,易草率得出结论。⑦ 王伶伶的研究显示,不良情绪对学习能力的发挥有着不良的影响。⑧ 而戴斯福德(Dskford)等的实验却发现,正负情绪都干扰不了某一项推理。

廖声立、陶德清以13岁初中生为被试的实验显示:在简单和中等推理中,喜悦对优等、中等智力组的推理起更大的促进作用;在较高难度推理中,优等智力组易受喜悦情绪的干扰,悲伤对不同智力组都易产生干扰作用。⑨

---

① 彭聃龄. 普通心理学[M]. 北京:北京师范大学出版社,2004:392.
② 彭聃龄. 普通心理学[M]. 北京:北京师范大学出版社,2004:397.
③ 李静,卢家楣. 不同情绪调节方式对记忆的影响[J]. 心理学报,2007(6):1084-1092.
④ 李雪冰,罗跃嘉. 情绪和记忆的相互作用[J]. 心理科学进展,2007(1):3-7.
⑤ 罗跃嘉,等. 情绪对认知加工的影响:事件相关脑电位系列研究[J]. 心理科学进展,2006(4):505-510.
⑥ [美]理查德·格里格,菲利普·津巴多. 心理学与生活[M]. 王垒,等译. 北京:人民邮电出版社,2003:360.
⑦ 古若雷,罗跃嘉. 焦虑情绪对决策的影响[J]. 心理科学进展,2008(4):518-523.
⑧ 王伶伶. 情绪障碍少年儿童个性和智力测评[J]. 中国心理卫生杂志,1998(6):352-354.
⑨ 廖声立,陶德清. 情绪对不同智力水平学生推理操作的影响[J]. 心理发展与教育,2004(2):34-39.

4. 情绪对创造力的影响

埃斯特拉达(Estrada,1994)的实验研究显示:积极情绪会产生更有效率、更富创造性的想法和问题解决的方式。这一结论不断地得到其他研究者的证实。[1] 琼斯欧沃(Jausover,1989)的研究证明,正情绪有助于完成类比推理任务,但对解决顿悟性问题没有效果,理查德(Richard,1993)、卡夫曼(Kaufman,1997)、贾米森(Jamison,1993)的研究结论是,负情绪(悲伤、恐惧、愤怒等)有助于顿悟性的问题解决。约翰逊(Johnson,1985)、麦基(Mackie,1989)和卢家楣(2002)得出一致的结论:正情绪有利于创造力的流通性和变通性的发挥,对创造力中的新颖性没有积极影响,表现为在解决分析性和顿悟性的问题时,积极情绪没有起到促进作用。[2]

(二) 情绪的社会功能

情绪理解和情绪调节能力共同影响着儿童的社会行为和社会交往能力,进而影响到儿童的同伴关系。

1. 情绪理解对社会交往的影响

情绪理解是指个体对所面临的情绪线索和情境信息进行解释的能力,主要包括对面部表情的识别能力以及对各种引发情绪的情境的认识和解释两个方面的内容。[3]

情绪理解直接影响到情绪调节,具有较好的情绪理解能力的儿童能从他人的表情中预测自己的行为带来的后果,推测到不良的社会行为会带来不利于自己的行为后果,因而他们会避免使用消极的攻击性情绪调节策略;同时,具有良好情绪理解能力的儿童能更清晰、准确地解读情景,这有利于他们采用积极的建构式情绪调节策略。采用积极的建构式情绪调节策略的儿童表现出亲社会行为,更受同伴的欢迎。[4]

缺乏一定的情绪能力容易导致攻击性行为。卡洛琳(W. Carolyn)和贾米拉里德(M. Jamila Reid)认为缺乏正确识别面部表情等情绪线索的能力,缺乏对不同于自己的观点和情感认知的能力,易产生关于自己和他人的消极情绪和观念的儿童易产生攻击性行为。艾森伯格(Eisenberg,1988)认为,情绪性移情倾向与攻击性等外显性的反社会行为之间具有显著的负相关。卡凯尔莱(Kaukiainen,1992)和沃登(Warden,2003)等的研究证实情绪性移情能力与欺负行为具有负相关,具有"冷认知"的特点。欺负者能很好地理解他人的心理状态,但是缺乏理解自己的行为对他人情感上带来的后果的能力和体会他人情感的能力。另外,情绪不稳定、容易冲动和生气的儿童更容易有攻击性行为。[5]

2. 情绪调节对社会行为和社会交往的影响

研究者得出一致的结论:情绪调节能力较强的儿童具有更好的社会化行为,在人际交往中更受欢迎。鲁宾(Rubin,1993)和王莉(2002)等做的研究都显示:情绪调节能力影响着儿童的社会交往行为。[6] 王莉等的跟踪实验显示:2岁时能采用积极活动情绪调节能力的儿

---

[1] 〔美〕理查德·格里格,菲利普·津巴多. 心理学与生活[M]. 王垒,等译. 北京:人民邮电出版社,2003:361.
[2] 卢家楣,等. 情绪状态对学生创造性的影响[J]. 心理学报,2002(4):381-386.
[3] 陈英和,崔艳丽,王雨晴. 幼儿心理理论与情绪理解发展及关系的研究[J]. 心理科学,2005(3):527-532.
[4] 潘苗苗,苏彦捷. 幼儿情绪理解、情绪调节与其同伴接纳的关系[J]. 心理发展与教育,2007(2):6-13.
[5] 冯维,杜红梅. 国外移情与儿童欺负行为研究述评[J]. 中国特殊教育,2005(10):63-67.
[6] 王莉,陈会昌,陈欣银. 儿童2岁时情绪调节策略预测4岁时社会行为[J]. 心理学报,2002(5):500-504.

童4岁时在陌生情境中表现出更好的社会交往能力和较少的社会退缩行为。鲁宾的跟踪研究显示,儿童的社会行为受到个体的活动水平和情绪调节能力的共同影响。具体而言,活动性低、情绪调节能力较弱的儿童很可能出现退缩和焦虑等行为问题;活动性低、情绪调节能力好的儿童表现的仅仅是安静,不存在社会退缩等行为问题;活跃但情绪调节能力差的儿童很难保持与他人的友好交往,被同伴接受水平低。

3. 情绪社会分享的功能

孙俊才、卢家楣根据现有的相关研究,总结情绪的社会化分享具有以下功能:个体功能——在分享的过程中,分享对象的积极回应促进了对事件的认知和情感加工,有助于情绪的调节;人际功能——情绪的分享促进了分享者和分享对象之间的亲密程度,有助于依恋的形成;社会功能——情绪的社会分享满足了两个基本的社会需要:归属感和社会一致性。情绪的分享受情绪的强烈程度、情绪的道德属性、分享对象的回应这三个因素的影响。[1]

4. 情绪体验促进自我认知

王云强等所做的研究显示:小学生道德自我觉知的内容和程度与其情绪体验的性质紧密相关。快乐的情绪体验能够促使小学生对道德自我中的"自我独特性""自我连续性"和"他观自我"三个方面的觉知,愤怒的情绪体验与小学生对道德自我中"自我力量"的觉知紧密相连,内疚的情绪体验能够促使小学生对道德自我中的"理想自我"和"他观自我"的觉知。[2]

三、情绪、情感的发展

(一) 婴儿期(0至2岁)

通过视崖实验,发现儿童在一周岁的时候就能够识别他人面部表情的含义,并且从表情(尤其是妈妈的表情)中获得指导。[3] 布瑞基(Bridge)观察发现,婴儿在出生时表现出未分化的兴奋;三个月左右,分化为积极和消极两方面,到两岁左右显示出成人所具有的大部分复杂情绪。塞拉诺(Serrano)的实验显示,4至6个月大的婴儿具有识别和理解快乐和生气的表情的能力,他们对快乐的表情做出更多的积极动作,对生气的表情做出更多的消极动作。[4] 8至10个月大的婴儿已经出现多种性质、较复杂的社会情绪行为,并且在频率上随年龄的变化而增加。[5]

除了情绪的发展,婴儿也开始有了比较复杂的情感体验,即在情绪基础上产生的对人和物的关系的体验。[6] 婴儿只有在生命的第一年与他人之间形成信任和感情的联结,长大后才有能力与人建立友谊和爱情关系。[7] 尤其是与看护者形成的依恋关系影响着儿童以后的社

---

[1] 孙俊才,卢家楣.情绪社会分享的研究现状与发展趋势[J].心理科学进展,2007(5):816-821.
[2] 王云强,乔建中.小学生道德自我觉知与情绪体验的关系及影响因素[J].心理科学,2006(1):205-207.
[3] 〔美〕Dennis Coon,John O. Mitter.心理学导论——思想与行为的认识之路[M].郑刚,等译.北京:中国轻工业出版社,2007:101.
[4] 〔美〕理查德·格里格,菲利普·津巴多.心理学与生活[M].王垒,等译.北京:人民邮电出版社,2003:353.
[5] 李蓓蕾,等.8—10个月婴儿社会情绪行为特点的研究[J].心理发展与教育,2001(1):18-23.
[6] 朱智贤.儿童心理学[M].第4版.北京:人民教育出版社,2003:175.
[7] 〔美〕Dennis Coon,John O. Mitter.心理学导论——思想与行为的认识之路[M].郑刚,等译.北京:中国轻工业出版社,2007:106.

会适应性行为。

根据霍夫曼(Hoffman)的移情发展理论,1岁的儿童处于普遍移情(globe empathy)阶段,其特征是个体不能意识到别人是完全不同于自己的一个人,但通过最简单的情绪唤起方式仍能体验到他人正在遭遇的不幸。2岁左右的儿童处于自我中心移情(egocentric empathy)阶段,能意识到他人的存在,意识到他人而不是自己遭遇到了不幸,但对他人的内在心理状态却不清楚。[1] 李丹等所做的研究显示,在66位17至32个月的被试中,有72%的被试对母亲有移情忧伤的行为,但移情持续时间较短,尚未成熟到能估计母亲是否已经完全摆脱痛苦的程度。[2] 相似的是,这一阶段的儿童已经能够意识到自己的愿望,但是因为语言的限制不能理解他人的愿望陈述。[3]

情绪调节方面,王莉等的研究显示,儿童在2岁时就会使用积极活动、寻求他人安慰、自己安慰、回避这四类情绪调节策略。[4]

(二) 学前期(3至6岁)

德纳姆(S. A. Denham,1998)在总结多项有关年幼儿童情绪观念研究的基础上,指出:从学步儿童到学前儿童这一时期内情绪理解得到重要发展,学前儿童就已经能够正确识别基本情绪状态,推断情绪产生的原因,情绪表达规则知识开始发展,以及能意识到情绪调节策略。[5]

愿望和信念是心理理论的核心,理解自己和他人的愿望和信念是形成例如惊奇、失望、同情等复杂情绪的基础。苏彦捷所做的研究显示:2至5岁的儿童在愿望的理解上具有不同的特点,这一阶段对愿望的理解随着年龄的增长、语言能力的发展、社交经验的丰富而不断发展。3岁的儿童开始理解愿望具有主观表征性,自己和他人愿望的区别,并且能够根据别人的陈述推知他人持有的愿望,但有时不能从他人的愿望出发去推知他人的行为。4岁的儿童已经理解愿望具有客体特异性的特征,并能从多个角度而不是仅仅愿望的角度推测他人的行为。5岁的儿童就能明白公共愿望可以推及他人。[6] 陈英和等对3至5岁儿童所做的关于理解错误信念的实验显示:3至5岁期间,儿童对错误信念的理解发生巨大变化,4岁是幼儿形成该项能力的关键阶段,在5岁的时候大多数的幼儿已经基本能够理解错误信念。[7] 这与霍夫曼概括的移情发展阶段特征一致,3—4岁儿童进入对他人情感的移情(empathy for another's feeling)阶段,开始能意识到别人具有与自己不同的情感、需要以及对事物的理解。[8]

根据科尔伯格提出的道德发展的三水平六阶段模式,这一阶段的儿童处于道德发展的第二阶段,特点是儿童的道德观念是纯外在的,儿童是为了免受惩罚或获得鼓励而顺从权威

---

[1] 冯维,杜红梅.国外移情与儿童欺负行为研究述评[J].中国特殊教育,2005(10):63-67.
[2] 李丹,等.2岁幼儿移情反应的特点:与自发帮助、气质、亲子互动的关系[J].心理科学,2005(4):961-964.
[3] 苏彦捷,等.2~5岁儿童愿望理解能力的发展[J].心理发展与教育,2005(4):1-6.
[4] 王莉,陈会昌,陈欣银.儿童2岁时情绪调节策略预测4岁时社会行为[J].心理学报,2002(5):500-504.
[5] 陈琳,等.小学儿童情绪认知发展研究[J].心理科学,2007(3):758-762.
[6] 苏彦捷,等.2~5岁儿童愿望理解能力的发展[J].心理发展与教育,2005(4):1-6.
[7] 陈英和,崔艳丽,王雨晴.幼儿心理理论与情绪理解发展及关系的研究[J].心理科学,2005(3):527-532.
[8] 冯维,杜红梅.国外移情与儿童欺负行为研究述评[J].中国特殊教育,2005(10):63-67.

规定的行为准则的。① 这一阶段儿童道德感主要指向个别行为,且往往由成人的评价引起的,具有肤浅、易变的特点。例如,只有成人直接提出他们的行为可羞时,他们才会羞愧。②

(三)学龄初期(7至12岁)

这一阶段儿童的移情得到进一步的发展,进入霍夫曼概括的移情发展阶段的最后一个阶段:对他人生活状况的移情(empathy for another's life condition)阶段。这一阶段的特点是儿童认识到自己和他人各有自己的历史和个性,不仅能从当前情境,而且能从更广阔的生活经历来看待他人所感受的愉悦和痛苦。常宇秋、岑国桢的研究显示:我国6至10岁儿童在面临道德情境时已能产生相应的道德移情反应了,且这种道德移情反应有一定的发展特点,即随年龄增长而增强。③④

在情绪认知方面,小学中高年级儿童已能基本理解情绪概念并且能用复杂线索如心理状态来解释情绪,在没有具体情境提示下也能准确地解释简单情绪与事件和行为的关系。⑤ 冲突性情绪得到发展,能认识到一个人可以同时体会到效价完全相反的情绪。同时,这一阶段儿童对他人思维和情绪的认知逐渐发展。陈琳等的研究显示:随着儿童观点采择能力的发展,4—6年级的儿童逐渐能够考虑自己和他人不同的观点,对情绪接受者的情绪认知有所发展。⑥ 而戴婕、苏彦捷所做的研究显示,9岁儿童已经可以意识到两个个体思维是不同的,并且可以提供较为充分的解释。⑦

史冰、苏彦捷总结了情绪隐藏的相关研究,认为9、10岁时儿童可以洞察情境,以自发的情绪伪装,可以有选择地表现或伪装负性情绪,可以准确地解释自己或理解他人情绪的伪装;12、13岁则是儿童的情绪伪装发展基本成熟的阶段,此阶段的儿童不仅能较好地伪装情绪,还可以理解情绪伪装蕴涵的信息,并依此信息指导自己或预测他人的反应。⑧ 寇彧、倪霞玲认为,小学中高年级儿童已经学会了如何隐藏自己的情绪,但是对情绪隐藏的理解力不稳定,他们普遍认为自己能隐藏情绪而同伴不能隐藏,自己识别同伴情绪的能力高于同伴识别自己情绪的能力,这种对情绪表达的不稳定理解可能会影响儿童对他人情绪的知觉。这个阶段儿童的情绪具有积极情绪和消极情绪事件/行为上的亲社会性、社交性与攻击性、破坏性并存的特点。⑨

同时,这个阶段的儿童各种情绪体验更加深刻和稳定,高级的社会性情感不断发展,如同伴交往中带来的友谊感、集体荣誉感,学习过程中的成功和失败带来的理智感。随着自我意识的发展,尴尬、羞愧、内疚和自豪等高级情感也逐渐发展起来。这一阶段的儿童集体情感也得到了良好的发展。一般来说,学前儿童还没有形成真正的集体关系和集体意识。儿童进入学校后,开始成为集体的成员,在学校正常组织起来的集体关系和集体生活中,在学

---

① 郭文安.教育学专业基础综合考试大纲要点解析[M].武汉:华中师范大学出版社,2006:249.
② 朱智贤.儿童心理学[M].第4版.北京:人民教育出版社,2003:267.
③ 常宇秋,岑国桢.6~10岁儿童道德移情特点的研究[J].心理科学,2003(2):219-223.
④ 岑国桢,王丽,李胜男.6~12岁儿童道德移情、助人行为倾向及其关系的研究[J].心理科学,2004(4):781-785.
⑤ 寇彧,等.小学中高年级儿童情绪理解力的特点研究[J].心理科学,2006(4):976-979.
⑥ 陈琳,桑标,王振.小学儿童情绪认知发展研究[J].心理科学,2007(3):758-762.
⑦ 戴婕,苏彦捷.5~9儿童对心理过程差异的理解[J].心理科学,2006(2):301-304.
⑧ 史冰,苏彦捷.儿童情绪伪装能力的发展和影响因素[J].心理科学进展,2005(2):162-168.
⑨ 寇彧,等.小学中高年级儿童情绪理解力的特点研究[J].心理科学,2006(4):976-979.

校进行的集体主义教育下,儿童的集体主义情感不断发展。[①] 常宇秋以6至10岁的儿童为被试所做的研究表明,被试对集体情境的道德移情极显著地高于个人情境,且这种差异在相同感和气愤感上分别达到显著的和极显著的水平。[②] 周宗奎等的研究显示,小学中高年级的学生已经发展了基于相互尊重的友谊感,双向尊重对这个时期的亲密友谊起着正向预测作用。[③]

(四)青少年期(13至18岁)

虽然初中生的认知和社会交往有一定的发展,但是青春期特有的一些生理和心理特点让初中生产生情绪困惑,情绪在这一时期有以下特点。

第一,情绪不稳定。一方面,由于青少年对自己和他人的评价还是建立在支离破碎的事情表面或者某一件事情,缺乏概括性和本质性的评价,这样的评价是不稳定的。[④] 另一方面,青少年这时自我意识迅速提高,在乎自我形象。[⑤] 这两方面的特征,决定了青少年的自我体验和情绪易变、不稳定、易受周围环境影响。就研究结果分析,在少年期,情绪性随着年龄的增长而增高。女孩情绪不稳定,多为一时特别高兴,而另一时则否,感情易受伤害,感觉单调。男孩的情绪不稳定则是不能安安静静地待一会,易动怒,做事不集中。[⑥]

第二,少年期的心境具有消极的特征。林崇德将初中生的消极心境总结为以下几点:烦恼突然增多、孤独和压抑。[⑦] 这一特征与青少年"自我中心"的心理特征相联系。美国心理学家爱尔金德认为这个阶段的青少年的自我中心有"假象的观众"和"我的故事"两个单元。[⑧] "假象的观众"是指个体认为自己是众人的焦点。这样的想法使得少年觉得自己长期处在他人评判的眼光中,由此产生的情感反应将促使他渴望独处,不愿在公众场合展示自己。"我的故事"是指少年没能将自己的思维对象与他人的思维对象区别开,他把自己的情感当做某种绝无仅有的、只有他才可能产生的情感。这两种想法容易造成青少年情绪的压抑、孤独、偏执。

到高中期后,随着抽象思维的不断发展,青少年认识问题更加深刻、全面、客观,情绪的发展逐渐稳定下来。

在青少年期,社会性的情感得到发展,下面将从友谊感和道德感两方面介绍。

随着青少年思维和自我意识的发展,青少年的友谊感增强,不再停留在小学阶段"玩伴"的水平,对朋友的选择及要求和交往方式、感情的依恋都跟以前有所不同。进入青春期后,初中生表现出了许多心理上的不安和焦躁,他们需要能倾吐烦恼、交流思想并能保守秘密的朋友,对朋友有着忠诚的要求,[⑨]并且随着思维的发展和自我意识的提高,在朋友的要求上有着志同道合的要求。同时,朋友这个时候取代父母,成为感情的重心。李晓文等的研究显

---

① 朱智贤.儿童心理学[M].第4版.北京:人民教育出版社,2003:450.
② 常宇秋,岑国桢.6~10岁儿童道德移情特点的研究[J].心理科学,2003(2):219-223.
③ 周宗奎,张春妹.小学儿童的尊重观念与同伴关系[J].心理学报,2006(2):232-239.
④ 朱智贤.儿童心理学[M].第4版.北京:人民教育出版社,2003:514.
⑤ 朱智贤.儿童心理学[M].第4版.北京:人民教育出版社,2003:512.
⑥ 韩进之.儿童个性发展与教育[M].北京:人民教育出版社,1994:170.
⑦ 林崇德.发展心理学[M].北京:人民教育出版社,1995:379.
⑧ 郑威,梁宝平.残疾少儿与普通少儿自我中心主义的比较研究——P.安莱特的研究介绍[J].中国特殊教育,2005(5):52-55.
⑨ 林崇德.发展心理学[M].北京:人民教育出版社,1995:374.

示：6—11年级的学生大的正性事件引发的情绪在人际场合表达弱于单独场合,小的正性事件体验在人际场合的表达强于单独场合。对于大的负性事件体验,单独场合表达明显更强,这反映了青少年随着成长,趋向于较为明显的人际边界。[1] 这些变化影响着青少年友谊感的体验,表现在分化和深刻这两个方面。青少年有着不同类型的朋友,有的只是泛泛之交,有的是有某方面的共同兴趣,而有的是知心朋友。友谊感的分化表现在对待不同类型的朋友时不同的情感体验。友谊感的深刻表现在朋友建立的基础更加稳固,在与最亲近的朋友交往时有更深刻的情感体验。例如对朋友的背叛或者离去表现出更深的情绪体验,对朋友的接纳和理解有更深刻的感受。

青少年社会化情感的发展还表现在道德感的增强。随着年龄的增长,理解能力和思维水平不断提高,社会交往更加频繁,青少年学生能根据社会伦理评价自己和他人行为,引发相应的道德情感。林崇德将青少年道德情感的发展趋势归结为三级水平:一级水平:利己的情趣,或在一个集体里,对同学、集体无感情,不团结。二级水平:重感情,讲义气,或在班内和同学间虽然能保持和气,但不能自觉意识到情感的社会意义。三级水平:自觉热爱班集体,集体荣誉感、义务感和责任心表现强烈。他的追踪研究表明:中学生道德社会性的水平随年级的增高而提高。初中二年级后逐步趋向成熟。[2]

第2节 特殊儿童的情绪特点

一、特殊儿童情绪的一般特点

特殊儿童在情绪发展过程中,因为自身的生理限制和环境、经历的特殊性,表现出与普通儿童不同的特点。因为自身某方面能力受到限制、旁人不理解和不友好的态度、国家残疾人保障制度的不健全,他们容易产生焦虑和紧张的情绪。例如,洛可夫和怀特曼(Lukoff & Whiteman,1961)的研究表明,盲人的家庭成员及明眼人朋友的态度对盲人的适应行为影响很大。如果"重要他人"对视觉障碍儿童抱有宽容、支持、信任的态度,则他们的自我概念也往往是积极的;反之,则有可能导致消极自我概念的形成。[3] 但是我们需要注意,特殊儿童的情绪存在着类别间和类别内的差异,他们的情绪共性更多的是由社会对他们的接纳态度和支持程度所决定的,这些消极的情绪特点是可以避免的。

二、各类特殊儿童的情绪特点

(一)感官障碍儿童的情绪特点

1. 视觉障碍儿童的情绪特点

(1)心境具有孤独感和焦虑感的特点

李丽耘的研究得出盲童精神质分数显著高于正常儿童,表现出更多的负面人格特征这

---

[1] 李晓文,李娇.6~11年级学生情绪自我调节发展研究[J].心理科学,2007(5):1042-1045.
[2] 韩进之.儿童个性发展与教育[M].北京:人民教育出版社,1994:174-175.
[3] 宋鸿雁.视障儿童与正常儿童自我概念和个性的比较研究[J].中国特殊教育,2001(4):26-30.

一结论。黄柏芳的研究显示：在115名学生中具有敌对性的有16名，占14%，占心理卫生问题的第一位；恐怖和精神性疾病各有十名，占8.7%。[1] 李祚山研究发现在50名被试中具有恐怖倾向的有7名，检出率有14%。[2] 李娟等所做的对视觉障碍学生孤独感的研究显示，视觉障碍学生孤独感得分显著高于正常儿童孤独感得分。[3]

黄柏芳的研究结果显示：在115名被试中，有焦虑这一心理卫生问题的被试有15名，占被试总体的13%。焦虑是盲校学生的第二大心理卫生问题。[4] 张海丛用卡特尔16种人格测验对视觉障碍大学生和普通大学生的人格特征进行比较，在忧虑性和紧张性这两项中，两者存在显著差异。[5] 李祚山的研究显示：在12个性格因子中，视觉障碍学生的抑郁性得分最高。[6] 而且视障儿童的心理健康状况具有明显的性别差异和年级差异。邓晓红等人的相关研究表明：视障小学生的心理健康状况良好，但男生的孤独倾向显著高于女生；视障儿童的过敏倾向和社交焦虑程度存在显著的年级差异。[7]

(2) 情绪不稳定，但人格具有内倾性，不常有激情状态

在视觉障碍儿童的情绪是否稳定这一问题上，不同的研究有不同的结论。大部分研究认为视觉障碍儿童的情绪不稳定。例如张福娟等的研究显示：在14种人格中，盲校学生得分最低的项目有忍耐性这一项。[8] 宋鸿雁的研究显示：盲生和弱视学生情绪不稳定的人数比例多于正常学生，分别为40%、53.57%和28.3%。[9] 张海丛对视力障碍大学生与普通大学生人格特征的比较研究显示：前者在稳定性方面差，表现为情绪激动和易生烦恼。[10] 但也有少数研究得出不一致的结论。例如李丽耘的研究结果显示"他们比正常学生更少焦虑、担忧、郁郁不乐、忧心忡忡，遇到强烈的刺激反应弱，少出现激惹反应，不常做出不够理性的冲动行为，表现出控制力较强"。[11] 孙圣涛等人对视障儿童和普通儿童的情绪策略进行了研究，结果发现，视障儿童在两种不同情境下无使用情绪策略(内外情绪一致)和使用夸大策略的频率明显高于普通儿童，而使用平静策略、掩饰策略的频率却明显低于普通儿童。[12]

同时，视觉障碍儿童的性格体现出内倾性。李丽耘的研究结果显示：在艾森克人格问卷中的外倾性分量表上盲童比正常儿童得分低，即更内倾。[13] 张海丛对某特殊教育学院三类大学生的人格进行调查分析的结果显示：在乐群性这一项中，视觉障碍大学生得分较低，"其特征表现为缄默、孤独、冷漠"，与普通大学生的水平有显著差异；在兴奋性这一项中，视觉障碍大学生得

---

[1] 黄柏芳.浙江省盲人学校在校学生心理健康状况调查报告[J].中国特殊教育,2004(3):39-42.
[2] 李祚山.视觉障碍儿童的人格与心理健康的特征及其关系研究[J].中国特殊教育,2005(12):79-83.
[3] 李娟,刘永芳.盲童孤独感与父母教育方式、社会支持的研究[J].中国心理卫生杂志,2001(6):394-395.
[4] 黄柏芳.浙江省盲人学校在校学生心理健康状况调查报告[J].中国特殊教育,2004(3):39-42.
[5] 张海丛,等.视力残疾大学生与普通大学生人格特征的比较研究[J].中国特殊教育,2005(11):32-36.
[6] 李祚山.视觉障碍儿童的人格与心理健康的特征及其关系研究[J].中国特殊教育,2005(12):79-83.
[7] 邓晓红,朱乙艺,曹艳.视障小学生心理健康与社交焦虑的特征及其关系研究[J].中国特殊教育,2012(11):42.
[8] 张福娟,谢立波,袁东.视觉障碍儿童人格特征的比较研究[J].心理科学,2001(2):154-156.
[9] 宋鸿雁.视障儿童与正常儿童自我概念和个性的比较研究[J].中国特殊教育,2001(4):26-30.
[10] 张海丛,等.视力残疾大学生与普通大学生人格特征的比较研究[J].中国特殊教育,2005(11):32-36.
[11] 李丽耘.全盲儿童的人格特征初探[J].心理科学,1996(6):557-558.
[12] 孙圣涛,刘海燕.视障儿童与普通儿童理解与使用情绪表达规则的比较[J].中国特殊教育,2009(2):47.
[13] 李丽耘.全盲儿童的人格特征初探[J].心理科学,1996(6):557-558.

分较低,显著低于普通大学生的水平,"表现为严肃、谨慎、冷静、寡言"。① 张福娟、谢立波的研究表明,在社会外倾性这一因子中,视觉障碍学生得分显著低于正常儿童。② 宋鸿雁的研究显示,在掩饰性这一项中,盲生的人数比例高于正常学生,分别为55%和39.62%。③

一般认为,视觉障碍儿童的情绪也存在不稳定性,但是由于视觉障碍儿童人格的内倾性,他们会隐藏激动的情绪状态,不常有激情状态。

2. 听觉障碍儿童的情绪特点

(1) 心境具有焦虑感和孤独感的特点

心境是指人比较平静而持久的情绪状态。心境具有弥漫性,它不是关于某一事物的特定体验,而是以同样的态度体验对待一切事物。④ 个性对心境的状态和持续时间有着重要的影响。听觉障碍儿童在个性上具有恐怖倾向和孤独感的特征,在情绪上表现出易焦虑的特征。

听觉障碍儿童的心理健康总体状况良好,学习焦虑和过敏倾向较普通学生为轻,而孤独倾向较普通学生为重。⑤ 他们存在的最明显的心理问题是恐怖倾向和对人焦虑,身体症状、冲动倾向、孤独倾向和过敏倾向的问题检出率也比较高。⑥ 听觉障碍儿童的这种恐怖倾向和对人焦虑的心境并不是残疾本身固有的,而是听觉障碍儿童由于语言限制存在对周围环境的距离感和较低的自我意识而产生的。例如刘旺的两项研究都显示:与对听障中学生的家庭和自我满意度相比,听障中学生对生活环境的满意度最低。⑦ 听障中学生疏离感的总体状况表现为环境疏离最高、社会疏离其次、人际疏离最低。⑧ 张福娟的研究显示:听觉障碍儿童与健听儿童相比,在自卑感和社会性方面有显著差异。⑨ 在对听觉障碍儿童的自我意识进行研究时,发现聋生相对于普通学生,自我价值感和自尊体验得分较低。⑩ 而"低自尊的人则是感到不安、缺乏自信以及不停地自我批评,因此总是显得很焦虑和不愉快"。⑪ 张海丛的研究显示:聋哑大学生的焦虑水平高于普通大学生,显著高于视觉障碍的大学生。⑫

(2) 缺乏忍耐性,情绪不稳定,容易处于激情状态

激情"是一种强烈的、暴风雨般的、激动而短促的情绪状态,如欣喜若狂、暴跳如雷、绝望等"⑬,与个人的意志和情绪控制能力相关。

---

① 张海丛.三类大学生焦虑状况及其相关因素的研究[J].中国特殊教育,2006(6):42-45.
② 张福娟,等.视觉障碍儿童人格特征的比较研究[J].心理科学,2001(2):154-156.
③ 宋鸿雁.视障儿童与正常儿童自我概念和个性的比较研究[J].中国特殊教育,2001(4):26-30.
④ 彭聃龄.普通心理学[M].北京:北京师范大学出版社,2004:370.
⑤ 张宇迪,陈呈超.聋生心理健康状况的初步调查[J].中国特殊教育,2006(5):28-32.
⑥ 王玲凤.聋学生的自我概念和心理健康状况的研究[J].中国特殊教育,2004(5):45-47.
⑦ 刘旺.听力障碍中学生生活满意度现状研究[J].中国特殊教育,2005(9):13-17.
⑧ 刘旺.听力障碍中学生疏离感特点研究[J].中国特殊教育,2005(11):15-19.
⑨ 张福娟,刘春玲.听觉障碍儿童个性特征研究[J].中国特殊教育,1999(3):23-25.
⑩ 严吉菲,谭和平.聋高中生与普通高中生自尊比较研究[J].中国特殊教育,2006(8):55-59.
⑪ 〔美〕Dennis Coon,John O. Mitter.心理学导论——思想与行为的认识之路[M].郑刚,等译.北京:中国轻工业出版社,2007:521.
⑫ 张海丛.三类大学生焦虑状况及其相关因素的研究[J].中国特殊教育,2006(6):42-45.
⑬ 北京师范大学,等.在职攻读教育硕士专业学位、全国统一(联合)考试大纲及指南[M].北京:北京师范大学出版社,2003:220.

听觉障碍儿童的个性中体现出缺乏忍耐性和领导性的特征。[1] 张宁生总结出听觉障碍儿童的意志具有以下特征：自觉性较低、果断性不强、缺乏自控力。[2] 其原因是由于语言的限制，听觉障碍儿童的抽象思维能力较差，缺乏相应的问题解决策略，并且对事情的认识不稳定，易受影响。由于心理能力较差，容易固执己见。这些原因导致听觉障碍儿童情绪不稳定、容易处于激情状态。根据吉尔福特（Gifford）的自我控制的心理机制，"在行为选择过程中，一方面是工作记忆系统使得个体有可能以抽象的方式考虑并倾向于选择将来价值更大的目标，另一方面是情绪系统倾向于忽略单纯的抽象事件而选择更具情绪价值的即时满足行为，相互冲突的选择导致了在特定情境中自我控制问题的产生，个体只有克服情绪的动机力量，才能避免选择可以满足即时需要的行为，从而表现出较高的自我控制能力。""自控问题不仅仅与现在或将来的时间因素有关，而且与呈现给个体的不同选择所导致结果的不同抽象程度有关，语言能力使人类可以以象征性的方式取代具体事物进行权衡，这大大提高了人类的抑制行为和自控水平。"[3]

(3) 由于自我意识较低，倾向采取逃避或求助他人的应激模式

应激是指"人对某种意外的环境刺激所做出的适应性反应"[4]。应激状态的产生与人面临的情境及人对自己能力的估计相关。个体在应激情境中，应付方式的选择与采用与其特定的人格因素有关。[5] 而自我意识是主体我对客体我的意识，包括自我评价、自我体验和自我控制，是人格发展中的调控系统，对人的心理活动和行为起着调节作用。[6]

石彩秀的研究印证了这一结论，其对初中聋生所做的调查显示：初中聋生的自我意识各因子均与应付方式中的解决问题因子呈显著正相关。聋生中对自己的评价高、合群性好者，多采用积极求助的方式。聋生中自我意识水平低、合群性差者，应付方式也比较消极。[7]

大部分的研究显示：听觉障碍儿童的自我意识水平较低。谭千保的研究结果表明：听觉障碍儿童与正常儿童相比，自我意识偏低水平的比例明显高于正常儿童，而偏高水平的比例则明显低于正常儿童；听觉障碍儿童对自身的行为、焦虑、合群、幸福与满足等方面的意识明显地低于正常儿童。[8] 田丽丽对初中聋生所做的调查结果也得出一致的结论，听障中学生的幸福感显著低于普通中学生。[9] 严吉非的研究显示：高中聋生的自我价值感显著低于普通高中生，他们之间的自我接纳度的差距很大。高中聋生在社会同伴、家庭父母、学校学业方面的自尊以及一般自尊与普通高中生相比都存在极其显著的差异，高中聋生自我报告的自尊体验得分显著低于普通高中生。[10]

---

[1] 张福娟,刘春玲.听觉障碍儿童个性特征研究[J].中国特殊教育,1999(3):23-25.
[2] 张宁生.听力残疾儿童心理与教育[M].大连:辽宁师范大学出版社,2002:89-91.
[3] 王桂平,陈会昌.儿童自我控制心理机制的理论述评[J].心理科学进展,2004(6):868-874.
[4] 彭聃龄.普通心理学[M].北京:北京师范大学出版社,2004:371.
[5] 石彩秀.初中阶段聋生的自我意识与应付方式的相关研究[J].中国特殊教育,2006(2):27-30.
[6] 谭千保,等.听障儿童与正常儿童的自我意识对比研究[J].中国特殊教育,2006(2):18-21.
[7] 石彩秀.初中阶段聋生的自我意识与应付方式的相关研究[J].中国特殊教育,2006(2):27-30.
[8] 谭千保,等.听障儿童与正常儿童的自我意识对比研究[J].中国特殊教育,2006(2):18-21.
[9] 田丽丽,等.听障中学生与普通中学生幸福感的比较研究[J].中国特殊教育,2006(5):24-27.
[10] 严吉菲,谭和平.聋高中生与普通高中生自尊比较研究[J].中国特殊教育,2006(8):55-59.

聋生由于身体的缺陷常怕被人瞧不起,因此对外界比较敏感,不能正确地认识自己和周围的人和环境,他们有很强的内在动机,但由于聋生受外界的支持和保护比较多,使他们对压力和挫折的承受能力不强。[1] 因此,他们在遇到困难时的应对方式与普通儿童存在较大差异。

在黄希庭等人对应对方式所作的分类,即问题解决、求助、退避、发泄、幻想、忍耐中,听觉障碍儿童常用的三种应对方式依次是寻求问题解决的方案、求助于他人以及退缩逃避。而普通儿童常用的三种应对方法依次是退缩逃避、寻求问题解决的方案以及忍耐。具体来看,在幻想和忍耐这两个方式上,听觉障碍儿童和普通儿童之间有着极其显著的差异。在生活或学习上遇到困难时,与普通儿童相比,听觉障碍儿童更加倾向于运用幻想的方式来应对压力以缓解心理的不适,而不善于运用忍耐的方式。[2]

(4) 情绪调节技能显著低于普通儿童,具有更少的正性情绪和更多的负性情绪

情绪调节与个体心理健康的关系非常密切,情绪调节技能不足往往会导致很多情绪障碍的发生。张立松等采取量表测验的方式对听障大学生的情绪调节技能做了研究,结果发现,与普通大学生相比,听障大学生在情绪调节技能的三个方面(情绪接受、冲动控制和策略使用)体验到更多的困难,在情绪适应方面体验到更少的正性情绪和更多的负性情绪。[3] 进一步分析发现,情绪接受和策略使用上的困难对听障大学生在人际关系上的困扰有显著预测作用。[4]

(二) 智力异常儿童的情绪特点

1. 智力障碍儿童的情绪特点

(1) 情绪不稳定,缺乏良好的情绪控制能力,易受激情的支配

吉尔福特认为自我控制的本质是个体在具有不同价值的行为中进行选择的过程,是工作系统和情绪系统不断"抗衡"的过程,语言能力帮助人们使用抽象的思维方式思考问题,使得工作系统"战胜"情绪系统,实现有效的自我控制。

智力障碍儿童由于认知缺陷,思维具有直观具体和概括水平低的特点。一般来说,程度严重的弱智儿童,其心理和思维的发展固着或停留在感觉运动期,中度智力障碍儿童的发展不会超过前运算期的直觉思维阶段,这一阶段的儿童多以自我为中心,不能对事物做客观分析和处理。[5] 因此智力障碍儿童对所发生的事情缺乏理智思考而习惯受激情的控制。例如,他们想到某处去玩,在由于各种原因去不了的情况下,他们还会坚持要去,用一个更好玩的地方或方式代替都不行。[6] 概括而言,"智力落后儿童在情感控制方面的发展又差又慢。他们情绪的调节和控制能力还更多地受机体需要和激情的支配。他们难以按照社会所要求的社会规范或道德标准来调控自己的情感和行为,也难以根据环境的变化和实际需要协调自

---

[1] 陶新华,等.聋生心理健康与成就动机、行为方式的相互影响[J].心理学报,2007(6):1074-1083.
[2] 陶新华,等.聋生心理健康与成就动机、行为方式的相互影响[J].心理学报,2007(6):1074-1083.
[3] 张立松,王娟,何侃.情绪调节技能与情绪适应:听障状态的调节作用[J].中国特殊教育,2013(2):41.
[4] 张立松,等.听障大学生情绪调节特点及其对人际关系的影响[J].中国特殊教育,2012(4):49.
[5] 银春铭.弱智儿童的心理与教育[M].北京:华夏出版社,1993:57.
[6] 肖非.智力落后儿童心理与教育[M].大连:辽宁师范大学出版社,2002:130.

己的情感,改变已经产生的欲望和要求。"①

(2) 情绪以满足低级的需要为主,情绪情感分化迟,且缺乏深刻的情感体验

情绪可以分为基本情绪和认知情绪。基本情绪与满足人的生理需要相联系,而认知情绪,如愧疚等,与社会化发展相关。而智力障碍儿童由于抽象思维的发展迟滞,其深刻的社会化情感受到影响。例如,智力障碍儿童会为得不到奖品而大哭大闹,但是并不会为自己的学习不好而产生羞耻和不好意思的情感体验。②

智力障碍儿童的内心体验不深刻,没有明显层次,比较单调和极端。例如林文瑞的研究显示,弱智学生的孤独感存在两种极端类型:一种为自闭性障碍,对身边的事物、现象、事件和活动等缺乏兴趣,漠不关心。另一种为性格外向、大大咧咧,但是一旦教师或家长要深入地与其接触,则立即表现出严重不安,退缩躲避,不能达到真正交往的目的。③

(3) 情感状态不健全

智力障碍儿童的情感不健全表现在以下三个方面:① 智力障碍儿童没有明显的心境表现,他们的情感往往只能维持很短时间。② 智力障碍儿童由于认识能力低下,思维判断能力差,在突然出现紧张情况时不能迅速正确地做出反应、判断及有效的应对。③ 智力障碍儿童的激情反应与现实刺激的性质和强度不相适应。④

2. 超常儿童的情绪特点

对于超常儿童的情绪特点,并没有一致的研究结果,因为超常儿童的情绪并不是由智商决定的,而是受自身气质、早期经历、环境、情感教育等诸多因素的影响,超常儿童的情绪也有着个体差异性。

杨素华、朱源在1987年和1994年对中国科技大学少年班的学生进行的测试显示:少年大学生的心境具有沉着、安静、有安全感的特征,内心能保持平衡的状态,情绪稳定、遇事不紧张。⑤ 而张嘉玮、李淑艳的研究得出不一致的结论:大学少年班学生对生活上所要求的和自己意欲完成的事情常感到不满意并伴有焦虑情绪体验。⑥ 罗如帆等对11—13岁超常儿童的测试显示:超常儿童在一般学校自我、诚实可信赖自我与同性关系自我三个维度显著低于同龄儿童。⑦ 或许李颖、施建农的研究结果能给我们更清晰的解释。在这项考察自我概念、成就动机和焦虑水平的实验中,研究者将11岁的超常儿童和13岁的超常儿童分为两个组,与同龄的普通儿童进行比较,得出如下的结论:13岁的超常儿童在同伴自我、班级自我、非学业自我、自信自我和身体自我以及整体自我概念显著低于普通同龄儿童。在追求成功的取向上得分低于对照组,而在避免失败倾向上的得分高于对照组。状态焦虑和特质焦虑高于对照组。而11岁的超常儿童小班除了在能力自我概念和自我概念总得分上低于小班

---

① 银春铭.弱智儿童的心理与教育[M].北京:华夏出版社,1993:86.
② 教育部师范教育司.智力落后儿童心理学[M].北京:人民教育出版社,1999:77.
③ 林文瑞,陈一敏.弱智小学生社会技能的情绪成分与归因的研究[J].中国特殊教育,2005(10):50-53.
④ 教育部师范教育司.智力落后儿童心理学[M].北京:人民教育出版社,1999:77.
⑤ 刘玉华,等.超常儿童心理发展与教育[M].合肥:安徽教育出版社,2001:125.
⑥ 张嘉玮,李淑艳.超常儿童人格因素的调查研究[J].东北师范大学学报:哲学社会科学版,1997(2):89-93.
⑦ 罗如帆,等.11—13岁超常儿童自我概念的发展[J].中国特殊教育,2008(6):18-23.

对照组外,在其他维度上均高于小班对照组,但差异不显著。超常小班在状态焦虑和特质焦虑上均显著低于对照组。超常小班在追求成功取向上高于小班对照组,而在避免失败取向上低于小班对照组,但两项差异均不显著。① 从中我们可以看出,环境而非智力本身决定了情绪状态,13岁的儿童因为入学时间较长,感受到更大的学习压力,并且由于"大鱼小池"效应影响了他们的自我概念,从而带来情绪的焦虑和紧张。

另外,超常儿童自身在各方面也存在着个体差异性,②不同的个性特征导致超常儿童不同的情绪特征。台湾学者吴武典将超常儿童归为顺从型、叛逆型、隐藏型、自暴自弃型、学习困难型,并列举了每类可能有的情绪困扰(见表8-1)。③

表8-1 各类超常儿童的情绪困扰

	顺从型	叛逆型	隐藏型	自暴自弃型	学习困难型
行为特征	1.完美主义者 2.高学业成就者 3.冀求他人肯定 4.屈从	1.高创造力 2.活跃 3.情绪不稳定 4.冒犯师长	1.否认自己是资优生 2.寻求归属感 3.经常结交新朋友 4.退出资优班及加速课程	1.旷课,不按时完成作业 2.晃晃悠悠、自我伤害、自我防卫 3.孤立自己、苛责自己 4.扰乱、过度活动 5.看起来似乎只是中等生或中下等学生	1.学业与能力不相匹配 2.活动过多,可能会扰乱教室秩序 3.看起来似乎只是中等生或中下等学生
社会观感反应	1.父母疼爱 2.深得老师喜爱 3.同学羡慕	1.争执反抗 2.惹人发怒 3.不遵守常规 4.同伴轻视 5.具有创造力 6.不被承认是资优生	1.唯唯诺诺 2.胆小害羞 3.不敢冒险或接受挑战 4.似乎很平凡	1.孤独,旷课 2.吊儿郎当 3.惹人生气 4.受同学嘲笑 5.让人担心	1.看起来怪异笨拙 2.无助 3.同伴躲避 4.明显的学习困难
可能的情绪困扰	1.厌倦、自责、推诿、依赖、焦虑 2.因为失败而有罪疚感 3.依靠外诱产生动机	1.厌烦、挫败感、低自尊、敏感 2.自我防卫 3.不能确认自己的社会角色	1.压抑、混乱、罪疚感、代罪羔羊 2.缺乏信心与安全感 3.不能自我肯定	1.游荡、愤怒、沮丧 2.消极的自我观念 3.自我防卫	1.无力感、挫败感 2.低目标 3.缺乏敏感性

(三)学习障碍儿童的情绪特点

学习障碍儿童在学习自我概念上较低,学业情绪具有消极的特点。但是对于学习障碍儿童非学业自我概念和一般的情绪特点,研究者们尚未得出一致的结论,④虽然大部分研究者认为学习障碍者情绪具有焦虑和孤独的特点。另外部分学习障碍儿童的情绪理解、情绪表达和情绪认知能力低于普通儿童。佟月华等人的研究表明学习障碍儿童在情绪理解方面存在一定缺陷,具体表现为:(1)表情识别能力差;(2)自我意识情绪识别水平低下;(3)混

---

① 李颖,等.超常与常态儿童在非智力因素上的差异[J].中国心理卫生杂志,2004(8):561-563.
② 施建农.以超常儿童为被试的个体差异研究[J].心理科学进展,2006(4):565-568.
③ 吴武典.资优(超常)学生的适应类型与心理辅导[J].中小学心理健康教育,2008(2):31-33.
④ 曾守锤,等.学习不良儿童自我概念研究综述[J].中国特殊教育,2004(5):85-90.

合情绪识别较差;(4)情绪原因理解落后;(5)情绪隐藏理解较差;(6)情绪改变理解水平低下。[1] 同时,不同亚型学习障碍儿童情绪状态理解存在显著差异,阅读障碍儿童情绪状态理解水平显著高于数学障碍儿童和复合型学习障碍儿童,数学障碍儿童和复合型学习障碍儿童之间不存在显著差异,不同亚型学习障碍儿童情绪原因理解和情绪调控理解不存在显著差异。[2]

董妍、俞国良等人的研究发现,我国青少年学业情绪受到人际、课堂、学业和个人四个方面的影响,学习不良青少年的消极学业情绪受学业因素影响最大,普通青少年则受课堂因素和人际因素的影响最大,四方面因素对两类青少年其他学业情绪的影响相同。[3] 学习障碍儿童的消极学业情绪比一般青少年高,积极学习情绪比一般青少年低。[4] 如对积极事件的归因,一般儿童的归因风格更积极,更多地把积极事件归因于内部的、稳定的、普遍性的因素;学习障碍儿童的归因更消极,认为成功具有偶然性,且这种倾向较稳定,无年级差异。而对消极事件的归因,学业障碍儿童更多地认为消极事件的原因是稳定的,在各种情境下都会出现;但一般儿童认为消极事件的出现是由于个人内部因素且是可控的。学习障碍儿童常将原因归于内部不可控因素,较少将学习失败归因于努力的程度不够,却归因于能力低。大部分研究发现:学业障碍儿童的自我概念比非学习不良学生的自我概念低,对学习不感兴趣、缺乏信心和动力,自我效能感低于优秀学生。[5]

有的学者认为学习障碍者较低的自我概念,伴随着抑郁、焦虑、无助感等消极情绪的产生,[6]临床观察证实了这一观点。[7] 同时,学习障碍儿童因为各种原因,同伴接受水平和友谊质量都低于学习优秀或中等的学生,孤独感严重。

有些研究表明:学习障碍儿童在对复合情绪的理解上比一般儿童表现得更为困难;学习障碍儿童情绪表达规则认知发展水平显著低于一般儿童;在情绪调节知识、情绪调节目标、社会约定目标类型和亲社会目标类型上得分均显著低于一般儿童。[8]

较低的自我效能感和较低的自我水平让学习障碍儿童在面对压力时采取更消极的应激方式。例如李琨的研究显示:学业不良初中生采用的应对方式依次是问题解决、忍耐、退避、幻想、发泄和求助,与非学业不良初中生的比较表明,学业不良初中生在问题解决、发泄、求助的得分上显著低于非学业不良初中生,而在幻想和忍耐的得分上却显著高于非学业不良初中生,说明学业不良初中生的积极应对水平较低,而在消极应对水平上却要较一般人高。[9]

---

[1] 佟月华,宋尚桂.学习障碍儿童情绪理解特点比较研究[J].心理科学,2008,31(2):375-379.
[2] 佟月华.不同亚型学习障碍儿童情绪理解特点研究[J].中国特殊教育,2009(9):43-47.
[3] 董妍,俞国良,周霞.学习不良青少年与普通青少年学业情绪影响因素的比较[J].中国特殊教育,2013(4):42-47.
[4] 俞国良,董妍.学习不良青少年与一般青少年学业情绪特点的比较研究[J].心理科学,2006(4):811-814.
[5] 徐迎利.我国学习不良儿童社会性发展研究综述[J].中国特殊教育,2006(12):72-75.
[6] 冯维,孙丽君.学习不良青少年自我意识研究述评[J].中国特殊教育,2008(9):52-56.
[7] 俞国良,董妍.情绪对学习不良青少年选择性注意和持续性注意的影响[J].心理学报,2007(4):679-687.
[8] 刘慧玲,余林.学业不良儿童社会信息加工研究述评[J].中国特殊教育,2007(1):44-48.
[9] 李琨.学业不良初中生社会支持、自尊与应对方式的关系及心理干预研究[D].广州:广州大学硕士学位论文,2007:24-28.

（四）自闭症儿童的情绪特点

目前关于自闭症儿童的情绪的研究主要集中于自闭症儿童面部表情的识别特点和自闭症儿童心理理论发展的特点这两个方面。

自闭症儿童对表情的识别具有辨别下半部分面部特征,忽视上半部分面部特征,缺乏感情交流的特点。研究者从以下四个方面解释了这一特征:① 自闭症儿童的感知功能障碍导致对刺激的高度选择性,关注环境中物体或事件的部分特征,而忽略了其他重要的特征。② 自闭症儿童大脑右侧的部分发展异常,而大脑右侧负责调整与生俱来的初级情绪,控制脸的上半部分以及对他人上半部分脸的面部表情的认知。③ 快速—动觉整合缺陷是自闭症儿童神经心理缺陷和社会活动不足的重要原因之一。因为这一缺陷,自闭症儿童会将眨眼和眼球的活动这一快速物体活动视为反常刺激而避免面对面的目光接触,只有将注意力集中在嘴部以弥补不能精确有效观察眼球活动的不足。④ 杏仁核异常是导致自闭症儿童社交困难的重要原因。杏仁核在识别刺激的情感意义及社会行为和奖赏的关系中有重要的作用,在社会刺激导向、眼睛凝视方向中也扮演重要角色。通过核磁共振(MRI)测量,斯伯格斯(Sparks)发现,自闭症儿童的大脑、小脑、杏仁核和海马的区域尤其是杏仁核区的面积大于正常儿童和发展迟滞儿童。[①]

近年来脑电技术的成熟为该领域研究提供了有力的方法支持。丹森(Dawson)、韦伯(Webb)和卡弗(Carver)利用事件相关电位(ERP)技术考察了3—4岁自闭症儿童的表情识别,结果发现,被试对情绪刺激表现出神经反应障碍。[②] 贝蒂(Batty)等通过ERP研究进一步发现:自闭症儿童在情绪与面部表情上的加工困难可能是从不规则的视觉感知过程开始的,包括初级视觉领域的快速反馈和后期的整体加工。[③] 还有研究者采用功能磁共振成像(fMRI)技术对自闭症儿童面对情绪图片时的大脑内省活动进行了考察,结果表明:自闭症儿童的表情识别困难与其前岛叶的衰退有关,而其情绪认知困难同他们的内省活动无关。[④]

自闭症儿童在理解认知性情绪方面存在问题,心理理论能力发展迟缓。巴朗(Baron)、卡普斯(Capps)、塔格-弗卢斯伯的研究显示:自闭症儿童在基本情绪的理解上与普通儿童没有明显差异,但在理解诸如"尴尬"和"惊讶"这些涉及"信念"的情绪时存在缺陷,自闭症儿童几乎从不说与认知相关的术语,譬如"吃惊""猜测""计谋"等。[⑤] 阿斯曼(Ashwin)等人的研究发现,自闭症者在加工恐惧表情时,杏仁核激活降低,前扣带回和上颞叶沟出现高激活。[⑥] 最近一项研究考察了自闭症成人对阈限上呈现恐惧面部加工时皮层下面部加工系统的功

[①] 兰岚,等.自闭症儿童面部表情识别的综述[J].中国特殊教育,2008(3):36-41.

[②] Dawson G., Webb S. J., Carver L. Young children with autism show atypical brain responses to fearful versus neutral facial expressions of emotion [J]. Developmental Science, 2004 (3): 340-359.

[③] Batty M., Meaux E., Wittemeyer K., et al. Early processing of emotional faces in children with autism: An event-related potential study[J]. Journal of Experimental Child Psychology, 2011(4): 430-444.

[④] Silani G., Bird G., Brindley R. Levels of emotional awareness and autism: An fMRI study [J]. Social Neuroscience, 2008(2): 97-112.

[⑤] 焦青,曾筝.自闭症儿童心理理论能力中的情绪理解[J].中国特殊教育,2005(3):58-62.

[⑥] Wang A. T., Dapretto M., Hariri A. R., et al. Neural correlates of facial affect processing in children and adolescents with autism spectrum disorder[J]. Journal of the American Academy of Child and Adolescent Psychiatry, 2004(43): 481.

能,结果发现梭状回都有明显的激活,但普通人还表现出右杏仁核、右枕核和上丘明显激活。自闭症者不能有效利用皮下脑区(包括面部识别、自动情绪加工),因此研究者认为自闭症者的社会情绪核心机制有缺陷,快速自动面部探测系统的神经异常可能源于早期出现的社会定向和注意。[1] 研究者从以下几个方面解释了这一现象:① 自闭症儿童存在联合注意缺陷。联合注意行为是指儿童与别人分享对触及范围内物体的注意和经验的行为,其基本目的就是与别人分享事物的经验。联合注意行为要求儿童与另外一个人分享或者协调对于第三方事物的注意,同时还包括传递情绪。由于不能与别人建立注意的联结,因此自闭症儿童就失去了从成人的面部表情学习识别认知性情绪的机会,进而在理解这类情绪上出现困难。② 高兴的面部表情仅涉及嘴部动作,而惊讶的面部表情则由嘴部和眼部的动作所组成,而自闭症儿童较少关注对方脸部的上半部分。③ 心理理论能力应包括两个成分:一个是社会知觉成分,它主要负责对人的面部表情和身体姿态等所反映的心理状态进行判断。另一个是社会认知成分,它负责对别人的心理状态进行表征和推理加工,它与个体的语言能力关系密切。自闭症儿童的社会知觉能力发展相对正常,他们基本能依据别人的表情如声调、语气等线索来判断别人的愿望以及理解那些由情境、愿望所激发的基本情绪;然而他们的社会认知能力受到了损害,表现为难以表征别人头脑中的想法、观点以及信念。

周念丽等的研究显示:语言在自闭症儿童情感认知中没有起到提示作用,自闭症儿童利用图形认知这一机械记忆的认知策略记忆和辨别表情,缺乏对情感本身的判断。这一现象部分解释了自闭症儿童心理理论发展迟缓的原因。语言在正常的学龄前儿童的情感认知中发挥着重要作用,描述情感的"情绪用语"有助于他们对情感的认知。[2]

第3节 特殊儿童的情感特点

一、特殊儿童情感的一般特点

特殊儿童的情感发展过程和普通儿童是一致的,但可能是一个更缓慢的过程,在发展的过程中表现出不平衡的特点。特殊儿童的情感特点表现出类别间和不同类别的差异。同时,我们需要注意,情感发展不平衡在很大程度上是残障的第二特征,不是特殊儿童固有的,它受到教育和环境的影响。

二、各类特殊儿童的情感特点

(一)感官障碍儿童的情感特点

1. 视觉障碍儿童的情感特点

(1)缺乏人际交往能力和机会,其友谊感的形成有其自身特点

视觉障碍儿童的人际交往由于以下几个原因受到影响:第一,由于视力障碍,视觉障碍

---

[1] Kleinhans N. M. ,Richards T. ,Johnson L. C. ,et al. fMRI evidence of neural abnormalities in the subcortical face processing system in ASD[J]. Neuroimage,2011(54):697-704.

[2] 周念丽,方俊明. 自闭症幼儿的情感认知特点的实验研究[J]. 心理科学,2003(3):407-410.

儿童缺少对非言语语言(包括视线接触、面部表情和肢体语言)这一重要的社交技能的模仿。由于"他们看不到他人的社会信号,也不能进行反馈,这就降低了与他人进行互惠互动的机会"①。第二,由于视力障碍,视觉障碍儿童无法参加正常儿童参加的群体活动。"随着时间的推移,视觉障碍儿童与正常视力同龄同伴之间的共享经验和爱好正是社会互动、交流与建立友谊的基础。"②另外,视觉障碍儿童明显的面部特征和刻板行为,由于视力障碍而缺乏对自己仪表的检查和调整,容易让正常人对他们形成负面的印象。

因为视觉障碍儿童缺乏人际交往能力和机会,他们的交往和友谊感具有自身的特点。例如:视觉障碍儿童的友谊感的形成限定在具有同样缺陷的同伴中;由于多数学校实行寄宿制,高年级的学生在学习和生活上会照顾低年级的学生,跨年级的交往产生的友谊感有其自身特点。

(2) 情感体验相对较少,积极情感与消极情感并存

视力残疾不但导致视觉障碍儿童生活范围相对狭窄,而且也使其难以通过视觉直接获取情感体验。他们更多通过触觉、听觉,通过推理来升华自身的情感体验,往往在情感上表现出两极的倾向,即积极情感与消极情感并存。因此,学校教师与家长的及时指导对于丰富他们的情感体验非常重要。例如,钟经华发现,视觉障碍儿童进入学校以后,在老师的关怀和指导下,获得了一定的科学文化知识,同时也有了更多的情感体验。他们懂得了尊敬老师,与同学团结友爱,互相帮助,有了集体荣誉感,知道了爱祖国、爱学校、爱老师和爱同学,与老师、同学建立了真挚的感情,愿意主动接近老师,向老师请教问题,倾诉自己的想法和心情,以求得老师的教导和帮助。③

2. 听觉障碍儿童的情感特点

(1) 道德感未分化、不够深刻

道德感是指根据一定的道德标准在评价他人的思想、意图和行为时所产生的主观体验。④ 总体而言,听觉障碍儿童对道德准则有遵守的意愿,有一定的道德感,但由于语言和抽象思维能力的限制,对道德准则的理解比较刻板,缺乏根据具体的社会情境选择正确行为的能力,听觉障碍儿童的道德情感具有未分化、不够深刻的特点。

例如杨艳云以七、八年级的聋生为被试的实验研究显示:七、八年级聋生的推理能力、言语理解能力比正常同龄儿童要低 1—3 岁和 4—6 岁。⑤ 张宁生认为听觉障碍儿童在道德认知的感性学习阶段,仅仅通过视觉观察道德现象,缺少听觉的参与,获得的感性的道德认知是片面的。⑥ 但冯天荃的研究显示:不论是同学、老师还是学校,大多数听觉障碍儿童都倾向于不接受其制定的不道德规则,接受性得分均在 0.5 以下,这反映出其较高的道德认知水平。⑦ 同时,在李彩娜的研究中,听觉障碍儿童"更倾向于保证判断的正确性而作出较多的

---

① 何华国. 特殊儿童心理与教育[M]. 台北:五南图书出版公司,1987:144.
② 〔美〕William L. Heward. 特殊需要儿童教育导论[M]. 肖非,等译. 北京:中国轻工业出版社,2007:333.
③ 钟经华. 视力残疾儿童的心理与教育[M]. 天津:天津教育出版社,2007:59.
④ 彭聃龄. 普通心理学[M]. 北京:北京师范大学出版社,2004:372.
⑤ 杨艳云,等. 聋童推理能力与言语理解能力关系初探[J]. 中国特殊教育,2001(1):31-33.
⑥ 张宁生. 听觉障碍儿童的心理与教育[M]. 北京:华夏出版社,1995:128.
⑦ 冯天荃,叶浩生,刘国雄. 中学聋生对道德和非道德规则的认知[J]. 中国特殊教育,2008(4):15-19.

否认,表现出对外在规则的刻板依从及固执性倾向"。李彩娜将之解释为是由于认知能力的局限而表现出的缺乏信心,更倾向于遵守规则和服从命令,缺乏自身的识别、分析、判断能力,道德认知水平低于正常人的特点,这与以往研究结论一致。冯天荃仅仅根据"不论是同学、老师还是学校,大多数聋生都倾向于不接受其制定的不道德规则"推测出聋童具有较高的道德认知水平的结论需要进一步研究证实,要排除聋童刻板遵守道德规则的可能性。根据黄汝倩的调查研究:聋童在具体的日常行为中表现出良好的道德感,但是抽象的"价值观、是非观、人生观不明确、不稳定,法制意识淡漠"①。例如在"是否会采用非正当手段解决急需解决的问题"时,只有少数初中生选择了"不会"。在陈花的研究中发现,聋哑学生亲社会价值取向难以判断的人数很多。②

听觉障碍儿童道德感的这些特点与其抽象思维能力和社会认知能力有着密切关系。道德感的形成与道德认知和对自己所处的社会关系的定位有着重要的关系。而道德认知的发展是以语言为载体的,与思维的发展紧密联系。在道德认知的理性学习阶段,听觉障碍儿童由于语言的缺少,抽象思维能力发展较差,难以运用概念做推理和判断,从而难以对抽象的社会道德关系和内容进行认知。同时,与普通儿童相比,听觉障碍儿童的角色采择能力延缓了4—5年,并且表现出更多的自我中心(egocentrism)。③ 近十年来,国外一些研究人员的实验和调查研究发现:聋童在归因和情境谈判中比正常儿童更重视自己的愿望。④

(2)缺乏对抽象知识和认识活动的兴趣,缺乏相应的理智感

理智感是指在智力活动过程中,认识、评价事物时所产生的情感体验。例如人们在探索未知事物时表现出的好奇心、未知欲,在解决问题的过程中表现出来的怀疑、惊讶,以及问题解决后的喜悦。⑤

对于听觉障碍儿童的学习动机,不同的研究有不同的结果。有些研究认为听觉障碍儿童的学习动机和自我效能低。例如贝尔(Bell)1977年在研究家庭对聋童的影响中发现聋童多具有外部控制点,即"聋生往往将自己的社会认知困难归因于外界,如运气不好、学习任务太重等,而不反省社会认知受自己的语言和思维的限制"⑥。有的研究认为听觉障碍儿童表现出高的学习动机,例如陶新华的研究发现:不管是总的学习动机还是社会取向的成就动机、个体取向的成就动机,聋生都极其显著地高于正常学生。同时,聋生自身的内在成就动机显著高于外在成就动机。⑦ 张宁生认为,听觉障碍儿童的求知欲"随着社会性需要、精神需要和好奇心的逐步发展,学习在他们生活中所占的比重越来越大,他们越来越意识到自己知识的贫乏和掌握知识的重要性。到中高年级,对知识的追求成为他们主要的需要"⑧。

张宁生总结出听觉障碍儿童的好奇心有两方面的特征:其一是在指向性上,主要表现为对视觉信息的好奇,同时具有简单、具体、生动和活泼的特点;其二是在稳定性上表现出盲

---

① 黄汝倩.聋生思想道德现状专题调查报告[J].中国特殊教育,2005(2):27-31.
② 陈花,等.聋哑学生亲社会价值取向与亲社会行为的研究[J].中国特殊教育,2005(2):61-64.
③ 肖阳梅.聋生的社会认知及其培养[J].中国特殊教育,2001(3):22-25.
④ 陈友庆,等.聋儿的心理理论发展特点及影响因素[J].心理科学进展,2006(3):382-388.
⑤ 彭聃龄.普通心理学[M].北京:北京师范大学出版社,2004:372.
⑥ 肖阳梅.聋生的社会认知及其培养[J].中国特殊教育,2001(3):22-25.
⑦ 陶新华,等.聋生心理健康与成就动机、行为方式的相互影响[J].心理学报,2007(6):1074-1083.
⑧ 张宁生.听力残疾儿童心理与教育[M].大连:辽宁师范大学出版社,2002:107.

目性和易变性,受刺激物的特点左右。随着语言和知识经验的丰富,他们的好奇心在指向性上和稳定性上都有所发展。①

听觉障碍儿童的学习兴趣随着知识和能力的发展以及教师的影响,在高年级的时候出现对学科本身的分化的兴趣。但是在兴趣的广度、深度、效能方面,特别是对抽象材料的学习兴趣,还有待于进一步发展。②

(二)智力异常儿童的情感特点

1. 智力障碍儿童的情感特点

(1) 自我效能感低,缺乏从理智活动中获得的理智感

智力障碍儿童也渴望获得老师和家长的夸奖和赞扬,但是他们的学习动机是建立在理智活动的后果上而不是理智活动本身,近期的、直接具体的目标所起的激励作用往往比那些长远的或间接的目标更富有成效,意义更明显。其原因主要有以下几点:① 从智力活动的成功中获得的愉悦情绪会促进技能的习得和寻求更新更好的技能,同时良好的理智感也与元认知能力相关。而智力障碍儿童在学习活动中经历更多的挫败感,影响之后的认知活动。例如,通过对普通儿童与唐氏综合征儿童坚持与成功的行为曲线的研究发现,唐氏综合征儿童努力成功的比率要低于普通儿童。② 理智感的形成与元认知能力,例如计划的制订、监控和调整能力相关,调整学习策略以期达到预期目标给人带来期望、成功的喜悦、失败的痛苦等理智感的体验。但是智力障碍儿童由于抽象思维发展缓慢,缺乏计划能力和控制能力,理智感发展缓慢。

这些原因导致智力障碍儿童理智感发展缓慢,自我效能低,缺乏学习动机。例如,研究表明:唐氏综合征儿童从事工作的水平低、节奏慢,在工作中不经常表现出愉快,喜欢接受容易的挑战。维希特和杜菲(Wishart & Duffy,1990)的研究发现:唐氏综合征儿童在认知能力测试中表现出很大的可变性,他们缺乏坚持,逃避学习的机会,许多测试项目的分数低是由于他们拒绝尝试而不是由于他们的表现差。③ 林文瑞的研究显示:普通儿童与智力障碍儿童内外部归因有极其显著的差异。智力障碍儿童对成败的外部归因明显多于普通儿童,内部归因少于普通儿童。智力障碍儿童的失败期望高于成功期望,情绪比较消极,因为学习产生的焦虑感明显低于同年级的普通儿童。④

(2) 缺乏积极的友谊感,难以从同伴交往中获得积极的情感体验

从已有的研究来看,智力障碍儿童的亲社会行为比自闭症儿童多,能理解并回应他人的表情。与普通儿童对比所做的研究结果并不一致,但是可以推测:智力障碍儿童"缺乏的是亲社会行为的技能而不是动机"。或许由于其认知水平的缺陷,不能对特定事件及时做出反应,表现不如正常儿童。但是在日常生活中,对于一些他们熟悉的状况,他们的亲社会行为却不一定比正常儿童少。⑤

社会交往作为亲社会行为的一部分,也有着同样的特点。智力障碍儿童同样有被爱和

---

① 张宁生.听力残疾儿童心理与教育[M].大连:辽宁师范大学出版社,2002:107.
② 张宁生.听力残疾儿童心理与教育[M].大连:辽宁师范大学出版社,2002:109.
③ 刘文,胡日勤.唐氏综合征儿童自我控制的发展和矫正研究综述[J].中国特殊教育,2008(9):23-26.
④ 林文瑞,陈一敏.弱智小学生社会技能的情绪成分与归因的研究[J].中国特殊教育,2005(10):50-53.
⑤ 金星,韦小满.弱智儿童亲社会行为研究综述[J].中国特殊教育,2007(1):14-17.

被尊重的需要,能够体验友谊感,渴望获得同伴的友谊,但由于缺乏相应的社会交往技能和语言表达能力以及具有行为问题,他们很难维持、促进、升华友谊感。交朋友维持友谊等一些人际关系的处理对于许多智力障碍儿童来说都是巨大的挑战。认知能力的限制、不良的语言发展、不正常或不适宜的行为都会严重阻碍智力障碍儿童人际交往。例如,与正常儿童相比,智力障碍儿童更容易表现出问题行为。在对智力障碍儿童进行研究时经常会发现,他们难以接受批评,自我控制能力有限,并且还有攻击性及自伤行为等怪异的不良行为。[1] 例如,张福娟的研究显示:智力障碍儿童乐于与同伴交往,特别是同一类的伙伴。但与智力正常儿童交往时会感到自己与众不同,从而导致孤独感。智力障碍儿童在孤独倾向这一方面与普通儿童相比有极其显著性差异,是智力障碍儿童在同伴群体中不安或不满知觉的重要指标。[2]

2. 超常儿童的情感特点

(1) 对道德规则的理解不同于普通儿童

对于超常儿童的道德感,我们可以从不同的角度来分析。有学者认为,超常儿童的道德感发展良好,表现出强烈的用自己的才能为社会服务的情感特征。[3] 但是,也有学者认为,超常儿童因为思维的创造性,并且思维水平超出同龄儿童,他们的性格中会有自恃清高、不愿意受到规则的约束的特点。例如有学者发现,一些超常儿童在学校往往表现出不合群、不合格,并视学校为"地狱"。例如,教师让孩子们背诵课文,而那些超常儿童在潜意识中却认为这类背诵他人句子的学习没有创造性,因此拒绝背诵,在心理上产生抵制情绪。[4]

(2) 社会交往的认知能力和实际表现出的亲社会行为缺乏一致性

超常儿童的同伴交往较差,友谊感发展不及普通儿童。李颖、施建农等(2004)、罗如帆等(2008)的研究都显示:超常儿童在同伴关系中自我概念较低。我们可以从以下几个方面解释超常儿童的同伴关系自我概念较低的原因:① 超常儿童在各方面的表现较同龄人更好,容易引起他人的嫉妒。② 超常儿童的学业压力较大,将精力投入到学业中,没有时间经营和维系友谊。③ 超常儿童的计划性和目的性较强,并且因为有优越感,难以顾及周围人的感受。例如,有研究显示少年班大学生有刚愎、多疑的特点。[5] 但是,方富熹等人的研究显示:超常儿童对人际关系的社会发展水平高于常态儿童。[6] 其实这两者之间并不矛盾,因为在测试中所做的答案并不一定与实际生活中所做的行为一致,同时友谊的建立是双向的行为,同龄人对超常儿童的态度也影响着超常儿童友谊感的体验。

(3) 理智感体验深刻

超常儿童对理智感的体验更加深刻,有以下几个方面的原因:① 超常儿童的求知欲强,他们的喜悦感来自智力活动本身而不是奖励。② 超常儿童的成就动机高,追求成功的意志

---

[1] 〔美〕William L. Heward. 特殊需要儿童教育导论[M]. 肖非,等译. 北京:中国轻工业出版社,2007:131.
[2] 张福娟,等. 轻度智力落后学生心理健康问题的研究[J]. 心理科学,2004(4):824-827.
[3] 辛厚文,陈晓剑. 大学少年班教育概论[M]. 合肥:中国科学技术大学出版社,1986:25.
[4] 朱晓斌. 超常儿童的认知发展及其教育策略[J]. 中国特殊教育,2007(2):41-45.
[5] 张嘉玮,李淑艳. 超常儿童人格因素的调查研究[J]. 东北师范大学学报:哲学社会科学版,1997(2):89-93.
[6] 查子秀. 儿童超常发展之探秘[M]. 重庆:重庆出版社,1998:98.

力强。朱源、叶仁敏 1989 年的研究显示：少年大学生的成就动机得分显著高于普通高中生。① 刘玉华等人的研究显示：少年大学生在有恒性方面显著优于普通大学生。②

(三) 学习障碍儿童的情感特点

学习障碍影响着学习障碍儿童与周围人形成良好的社会情感，学习障碍儿童在同伴关系、师生关系和亲子关系上都具有自己的特点。这些特征有的是学习障碍儿童本身固有的，有的则是环境的压力带来的。学习障碍儿童本身社会技能的缺失和不良的社会处境制约着学习障碍儿童产生积极、良好的社会情感。

中小学学习障碍儿童的社会智力发展水平较低。③ 对于学习障碍和社会技能缺失的关系，有多种理论假设。20 世纪 90 年代以前主要存在一级原因假说（认为学习障碍儿童社会技能缺失是中枢神经系统功能失调造成的）、二级原因假说（认为学习障碍儿童社会技能缺失是学业问题造成的）和社会学习理论假说（认为学习障碍儿童社会技能缺失是儿童无法获得和操作社会行为造成的，是在习得过程中出现的问题）。20 世纪 90 年代以后提出了四种具有代表性的假说：① 因果假说认为中枢神经系统功能失调是造成学习障碍儿童社会技能缺失的原因。② 共存假说认为学习障碍儿童社会技能缺失与其学业缺陷存在三种共存关系——学业缺陷导致社会技能缺失，社会技能缺失导致学业缺陷，学习缺陷与社会技能缺失在某些学习障碍儿童身上同时存在，没有清晰的因果关系。③ 相关假说认为社会技能缺失与学习障碍之间是相关关系。④ 同病率假说认为其社会技能缺失是因为学习障碍与注意缺陷多动障碍及抑郁症的共同患病率造成的。④ 有的研究者认为社会技能缺失只是部分学习障碍的类型因生理缺陷带给学习障碍儿童固有的特征。例如，佟月华根据学习障碍的类型列出了每类儿童的社会技能问题。⑤

另外，在以学业成绩为主导的教育体制下，学业成绩是影响自尊水平和他人对其态度的重要原因。学习障碍儿童由于学习成就低，在同伴交往中处于不利地位。

以上两个原因给学习障碍儿童带来了社会情感的困扰，在人际关系中他们表现出焦虑、敏感，并因此带来敌对性。张壬、李君荣对学习障碍儿童的人格进行测评发现：较普通儿童，学习障碍儿童在精神质和神经质这两个维度得分偏高，在内外倾和掩饰性这两个维度得分偏低。这意味着学习障碍儿童性格孤僻、古怪、内向、安静，情绪稳定性差，社会性幼稚水平偏高。⑥

学习障碍儿童的理智感体验消极，并且缺乏对理智感的追求。石学云对学习障碍学生和普通学生的学习动机和社会支持进行测量，发现两者在学习动机和社会支持上具有显著差异。⑦ 挫败的学习经历和较低的社会支持，尤其是主观支持导致学习障碍儿童的理智感体验多是消极的，在学习上处于被动。例如，郭文斌的研究发现：学习困难学生除在复述策略

---

① 刘玉华,朱源.超常儿童心理发展与教育[M].合肥：安徽教育出版社,2001：137.
② 刘玉华,朱源.超常儿童心理发展与教育[M].合肥：安徽教育出版社,2001：126.
③ 刘在花.学习困难儿童社会智力发展特点的研究[J].中国特殊教育,2008(6)：29-33.
④ 佟月华.学习障碍与社会技能缺失的关系[J].中国特殊教育,2004(10)：36-40.
⑤ 佟月华.学习障碍与社会技能缺失的关系[J].中国特殊教育,2004(10)：36-40.
⑥ 张壬,李君荣.学习障碍儿童的人格特征[J].中国妇幼保健,2008(13)：1798-1799.
⑦ 石学云.学习障碍学生社会支持、学习动机与学业成绩的关系研究[J].中国特殊教育,2005(9)：55-59.

方面得分显著高于学习优秀学生外,在其他六个因子和总分方面均显著地低于他们。① 另外,学习障碍学生在学习过程中缺乏自制和坚持,并且学习兴趣范围狭窄、兴趣带来的实际行动少。

(四) 自闭症儿童的情感特点

自闭症儿童在婴儿期是否能对养护者形成依恋,与周围的人建立感情?生性冷漠似乎是自闭症儿童的一大特征,"孤立、有疏离倾向、无视他人存在是孤独症儿童的基本特征"。从多数母亲的回忆叙述里可以明显看出,孤独症儿童突出的社会缺陷是欠缺感情交流和依恋行为等,而常常表现为:不撒娇、不粘人、很文静,不怎么爱哭、不认生等。② 但是也有研究显示:自闭症儿童并不完全排斥周围的人,与周围的人不是没有建立感情,有亲近养护人的行为,在与同伴的交往中也能逐渐培养积极的交往行为。③ 例如,王梅等的研究结果表明:最能引起自闭症儿童愉快表情的是妈妈(或亲人)的拥抱,而并非人们通常认为的给儿童吃他喜爱的食物;在儿童情绪不好的时候,例如哭闹、发脾气的时候,妈妈的拥抱能使大多数儿童平静下来。④

由于缺乏社会分享的能力和自身情绪行为问题,自闭症儿童缺乏同伴交往带来的友谊感。自闭症儿童在与他人的语言交往、联合注意和活动交往中,在与养护者和同伴的互动中学习推测和理解他人情绪以及表情的表征含义。但是由于自闭症儿童在语言、视线和活动三个方面都表现出与人经验分享能力的不足,并且在之后的生活中因为情绪和行为的障碍,所处的环境受到限制,在与同伴交往的机会这一方面进一步加大了与正常儿童的差距,失去了在交往中学习理解他人情绪的能力,阻碍了其社会性情感的发展。

一定的道德认知和判断能力是形成道德感的基础,根据行为者的意图而不是仅仅通过行为进行道德判断是道德认知发展的一个重要标志,因此道德判断与心理理论能力紧密相关。由于自闭症儿童对社会性认知的缺陷和理解他人心理能力的缺陷,其道德感很难得到发展。冯源、苏彦捷的研究显示:自闭症儿童的心理理论和道德判断能力低于言语年龄匹配的正常儿童,自闭症儿童不能理解情境含义,不能对道德任务和探测任务做出同样的反应。⑤

 本章小结

本章在普通儿童情绪情感发展的理论基础上,介绍了感官障碍儿童、智力异常儿童、学习障碍儿童和自闭症儿童的情绪情感特点。总体而言,固有的生理原因和后天的环境、教育因素对这些儿童的情绪情感发展有消极的影响,其情绪情感有一些异于普通儿童的特点,进而对他们的认知和社会化发展带来不利的影响。但是不同类别的特殊儿童存在着不同的情绪情感特点,因为残疾的程度和后天家庭和教育环境及其他因素的不同,同一类别的个体之间在情绪情感发展上也存在着差异。

---

① 郭文斌.学习困难学生自主学习策略研究[J].中国特殊教育,2006(3):79-83.
② 曾晨.孤独症儿童社会性特征研究的回溯与展望[J].中国特殊教育,2005(5):78-81.
③ 孙圣涛.自闭症儿童的社会缺陷及其早期干预研究的介绍[J].中国特殊教育,2003(3):66-70.
④ 王梅,杨磊.孤独症儿童表情及变化诱因的研究[J].中国特殊教育,2004(6):57-61.
⑤ 冯源,苏彦捷.孤独症儿童对道德和习俗规则的判断[J].中国特殊教育,2005(6):65-69.

思考与练习

1. 情绪情感具有哪些社会功能?
2. 同伴交往在儿童的情绪情感的发展中起着怎样的作用?
3. 哪些社会环境因素对特殊儿童的情绪情感发展起着不良的作用?如何改善特殊儿童所处的社会环境?
4. 智力障碍儿童在亲社会行为方面具有哪些特点?
5. 自闭症儿童的情绪情感具有哪些特点?

第 9 章　特殊儿童的人格

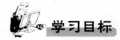 学习目标

1. 了解人格的基本理论以及人格的结构。
2. 掌握感官障碍儿童(视觉障碍儿童和听觉障碍儿童)、智力异常儿童(智力障碍儿童和超常儿童)、学习障碍儿童以及自闭症儿童人格的一般特点以及各类特殊儿童人格一般特点的异同。
3. 掌握感官障碍儿童(视觉障碍儿童和听觉障碍儿童)、智力异常儿童(智力障碍儿童和超常儿童)、学习障碍儿童以及自闭症儿童的需要、动机、成就和意志的特点以及各类特殊儿童的需要、动机、成就和意志的特点的异同。
4. 针对各类特殊儿童的人格特点,学会对他们进行相应的教育。

人格心理学的主要任务包括寻求描述和解释个体差异。其研究成果有助于教师根据学生的人格特点进行因材施教,进行个别指导,使得学生学会为人处世,发展健康人格。① 因此,对特殊儿童的人格进行研究有着重大的意义。

第 1 节　人格理论与人格的发展

"人格"(personality)一词被多学科所使用,由于内涵十分复杂,迄今为止还没有形成一个为所有学科共同接受的明确的定义。② 据早期统计,国外历史上关于人格的定义已达 50 多种,人格的现代定义也有 15 种之多。③ 其中,以黄希庭提出的人格概念最具代表性。即人格是个体在行为上的内部倾向,它表现为个体适应环境时在能力、情绪、需要、动机、兴趣、态度、价值观、气质、性格和体质等方面的整合,是具有动力一致性和连续性的自我,是个体在社会过程中形成的给人以特色的心身组织。④

一、人格的理论

关于人格的理论各种各样,但是主要的人格理论都可以归于以下六大理论流派:精神分析流派、特质流派、生物学流派、人本主义流派、行为主义和社会学习流派、认知流派。每

---

① 黄希庭.人格心理学[M].杭州:浙江教育出版社,2002:40.
② 何静.青少年人格教育初探[D].武汉:华中师范大学硕士学位论文,2000:2.
③ 周晓虹.现代社会心理学[M].上海:上海人民出版社,1997:140-141.
④ 黄希庭.人格心理学[M].杭州:浙江教育出版社,2002:8.

一个人格发展流派都有自己的理论。虽然每一个人格理论都有自身不同的侧重点,但是以下三个方面是不同人格理论必然要涉及的重要问题。[1]

首先,遗传与环境对人格的影响。人格在多大程度上决定于遗传,多大程度上决定于环境?不同的人格理论流派在这一问题上分歧很大。生物学流派和特质流派的许多理论家认为,研究者过于忽视遗传倾向性的作用,精神分析流派的支持者也认为应该强调与生俱来的需要和行为方式,尽管它们是无意识的。然而,人本主义、行为主义和社会学习理论以及认知理论则很少强调遗传对人格的作用。

其次,意识与无意识对行为的决定作用。个体在多大程度上能够了解其行为的原因?经典精神分析理论倾向于无意识的作用,而行为主义则认为虽然人们往往以为自己是理解自己行为的原因,但事实上并没有真正意识到。与此不同的是,依靠自我报告的资料来发展其理论和研究的特质流派和认知流派,假设个体可以明了并报告自身的信息加工过程。但是,在这一问题上,各派并没有采取绝对化的态度。人本主义流派在这一问题上则采取折中的立场。

最后,自由意志与决定论。个体能够在多大程度上决定自己的命运?控制着个体的外部力量在多大程度上能够决定个体的行为?这是起源于哲学和神学的一个老问题。决定论的两个极端是激进的行为主义者的行为主义和社会学习流派。如斯金纳认为个体的行为是不能自由选择的,而是个体面对环境刺激的直接结果。精神分析学派认为与生俱来的需要和无意识机制导致了个体的行为在很大程度上不能自我控制。处于另一极端的是人本主义,他们强调个人选择和责任感,认为它们是心理健康的基础。

二、人格的结构

人格结构指的是根据观察到的人类行为而构建的人格构成成分。人格结构直接影响着人类的行为。西方"大五"人格结构模型是近 20 年来最流行的人格结构模型,被视为"人格心理学领域的一场静悄悄的革命",并被认为是"最适合全人类的"。因为其几乎可以解释在此之前出现的所有人格量表(如 EPQ、16PF、MBTI 等)的结构和内容。[2][3]

"大五"人格结构包括:外向性(extraversion),特征为热情、合群——爱交际、自信、活动性、追求兴奋、积极情绪。愉悦性(agreeableness),特征为信任、诚实——坦诚、利他、顺从、谦逊、质朴、温和、亲切。公正严谨性(conscientiousness),特征为能力、守秩序——负责任、追求成功、自我控制、严谨、深思熟虑。情绪稳定性(neuroticism),特征为焦虑、愤怒——敌意、抑郁、自我意识、冲动、脆弱、敏感。开放性(openness),特征为幻想、爱美——有美感、情感丰富、行动、观念、价值。[4]

人格是个体适应环境时在能力、情绪、需要、动机、兴趣、态度、价值观、气质、性格和体质

---

[1] 〔美〕Jerry M. Burger. 人格心理学[M]. 陈会昌,等译. 北京:中国轻工业出版社,2004:3,9-10.

[2] McCrae R. R., Costa P. T. Personality trait structure as a human universal[J]. American Psychologist, 1997 (5):509-516.

[3] John O. P., Angleitner A., Ostendorf F. The lexical approach to personality: A historical review of trait taxonomic research[J]. European Journal of Personality, 1998(2):171-203.

[4] 王登峰,崔红. 中西方人格结构的理论和实证比较[J]. 北京大学学报:哲学社会科学版,2003(5):112.

等方面的整合。首先个体缺失或要求而产生需要,进而产生做某件事情的动机,在意志和情感的作用下,最终做出成就(如图 9-1 所示)。"大五"人格因素也同样强调人格中的需要、动机、意志、情感和成就等方面。由此可见,需要、动机、意志、情感和成就是人格研究中的重要特质,因此,特殊儿童的人格主要围绕这几个方面来进行阐述(特殊情感的讨论具体见第 8 章)。

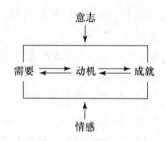

图 9-1　需要、成就、动机、情感以及意志之间的关系

三、各类特殊儿童的人格特点

(一) 感官障碍儿童的人格特点

1. 视觉障碍儿童的人格特点

视觉障碍儿童在各种人格特征上的得分都偏低,尤其在一般活动性、忍耐性和领导性方面表现很差。视觉障碍儿童的人格特点与正常儿童、听觉障碍儿童、智力障碍儿童都存在显著差异。视觉障碍儿童的人格特点不如正常儿童和听觉障碍儿童,但优于智力障碍儿童。[①]与正常儿童相比,全盲儿童具有以下人格特征[②]:首先,盲童精神质分数高,即盲童可能更孤独,不关心别人,难以适应外部环境,不近人情,感觉迟钝。对别人不友好,喜欢干奇特的事情,并且不顾危险。其次,盲童更内倾。也有研究认为盲童性格外向。再次,情绪性分数明显偏低,即他们比正常儿童更少焦虑,遇到强烈的刺激情绪反应弱,不常做出不够理智的冲动行为,表现出较强的控制力。也有研究认为盲童情绪不稳定,易冲动。最后,盲童掩饰性得分低。除女盲童情绪性高于男盲童以外,盲童人格特征没有表现出性别差异。

视觉障碍儿童的人格发展也受到诸多因素的影响。与听觉障碍儿童一样,视觉障碍儿童人格发展同样受到年龄和障碍程度的影响。年龄大的视觉障碍儿童的人格特征明显优于年龄小的视觉障碍儿童,低视力儿童的人格品质明显好于全盲儿童。[③] 除了年龄和障碍程度以外,视觉障碍儿童的人格发展还受到由于目盲导致的认知局限性、早期生活环境、社会生活环境以及自身对目盲接纳情况等因素的影响。[④]

2. 听觉障碍儿童的人格特点

听觉障碍儿童的人格特点表现为:首先,听觉障碍儿童在独立性、忍耐性、领导性方面

---

① 张福娟,谢立波,袁东. 视觉障碍儿童人格特征的比较研究[J]. 心理科学,2001(2):154-156.
② 李丽耘. 全盲儿童人格特征初探[J]. 心理科学,1999(6):557-558.
③ 张福娟,谢立波,袁东. 视觉障碍儿童人格特征的比较研究[J]. 心理科学,2001(2):156.
④ 钱志亮. 盲童的人格特点及其教育对策[J]. 心理发展与教育,1998(2):56.

较差,容易产生固执。国外有关研究也表明:听觉障碍者常有固执性、自我中心、缺乏自我控制、冲动性、挫折容忍力较低、易受他人暗示等人格特性。[1] 其次,依赖性较强,易附和他人。最后,毅力不很强,如不少学生在遇到困难时喜欢依赖他人帮助来完成或者干脆半途而废。听觉障碍儿童在个性特征的各项指标得分远远超过智力障碍儿童,有显著差异。由此表明,影响儿童个性的形成与发展的残障中,智力障碍造成的影响更大。[2] 与正常儿童相比,听觉障碍儿童在精神质(倔强性)方面明显高于正常儿童,在情绪性(神经质)方面明显低于正常儿童,在自身隐蔽与掩饰性方面与正常儿童无明显差异。听觉障碍儿童精神质、外倾性、掩饰性均随年龄的增长而下降,而情绪性随年龄的增长而上升。女聋童情绪性明显高于男聋童,除此以外,听觉障碍儿童的人格特点没有性别差异。[3] 李有禹等人专门研究了听障中学生的人格特征,发现听障中学生与健听中学生相比,得到学校和社会承认的愿望非常强烈,希望能被社会接纳,具有较强的归属需要,但其独立的需要较弱,较为依赖、顺从。在需要得不到满足或遇到挫折时,听障中学生更倾向于采取消极、退缩的方式来应对。同时,与健听中学生相比,听障中学生更多地认为自己是幸福的,对人生持较为乐观的态度。[4]

听觉障碍儿童人格发展受到诸多因素的影响。首先,听觉障碍儿童的人格随着年龄的增长而不断发展,健康的人格类型不断增加。其次,听觉障碍儿童的人格发展受到听觉障碍程度的影响。但是,研究结果并不一致。有的研究认为,听力损失程度小的儿童人格的发展相对要好一些。然而,有的研究发现,聋童与重听儿童个性特征无显著差异。[5] 再次,听觉障碍儿童的人格发展受到父母的影响。总体上看,父母是否听觉障碍对听觉障碍儿童的人格发展影响不大,但是,在少数人格特质和人格因子上,父母听觉有障碍的听觉障碍儿童人格具有更加固执和不成熟的倾向,并且分化性也较差。这个结果与中国台湾学者萧金士等的研究较为一致,[6]但与国外一些学者的研究不一致。国外有研究认为,父母听觉有障碍的儿童比父母是正常的儿童发展得好。[7] 最后,城市和农村听觉障碍儿童在人格的发展上存在相当大的差异。总体上,农村的听觉障碍儿童人格发展要优于城市听觉障碍儿童。这一结果与国外的一些研究可以相互印证。[8]

(二) 智力异常儿童的人格特点

1. 智力障碍儿童的人格特点

智力障碍儿童的人格特点表现为:首先,缺乏团结集体一起行动的能力,在处理人际关系上存在严重不足,社会适应能力普遍较差;其次,在学习方面,主动性和积极性不高,兴趣不广泛,同时对学习缺乏恒心和毅力等。再次,不少弱智儿童缺乏独立性和主动性,喜欢依

---

[1] Kirk,S.,Gallagher,J. Educating exceptional children[M]. Boston:Houghton Mifflin,1993:227-229.
[2] 张福娟,刘春玲. 听觉障碍儿童个性特征研究[J]. 中国特殊教育,1999(3):22-25.
[3] 吴艳红,梁兰芝. 聋童人格特征的一项测查[J]. 心理科学,1995(2):120-122.
[4] 李有禹,等. 应用G-TAT对听障中学生人格特征的分析[J]. 中国特殊教育,2009(10):41.
[5] 张福娟,刘春玲. 听觉障碍儿童个性特征研究[J]. 中国特殊教育,1999(3):22-25.
[6] 萧金土. 不同家庭因素中,中学听觉障碍学生"社会—情绪"发展之比较研究[J]. 特殊教育学报,1988(3):69-92.
[7] Meadow,K.P. Personality and social development of deaf person in B. Bolton (Ed) Psychology of Deafness for Rehabilitation Counselors[M]. Baltimore:University Park Press,1976:67-80.
[8] Chen,X.,Rubin,K.H. Correlates of peer acceptance in a Chinese sample of six-year-olds[J]. International Journal of Behavioral Development,1992(2):259-273.

赖他人,易受他人影响,并且部分儿童脾气比较固执,行为习惯固定,难以改变。最后,弱智儿童存在着缺乏自信、低估自己的倾向。[1]

智力障碍儿童的人格发展受到诸多因素的影响。首先,智力障碍儿童由于脑功能受损,特殊社会环境因素的不良影响以及认知能力的局限性等因素的影响,造成其与普通儿童人格特质存在明显的差异。其次,智力障碍儿童的人格发展与智力落后的程度存在密切关系。脑功能受损越严重,对个性发展的影响也就越明显。如中度弱智儿童中存在比较多的异常个性特征。[2] 最后,智力障碍儿童的人格发展也受到其受教育环境的影响。研究发现,在普通班随班就读、在辅读学校学习和在普通学校辅读班学习的三类轻度智力障碍儿童的人格特征存在显著差异,其中,在普通班随班就读的轻度智力障碍儿童的人格发展障碍于其他两类轻度智力障碍儿童。[3]

2. 超常儿童的人格特点

总体上来说,与一般儿童相比,超常儿童人格发展的速度较快,人格发展水平较高。超常儿童人格的特点表现为:社会适应性较好、情绪较稳定、意志坚强等。超常儿童的人格发展存在年龄和性别方面的差异。[4] 超常儿童乐群性低于常态儿童,而聪慧性以及独立性均高于常态儿童。[5]

(三) 学习障碍儿童的人格特点

学习障碍儿童的人格特点表现为:学习障碍儿童古怪、孤僻、行为不适应,[6]多内向、害羞、安静,不喜欢与各种人交往,情绪稳定性差,社会性幼稚水平偏高[7]。学习障碍儿童的人格受到年级因素的影响,3 年级学生在精神质方面的得分高于 2、4、5 年级,而掩饰度得分低于 1、2、4、5 年级,1 年级与 3 年级儿童在精神质方面的得分没有差别。学习障碍儿童的人格不存在类型上的差异,即学习障碍儿童的人格与大脑认知系统的缺陷类型无关。

(四) 自闭症儿童的人格特点

由于自闭症儿童是一种有广泛发展障碍的儿童,大多都有不同程度的人格障碍,其特点多表现为以下几个方面:首先,自闭症儿童以自我为中心,不喜欢与外界交往。其次,自闭症儿童情绪稳定性差,不能控制情绪并且情绪爆发频繁。[8] 再次,自闭症儿童缺乏主动性和积极性,行为刻板固执;最后,自闭症儿童整体的社会适应能力差。

第 2 节 特殊儿童的需要

需要指的是有机体缺失或要求什么的状态。如图 9-2 所示,马斯洛将人的需要分为两

---

[1] 张福娟,刘春玲,孔克勤. 智力落后儿童人格特性的研究[J]. 心理科学,1996(1):21.
[2] 张福娟,刘春玲,孔克勤. 智力落后儿童人格特性的研究[J]. 心理科学,1996(1):27.
[3] 于素红,曾凡林. 三种不同教育安置模式中的轻度智力落后儿童人格特征比较研究[J]. 中国特殊教育,2004(4):19-21.
[4] 查子秀. 超常儿童心理学[M]. 第二版. 北京:人民教育出版社,2006:198-214.
[5] 李淑艳. 超常儿童和常态儿童之间人格特征的比较研究[J]. 心理科学,1995(3):184-186.
[6] 陈少华. 人格与认知[M]. 北京:社会科学文献出版社,2005:9-39.
[7] Nirit Bauminger, Hany Schorr Edelsztein, Janice Morash. Social information processing and emotional understanding in children with LD[J]. Journal of Learning Disabilities,2005(1):45.
[8] 甄岳来. 孤独症儿童社会性教育指南[M]. 北京:中国妇女出版社,2008:196.

大需要系统：基本需要和成长需要。其中，基本需要包括生理需要、安全需要、归属和爱的需要与尊重需要。成长需要包括知的需要、美的需要和自我实现的需要。

生理需要(physiological need)是诸如吃、穿、住等个体生存最基本的一种需要。安全需要(safety need)是指为了避免惊吓与混乱，个体对体制、秩序、法律等方面的需要，是在生理需要相对充分地被满足后出现的。归属和爱的需要(belongingness and love need)是对诸如朋友、心爱的人、妻子或孩子等充满深情的关系的需要，是在安全需要很好地得到满足之后出现的。尊重需要(esteem need)是个体对尊严和价值的追求。知的需要(need to know)是为了满足好奇心，个体对了解、解释和理解的需要。美的需要(aesthetic need)是指个体对真、善、美的事物的内在需求。自我实现的需要(self-actualization need)指个体对开发自身才能和潜力的需要，以努力实现自己认为所能之事。①

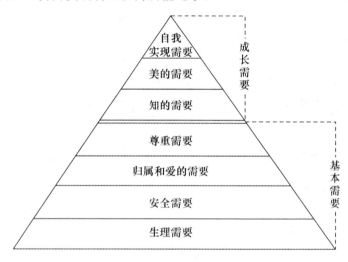

图9-2　马斯洛的需要模式

一、特殊儿童需要的一般特点

从全球范围来看，人类对待残疾人的态度：经历了杀戮、遗弃和忽视，再到怜悯与过度保护，进而发展到逐渐接纳，再到融合进主流社会的发展过程。② 特殊儿童的需要也从生存需求的满足，走向对教育需求的满足(特殊教育的出现)，以及近年来对残疾人生活质量以及同伴关系的关注。

古代特殊儿童遭遇的是被杀害和遗弃的命运，以斯巴达民族摔死有缺陷的婴儿的例子最为著名。③ 那时候的特殊儿童，最基本的生存需求都面临着被剥夺的危险。宗教的发展使得人们开始关心和同情特殊儿童，并展开对特殊儿童的帮助和医治。特殊儿童的生存需求开始逐渐得到保障。

随着社会的进步，特殊儿童的教育需要得到满足，他们能够到学校中接受各类教育。在

---

① 张爱卿.动机论——迈向21世纪的动机心理学研究[M].武汉：华中师范大学出版社，2002：48-52.
② 牟映雪.中国特殊教育演进历程及启示[J].中国特殊教育，2006(5)：40.
③ 陈云英.智力落后心理、教育、康复[M].北京：高等教育出版社，2007：3.

此过程中,同伴作用对他们的人格发展和社会化起了重要作用。同伴作用指的是借助于一定形式的交往,年龄相似的儿童对彼此的行为、态度和学业等方面产生的影响。在融合教育中,特殊儿童与正常儿童之间由于沟通障碍以及正常儿童对特殊儿童的不理解和歧视,一定程度上阻碍了双方的交往。因此加强特殊儿童与正常儿童之间的同伴作用对于双方学业以及社会性的发展有很重要的作用,是融合教育必须重视的问题。① 关于学龄儿童同伴作用的研究显示:处境不利的儿童从能力较强的同伴处获益最多。② 同伴作用虽然不能满足特殊儿童的所有需要,但是可以满足他们某种类型或水平的需要。③

如何提高残疾人的生活质量成为国内外专业人士日益关注的中心问题。如以智障者为例,近十年来,关于智力障碍者生活质量(Quality of Life)的论文和研究报告已达 2 万余篇。④ 生活质量指一生中,一个人对自身遭遇的满意程度、内在的知足感以及实现自我价值的体会。生活质量有四个维度:独立性、生产效率、社区参与和融合以及对以上三个方面的满意度。其中,独立性强调残疾人自身的自由和自我决策力。生产效率体现人的效率感和成就感。社区参与和融合,既注重残疾人出入公共场合的频率,同时也强调积极人际关系的建立以及角色扮演和责任的承担。总之,生活质量更重视人的内在价值,肯定了残疾人的自身价值。⑤ 生活质量的核心指标包括:情绪状态、人际关系、物质条件、个人发展、健康状况、自我决定、社会融合和权利。

二、各类特殊儿童需要的特点

(一)感官障碍儿童需要的特点

1. 视觉障碍儿童需要的特点

与一般儿童一样,视觉障碍儿童的需要也是多层次的,同样有生理、安全、归属和爱、尊重以及自我实现的需要。但是,视觉障碍儿童的需要也存在一定的特殊性:首先,他们对于各种层次的需要比一般儿童更加强烈。比如,他们更需要安全和关爱,更需要别人的理解和尊重等。其次,由于自身的缺陷,使得视觉障碍儿童需要专门进行生活技能和行走技能的训练。最后,除了一般的生活技能需要以外,视觉障碍儿童需要生理上以及心理上的康复,生活和学习需要来自辅助器材的帮助。⑥

2. 听觉障碍儿童需要的特点

入学后,听觉障碍儿童需要的发展占据了十分关键的地位。和正常儿童一样,听觉障碍儿童的需要也经历由低到高的发展过程。具体表现为:首先,听觉障碍儿童的认识需要由低到高发展,认识需要的内容是变化的。低年级听觉障碍儿童认识需要的主要内容是有好老师,学好功课,得到别人的肯定。而进入高年级,听觉障碍儿童认识需要的主要内容变为

---

① 石晓辉.融合教育中的同伴作用策略[J].中国特殊教育,2007(8):8.
② Summers, A. A., Wolfe, B. L. Do schools make a difference[J]. American Economic Review, 1977(67): 639-652.
③ 石晓辉.融合教育中的同伴作用策略[J].中国特殊教育,2007(8):10-11.
④ 许家成,等.关于中国智障者生活质量的分析研究[J].中国特殊教育,2004(8):41.
⑤ 许家成."智力障碍"定义的新演化——以"功能"、"支持"与"生活质量"为导向的新趋势[J].中国特殊教育,2003(4):22-23.
⑥ 教育部师范教育司.盲童心理学[M].北京:人民教育出版社,2000:97-100.

丰富的知识、多方面能力以及技能的掌握。听觉障碍儿童认识需要内容的变化体现为,有的需要会变成个性稳定的需要,而有些则会消失。其次,听觉障碍儿童与教师和同学交往需要的发展。交往需要的发展有助于听觉障碍儿童归属感、安全感的满足,同时也能促进他们对自身的正确认识和评价,有利于智力发展和学业成绩的提高。最后,听觉障碍儿童成就需要的发展。在校期间,成就需要的发展体现为:对自身的期望更加符合现实;对学业和人生失败焦虑的增长。[1]

(二) 智力异常儿童需要的特点

1. 智力障碍儿童需要的特点

智力障碍儿童需要系统的发展明显失调,具体表现为:首先,需要层次发展缓慢,所能达到的发展水平低。以低级的生理需要占主导地位,而高级的心理需要发展较困难和迟缓。简单原始的机体需要(如食物等)一般都能得到较好的发展。随着年龄增长和教育的影响,也能产生高级的物质需要和基本的精神文化需求。其次,原始欲望亢进。如弱智儿童在食欲方面的无节制现象,在不良条件下发展起来的过早性欲(如手淫)也可能难以抑制。再次,高级社会文化需要发展缓慢、落后。实践证明,对智力障碍儿童高级社会文化需要的培养,要比正常儿童困难得多,需要更多的时间和精力。最后,智力障碍儿童的需要具有自我中心的特点,常从自身的需要出发来考虑别人的需要。[2]

2. 超常儿童需要的特点

超常儿童需要的特点表现为:首先,与一般儿童相比,超常儿童有很强烈的自我实现的需要。如超常儿童一般都有远大的抱负、强烈的好奇心以及求知欲等。其次,超常儿童容易出现需要上的冲突。如社会对超常儿童过高的期望,这会造成超常儿童心理压力过大;超常儿童由于智力发展大大超过同龄儿童,这可能会带来交往上的某些困难,等等。

(三) 学习障碍儿童需要的特点

学习障碍儿童需要的特点是:首先,学习障碍的需要是多层次多方面的。学习障碍儿童的需要既包括临床诊断方面的需要,也包括社会领域方面的需要。[3] 其次,不同类型的学习障碍儿童存在不同的需要。例如,学习上的困难,如果是属于言语性问题,就应该加强言语语言技能训练;如果是属于非言语性问题,就应该加强认知能力、解题策略等方面的训练。

(四) 自闭症儿童需要的特点

自闭症儿童需要的特点表现为:首先,需要异常狭窄,具有选择性。如很多自闭症儿童在别人叫他们的名字时听而不闻,却对水池里的流水声表现出明显的注意和反应。其次,自闭症儿童安全需要的异常。如自闭症儿童对生活中同一性的执著可能是一种安全需要的表现,重复性肢体动作也是一种安全需要的表现。[4] 最后,自闭症儿童缺乏归属和爱的需要。如自闭症儿童不能建立伙伴关系,缺乏依恋关系等。[5]

---

[1] 王志毅. 听觉障碍儿童的心理与教育[M]. 天津:天津教育出版社,2007:56-57.

[2] 银春铭. 弱智儿童的心理与教育[M]. 北京:华夏出版社,1993:78.

[3] R. Raghavan, M. Marshall, A. Lockwood, L. Duggan. Assessing the needs of people with learning disabilities and mental illness: development of the Learning Disability version of the Cardinal Needs Schedule[J]. Journal of Intellectual Disability Research, 2004(1):25-36.

[4] 黄伟合. 儿童自闭症及其他发展性障碍的行为干预——家长和专业人员的指导手册[M]. 上海:华东师范大学出版社,2005:27-29.

[5] 黄伟合. 儿童自闭症及其他发展性障碍的行为干预——家长和专业人员的指导手册[M]. 上海:华东师范大学出版社,2005:20-22.

第3节　特殊儿童的动机

动机指的是"在自我调节的作用下,个体使自身的内在要求(如本能、需要、驱力等)与行为的外在诱因(目标、奖惩等)相协调,从而形成激发、维持行为的动力因素"[①]。动机有多种分类。如内在动机(因活动本身具有吸引或讨厌的性质而引起的追求或回避的动机)和外在动机(不是活动本身而是活动之外的目标所引起的动机)的区分,主导动机(对行为起支配作用的动机)和辅助动机(对行为只起辅助作用的动机)的区分,以及根据特殊的领域所做的区分,如成就动机、利他动机、攻击性动机等。[②]

一、特殊儿童动机的一般特点

对特殊儿童动机的研究,主要集中于两大方面:学习动机和成就动机(自闭症儿童除外)。特殊儿童动机的特点表现为:首先,特殊儿童自身的某些特殊性对其学习造成了不利的影响,特殊儿童总体上缺乏学习动机。因此,激发特殊儿童的学习动机具有特殊的意义,而目前关于特殊儿童学习动机激发与培养方面的文章还很少。孟万金、张冲通过 ARCS(Attention,Relevence,Confidence,Satisfaction)动机模式来激发特殊儿童的学习动机。[③] 这不仅囊括了由美国佛罗里达州立大学柯勒(John M. Keller)教授创立的模式[④]中所包括的注意、相关性、自信心和满意(attention,relevence,confidence,satisfaction)四大要素,而且包括系统的动机设计和操作指南。在动机的四大要素中,前两个即注意和相关性描述的是期望—价值理论的价值成分。第三个要素即自信心,与期望成分包含的变量相对应。最后一个要素即满意,将与动机相关的内在和外在因素合并到了一起。[⑤] 其次,特殊儿童的动机受到各种因素的影响。如超常儿童的成就动机模型随着年级的变化而变化。学习障碍儿童的学习动机受到家庭资源以及社会支持的影响,等等。

二、各类特殊儿童动机的特点

(一)感官障碍儿童动机的特点

1. 视觉障碍儿童动机的特点

研究表明,可能由于受到视觉缺陷的影响,视觉障碍儿童缺乏学习动机。[⑥] 11—15 岁的

---

① 张爱卿.动机论——迈向21世纪的动机心理学研究[M].武汉:华中师范大学出版社,2002:241.
② 张爱卿.动机论——迈向21世纪的动机心理学研究[M].武汉:华中师范大学出版社,2002:241.
③ 孟万金,张冲.如何激发特殊儿童学习动机:ARCS 动机模式在特殊教育中的应用——特殊儿童学与教的心理学研究(Ⅰ)[J].中国特殊教育,2007(7):72.
④ Keller, J. M. Motivational design of instruction. In C. M. Reigeluth(Ed.). Instructional design theories and models: An overview of their current status[M]. Hillsdale, NJ: Lawrence Erlbaum Associates,1983:383-429.
⑤ Keller, J. M., Kopp, T. W. Application of the ARCS model to motivational design. In C. M. Reigeluth(Ed.). Instructional Theories in Action: Lessons Illustrating Selected Theoies[M]. New York: Lawrence Erlbaum, Publishers, 1987:289-320.
⑥ 教育部师范教育司.盲童心理学[M].北京:人民教育出版社,2000:100-101.

男盲童成就感偏低,女盲童成就动机低落。[①]

2. 听觉障碍儿童动机的特点

听觉障碍儿童的学习动机在内容上是一个随着年级的增高从无到有的过程。调查显示,低年级学生的动机和学习没有直接相关性,社会性很低。中年级学生的学习动机有一定的社会意义,但是着眼于眼前。到了高年级,学生的学习动机才真正与社会需要相联系。形式上,听觉障碍儿童的学习动机随着年级的增高从直接具体转向间接抽象。总而言之,听觉障碍儿童的学习动机还是比较具体的,其自觉性、稳定性以及抽象性都需要提高。[②] 聋生动机的特点为:聋生总的学习动机、社会取向的成就动机、个体取向的成就动机都极其显著地高于正常学生,并且其自身的内在成就动机显著高于外在成就动机。[③]

教师的态度将直接影响视听觉障碍学生的学习动机,和正常学生一样,视听觉障碍的学生也需要教师的鼓励、赞扬和批评。视听觉障碍学生的类型不同,可能需要的教师评价也不同,但是具体什么样的学生适合批评,什么样的学生需要赞扬,还需要进一步的研究。[④]

(二)智力异常儿童动机的特点

1. 智力障碍儿童动机的特点

智力障碍儿童的动机特点为:首先,动机缺乏自觉性、主动性、积极性和目的性。例如,智力障碍儿童很少积极主动地决定去做一件事情,做事通常是在外界因素的推动下进行的。其次,行为活动更多的是受较近动机的支配,难以用较远的动机来指导。最后,动机的稳定性差。[⑤]

2. 超常儿童动机的特点

时勘等认为学生的成就动机有适应性模型和不适应性模型两种。适应性模型促进儿童的能力不断发展,而不适应性模型使得儿童回避困难,丧失信心。[⑥] 研究表明,超常班学生的动机模型与普通班的学生相比,更倾向于适应性动机模型。高一至高二阶段,超常班学生的动机模型发生了负面变化,即与高一学生相比,超常班高二学生更倾向于非适应性的动机。而普通班学生在这一阶段则没有这样的负面变化。[⑦]

郭要红等人认为,超常儿童的学习潜能未被激发的主要原因之一,就是超常儿童兴趣、动机水平没有在有效的刺激下得到持续提升。这就容易导致其大脑缺乏足够强度的锻炼,甚至不能养成勤于思考的习惯,缺乏学习能力和应对问题的能力。[⑧]

(三)学习障碍儿童动机的特点

对于学习障碍儿童的动机研究最多的是学习动机。学习动机是一种内部动力,能直接推动一个人开展学习活动,从强度、时间和方向等方面激发、维持并调节个体行为。[⑨] 学习障碍儿

---

① 钱志亮.盲童的人格特点及其教育对策[J].心理发展与教育,1998(2):56.
② 张宁生.听觉障碍儿童的心理与教育[M].北京:华夏出版社,1995:137.
③ 陶新华,朱艳,张卜林.聋生心理健康与成就动机、行为方式的相互影响[J].心理学报,2007(6):1074-1083.
④ 马艳云.教师态度对视听觉障碍学生学习动机的影响[J].中国特殊教育,2005(2):24.
⑤ 刘全礼,等.智力落后儿童教育学心理学[M].西宁:青海人民出版社,1995:168-170.
⑥ 时勘,王文忠,孙健.学生适应性动机模型的初步研究[J].心理发展与教育,1995(2):8-13.
⑦ 王文忠,时勘,孙健.超常学生成就动机模型的比较研究[J].心理发展与教育,1996(1):7.
⑧ 郭要红,华国栋.普通班级中超常学生的学习潜能激发[J].中国特殊教育,2008(6):24-28.
⑨ 左志宏,席居哲.三种学业成绩水平学生元认知、学习动机的比较[J].中国特殊教育,2005(5):70.

童很少对学习有直接的动机,学习动机的产生与父母、教师有很大的关系,其中父母所起的作用非常重要。父母重视孩子学习,孩子的学习动机就强;反之,孩子的学习动机就相对差些。[①]研究结果表明,学习困难学生的学习动机水平显著低于学习优秀生或正常生。[②③④⑤]

学习障碍儿童的学习动机受到家庭资源和社会支持的影响。家庭资源与儿童学习不良存在着明显联系,不良家庭环境的儿童常常会遭遇到学习上的困难。[⑥]家庭资源影响学习不良儿童社会性发展的研究表明,良好的家庭资源配置能促进学习不良儿童的心理发展。[⑦]俞国良等的研究结果认为,学习不良儿童的家庭资源与其学习动机有较大的相关性,但是不排除动机反过来会作用于家庭资源的可能。[⑧]社会支持直接影响学习动机,社会支持(主观支持、客观支持、对支持的利用度)与学习动机(内部学习动机、外部学习动机)显著正相关,即获得的社会支持水平越高,学习障碍儿童的学习动机越容易得到激发。[⑨]

(四)自闭症儿童动机的特点

总的来讲,目前对自闭症儿童的动机的研究比较少,有限的一些研究认为,大多数自闭症儿童都缺乏行为动机,[⑩]很少主动地开始某项活动或完成比较艰巨的学习任务。并且有的研究还认为,有些自闭症儿童存在不同程度的攻击性动机。[⑪]

第4节 特殊儿童的成就

成就是个人通过学习和训练所获得的知识、学识和技能。[⑫]郑日昌指出,学业成就(学绩)指的是经过一定的教学或训练所学到的,是在一个比较明确的、相对限定的范围内的学习效果。[⑬]另有学者认为成就就是通过学习和训练所习得的知识和技能。[⑭]由此,成就被定义为经过一定的学习和训练所获得的知识和技能,它是在一个比较明确的、相对限定的范围内的学习效果。[⑮]特殊儿童的成就主要表现在两大方面:学业成就和社会适应能力。本节从这两个方面对特殊儿童的成就展开论述。

---

① 徐芬.学业不良儿童的教育与矫治[M].杭州:浙江教育出版社,1997:32-33.
② 左志宏.学习不良学生元认知水平与认知性动机关系研究[D].福州:福建师范大学硕士学位论文,2000:4.
③ 张登印,俞国良,林崇德.学习不良儿童与一般儿童认知发展、学习动机和家庭资源的比较[J].心理发展与教育,1997(2):52-56.
④ 张兴贵.初中生成就动机与学业成绩相关性研究[J].宁波大学学报:教育科学版,2000(1):31-33.
⑤ 左志宏,席居哲.三种学业成绩水平学生元认知、学习动机的比较[J].中国特殊教育,2005(5):71.
⑥ 张春兴,林清山.教育心理学[M].台北:东华书局,1981:330-331.
⑦ 俞国良.学习不良儿童社会性发展特点的研究[J].心理科学,1997(1):31-35.
⑧ 俞国良,等.学习不良儿童的家庭资源对其认知发展、学习动机的影响[J].心理学报,1998(2):179-180.
⑨ 石学云.学习障碍学生社会支持、学习动机与学业成绩的关系研究[J].中国特殊教育,2005(9):58-59.
⑩ 黄伟合.儿童自闭症及其他发展性障碍的行为干预——家长和专业人员的指导手册[M].上海:华东师范大学出版社,2005:92.
⑪ 甄岳来.孤独症儿童社会性教育指南[M].北京:中国妇女出版社,2008:156.
⑫ 朱智贤.心理学大词典:教育心理学部分[M].北京:北京师范大学出版社,1989:64-68.
⑬ 郑日昌.心理测验[M].长沙:湖南教育出版社,1987:288-392.
⑭ M. T. Nietzel, D. A. Bernstein, Milich R. Introduction to Clinical Psychology (sec. ed)[M]. Prentice-hall, In C. New Jersey, 1991:136.
⑮ 马惠霞,龚耀先.成就测验及其应用[J].中国心理卫生杂志,2003(1):60-62.

一、特殊儿童学业成就的研究

关于特殊儿童学业成就的研究很少,以下主要介绍 2006 年在美国进行的一项对特殊儿童学业成就的研究。

(一)特殊儿童学业成就的一般特点

特殊儿童学业成就的特点表现为:首先,特殊儿童与同龄的正常儿童在阅读、数学、科学、社会学习等方面的学业成就存在着相当大的差距。虽然有些特殊儿童学业成就比较好,但是大多数特殊儿童在每项测试上的得分均低于平均分数(如图 9-3 所示)。其次,不同类型的特殊儿童学业成就差别很大,并且不同类型的特殊儿童在一些学业领域方面的表现好于其他领域(如表 9-1 所示)。[①]

类型	<70 (>-2σ)	70-84.9 (2σ to -1σ)	85-100 (1σ to 0)	>100 (>0)	总分
其他健康残疾	13.3 (2.03)	33.6 (2.83)	34.2 (2.84)	19.0 (2.85)	85.6 (1.10)
视觉障碍	20.0 (3.95)	23.3 (4.17)	32.0 (4.60)	24.6 (4.25)	84.7 (2.39)
情绪障碍	16.7 (2.88)	33.0 (3.37)	32.7 (3.37)	17.8 (2.73)	84.2 (1.42)
学习障碍	17.9 (2.38)	39.5 (3.01)	30.9 (2.85)	11.7 (1.98)	81.9 (1.00)
言语语言障碍	23.1 (2.53)	31.6 (2.79)	32.2 (2.91)	13.0 (2.02)	81.4 (1.15)
肢体残疾	27.5 (3.09)	30.3 (3.19)	28.8 (3.13)	13.4 (2.38)	78.8 (1.59)
听觉障碍	34.9 (3.43)	27.7 (3.22)	25.7 (3.14)	11.7 (1.99)	75.6 (1.73)
脑损伤	37.9 (5.93)	31.5 (5.88)	18.4 (4.74)	12.2 (4.00)	74.1 (2.98)
自闭症	49.8 (4.04)	18.9 (3.17)	13.1 (2.73)	18.2 (3.12)	69.6 (2.39)
聋盲	18.8 (8.74)	24.3 (5.78)	17.8 (5.13)	9.3 (3.91)	66.3 (3.91)
多重残疾	55.5 (4.84)	25.1 (4.05)	14.0 (3.24)	5.5 (2.13)	61.5 (2.88)
智力障碍	72.9 (2.98)	23.9 (2.88)	0.6 (0.52)	2.6 (1.07)	55.7 (1.41)

图 9-3 不同类型特殊儿童在 Woodcock-Johnson III 测试中的表现

注意:括号里标示的是标准误。

数据来源:Tests of Cognitive Ability:Standard and Supplemental Batteries,Norm Tables,1989;U. S. Department of Education,Institute of Education Sciences,National Center for Special Education Research,National Longitudinal Transition Study-2 (NLTS2),student assessments,2002 and 2004.

[①] Mary Wagner,Lynn Newman,Renée Cameto,Phyllis Levine. The Academic Achievement and Functional Performance of Youth With Disabilities:A Report From the National Longitudinal Transition Study-2 (NLTS2)[M]. U. S. Department of Education,Institute of Education Sciences,National Center for Special Education Research,2006:16-22.

表 9-1 不同类型特殊儿童在 Woodcock-Johnson III 测试中的平均标准得分

分测试	其他健康残疾	视觉障碍	情绪障碍	学习障碍	言语语言障碍	肢体残疾	听觉障碍	脑损伤	自闭症	聋盲	多重残疾	智力落后
						平均标准分数/标准误						
阅读理解	85.8 1.10	84.7 2.33	84.2 1.42	81.9 1.00	81.4 1.15	78.8 1.59	75.6 1.73	74.1 2.96	69.6 2.38	66.3 3.81	61.5 2.66	55.7 1.41
同义/反义词	95.0 0.86	94.0 1.89	93.4 1.12	89.5 0.81	89.9 0.93	88.2 1.23	84.1 1.44	83.7 1.95	81.3 2.16	75.5 2.88	71.6 2.11	65.3 1.06
数学计算	88.2 1.07	92.2 2.41	86.2 1.22	86.1 1.09	91.7 1.14	82.6 1.64	91.5 1.42	80.0 2.65	80.2 2.39	77.7 3.39	65.6 2.89	61.4 1.43
应用问题	88.4 0.85	87.6 2.23	88.2 1.06	88.3 0.77	87.9 0.98	79.8 1.44	83.9 1.32	80.6 2.23	71.2 2.36	72.8 3.45	62.9 2.42	63.4 1.31
社会学习	87.7 0.99	88.4 2.28	87.8 1.23	86.6 0.90	85.6 1.01	84.3 1.27	80.5 1.57	79.1 2.47	73.9 2.42	73.8 3.03	67.5 1.95	65.1 0.98
科学	90.0 0.94	88.8 2.05	89.3 1.25	87.6 0.91	85.6 1.02	83.4 1.28	75.4 1.77	80.0 2.74	75.7 2.21	68.4 3.65	69.3 2.04	67.0 1.15

数据来源:U. S. Department of Education, Institute of Education Sciences, National Center for Special Education Research, National Longitudinal Transition Study-2 (NLTS2), direct assessments, 2002 and 2004.

如表 9-2 所示,影响特殊儿童学业成就的因素为:第一,特殊儿童自身的特点。包括残疾类型,残疾被鉴别出来时的年龄,功能(残疾影响的功能领域、功能性的认知技能、社会技能、坚持性),人口学特点(年龄、性别、种族)。第二,特殊儿童家庭的特点。包括家庭收入,家庭对教育的支持。第三,学校经历。包括学生的流动性、学龄的延长、分数、缺课、在学校的行为等(Blackorby, et al. ,2003;Blackorby, et al. ,2004;Wagner, Blackorby, & Hebbeler,1993)。第四,测试期间的安置。[①]

表 9-2 与特殊儿童阅读理解、数学计算技能和科学知识掌握相关的因素

自变量	自变量中每个单元的得分变化		
	阅读理解	数学计算	科学知识
残疾类型			
视障(和学障)	+6.55*	+7.06**	+4.00
情绪障碍(和学障)	+4.50*	+2.14	+0.41
肢体残疾(和学障)	+3.26	−1.11	−0.01
其他健康残疾(和学障)	+2.32	+1.99	+0.16
言语语言障碍(和学障)	−1.27	+2.85	−2.23
听障(和学障)	−3.79	+4.85*	−8.19**
脑损伤(和学障)	−5.72*	−0.93	−3.88

---

① 转引自:Mary Wagner, Lynn Newman, Renée Cameto, Phyllis Levine. The Academic Achievement and Functional Performance of Youth With Disabilities: A Report From the National Longitudinal Transition Study-2 (NLTS2)[M]. U. S. Department of Education, Institute of Education Sciences, National Center for Special Education Research,2006: 24-38.

续表

自闭症（和学障）	-7.32***	-2.21	-9.77***
多重残疾/聋盲（和学障）	-8.00***	-9.29***	-9.32**
智力落后（和学障）	-13.44**	-11.15**	-9.74***
残疾鉴别的年龄	+0.42**	+0.41***	+0.25*
功能被影响的领域	-0.86*	+0.38	-0.83**
功能型的认知技能	+2.09***	+2.60***	+1.31***
社会技能	-1.16*	-0.79	-0.57
坚持性	-1.20	+0.74	-1.47*
人口统计年龄	-0.52	-0.77	-0.75
性别	+0.05	+3.23***	+2.81***
非洲裔美国人（和白人）	-8.46***	-8.33***	-10.63***
拉丁美洲人（和白人）	-11.80***	-5.21***	-12.76***
其他种族/民族（和白人）	-10.48***	-8.77***	-10.23***
家庭特征对中学后教育的期待	+6.18***	+6.32***	+4.64***
低收入（和中等收入）	-3.36***	-2.74**	-4.74***
高收入（和中等收入）	+1.19	+2.03	-0.03
家庭对家庭教育的参与度	-0.35	-0.51	-0.29
家庭对学校教育的参与度	+0.22	+0.21	+0.11
学校经历			
一直保持在年级水平	-1.33	-1.41	-0.55
所有的成绩	-0.21	+0.12	+0.09
本年度有任何停学、开除、纪律惩戒行为的	+0.96	-2.09*	-0.17
每月不在学校的天数	-0.31	-0.52**	-0.16
除了年级变化以外的学校流动	+0.59	-0.12	+0.14
安置			
中间有休息或多个时间段	-4.00**	-2.80	-5.74***
使用美国手语或有手语翻译	-8.96***	-4.96**	-8.25***
布拉耶盲字或大字材料	+4.50	+3.74	+3.50
特殊的用具或照明	-2.05	+1.56	+0.95
计算器	†	+3.94***	†

注：
† 不适用的，这种安排只是包括在于数学相关的模式中。

多因素分析要求对于范围变量来说，如残疾类型，每种类型都应该和其他类型做对比。由于是包含人数最多的类型，大部分学习障碍儿童整体上和特殊儿童的特点相似，因此被选择用于和其他残疾类型做比较。同样地，由于人数最多，白人儿童作为一组和其他种族的儿童做比较。

* $p<.05$，** $p<.01$，*** $p<.001$。注意，在这个表格中，包含了将近100种关系，大约5种会偶然在数字上有显著性差异。

图表解读：视觉障碍的阅读理解标准分高于学习障碍6.55分，其他因素是相等的。低收入家庭儿童的数学计算得分低于中等收入家庭2.74分，独立于其他因素。

(二) 各类特殊儿童学业成就的特点

1. 感官障碍儿童学业成就的特点

(1) 视觉障碍儿童学业成就的特点

视觉障碍儿童学业成就的特点为：首先，与其他特殊儿童相比，在阅读理解、同义/反义词、数学计算、应用问题、社会学习、科学方面平均分数范围最高。如表9-1所示，视觉障碍儿童的平均得分范围为84.7到94。其次，视觉障碍儿童在同义/反义词以及数学计算方面成绩较好。如表9-1所示，他们在同义/反义词方面的得分（94，$p<.01$）和数学计算得分（92.2，$p<.05$）高于阅读理解（85）。他们在同义/反义词方面的表现好于应用题（$p<.05$）。

(2) 听觉障碍儿童学业成就的特点

听觉障碍儿童学业成就的特点表现为：首先，听觉障碍儿童在数学计算方面成绩优异，与同义/反义词、阅读理解、应用问题、社会学习、科学方面平均分数之间存在显著性差异。如表9-1所示，听觉障碍儿童的平均得分为75.4到91.5。他们在数学计算方面的得分（91.5）远远高于科学（75.4，$p<.001$），阅读理解（76，$p<.001$），社会学习（81，$p<.001$），应用问题（84，$p<.001$）和同义/反义词（84.1，$p<.001$）。其次，与其他所有残疾类型类似，听觉障碍儿童同义/反义词的使用高于阅读技能（$p<.001$）。

2. 智力异常儿童学业成就的特点

(1) 智力障碍儿童学业成就的特点

智力障碍儿童学业成就的特点表现为：首先，与其他特殊儿童相比，智力障碍儿童在阅读理解、同义/反义词、数学计算、应用问题、社会学习、科学方面平均分数范围最低。如表9-1所示，智力障碍儿童的平均分数范围为55.7到67。其次，智力障碍儿童在阅读理解方面成绩最差，与同义/反义词、数学计算、应用问题、社会学习、科学方面平均分数之间存在显著性差异。如表9-1所示，智力障碍儿童在阅读理解方面的平均得分最低（55.7），在科学方面的平均得分为67（$p<.001$），社会学习65.1（$p<.001$），同义/反义词65.3（$p<.001$），应用问题63.4（$p<.001$），数学计算61.4（$p<.01$）。

(2) 超常儿童学业成就的特点

超常儿童的学业成就存在性别差异。国外有研究表明，超常女孩在阅读成绩上优于男孩。如表9-3所示，各学期的语文平均成绩，超常女生优于男生。但是在数学的平均成绩上男女差异并不显著。[①]

表9-3 超常实验班男女生语文平均成绩比较

学期	男生	女生	总均分	人数	
				男	女
1	83.46	86.80	84.41	25	10
2	81.84	89.50**	84.03	25	10
3	75.34	80.00	76.67	25	10
4	77.46	80.73	78.39	5	10

---

① 查子秀.超常儿童心理学[M].第二版.北京：人民教育出版社，2006：117.

续表

学期	男生	女生	总均分	人数	
				男	女
5	83.80	87.60*	84.89	25	10
6	87.53	89.40	88.17	19	10
7	88.00	91.57*	88.89	21	7

** $p<.01$　　　* $p<.05$

3. 学习障碍儿童学业成就的特点

学习障碍儿童学业成就的特点为：首先，与智力障碍儿童类似，学习障碍儿童在阅读理解方面成绩最差，与同义/反义词、数学计算、应用问题、社会学习、科学方面平均分数之间存在显著性差异。如表9-1所示，相比较于同义/反义词($89.9, p<.001$)，数学计算($86.1, p<.001$)，应用问题($88.3, p<.001$)，社会学习($87, p<.01$)和科学($88, p<.001$)来说，他们在阅读理解方面得分最低(81.9)。其次，学习障碍儿童在同义/反义词方面成绩较好。如表9-1所示，学习障碍儿童在同义/反义词中使用词汇的技能(89.5)高于数学计算技能($86.1, p<.05$)或社会学习技能($86.6, p<.05$)。

4. 自闭症儿童学业成就的特点

自闭症儿童学业成就的特点为：首先，在同义/反义词方面成绩最好(81.3)，而在阅读理解方面成绩最差(69.6)，两者存在显著性差异($p<.001$)。其次，对同义/反义词的使用以及数学计算技能均好于应用问题解决技能，并存在显著性差异($p<.01$)。

二、特殊儿童社会适应能力的研究

社会适应能力指的是个体为了更好地适应社会，逐渐依靠自己去学会社会规范、处理人际关系以及进行自我控制与调节的能力。社会适应能力是一种概念，而社会性技能是社会适应能力的具体表现。① 研究表明，儿童社会适应能力受到年龄增长、经验积累及其他非智力因素的影响。②

（一）特殊儿童社会适应能力的一般特点

特殊儿童社会适应能力的特点为：首先，从总体上来说，特殊儿童在社会适应方面普遍存在困难。其次，特殊儿童社会适应能力存在着群体间差异和群体内差异。最后，与普通儿童相似，特殊儿童的社会适应能力也同样受到多种因素的影响，如障碍程度、年龄等。

（二）各类特殊儿童社会适应能力的特点

1. 感官障碍儿童社会适应能力的特点

（1）视觉障碍儿童社会适应能力的特点

辛德勒(Sehindele, 1974)发现视觉障碍儿童与正常儿童之间，其社会适应并无显著差异。鲍曼(Bauman, 1964)发现视觉障碍儿童的社会适应能力随着视障程度的增加变差；有

---

① 韦小满，王培梅. 关于弱智学生社会适应能力评估的理论探讨[J]. 中国特殊教育，2004(1)：20.
② Zigler E. Understanding mental retardation[M]. Cambrige University Press, 1986：34-35.

的研究(Bateman,1975;Bauman,1964;Morgan,1944;Spivey,1967)则发现重度视觉障碍儿童的社会适应较好,轻度视觉障碍儿童次之,中度视觉障碍儿童最差。由此可见,关于视觉障碍儿童社会适应能力的研究结果尚有争议。视觉障碍儿童社会适应能力发展现状为:社会认知、社会交往能力以及穿着打扮和娱乐休闲不足,生活能力较差,体态语发展缓慢,等等。视觉障碍儿童社会适应能力的影响因素包括:生理、心理、同伴群体、家庭、学校和社会等。[①]

(2) 听觉障碍儿童社会适应能力的特点

听觉障碍儿童适应行为发展水平明显落后于正常儿童。但是,通过干预与训练,听觉障碍儿童完全可以缩小与正常儿童之间的差距,体现出其适应能力方面的巨大潜力。影响听觉障碍儿童适应能力的因素包括:听觉障碍程度,由语言发展水平滞后所导致的认知发展水平的严重滞后,居住地以及交流方式等。听觉障碍儿童的适应行为发展水平不存在男女性别差异。[②]

有关调查研究表明,在学习适应性方面,听障大学生和健听大学生学习适应存在极其显著的差异。听障大学生在学习动力和专业兴趣上显著高于健听生,在学习自主、学习行为、信息利用、学业求助上显著低于健听生。听障大学生的学习动力存在显著年级差异,管理策略存在显著专业差异,听障大学生的学习自主、学习行为存在年级与专业的交互效应,环境选择也存在年级与性别的交互效应。[③]

2. 智力异常儿童社会适应能力的特点

(1) 智力障碍儿童社会适应能力的特点

智力障碍儿童社会适应能力发展的特点为:适应水平随着智力障碍程度的加深而降低;轻度、中度、重度智力障碍儿童的社会自制能力相对来说发展得比较好,其次为独立功能的发展水平,认知功能发展最差。三类智力障碍儿童的适应行为的发展规律基本一致,即发展最好的是生活自理技能,其次为个人取向,最差的是经济活动和时空定向能力。三类智力障碍儿童适应行为的发展也存在差异:个人取向、语言发展、社会责任、经济活动和时空定向能力方面,轻度智力障碍儿童相对比较强。三类智力障碍儿童的适应行为不存在显著的性别差异。[④] 另外,中、轻度智力障碍儿童的适应行为随年龄增长而提高。智力障碍儿童的适应行为仍具有很大的发展潜力。[⑤] 影响智力障碍儿童社会适应能力的因素包括:智力、不良情绪和生态环境(家庭、社区和学校)。[⑥]

(2) 超常儿童社会适应能力的特点

从总体上来看,与一般儿童相比,超常儿童的社会适应性较好。[⑦] 但是,由于存在着自身行为和社会要求不同的情况,从而使得超常儿童也会在外显行为上存在某种程度上的适应困难。[⑧]

---

① 杨奎之,李祯. 视残儿童社会适应能力的发展与培养[J]. 中国特殊教育,2003(1):20-23.
② 呼琼霞,江琴娣. 听力障碍儿童适应行为特点的研究[J]. 中国特殊教育,2003(6):38-42.
③ 边丽,张海丛,刘建平. 听障大学生学习适应性调查研究[J]. 中国特殊教育,2010(6):44.
④ 陈云英,韦小满,赫尔实. 弱智学生的智力与适应行为的特征与关系分析[J]. 中国特殊教育,2005(12):25-30.
⑤ 贾严宁,张福娟. 智力落后儿童适应行为三个因子发展特点的研究[J]. 中国特殊教育,2003(1):56-59.
⑥ 王倩,袁茵. 我国近年来智力落后儿童适应行为相关因素研究进展[J]. 中国特殊教育,2007(4):18-21.
⑦ 查子秀. 超常儿童心理学[M]. 第二版. 北京:人民教育出版社,2006:198.
⑧ 查子秀. 超常儿童心理学[M]. 第二版. 北京:人民教育出版社,2006:203.

3. 学习障碍儿童社会适应能力的特点

学习障碍儿童社会适应能力的特点表现为：适应行为表现（如自理、沟通、社会、学业和职业生活等方面）存在困难，介于普通学生和智力障碍学生之间，并且学习障碍儿童的社会适应行为表现受到年龄的影响，随着年龄的增长，其社会行为的表现与普通学生的差距加大。[①] 胡兴宏和吴增强将社会适应不良行为分为外部行为失调（如攻击、行为粗暴等）和内部情绪失调（如焦虑、胆怯、孤僻等）。学习困难学生的焦虑水平明显高于学习优、中等生，而且情绪反应突出。[②] 学习障碍儿童社会适应不良的一个显著表现是攻击性行为。

4. 自闭症儿童社会适应能力的特点

由于沟通障碍、社会性互动障碍以及行为障碍导致自闭症儿童社会适应能力差，[③]表现在：首先，由于沟通障碍使得自闭症儿童不能正常地与周围人进行交谈。其次，由于社会性互动障碍使得自闭症儿童不能与伙伴分享快乐和兴趣，缺乏社会交往和情感交流。再次，行为障碍使得自闭症儿童很难适应变化的环境，很难与周围的人正常地相处。[④]

第5节　特殊儿童的意志

意志是一种自觉地确定目的，根据目的的支配和调节行为，克服困难，以实现预期目的的心理过程。[⑤] 意志有三大特征：明确的目的性、以随意运动为基础、与克服困难相联系。人在生活中所形成的比较稳定的意志特点称为意志品质。意志品质有积极和消极之分。积极的意志品质具有自觉性、果断性、坚持性等特点，消极的意志品质具有依赖性、顽固性、冲动性等特点。[⑥]

一、特殊儿童意志的一般特点

除超常儿童以外，特殊儿童意志特点总体上表现为：首先，普遍缺乏主动性和自觉性。其次，做事缺乏稳定性和持久性，自制力不强。最后，容易受周围人的暗示，果断性不强。

二、各类特殊儿童意志的特点

（一）感官障碍儿童意志的特点

1. 视觉障碍儿童意志的特点

视觉障碍儿童意志的特点表现为：首先，独立性差。由于与外界接触较少，视觉障碍儿童容易产生固执己见和容易受暗示两种极端。其次，果断性差。由于缺乏对事物和问题的全面认识，视觉障碍儿童在做决定时容易优柔寡断，在执行决定时，又容易动摇。再次，坚定性不足。最后，自制力差。既表现在决策和执行决定时受各种外界因素的干扰，又体现在不

---

① 毛荣建.学习障碍儿童教育概论[M].天津：天津教育出版社，2007：56.
② 胡兴宏，吴增强.学习困难学生的特点和成因研究[M].上海：上海科技教育出版社，1993：121-137.
③ 李成齐.自闭症儿童的行为问题辅导——功能评估的应用研究[J].中国特殊教育，2005(8)：44.
④ 张福娟，贺莉.自闭症儿童的诊断和评估[J].现代康复，2001(5)：100.
⑤ 银春铭.弱智儿童的心理与教育[M].北京：华夏出版社，1993：81.
⑥ 刘全礼，等.智力落后儿童教育学心理学[M].西宁：青海人民出版社，1995：154-155.

会调节和抑制自身的消极情绪。①

2. 听觉障碍儿童意志的特点

听觉障碍儿童意志的特点表现为：首先，自觉性比较差，不善于主动自觉地制定行动目的和达成目的，并且既容易受暗示，也喜欢独断专行。其次，果断性不强，并且在决定行动时，容易受到外界因素或自身情绪的影响。再次，坚持性不强。在实施任务的过程中容易受到外部影响。最后，自制力明显不如正常儿童。②③

（二）智力异常儿童意志的特点

1. 智力障碍儿童意志的特点

智力障碍儿童意志的特点表现为：首先，缺少主动性。既体现为喜欢依赖他人，同时也体现为无法积极主动地去实现长远目标。其次，易冲动并且难以遏制。这种冲动有时体现为强烈地追求个人的欲望，不达目的誓不罢休，有时直接表现为不计后果的行为。最后，很容易受到周围人暗示的影响，同时又很固执。这是一种很矛盾的表现，有时候，智力障碍儿童对周围人的建议不加以分析地接受，有时又固执己见，不愿接受别人合理的建议。④

2. 超常儿童意志的特点

超常儿童的意志力很强，远远超过了自身的年龄界限，其坚持性主要体现在：① 能克服困难。如生理上的困难（生病或生理疲劳），心理上的苦难（对课程缺乏兴趣，心境不好）以及因"跳级"等原因造成的知识结构缺陷。② 能排除环境干扰。一些处于不良学习环境的超常儿童，能排除诱惑，抵制干扰，坚持学习。⑤ ③ 超常儿童的独立性很强，如喜欢独立思考，不易受暗示和传统的束缚，有自己独到的见解，等等。⑥

（三）学习障碍儿童意志的特点

学习障碍儿童意志的特点表现在：做事情缺乏持久性和稳定性，缺乏面对问题的勇气，遇到小问题便退缩，同时对自己的行为缺乏应有的控制能力，很容易受外界的诱惑，责任感缺乏等。⑦

（四）自闭症儿童意志的特点

自闭症儿童意志的特点表现为：首先，缺少主动性，很少关注自身以外的人和事物，缺乏主动的交流和探索。其次，做事缺乏稳定性和持久性。如他们在成人的要求下选择了注意对象以后，注意很难维持很长时间，并且很容易受到外界因素的干扰。⑧

 本章小结

人格是个体在行为上的内部倾向，它表现为个体适应环境时在能力、情绪、需要、动机、

---

① 钟经华.视力残疾儿童的心理与教育[M].天津：天津教育出版社,2007：62.
② 张宁生.听觉障碍儿童的心理与教育[M].北京：华夏出版社,1995：121-123.
③ 王志毅.听力障碍儿童的心理与教育[M].天津：天津教育出版社,2007：48-49.
④ 银春铭.弱智儿童的心理与教育[M].北京：华夏出版社,1993：82-83.
⑤ 查子秀.超常儿童心理学[M].第二版.北京：人民教育出版社,2006：218.
⑥ 查子秀.超常儿童心理学[M].第二版.北京：人民教育出版社,2006：220.
⑦ 徐芬.学业不良儿童的教育与矫治[M].杭州：浙江教育出版社,1997：36.
⑧ 甄岳来.孤独症儿童社会性教育指南[M].北京：中国妇女出版社,2008：108.

兴趣、态度、价值观、气质、性格和体质等方面的整合,是具有动力一致性和连续性的自我,是个体在社会过程中形成的给人以特色的心身组织。

特殊儿童的需要与正常儿童的需要存在着共同性,即需要的发展也经历由低到高的发展过程。但是,特殊儿童的需要具有自身的特殊性。

动机的种类很多,目前特殊儿童的动机的研究主要集中于学习动机和成就动机。特殊儿童普遍缺乏学习动机和成就动机,并且动机受各种因素的影响。

特殊儿童的成就主要体现为学业成就以及社会适应能力。关于学业成就,特殊儿童与同龄的正常儿童在阅读、数学、科学、社会学习等方面存在着相当大的差距。虽然有些特殊儿童学业成就比较好,但是大多数特殊儿童在每项测试上的得分均低于平均分数,不同类型的特殊儿童学业成就差别很大,并且不同类型的特殊儿童在一些学业领域方面的表现好于其他领域。从总体上来说,特殊儿童在社会适应方面普遍存在困难,存在着群体间差异和群体内差异。最后,与普通儿童相似,特殊儿童的社会适应能力也同样受到多种因素的影响。

除超常儿童以外,特殊儿童的意志普遍缺乏主动性和自觉性,做事缺乏稳定性和持久性,自制力不强,容易受周围人的暗示,果断性不强。而超常儿童的意志坚持性很强,远远超过了自身的年龄界限。

 思考与练习

1. 感官障碍儿童和正常儿童的人格特点有何异同?
2. 影响特殊儿童动机的因素主要有哪些?
3. 认真阅读特殊儿童需要、动机、成就、意志的特点,选择其中一种特殊儿童,想想如何对他们进行有针对性的教育。

第 10 章　特殊儿童心理研究的新发展

学习目标

1. 了解近年来特殊儿童认知以及人格研究文献量的变化。
2. 掌握特殊儿童认知研究发展的新趋势,学会从研究对象、研究机理、研究层次、研究方向、研究范式等不同的角度分析其发展。
3. 掌握特殊儿童人格研究发展的新趋势,学会从研究对象、研究内容、研究范式等不同的角度分析特殊儿童人格研究及其发展。

一直以来,认知研究和人格研究都是心理研究的两大重要领域。近年来,随着儿童认知以及人格研究的不断发展,儿童认知以及人格研究的对象逐渐扩展到特殊儿童。因此,对于近年来特殊儿童认知以及人格研究的发展趋势的分析具有十分重要的意义。

第 1 节　我国特殊儿童认知研究新进展

随着儿童认知研究的不断发展,儿童认知研究的对象逐渐扩展到特殊儿童。笔者通过中国期刊网检索了 1994 至 2007 年间《心理科学》《心理学报》《心理科学进展》《心理发展与教育》四种国内主要心理学核心期刊和《中国特殊教育》一种国内主要特殊教育核心期刊上公开发表的有关特殊儿童认知研究的文章,并进行了初步的统计分析,发现特殊儿童认知研究的新进展主要体现在如下方面。

一、特殊儿童认知研究文献量的变化

从五种核心期刊检索到 1994 年至 2007 年间发表的文章共计 341 篇,这些文章在各年度的分布情况见表 10-1。

表 10-1　1994—2007 年各类特殊儿童文献量分布表

类型 年份	学障	听障	智障	自闭症	视障	情绪与行为障碍	超常	言语障碍	多重障碍	总计
1994	1	5	1	0	0	0	0	0	0	7
1995	3	3	2	0	0	0	1	0	0	9
1996	4	0	5	0	0	0	0	0	0	9
1997	4	1	0	0	0	0	1	0	0	7
1998	3	3	3	0	1	0	1	0	0	11

续表

年份\类型	学障	听障	智障	自闭症	视障	情绪与行为障碍	超常	言语障碍	多重障碍	总计
1999	7	2	2	0	0	1	0	0	0	12
2000	3	10	4	1	0	0	0	0	0	18
1994—2000	25	24	17	1	2	1	3	0	0	73
2001	7	8	7	1	2	1	1	0	0	27
2002	10	2	1	0	5	3	1	0	0	22
2003	8	10	3	2	2	1	1	1	1	29
2004	14	12	3	1	1	0	2	1	0	34
2005	14	19	7	3	3	1	0	1	0	48
2006	23	18	5	6	0	4	2	1	0	59
2007	15	14	4	4	2	3	1	4	2	49
2001—2007	91	83	30	17	15	13	8	8	3	268
1994—2007	116	107	47	18	17	14	11	8	3	341

从表 10-1 的数据可知：首先，特殊儿童认知研究的文献量随着时间的推移虽有起伏，但总体呈上升趋势，这一趋势同样明显地表现在不同的期刊上（见表 10-2）。其次，各类特殊儿童认知研究的文献量从多到少依次为学习障碍儿童、听觉障碍儿童、智力障碍儿童、自闭症儿童、视觉障碍儿童、情绪与行为障碍儿童、超常儿童、言语障碍儿童、多重障碍儿童。第三，1994—2000 年间，言语障碍、多重障碍发表在上述五种杂志的文章处于空白状态，自闭症、情绪与行为障碍的研究成果仅有 1 篇。

表 10-2 1994—2007 年五大期刊特殊儿童认知研究文献量

期刊\年份	94	95	96	97	98	99	00	01	02	03	04	05	06	07	总计
中国特殊教育	4	3	3	1	7	5	12	16	8	19	23	28	34	34	197
心理科学	0	1	3	2	2	3	5	8	4	4	3	14	10	8	67
心理学报	2	0	2	1	2	2	0	0	4	2	2	1	5	4	27
心理发展与教育	1	3	1	1	0	1	0	2	3	2	4	0	4	1	23
心理科学进展	0	2	0	2	0	1	1	1	3	2	2	5	6	2	27
总计	7	9	9	7	11	12	18	27	22	29	34	48	59	49	341

二、研究对象的变化

根据特殊儿童认知研究文献量的分析，我们发现特殊儿童认知研究的对象发生了如下变化。

(一) 从传统狭义的特殊儿童转向现代广义的特殊儿童

传统狭义的特殊儿童指的是残疾儿童,主要包括视觉障碍儿童、听觉障碍儿童和智力障碍儿童。现代广义的特殊儿童指的是特殊教育需要儿童,除了传统狭义的残疾儿童外,还包括学习障碍、言语障碍、情绪行为障碍、自闭症和超常儿童等。[1]

从表 10-1 可以看出,1994 到 2000 年间,狭义的特殊儿童认知研究的文献量共计 43 篇,占这一时期发表论文总数(73 篇)的 58.90%,而除这三类特殊儿童以外的其他类特殊儿童认知研究文献量占这一时期发表论文总数的 41.10%,如果减去学习障碍儿童认知研究的文献量,其他五类特殊儿童的认知研究文献量仅有 5 篇,占这一时期发表论文总数的 6.85%。而 2001 至 2007 年间,狭义的特殊儿童认知研究文献量共计 128 篇,占这一时期发表论文总数(268 篇)的 47.76%,而除这三类特殊儿童以外的其他类特殊儿童的认知研究占这一时期发表论文总数的 52.24%,如果减去学习障碍儿童认知研究的文献量,其他五类特殊儿童的认知研究文献量为 49 篇,占这一时期发表论文总数的 18.28%。这些数据分析在很大程度上说明了特殊儿童认知研究开始逐渐地由传统狭义的特殊儿童转向现代广义的特殊儿童。这一变化与近年来特殊教育对象的演变趋势有着很大的关系,特别是对自闭症儿童、情绪与行为障碍儿童给予了极大的关注。

(二) 从易于研究的特殊儿童转向难于研究的特殊儿童

特殊儿童的认知研究刚开始关注的是比较容易研究的特殊儿童,例如听觉障碍儿童和学习障碍儿童,1994 年,关于听觉障碍的认知研究有 5 篇,涉及听障儿童的注意,[2]听障儿童与正常儿童长时记忆的比较,[3]听障儿童言语语音特征,[4]以及言语语言特征[5]和语言习得性质[6]等方面的研究。关于学习障碍的研究有 1 篇,是关于学习不良儿童类型与特点的聚类分析。[7] 近年来,特殊儿童的认知研究则开始逐渐转向视觉障碍、自闭症等难于研究的特殊儿童。同时,对于每一类特殊儿童的认知研究,也开始从易于研究的轻度特殊儿童转向难于研究的中重度特殊儿童。如 2004 年文献中出现了以中度弱智儿童为被试的认知研究 2 篇,涉及语义判断研究[8]以及再认记忆研究[9];2007 年则出现了对中重度弱智儿童汉语副词理解的研究[10]。

(三) 从单一障碍儿童转向多重障碍儿童

多重障碍指的是有两种以上残疾或障碍。[11] 2003 年出现了对多重残疾听力损失儿童干

---

[1] 韦小满.当前我国特殊需要儿童心理评估存在的问题与对策[J].北京师范大学学报:社会科学版,2006(1):63.
[2] 吴永玲,国家亮.聋童注意的特点及其培养[J].特殊儿童与师资研究,1994(2):34-36.
[3] 王乃怡.听力正常人与聋人长时记忆的比较研究[J].心理学报,1994(4):401-407.
[4] 昝飞,汤盛钦,沈巧珠,朱启华.十八例听力残疾儿童言语语音特点分析[J].特殊儿童与师资研究,1994(3):28-32.
[5] 曾凡林,汤盛钦.言语的语言特征和听力障碍儿童的看话训练[J].特殊儿童与师资研究,1994(1):30-33.
[6] 沈玉林.听障幼儿语言习得性质及相关教学问题[J].特殊儿童与师资研究,1994(4):26-30.
[7] 吴增强,段蕙芬,沈之菲,徐芒迪,徐自生.学业不良学生类型与特点的聚类分析[J].心理学报,1994(1):92-100.
[8] 刘春玲,马红英.弱智儿童词的语义判断实验研究[J].中国特殊教育,2004(8):36-40.
[9] 郑虹,高北陵.智障学生与正常学生再认记忆的比较研究[J].中国特殊教育,2004(6):26-29.
[10] 孙圣涛,何晓君,施凤.中重度智力落后学生对汉语副词理解的研究[J].中国特殊教育,2007(9):36-37.
[11] 刘全礼.特殊教育概论[M].北京:教育科学出版社,2003:166.

预个案研究①,2007年出现了对阅读障碍与数学学习障碍共生现象②以及自闭症与阅读障碍多重残障③的认知研究。这三篇文章的出现表明,特殊儿童的认知研究开始从单一障碍儿童转向多重障碍儿童。出现对多重障碍儿童的认知研究有以下两点原因:首先,近年来,多重残疾儿童的研究和干预一直是特殊教育领域的热点。④因此,特殊儿童的认知研究转向多重障碍儿童,也是特殊教育领域研究的大势所趋。其次,对各类特殊儿童的认知研究成果已经相对较为丰富,这就为多重障碍儿童的认知研究奠定了坚实的基础。

三、研究机理的变化

研究机理的变化主要体现在特殊儿童认知研究从探讨其中的信息加工机制转向认知神经机制。"信息加工是将人脑与计算机进行类比,把人脑看成类似于计算机的信息加工系统。"⑤认知心理学指的就是"运用信息加工观点来研究认知活动,其研究范围主要包括感知觉、注意、表象、学习记忆、思维和言语等心理过程或认知过程,以及儿童的认知发展和人工智能(计算机模拟)"⑥。1994年至2007年间五种核心期刊研究各类特殊儿童的信息加工机制的文献基本情况如下。

对于感知觉的研究,有学习障碍深度知觉的研究⑦,汉语学习困难的视觉加工速度研究⑧;智力障碍儿童形状知觉⑨、识图特点⑩,智力障碍儿童和正常儿童触觉长度知觉的对比研究⑪,以及中重度弱智儿童汉字认读研究⑫;视力残疾学生和普通学生触错觉对比的实验研究⑬,聋童与听力正常儿童图形认知的比较研究⑭⑮,盲童视觉研究⑯,聋童与正常儿童视觉对比研究⑰⑱,

---

① 曾守锤,张福娟.多重残疾听力损失儿童干预的个案研究[J].中国特殊教育,2003(6):47.
② 孙金玲,张承芬.阅读障碍与数学学习障碍共生现象的研究[J].中国特殊教育,2007(1):49-54.
③ 李伟亚,方俊明.自闭症谱系阅读障碍研究综述[J].中国特殊教育,2007(11):60-64.
④ 曾守锤,张福娟.多重残疾听力损失儿童干预的个案研究[J].中国特殊教育,2003(6):47.
⑤ 王甦,汪安圣.认知心理学[M].北京:北京大学出版社,2006:1.
⑥ 王甦,汪安圣.认知心理学[M].北京:北京大学出版社,2006:1.
⑦ 郭靖,陶德清,黎龙辉.学习障碍儿童深度知觉能力的研究[J].心理科学,2001(6):751-752.
⑧ 赵微,方俊明.视觉加工速度、瞬间信息整合特征与汉语学习困难[J].心理科学,2006(3):526-531.
⑨ 林于萍.智力落后儿童形状知觉特点的实验研究[J].中国特殊教育,1998(3):2-9.
⑩ 林仲贤,张增慧,孙家驹,武连江,闫新中.弱智儿童视觉图形辨认的实验研究[J].心理发展与教育,2001(1):36-39.
⑪ 李新旺,李永鑫,丁新华.弱智儿童与正常儿童触觉长度知觉的对比研究[J].心理科学,2000(2):240-241.
⑫ 王爱丽,马红英.汉字笔画数对中度智力落后学生字形识别影响的研究[J].中国特殊教育,2006(9):43-47.
⑬ 刘艳红,曹强,钱志亮,焦青,韩萍,陈静.视力残疾学生和普通学生触错觉对比实验研究[J].中国特殊教育,2003(1):25-29.
⑭ 张凤琴.聋人与听力正常人图形视认知的比较与大脑左右半球功能不对称的关系[J].中国特殊教育,2003(1):16-19.
⑮ 何大芳.聋人和听力正常人对复杂图形信号辨认反应时和反应正确率的比较研究[J].中国特殊教育,2000(1):24-26.
⑯ 沈云裳,李季平,徐洪妹,陈雅玲.低视力儿童视觉功能训练与评估实验报告[J].特殊儿童与师资研究,1995(2):3-7.
⑰ 雷江华,李海燕.听障碍学生与正常学生视觉识别敏度的比较研究[J].中国特殊教育,2005(8):7-10.
⑱ 张茂林.聋生与听力正常学生在非对称性视觉搜索中的比较研究[J].中国特殊教育,2007(2):19-22.

以及拓扑性质知觉的比较研究[1][2][3];ADHD儿童和正常儿童视觉—动作方面的比较研究[4],等等。

关于记忆问题的研究,有学习障碍与学习成绩好的短时记忆特点的比较研究[5],学习困难视觉短时记忆研究[6],视觉长时记忆研究[7],工作记忆及其特点研究[8][9],工作记忆广度研究[10]、提取能力研究[11]以及阅读障碍儿童识字特点研究[12];智力障碍儿童识记研究[13][14][15][16],智力障碍儿童与正常儿童再认记忆的比较研究[17]以及内隐记忆、外显记忆的比较研究[18][19],工作记忆和加工速度研究[20],以及中重度智力障碍儿童汉字认读能力的研究[21];盲童与智力障碍盲童记忆广度的研究[22],盲童加工策略[23]、编码方式[24]以及有无意识[25]对记忆影响的研究;聋人与听力正常者记忆的比较研究(长时记忆[26]、短时记忆[27][28]、工作记忆[29][30]、内隐记忆与外显记忆[31][32]);

---

[1] 王庭照,方俊明.聋人与听力正常人拓扑性质差异知觉敏感性的比较实验研究[J].中国特殊教育,2007(6):49-54.

[2] 王庭照,赵亚军.聋人与听力正常人拓扑性质知觉的比较实验研究[J].中国特殊教育,2007(4):7-12.

[3] 王庭照,方俊明,张凤琴.聋人与听力正常人拓扑性质知觉的错觉关联效应比较实验研究[J].中国特殊教育,2007(8):18-23.

[4] 金冬梅,孟庆茂.ADHD儿童与正常儿童在视觉—动作方面的比较研究[J].心理发展与教育,2003(2):81-84.

[5] 徐芬,蒋锋.学习成绩差与成绩好学生短时记忆特点的比较研究[J].心理科学,1999(5):411-414.

[6] 刘翔平,杜文仲,王滨,吴思为.汉语发展性阅读障碍儿童视觉短时记忆特点研究[J].中国特殊教育,2005(12):48-55.

[7] 王斌,刘翔平,刘希庆,林敏.阅读障碍儿童视觉长时记忆特点研究[J].中国特殊教育,2006(3):69-73.

[8] 曾守锤,吴华清.学习不良儿童的工作记忆[J].心理科学进展,2004(3):355-362.

[9] 张小将,刘昌,刘迎杰.学习不良者的工作记忆特点[J].中国特殊教育,2005(1):55-58.

[10] 宛燕,陶德清,廖声立.小学数学学习困难儿童的工作记忆广度研究[J].中国特殊教育,2007(7):46-51.

[11] 张明,隋洁,方伟军.学习困难学生视空间工作记忆提取能力的多指标分析[J].心理科学,2002(5):565-568.

[12] 丁玎,刘翔平,李烈,赵辉,姚敬薇,田彤.阅读障碍儿童识字特点研究[J].心理发展与教育,2002(2):64-67.

[13] 徐凡,李文馥,施建农.弱智儿童识图特点的研究[J].心理科学,1996(5):303-304.

[14] 高亚兵.弱智儿童识记材料的组织特点及训练的实验研究[J].心理发展与教育,1996(2):60-64.

[15] 徐凡,李文馥,施建农.弱智儿童识图特点的研究[J].中国特殊教育,1996(2):1-5.

[16] 高亚兵.弱智儿童识记训练的实验研究[J].中国特殊教育,1998(2):8-12.

[17] 郑虹,高北陵.智障学生与正常学生再认记忆的比较研究[J].中国特殊教育,2004(6):26-29.

[18] 郝兴昌,佟丽君.智障学生与正常学生内隐记忆与外显记忆的对比研究[J].心理科学,2005(5):1060-1062.

[19] 孙里宁,周颖.智障儿童和正常儿童外显记忆与内隐记忆的比较研究[J].心理科学,2006(2):473-475.

[20] 陈国鹏,姜月,骆大森.轻度弱智儿童工作记忆、加工速度的实验研究[J].心理科学,2007(3):564-568.

[21] 叶林.中重度弱智学生汉字认读能力研究[J].中国特殊教育,2005(3):49-52.

[22] 张增修,佘凌.盲童与智力残疾盲童的记忆广度研究[J].心理科学,1997(4):369-370.

[23] 赵斌,冯维.精加工策略训练对盲生理解记忆影响的实验研究[J].中国特殊教育,2001(4):46-49.

[24] 谢国栋.编码方式对盲生动作记忆影响的实验研究[J].中国特殊教育,2002(1):14-18.

[25] 郝兴昌,朱亚辉,谢锐.视障学生意识与无意识在文字材料记忆中的贡献[J].心理科学,2005(2):470-472.

[26] 王乃怡.听力正常人与聋人长时记忆的比较研究[J].心理学报,1994(4):401-409.

[27] 袁文纲.聋人与听力正常人短时记忆比较研究[J].中国特殊教育,2000(1):27-30.

[28] 贺荟中,方俊明.聋人短时记忆研究回顾与思考[J].中国特殊教育,2003(5):28-31.

[29] 张茂林,王辉.聋人及听力正常人工作记忆的比较研究[J].中国特殊教育,2005(5):21-25.

[30] 张明,陈骐.工作记忆子成分在听觉障碍儿童心算过程中的作用[J].心理科学,2006(1):76-79.

[31] 孙国仁.聋人和正常人内隐记忆的比较研究[J].中国特殊教育,2000(1):31-34.

[32] 周颖,孙里宁.聋童与正常儿童在内隐和外显记忆上的发展差异[J].心理科学,2004(1):114-116.

高低强迫症个体再认差异研究①。

思维的研究则相对比较薄弱,已发表的文章数量较少。思维研究包括概念形成、分类能力、类比推理、创造性思维等,其中思维研究涉及智力障碍儿童的有3篇,视障儿童的有1篇,听障儿童的有5篇,超常儿童的有2篇。

语言的研究成果非常丰实,主要涉及听障、智障和学习困难三类儿童。关于听障儿童语言研究的主要有:语音(特征、编码)16篇,看话能力(唇读)7篇,语言理解和生成4篇,手语7篇以及书面语5篇,等等;关于智障儿童语言研究的主要有:语音3篇,语义2篇,语用1篇,词汇5篇(量词、副词的掌握,词汇的表达和理解),单句理解以及句子运用障碍3篇,等等;关于学习障碍的主要有:语音4篇,认字2篇。

此外,关于特殊儿童的认知研究还涉及表象、推理以及问题解决。关于表象的研究主要涉及弱智儿童的视觉表象清晰度②以及表象清晰度和表象记忆的研究③。关于推理的研究主要涉及聋童与正常儿童推理的比较研究④⑤以及聋童推理能力与言语理解能力的关系研究⑥。关于问题解决的研究相对较多,共有14篇。

从上述分析可知,以信息加工机制为基础的特殊儿童认知研究取得了丰硕的成果。近年来,随着实验技术的改进与发展,特别是事件相关电位(ERP)、脑功能成像技术(fMRI)的成熟,使特殊儿童认知的神经机制研究成为可能,这方面的研究开始于2002年,发表文章的情况为:2002年3篇,2003年5篇,2004年0篇,2005年3篇,2006年3篇,2007年6篇。2002年的研究包括多动症儿童认知相关电位研究⑦⑧,发展性阅读障碍生理基础⑨。2003年为5篇,研究包括发展性阅读障碍ERP⑩以及神经机制研究⑪,听障者的皮层可塑性⑫,言语机制⑬以及手语脑功能成像⑭。2005年的研究包括聋人唇读的大脑机制研究⑮,盲人跨感觉通道重组⑯,学习困难儿童的ERP研究⑰。2006年的研究包括阅读障碍神经科学研究⑱,孤

---

① 钟杰,谭洁清,匡海彦.高、低强迫症状个体的词语再认差异[J].心理学报,2005(6):753-759.
② 宋丽波,张厚粲.弱智学生视觉表象清晰度发展趋势研究[J].中国特殊教育,2002(3):57-63.
③ 宋丽波,张厚粲,蔡文.应用表象训练技术提高弱智儿童表象清晰度和表象记忆实验研究[J].中国特殊教育,2003(1):77-83.
④ 刘旺.盲童与正常儿童类比推理的比较研究[J].中国特殊教育,2002(1):19-22.
⑤ 甄芳.听力障碍学生和听力健全学生推理思维的比较研究[J].中国特殊教育,2004(3):71-74.
⑥ 杨艳云,王惠,高梅.聋童推理能力与言语理解能力关系初探[J].中国特殊教育,2001(1):31-33.
⑦ 梁福成,韩玉荣,董军.多动症儿童的智力水平、行为与认知事件相关电位的研究[J].心理发展与教育,2002(1):50-53.
⑧ 梁福成,韩玉荣,董军.多动症儿童与认知事件相关电位的实验研究[J].心理科学,2002(2):160-162.
⑨ 孟祥芝,周晓林.发展性阅读障碍的生理基础[J].心理科学进展,2002(1):7-14.
⑩ 沙淑颖,周晓林,孟祥芝.发展性阅读障碍的ERP研究[J].心理科学进展,2003(2):141-146.
⑪ 金花,莫雷.发展性阅读障碍的神经生物学研究进展[J].心理科学,2003(5):901-902.
⑫ 张明,陈骐.听觉障碍人群的皮层可塑性[J].中国特殊教育,2003(4):43-48.
⑬ 张明,陈骐.听觉障碍人群的言语机制[J].心理科学进展,2003(5):486-493.
⑭ 方俊明,何大为.中国聋人手语脑功能成像的研究[J].中国特殊教育,2003(2):50-57.
⑮ 雷江华,方俊明.聋人唇读的大脑机制研究[J].心理科学,2005(1):10-12.
⑯ 吴健辉,罗跃嘉.盲人的跨感觉通道重组[J].心理科学进展,2005(4):406-412.
⑰ 王恩国,刘昌.学习困难的ERP研究[J].心理科学,2005(5):1144-1147.
⑱ 卢英俊,龚蕾,朱宗顺.儿童阅读障碍神经科学研究对早期教育的启示[J].中国特殊教育,2006(10):64-68.

独症脑机制研究[1],强迫症脑功能障碍[2]。2007年的研究包括口吃的脑机制[3]以及脑成像研究[4],发展性阅读障碍神经机制对第二语言的影响[5],自闭症认知神经科学研究[6],视障者跨感觉通道重组[7]以及身体攻击行为者的神经活动特点研究[8]。由此可见,特殊儿童认知神经机制的研究是目前特殊儿童认知研究正在兴起的研究领域。其中的原因主要有以下几点:第一,认知心理学的研究领域中出现许多难点,必须在人脑认知活动机制中寻求答案。第二,神经科学在过去的二三十年中,取得了令人瞩目的进展。例如,fMRI可以用于人类认知活动的研究;脑事件相关电位等生理学方法,可以为人脑认知功能研究提供许多新的数据等。[9] 第三,对正常儿童认知的神经机制研究,为特殊儿童认知的神经机制研究提供了参考和指导。

四、研究层次的变化

研究层次的变化主要体现在从认知研究转向元认知研究。人类的认知活动具有不同的水平和层次。注意、知觉、记忆、思维等是一般的认知活动,更高级的认知活动指的是人对自身注意、记忆和思维等活动进行计划、监控和调节,以便更好地、主动地发展自己,这就是通常所说的元认知。[10] 从1999年开始出现对特殊儿童元认知的研究,其中主要涉及学习障碍儿童、超常儿童以及情绪和行为障碍儿童。关于学习障碍儿童元认知的成果主要有:元认知特点[11][12]以及元认知的执行和监控[13][14][15][16],元记忆的研究[17][18][19],等等。截至2007年,各类特殊儿童元认知研究的成果情况如下:学习障碍儿童15篇;超常儿童1篇,内容为普通儿童与超常儿童的元记忆研究[20];情绪与行为障碍儿童1篇,内容为强迫症个体的元记忆研究[21]。可见特殊儿童认知的研究,逐渐走向更高级的阶段,即元认知研究。

---

[1] 孙永珍,傅根跃.孤独症相关脑机制的研究现状[J].中国特殊教育,2006(2):56-61.
[2] 蔡厚德.强迫症的脑功能障碍[J].心理科学进展,2006(3):401-407.
[3] 徐杏元,蔡厚德.发展性口吃的脑机制[J].心理科学进展,2007(2):326-332.
[4] 宁宁,卢春明,彭聃龄,马振玲,李坤成,杨延辉.口吃的脑成像研究[J].心理发展与教育,2007(4):120-123.
[5] 杨闫荣,隋雪.发展性阅读障碍的神经机制对其第二语言学习的影响[J].中国特殊教育,2007(1):55-58.
[6] 曹漱芹,方俊明.脑神经联接异常——自闭症认知神经科学研究新进展[J].中国特殊教育,2007(5):43-50.
[7] 商应美,张明.视觉障碍者的跨通道重组研究综述[J].中国特殊教育,2007(1):30-34.
[8] 王振宏,游旭群,郭德俊,高培霞.身体攻击行为学生自主神经活动的情绪唤醒特点[J].心理学报,2007(2):277-284.
[9] 〔美〕M.S.加扎尼加.认知神经科学[M].沈政,译.上海:上海教育出版社,1998:2.
[10] 梁宁建.当代认知心理学[M].上海:上海教育出版社,2003:307.
[11] 张雅明,俞国良.学习不良儿童的元认知研究[J].心理科学进展,2004(3):363-370.
[12] 胡志海,梁宁建.学习不良学生元认知特点研究[J].心理科学,1999(4):354-357.
[13] 魏勇刚,庞丽娟.儿童数学认知障碍的执行功能解释[J].中国特殊教育,2007(7):57-60.
[14] 赵晶,李荔波,李伟健.学习困难儿童理解监测和控制的特点[J].中国特殊教育,2007(10):48-51.
[15] 杨双,刘翔平,张婧乔,张琇秀.阅读理解困难儿童的理解监控能力研究[J].心理发展与教育,2006(3):11-15.
[16] 杨双,刘翔平,林敏,宋雪芳.阅读理解困难儿童的理解监控特点[J].中国特殊教育,2006(4):53-57.
[17] 俞国良,张雅明.学习不良儿童元记忆监测特点的研究[J].心理发展与教育,2006(3):1-5.
[18] 俞国良,张雅明.学习不良儿童元记忆监测与控制的发展[J].心理学报,2007(2):249-256.
[19] 周楚,刘晓明,张明.学习困难儿童的元记忆监测与控制特点[J].心理学报,2004(1):65-70.
[20] 桑标,缪小春,邓赐平,等.超常与普通儿童元记忆知识发展的实验研究[J].心理科学,2002(4):406-409.
[21] 谭洁清,黄荣亮,侯琮璟,吴艳红.高强迫症状个体的定向遗忘与元记忆[J].心理学报,2007(4):571-578.

五、研究方向的变化

研究方向的变化主要体现在从基础研究、应用研究走向综合研究。基础研究是关于基本原理的研究,目的是为了获得关于人类加工过程的基本知识和理论理解。应用研究是关于实践问题的研究,目的是为了提供直接的解决方法。综合研究是介于两者之间的研究。[①]下面以学习障碍儿童的研究为例来说明这一变化趋势。对学习障碍儿童元认知的基础研究最具代表性的是胡志海、梁宁建对学业不良学生元认知特点的研究,这项研究以智力正常的学业不良学生为研究对象,对学业不良学生在学习过程中的元认知特点进行分析。研究将元认知在学习之前、学习之中、学习之后三方面的表现具体分为八个维度,对学生在这八个方面所表现出来的结构特征进行考察,同时以普通学生作为对照组进行性别差异比较,并结合智力水平进行相关分析。[②] 已有的学习障碍儿童应用研究主要涉及学习障碍儿童的认知策略的研究,如杨心德对学习困难学生语义分类编码策略的研究。[③] 学习障碍儿童的综合研究既涉及其认知特点,又涉及认知策略的研究,其中比较有代表性的是周永垒等关于学习困难生认知策略特点与加工水平对其影响的实验研究。[④]

六、研究范式的变化

研究范式是"以服膺于此的学者们所推崇为重要或不重要的为依据,并由此建立起来的知识体系。它包括研究某一现象时研究者们所做的假设,同时也规定了在研究过程中,应该采取什么样的实验和测量方法"[⑤]。关于特殊儿童认知的研究范式,出现了以下三种趋势。

第一,从单一因素实验设计走向多因素实验设计,以便全面考察多种变量对特殊儿童认知能力的影响。如高亚兵撰写的"弱智儿童识记材料的组织特点及其训练的实验研究"只设计了三个识记测验(数字组织测验、类群集测验、主观组织测验)[⑥],而俞国良、张雅明对学习不良儿童元记忆监测特点的研究则采用 $2\times 3\times 3$ 的混合设计。[⑦]

第二,从大样本实验设计走向小样本实验设计。传统的实验研究一般要求采用大样本实验设计,而特殊儿童身心特点的较大差异使研究者在对特殊儿童认知的大样本设计中处于两难的境地,即要么保持大样本而牺牲样本的同质性,要么保持样本的同质性而舍弃追求大样本的传统思路。因此,20 世纪 90 年代以后的特殊儿童认知研究一般都采用小样本。例如王敬欣所做的聋人和听力正常人语言理解和生成的实验,被试共 24 名,其中聋人 12 名,

---

① Burke Johnson, Larry Christensen. Educational Research: Quantitative and Qualitative Approaches [M]. New York: Allyn & Bacon, 2000: 7.
② 胡志海,梁宁建.学习不良学生元认知特点研究[J].心理科学,1999(4):354-357.
③ 杨心德.学习困难学生语义分类编码策略的研究[J].心理学报,1996(4):375-379.
④ 周永垒,韩玉昌,张侃.学习困难生认知策略特点与加工水平对其影响的实验研究[J].心理科学,2005(5):1026-1030.
⑤ 〔美〕Kathleen M. Galotti. 认知心理学[M].吴国宏,等译.西安:陕西师范大学出版社,2005:18.
⑥ 高亚兵.弱智儿童识记材料的组织特点及训练的实验研究(一)[J].心理发展与教育,1996(2):60-64.
⑦ 俞国良,张雅明.学习不良儿童元记忆监测特点的研究[J].心理发展与教育,2006(3):1-5.

听力正常人12名。① 即使在这样的小样本设计中,也同样很难保证被试具有很高的同质性,因此有研究者借此提出了采取"单一被试实验研究"②的特殊儿童认知研究思路,近年来这方面的研究越来越多。

第三,从横向比较研究走向纵向比较研究。传统的特殊儿童认知研究采取的思路一般是通过正常儿童与特殊儿童的比较,来发现特殊儿童认知特点的特殊性。在横向研究取得大量研究成果的基础上,研究者逐渐将研究的视角转向了同类特殊儿童或某个特殊儿童的纵向比较研究。从同类特殊儿童的纵向比较研究中可以明晰该类特殊儿童的发展规律,如孙圣涛等对中重度智力障碍学生对汉语副词理解的研究。对128名中重度智力障碍学生汉语副词理解的实验研究表明:在程度副词、时间副词、范围副词这三种副词中,7岁至18岁的智力障碍学生对时间副词的理解最好;在理解程度副词的正确率方面,不同年龄组的智力障碍儿童存在显著差异;15岁之前智力障碍学生在学习范围副词"只有""全部"方面发展迅速;15岁之前智力障碍学生在学习时间副词"已经"方面发展迅速,在7岁至18岁期间智力障碍学生对时间副词"将要"的理解发展大体均衡。③ 某个特殊儿童的纵向研究除了追踪研究以外,目前在特殊儿童认知研究中更多的是采取干预研究,通过诊断特殊儿童发展中存在的优势与不足,从而采取有针对性的干预措施来探讨干预的效果,例如何金娣、贺莉主编的《残障儿童心理生理教育干预案例的研究》④一书中就提供了大量的干预案例。

第2节 我国特殊儿童人格研究的新进展

人格心理学的主要任务包括寻求描述和解释个体差异。⑤ 其研究成果有助于教师对学生进行因材施教,进行个别指导,使得学生学会为人处世,发展健康人格。⑥ 因此,对于特殊儿童的人格研究有着重大的意义。随着儿童人格研究的不断发展,儿童人格研究的对象逐渐扩展到特殊儿童。笔者通过中国期刊网检索了1995至2007年间(2006没有相关研究)《心理科学》《心理学报》《心理发展与教育》三种国内主要心理学核心期刊和《中国特殊教育》一种国内主要特殊教育核心期刊上公开发表的有关特殊儿童人格研究的文章,并进行了初步的统计分析,发现特殊儿童人格研究的新进展主要体现在如下方面。

一、特殊儿童人格研究文献量的变化

从四种核心期刊检索到1995年至2007年间发表的文章共计21篇,这些文章在各年度分布情况见表10-3。

---

① 王敬欣.聋人和听力正常人语言理解和生成的实验研究[J].中国特殊教育,2000(1):8-12.
② 杜晓新.单一被试实验研究中的效度问题[J].中国特殊教育,2002(3):21.
③ 孙圣涛,何晓君,施凤.中重度智力落后学生对汉语副词理解的研究[J].中国特殊教育,2007(9):33-37.
④ 何金娣,贺莉.残障儿童心理生理教育干预案例的研究[M].上海:上海教育出版社,2005.
⑤ 黄希庭.人格心理学[M].杭州:浙江教育出版社,2002:33.
⑥ 黄希庭.人格心理学[M].杭州:浙江教育出版社,2002:40.

表 10-3　1995—2007 年各类特殊儿童人格研究文献量分布表

类型 年份	聋童	视障	智障	超常	学障	总计
1995	1	0	0	2	0	3
1996	0	0	1	1	0	2
1997	1	0	0	1	1	3
1998	0	1	0	0	2	3
1999	1	1	0	0	0	2
1995—1999	3	2	1	4	3	13
2001	0	2	0	0	0	2
2002	0	0	0	0	0	0
2003	1	0	0	0	0	1
2004	0	0	1	0	0	1
2005	0	1	0	0	2	3
2007	1	0	0	0	0	1
2001—2007	2	3	1	0	2	8
总计	5	5	2	4	5	21

从表 10-3 的数据可知：首先，特殊儿童人格研究的文献量随着时间的推移虽有起伏，但各年份之间相差不大。而在四大核心期刊上，关于特殊儿童人格研究的文献量却表现出不同的趋势：《中国特殊教育》《心理学报》总体上表现为上升趋势，而《心理科学》《心理发展与教育》总体上表现为下降趋势（见表 10-4）。其次，各类特殊儿童人格研究的文献量从多到少依次为听觉障碍儿童、视觉障碍儿童、学习障碍儿童、超常儿童和智力障碍儿童。

表 10-4　1995—2007 年四大期刊特殊儿童人格研究文献量

期刊＼年份	1995	1996	1997	1998	1999	2000	2001	2002	2003	2004	2005	2006	2007	总计
中国特殊教育	0	0	0	0	1	0	1	0	1	1	3	0	0	7
心理科学	2	1	1	1	1	0	1	0	0	0	0	0	0	7
心理学报	0	0	1	0	0	0	0	0	0	0	0	0	1	2
心理发展与教育	1	1	1	2	0	0	0	0	0	0	0	0	0	5
总计	3	2	3	3	2	0	2	0	1	1	3	0	1	21

二、研究对象的变化

（一）特殊儿童的人格研究对象趋于多样化

1995 年，特殊儿童人格研究只涉及聋和超常两类儿童。1996 年，出现对智障儿童人格特性的研究,[1]1997年,出现对学习障碍儿童与一般儿童学习动机比较的研究。[2] 由此可以看出,特殊儿童的人格研究对象趋于多样化,至2007年止,特殊儿童的人格研究共涉及聋、超常、视障、智障、学习障碍五类儿童。

(二) 从易于研究的特殊儿童转向难于研究的特殊儿童

特殊儿童的人格研究开始关注的是比较容易研究的特殊儿童,如听觉障碍儿童和超常儿童。1995至1999年间,关于听觉障碍儿童的人格研究共有3篇,内容分别涉及听觉障碍儿童与正常儿童的人格比较研究,[3]听力损失程度、父母是否听觉障碍以及城乡环境等因素对聋童人格影响的研究[4]以及听觉障碍儿童与正常儿童以及智力障碍儿童的个性差异。[5]关于超常儿童的人格研究共有4篇,内容分别涉及超常儿童与常态儿童人格特征的比较研究,[6]超常儿童人格发展特点的比较研究,[7]超常儿童成就动机模型的比较研究,[8]超常儿童与常态儿童的兴趣、动机与创造性思维的比较研究。[9] 而近年来,关于特殊儿童的人格研究开始逐渐转向视障等难于研究的特殊儿童。同时,对于每一类特殊儿童的认知研究,也开始从易于研究的轻度特殊儿童转向难于研究的中重度特殊儿童。如1996年文献中出现了对中度弱智儿童人格的研究[10],1999年以及2001年分别出现了对全盲儿童人格的研究[11][12],等等。

三、研究内容的变化

(一) 从人格特征的研究走向对人格影响因素的研究

人格的形成和表现,离不开个体生存的环境。[13]人格的构建受到各种先天因素和后天因素的综合影响。[14] 因此,对人格影响因素的研究也是人格研究的一个重要的方面。特殊儿童的人格研究内容,从开始的人格特征研究走向关注人格影响因素的研究。

以视觉障碍儿童为例,李丽耘采用北京大学心理学系陈仲庚教授修订的"艾森克人格问卷"少年版本,对全盲儿童的人格特征进行测试,最后得出的结果为:首先,盲童精神质分数显著高于正常儿童。其次,盲童比正常儿童E分低,即更内倾。盲童情绪性分明显低于正常儿童。再者,盲童掩饰性得分明显低于正常儿童。最后,除了女盲童情绪性明显高于男盲童

---

[1] 张福娟,等.智力落后儿童人格特性的研究[J].心理科学,1996(1):19-27.
[2] 张登印,等.学习不良儿童与一般儿童认知发展、学习动机与家庭资源的比较[J].心理发展与教育,1997(2):52-56.
[3] 吴艳红,梁兰芝.聋童人格特征的一项测查[J].心理科学,1995(2):120-122.
[4] 李祚山,孔克勤.关于听觉障碍儿童人格的一项研究[J].心理科学,1997(6):509-513.
[5] 张福娟,刘春玲.听觉障碍儿童个性特征研究[J].中国特殊教育,1999(3):22-25.
[6] 李淑艳.超常儿童和常态儿童之间人格特征的比较研究[J].心理科学,1995(3):184-186.
[7] 葛明贵,张履祥.中小学智力超常学生人格发展特点的比较研究[J].心理发展与教育,1995(4):12-15.
[8] 王文忠,等.超常学生成就动机模型的比较研究[J].心理发展与教育,1996(1):1-7.
[9] 施建农,徐凡.超常儿童与常态儿童兴趣、动机与创造性思维的比较研究[J].心理学报,1997(3):271-277.
[10] 张福娟,等.智力落后儿童人格特性的研究[J].心理科学,1996(1):21.
[11] 李丽耘.全盲儿童的人格特征初探[J].心理科学,1999(6):557-558.
[12] 张福娟,等.视觉障碍儿童人格特征的比较研究[J].心理科学,2001(2):154-156.
[13] 黄希庭.人格心理学[M].杭州:浙江教育出版社,2002:24.
[14] 钱志亮.盲童的人格特点及其教育对策[J].心理发展与教育,1998(2):56.

外,其他男女盲童没有表现出性别差异。① 从2001年开始,出现了对视觉障碍儿童人格影响因素的研究。张福娟等对视觉障碍儿童进行人格特征的比较研究发现:年龄和视觉障碍程度均对视觉障碍儿童的人格特征影响很大。即由于接受良好的教育,年龄与人格品质的完善成正比。低视力儿童的人格品质明显好于全盲儿童。② 宋鸿雁的研究认为,影响视觉障碍儿童的人格特征的因素有生理因素、环境因素、儿童心理发展规律以及心理适应和应付技能等。③

(二) 从人格的整体研究走向对人格具体特质的研究

按照黄希庭对人格的定义,人格表现为个体适应环境时在能力、情绪、需要、动机、兴趣、态度、价值观、气质、性格和体质等方面的整合。④ 从人格心理学的角度来看,动机被视为影响有机体认知和活动、思想和行为的内在动力。大多数人格理论都包含某种动机理论。⑤ 从此可以看出,动机是人格的一个很重要的方面。特殊儿童的人格研究,呈现出从人格的整体研究走向人格具体特质(如成就动机)的研究。

以聋童为例,吴艳红、梁兰芝采用陈仲庚修订的艾森克的人格问卷对聋童人格特征进行研究,最后得出的结果为:聋童精神质的分数显著高于正常儿童;聋童情绪分数明显低于正常儿童;聋童比正常儿童内外向分低,即更内倾;除了女聋童情绪性明显高于男聋童外,其他方面没有表现出性别差异。⑥ 陶新华等对聋童的成就动机进行研究,结果认为:聋生在总的学习动机、社会取向的成就动机、个体取向的成就动机方面,都极其显著地高于正常学生。同时,聋生自身内在成就动机显著高于外在的成就动机。⑦

四、研究范式的变化

与认知研究类似的是,特殊儿童的人格研究范式也发生了变化。关于特殊儿童人格研究的范式,呈现出以下三大趋势。

(一) 研究方法的多样化

特殊儿童人格研究的方法,采用最多的是心理测量。主要有艾森克的人格问卷(EPQ、Junior)、缺陷儿童人格诊断量表⑧、缺陷儿童人格诊断量表(PIH)⑨的修订版(上海常模)⑩、卡特尔人格测验⑪、台湾学者余安邦编制的学习动机量表⑫,等等。然而,笔者发现在以心理测量为主对特殊人格进行研究时,特殊儿童人格研究的方法呈现出多样化的趋势。李柞山、孔克勤

---

① 李丽耘.全盲儿童的人格特征初探[J].心理科学,1999(6):557-558.
② 张福娟,等.视觉障碍儿童人格特征的比较研究[J].心理科学,2001(2):156.
③ 宋鸿雁.视障儿童与正常儿童自我概念和个性的比较研究[J].中国特殊教育,2001(4):50-55.
④ 黄希庭.人格心理学[M].杭州:浙江教育出版社,2002:8.
⑤ 陈少华.新编人格心理学[M].广州:暨南大学出版社,2004:22.
⑥ 吴艳红,梁兰芝.聋童人格特征的一项测查[J].心理科学,1995(2):121-122.
⑦ 陶新华,等.聋生心理健康与成就动机、行为方式的相互影响[J].心理学报,2007(6):1078.
⑧ 张福娟,刘春玲,孔克勤.缺陷儿童人格诊断量表的修订[J].心理科学,1995(5):282-284.
⑨ 〔日〕桥本重治,等.缺陷儿童人格诊断量表[M].东京:图书文化社,1979.
⑩ 张福娟,刘春玲,孔克勤.缺陷儿童人格诊断量表的修订[J].心理科学,1995(5):282-284.
⑪ 李绍衣.卡特尔十六种人格因素测验指导手册[M].沈阳:辽宁教科所,1981:1-58.
⑫ 余安邦.社会取向成就动机与自我取向成就动机不同吗?从动机与行为的关系加以探讨[J].中央研究院民族学研究所集刊,1994(76):197-224.

在对听障儿童的人格特征进行研究时,采用了内田—克雷佩林心理测验(即作业法测验)。[1] 宋鸿雁采用了深入访谈法。[2] 陶新华等研究聋生的成就动机时,采用了半结构式访谈法。[3] 由此可以看出,特殊儿童人格研究的方法呈现出多样化的趋势,从单一的心理测量走向心理测量与作业法测验、深入访谈法、半结构式访谈等方法的结合。

(二)研究方法从一般的心理测量走向特殊的心理测量

艾森克人格问卷(简称EPQ,成人版,适合7—16岁的儿童版),是使用频率较高的成套人格测验量表。[4] 缺陷儿童人格诊断量表(他评法)是日本学者桥本重治等研制的一种专门用于测量缺陷儿童(主要是弱智和肢残儿童)人格的心理测验量表。[5] 张福娟等用三年时间对其进行了修订,建立了包括弱智、聋哑、盲等缺陷儿童的中国常模。[6]

特殊儿童(尤其是弱智、聋、盲童)的人格研究方法,呈现出从一般的心理测量走向特殊的心理测量的趋势。如吴艳红、梁兰芝研究聋童人格时,采用的是陈仲庚修订的艾森克的人格问卷。[7] 李柞山、孔克勤则开始采用缺陷儿童人格量表对听觉障碍儿童的人格进行测查。[8] 李丽耘采用陈仲庚修订的"艾森克人格问卷"少年版本对全盲儿童的人格特征进行初步探究。[9] 张福娟等以《缺陷儿童人格诊断量表》为工具对视觉障碍儿童进行人格评定。[10]

(三)从横向比较研究走向横向和纵向相结合的综合比较研究

特殊儿童与普通儿童之间存在巨大的群体间的差异,同时特殊儿童也存在群体内的异质性,表现在类别的多样性以及某类特殊儿童内部存在不同的障碍程度两大方面。[11] 传统的特殊儿童人格研究采取的思路一般是通过正常儿童与特殊儿童的比较,来发现特殊儿童人格特点的特殊性。在横向研究取得一定研究成果的基础上,研究者逐渐将研究的视角转向了同类特殊儿童的纵向比较同不同类特殊儿童的横向比较研究相结合的综合比较研究。

从同类特殊儿童的纵向比较研究中可以明晰该类特殊儿童的发展规律,如李柞山、孔克勤(1997)对听觉障碍儿童的人格研究。此项研究中将被试按听力损失程度分为重听和聋二组(前者55人,后者151人),对他们进行人格特质、人格因子、人格类型方面的比较。研究结果表明:在自主性、指导性和社会性方面,重听儿童明显优于聋童,并且其适应性、特别是社会适应性也明显好于聋童,健康的人格类型明显较多。这表明听觉障碍儿童人格的发展受到听力损失程度影响,听力损失程度小的儿童其人格的发展相对要好一点。[12] 但是,张福娟、刘春玲对听觉障碍儿童个性特征进行研究时,认为听觉障碍程度对儿童个性发展的影响不大。[13] 可

---

① 李柞山,孔克勤.关于听觉障碍儿童人格的一项研究[J].心理科学,1997(6):509-513.
② 宋鸿雁.视障儿童与正常儿童自我概念和个性的比较研究[J].中国特殊教育,2001(4):51.
③ 陶新华,等.聋生心理健康与成就动机、行为方式的相互影响[J].心理学报,2007(6):1074.
④ 朱腊梅,王小晔.中国心理测量近二十年发展的述评与思考[J].心理科学,2000(2):224.
⑤ 〔日〕桥本重治,等.缺陷儿童人格诊断量表[M].东京:图书文化社,1979:4-45.
⑥ 张福娟,刘春玲,孔克勤.缺陷儿童人格诊断量表的修订[J].心理科学,1995(5):282.
⑦ 吴艳红,梁兰芝.聋童人格特征的一项测查[J].心理科学,1995(2):120.
⑧ 李柞山,孔克勤.关于听觉障碍儿童人格的一项研究[J].心理科学,1997(6):509.
⑨ 李丽耘.全盲儿童的人格特征初探[J].心理科学,1999(6):557.
⑩ 张福娟,等.视觉障碍儿童人格特征的比较研究[J].心理科学,2001(2):155.
⑪ 杜晓新.试论特殊儿童心理学研究的特点与方法[J].心理科学,2002(5):552.
⑫ 李柞山,孔克勤.关于听觉障碍儿童人格的一项研究[J].心理科学,1997(6):511.
⑬ 张福娟,刘春玲.听觉障碍儿童个性特征研究[J].中国特殊教育,1999(3):23.

见,关于不同障碍程度的听觉障碍儿童的人格是否有差异这一问题,研究者存在争议。在对同类特殊儿童进行纵向比较的同时,研究者也对不同类特殊儿童进行了横向比较研究。在张福娟、刘春玲对听觉障碍儿童个性特征进行研究时,对听觉障碍儿童和智力障碍儿童的个性特征进行了比较,结果表明:听觉障碍儿童的个性特征与智力障碍儿童存在显著差异。由此认为,与残障相比,智力障碍对儿童个性的形成和发展造成的影响更大。[①]

 本章小结

一直以来,认知研究和人格研究都是心理研究的两大重要领域。近年来,随着儿童认知以及人格研究的不断发展,儿童认知以及人格研究的对象逐渐扩展到特殊儿童。因此,对于近年来特殊儿童认知以及人格研究的发展趋势的分析具有十分重要的意义。

特殊儿童认知研究文献量的变化具有以下特点:特殊儿童认知研究的文献量随着时间的推移虽有起伏,但总体呈上升趋势。特殊儿童认知研究的发展趋势表现为:认知研究的对象从传统狭义的特殊儿童转向现代广义的特殊儿童,从易于研究的特殊儿童转向难于研究的特殊儿童,从单一障碍儿童转向多重障碍儿童;研究机理的变化主要体现在特殊儿童认知研究从探讨其中的信息加工机制转向认知神经机制;研究层次的变化主要体现在从认知研究转向元认知研究;研究方向的变化主要体现在从基础研究、应用研究走向综合研究;研究范式从单一因素实验设计走向多因素实验设计,从大样本实验设计走向小样本实验设计,从横向比较研究走向纵向比较研究。

特殊儿童人格研究文献量的变化具有以下特点:特殊儿童人格研究的文献量随着时间的推移虽有起伏,但各年份之间相差不大。特殊儿童人格研究的发展趋势为:特殊儿童的人格研究对象趋于多样化,从易于研究的特殊儿童转向难于研究的特殊儿童;特殊儿童的人格研究内容的变化体现为从人格特征的研究走向对人格影响因素的研究,从人格的整体研究走向对人格具体特质的研究;研究范式的变化体现为研究方法的多样化,研究方法从一般的心理测量走向特殊的心理测量,从横向比较走向横向和纵向相结合的综合研究。

 思考与练习

1. 试述特殊儿童认知研究的特点与趋势。
2. 试述特殊儿童人格研究的特点与趋势。

---

① 张福娟,刘春玲.听觉障碍儿童个性特征研究[J].中国特殊教育,1999(3):25.

参 考 文 献

一、中文著作

[1] 〔美〕David R. Shaffer. 发展心理学——儿童与青少年[M]. 邹泓,等译. 北京:中国轻工业出版社,2005.
[2] 〔美〕Dennis Coon,John O. Mitter. 心理学导论——思想与行为的认识之路[M]. 郑刚,等译. 北京:中国轻工业出版社,2007.
[3] 〔美〕Jerry M. Burger. 人格心理学[M]. 陈会昌,等译. 北京:中国轻工业出版社,2004.
[4] 〔美〕Kathleen M. Galotti. 认知心理学[M]. 吴国宏,等译. 西安:陕西师范大学出版社,2005.
[5] 〔美〕M. S. 加扎尼加. 认知神经科学[M]. 沈政,译. 上海:上海教育出版社,1998.
[6] 〔美〕William L. Heward. 特殊需要儿童教育导论[M]. 肖非,等译. 北京:中国轻工业出版社,2007.
[7] 曹日昌. 普通心理学[M]. 北京:人民教育出版社,1984.
[8] 查子秀. 超常儿童心理学[M]. 第二版. 北京:人民教育出版社,2006.
[9] 陈帼眉. 学前心理学[M]. 北京:人民教育出版社,1989.
[10] 陈少华. 新编人格心理学[M]. 广州:暨南大学出版社,2004.
[11] 丑荣之,王清汀,梁斌言. 怎样培养教育弱智儿童[M]. 北京:华夏出版社,1990.
[12] 董奇,周勇,陈红兵. 自我监控与智力[M]. 杭州:浙江人民出版社,1996.
[13] 杜晓新. 元认知与学习策略[M]. 北京:人民教育出版社,1999.
[14] 范崇燕. 幼儿成长教育问卷[M]. 北京:科学出版社,1990.
[15] 方俊明. 认知心理学与人格教育[M]. 西安:陕西师范大学出版社,1990.
[16] 方俊明. 特殊教育学[M]. 北京:人民教育出版社,2005.
[17] 方俊明. 心理学、教育学研究原理与方法[M]. 西安:陕西师范大学出版社,1994.
[18] 冯春明,等. 超常儿童培育手册[M]. 石家庄:河北教育出版社,1990.
[19] 〔英〕弗雷德里克·C. 巴特莱特. 记忆:一个实验的与社会的心理学研究[M]. 黎炜,译. 杭州:浙江教育出版社,1998.
[20] 韩进之. 儿童个性发展与教育[M]. 北京:人民教育出版社,1994.
[21] 何华国. 特殊儿童心理与教育[M]. 台北:五南图书出版公司,1987.
[22] 何金娣,贺莉. 残障儿童心理生理教育干预案例的研究[M]. 上海:上海教育出版社,2005.
[23] 何克抗. 儿童语言发展新说——语觉论[M]. 北京:人民教育出版社,2006.
[24] 洪德厚. 记忆心理学[M]. 北京:科学普及出版社,1988.
[25] 华国栋. 特殊需要儿童的心理与教育[M]. 北京:高等教育出版社,2004.
[26] 黄伟合. 用当代科学征服自闭症——来自临床与实验的干预教育方法[M]. 上海:华东师范大学出版社,2008.
[27] 黄希庭. 人格心理学[M]. 杭州:浙江教育出版社,2002.
[28] 黄希庭. 心理学导论[M]. 北京:人民教育出版社,2005.
[29] 教育部师范教育司. 聋童心理学[M]. 北京:人民教育出版社,2000.
[30] 教育部师范教育司. 盲童心理学[M]. 北京:人民教育出版社,2000.

[31] 教育部师范教育司.智力落后儿童心理学[M].北京：人民教育出版社,1999.
[32] 〔美〕柯克,加拉赫.特殊儿童的心理与教育[M].汤盛钦,等译.天津：天津教育出版社,1989.
[33] 雷江华.听觉障碍学生唇读的认知研究[M].北京：中国社会科学出版社,2009.
[34] 雷江华.学前特殊儿童教育[M].武汉：华中师范大学出版社,2008.
[35] 李宇明.儿童语言的发展[M].武汉：华中师范大学出版社,2004.
[36] 梁宁建.当代认知心理学[M].上海：上海教育出版社,2003.
[37] 林崇德.发展心理学[M].北京：人民教育出版社,1995.
[38] 刘全礼,等.智力落后儿童教育学心理学[M].西宁：青海人民出版社,1995.
[39] 刘翔平.儿童注意力障碍的诊断与矫正[M].北京：同心出版社,2002.
[40] 刘玉华,朱源.超常儿童心理发展与教育[M].合肥：安徽教育出版社,2001.
[41] 柳树森.全纳教育导论[M].武汉：华中师范大学出版社,2007.
[42] 〔美〕路德·特恩布尔,等.今日学校中的特殊教育[M].方俊明,等译.上海：华东师范大学出版社,2004.
[43] 〔英〕洛娜·温.孤独症儿童：家长及专业人员指南[M].孙敦科,译.沈阳：辽宁师范大学出版社,1998.
[44] 毛荣建.学习障碍儿童教育概论[M].天津：天津教育出版社,2007.
[45] 彭聃龄.普通心理学[M].北京：北京师范大学出版社,2004.
[46] 朴永馨.特殊教育[M].长春：吉林教育出版社,2000.
[47] 朴永馨.特殊教育辞典[M].北京：华夏出版社,1996.
[48] 朴永馨.特殊教育概论[M].北京：华夏出版社,2001.
[49] 朴永馨.特殊教育学[M].福州：福建教育出版社,1995.
[50] 申小龙.语言学纲要[M].上海：复旦大学出版社,2005.
[51] 沈德立.发展与教育心理学[M].沈阳：辽宁大学出版社,1999.
[52] 沈家英,陈云英.视觉障碍儿童的心理与教育[M].北京：华夏出版社,1993.
[53] 王梅,等.孤独症儿童的教育与康复训练[M].北京：华夏出版社,2007.
[54] 王甦,汪安圣.认知心理学[M].北京：北京大学出版社,2006.
[55] 王志毅.听力障碍儿童的心理与教育[M].天津：天津教育出版社,2007.
[56] 吴增强.学习心理辅导[M].上海：上海世纪出版集团,上海教育出版社,2005.
[57] 肖非.智力落后儿童心理与教育[M].大连：辽宁师范大学出版社,2002.
[58] 徐芬.学业不良儿童的教育与矫治[M].杭州：浙江教育出版社,1997.
[59] 杨治良.记忆心理学[M].第二版.上海：华东师范大学出版社,1999.
[60] 银春铭.弱智儿童的心理与教育[M].北京：华夏出版社,1993.
[61] 余敦清.听力障碍与早期康复[M].北京：华夏出版社,1994.
[62] 张爱卿.动机论——迈向21世纪的动机心理学研究[M].武汉：华中师范大学出版社,2002.
[63] 张宁生.听觉障碍儿童的心理与教育[M].北京：华夏出版社,1995.
[64] 张宁生.听力残疾儿童心理与教育[M].大连：辽宁师范大学出版社,2002.
[65] 张旭.语言学论纲[M].天津：天津人民出版社,2002.
[66] 甄岳来.孤独症儿童社会性教育指南[M].北京：中国妇女出版社,2008.
[67] 中国超常儿童协作研究组.智蕾初绽——超常儿童追踪研究专集[M].西宁：青海人民出版社,1983.
[68] 钟经华.视力残疾儿童的心理与教育[M].天津：天津教育出版社,2007.
[69] 周平,李君荣.学习障碍儿的教育指导[M].北京：人民军医出版社,2003.
[70] 朱智贤,林崇德.思维发展心理学[M].北京：北京师范大学出版社,1986.

[71] 朱智贤.儿童心理学[M].第 4 版.北京：人民教育出版社,2003.

二、中文期刊

[1] 北京市第八中学,中科院心理所,北京市教科所实验课题组.超常儿童的鉴别和教育——北京八中超常教育实验班(1985—1989)实验报告[J].教育科学研究,1991(1).

[2] 边丽,张海丛,刘建平.听障大学生学习适应性调查研究[J].中国特殊教育,2010(6).

[3] 蔡丹,李其维,邓赐平.数学学习困难初中生的记忆广度特点[J].心理科学,2011,34(5).

[4] 曹漱芹,方俊明.自闭症儿童汉语词汇语义加工和图片语义加工的实验研究[J].中国特殊教育,2010(10).

[5] 陈国鹏,姜月,等.轻度弱智儿童工作记忆、加工速度的实验研究[J].心理科学,2007(3).

[6] 陈可平,金志成,陈骐.听障人群的工作记忆机制[J].心理科学进展,2009,17(6).

[7] 陈顺森,白学军,沈德立,等.7—10 岁自闭症谱系障碍儿童对情绪面孔的觉察与加工[J].心理发展与教育,2011(7).

[8] 陈顺森,白学军,沈德立,等.背景性质对 7—10 岁自闭症谱系障碍儿童面孔搜索与加工的作用[J].心理科学,2012(4).

[9] 陈衍,等.发展性阅读障碍语音缺陷的脑科学研究及对阅读教学的启示[J].心理与行为研究,2008(2).

[10] 陈英和,崔艳丽,王雨晴.幼儿心理理论与情绪理解发展及关系的研究[J].心理科学,2005(3).

[11] 陈英和,王雨晴,肖兴荣.3—5 岁幼儿元认知监控发展特点的研究[J].心理与行为研究,2006(1).

[12] 陈源.孤独症儿童的特征与训练策略[J].闽江学院学报,2004(4).

[13] 程素萍.元认知思想的历史演变[J].心理科学,2002(3).

[14] 程灶火,龚耀先.学习障碍儿童记忆的比较研究：Ⅱ.学习障碍儿童的长时记忆功能[J].中国临床心理学杂志,1998(4).

[15] 党玉晓,等.聋童对基本颜色和基本颜色词的分类[J].中国特殊教育,2008(7).

[16] 邓晓红,朱乙艺,曹艳.视障小学生心理健康与社交焦虑的特征及其关系研究[J].中国特殊教育,2012(11).

[17] 董妍,俞国良,周霞.学习不良青少年与普通青少年学业情绪影响因素的比较[J].中国特殊教育,2013(4).

[18] 范佳露.听障儿童构音能力和连续语音重复能力的关系研究[J].中国特殊教育,2010(9).

[19] 方俊明.聋儿的认知与综合语言教育[J].中国听力语言康复科学杂志,2004(6).

[20] 方燕红,张积家,马振瑞,等.弱智儿童对常见食物的自由分类[J].中国特殊教育,2011(2).

[21] 方燕红,张积家,尹观海.中度弱智儿童语义知识发展障碍的实验研究[J].中国特殊教育,2013(4).

[22] 房安荣,王和平,蒋文清,杜晓新.学困生与学优生学习时间管理能力的对比研究[J].外国中小学教育,2003(4).

[23] 冯建新,冯敏.书面词语和手语对聋生语义分类影响的实验研究[J].中国特殊教育,2012(10).

[24] 高亚兵.弱智儿童识记材料的组织特点及训练的实验研究[J].心理发展与教育,1996(2).

[25] 高艳玲,李军.学习困难儿童认知特点[J].科学教育,2004(1).

[26] 葛明贵,张履祥.中小学智力超常学生人格发展特点的比较研究[J].心理发展与教育,1995(4).

[27] 龚文进.学习障碍视觉空间障碍研究概述[J].中国特殊教育,2006(5).

[28] 广州市越秀区培智学校,广州市教育科学研究所联合课题组.弱智儿童左右概念的测试研究[J].教育导刊,2002(2-3).

[29] 郭海英,贺敏,金瑜.轻度智力落后学生认知能力的研究[J].中国特殊教育,2005(3).

[30] 郭靖,等.非言语型学习障碍儿童右脑功能的研究[J].中国临床心理学杂志,2001(2).

[31] 郭靖.学习障碍儿童的视觉运动特征[J].中国特殊教育,2000(2).

[32] 郭要红,华国栋.普通班级中超常学生的学习潜能激发[J].中国特殊教育,2008(6).

[33] 郝兴昌,佟丽君.智障学生与正常学生内隐记忆与外显记忆的对比研究[J].心理科学,2005(5).

[34] 贺荟中,方俊明.视障儿童的认知特点与教育对策[J].中国特殊教育,2003(2).

[35] 胡朝兵,等.聋大学生语音意识特点的实验研究[J].心理科学,2009,32(5).

[36] 黄柏芳.浙江省盲人学校在校学生心理健康状况调查报告[J].中国特殊教育,2004(3).

[37] 姜敏敏,张积家.学习障碍超常儿童的研究进展[J].中国特殊教育,2008(4).

[38] 焦青,曾筝.自闭症儿童心理理论能力中的情绪理解[J].中国特殊教育,2005(3).

[39] 金志成,陈彩琦,刘晓明.选择性注意加工机制上学困生和学优生的比较研究[J].心理科学,2003(6).

[40] 静进,等.学习障碍儿童的本顿视觉保持实验研究[J].中国心理卫生杂志,1998(2).

[41] 静进,等.学习障碍儿童深度觉辨别与情感认知的关系[J].中华儿科杂志,1999(3).

[42] 琚四化,毛红琴,梁子浪.听觉通道下盲生与明眼学生时距知觉的比较研究[J].中国特殊教育,2010(2).

[43] 琚四化.盲生触摸觉表象心理扫描中的距离效应研究[J].中国特殊教育,2012(6).

[44] 雷江华,李海燕.听觉障碍学生与正常学生视觉识别敏度的比较研究[J].中国特殊教育,2005(8).

[45] 雷雳,汪玲,Tanja Culjak.优生与差生自我调节学习的对比研究[J].心理发展与教育,2002(2).

[46] 李虹,舒华.阅读障碍儿童的语言特异性认知缺陷[J].心理科学,2009(2).

[47] 李洁瑛.视障儿童社会观点采择能力的发展[J].中国特殊教育,2012(5).

[48] 李丽,王宁宇,葛晓辉.背景噪声下言语测听[J].国外医学耳鼻喉科学分册,2005,29(6).

[49] 李赛,王丽萍,陈宏.弱视患者双眼阅读条件下的眼动特征[J].中国特殊教育,2013(5).

[50] 李淑艳.超常儿童和常态儿童之间人格特征的比较研究[J].心理学报,1995(3).

[51] 李伟健.学习困难学生阅读理解监视的实验研究[J].心理与行为研究,2004(1).

[52] 李伟亚,方俊明.自闭症谱系障碍学生汉语简单句理解的实验研究[J].中国特殊教育,2009(5).

[53] 李晓燕,周兢.自闭症儿童语言发展研究综述[J].中国特殊教育,2006(12).

[54] 李晓燕.自闭症儿童语言的范畴特征研究与整合取向[J].中国特殊教育,2009(11).

[55] 李新旺,等.弱智儿童与正常儿童触觉长度知觉的对比研究[J].心理科学,2000(2).

[56] 李旭东,等.感觉统合失调的研究进展[J].中华儿科杂志,2001(9).

[57] 李焰.聋童与正常儿童视反应时的比较[J].沈阳师范学院学报:社会科学版,1995(4).

[58] 李一员,等.聋童执行功能发展:聋童与正常儿童的比较[J].心理学报,2006(3).

[59] 李咏梅,邹小兵.孤独症认知理论研究概况[J].中国儿童保健杂志,2006(2).

[60] 李有禹,等.应用G-TAT对听障中学生人格特征的分析[J].中国特殊教育,2009(10).

[61] 李毓秋.智力超常儿童韦氏儿童智力量表第四版分数模式及其认知特性的初步研究[J].中国特殊教育,2009(4).

[62] 李祚山,孔克勤.关于听觉障碍儿童人格的一项研究[J].心理科学,1997(6).

[63] 李祚山.视觉障碍儿童的人格与心理健康的特征及其关系研究[J].中国特殊教育,2005(12).

[64] 梁碧珊,等.没听到?"听"到!——来自听觉表象神经机制研究的证据[J].心理科学,2013,36(6).

[65] 林云强.自闭症谱系障碍儿童颜色视觉突显的眼动研究[J].中国特殊教育,2013(5).

[66] 林仲贤,等.弱智儿视、触长度知觉辨别研究[J].中国健康心理学杂志,2002(5).

[67] 林仲贤,等.弱智儿童心理旋转的研究[J].心理与行为研究,2004(1).

[68] 刘春玲,马红英.低年级视觉障碍儿童词义理解的初步研究[J].中国特殊教育,2002(3).

[69] 刘春玲,马静静,马红英.随班就读轻度智力残疾学生阅读能力研究[J].中国特殊教育,2010(5).

[70] 刘春玲,昝飞.弱智儿童语音发展的研究[J].中国特殊教育,2000(2).

[71] 刘海燕,郭得俊.近十年来情绪研究的回顾与展望[J].心理科学,2004(3).
[72] 刘巧云,等.人工耳蜗儿童、助听器儿童与健听儿童音位对比识别能力比较研究[J].中国特殊教育,2011(2).
[73] 刘巧云,等.人工耳蜗儿童与助听器儿童选择性听取能力的比较研究[J].中国特殊教育,2010(2).
[74] 刘卿,杨凤池,郭卫,等.学习困难儿童的注意力品质初探[J].中国心理卫生杂志,1999(4).
[75] 刘卿.聋生对复句的掌握状况调查研究[J].中国特殊教育,2011(8).
[76] 刘文理,杨玉芳.汉语语音意识困难儿童的言语知觉技能[J].心理科学,2010,33(5).
[77] 刘翔平,候典牧,等.阅读障碍儿童汉字认知特点研究[J].心理发展与教育,2004(2).
[78] 刘晓明.听障大学生阅读理解监控的眼动研究[J].中国特殊教育,2012(1).
[79] 刘幸娟,张阳,张明.听觉障碍人群检测任务基于位置的返回抑制(英文)[J].心理科学,2011,34(3).
[80] 刘艳虹,等.视力残疾学生纯音听阈测试研究[J].中国特殊教育,2004(6).
[81] 刘镇铭,李世明,王惠萍,等.智障学生注意品质测试及对比分析研究[J].中国特殊教育,2011(5).
[82] 罗跃嘉,等.情绪对认知加工的影响:事件相关脑电位系列研究[J].心理科学进展,2006(4).
[83] 马红英,刘春玲.视觉障碍儿童口语能力的初步分析[J].中国特殊教育,2002(2).
[84] 马艳云.视听觉障碍儿童的认知能力[J].中国特殊教育,2004(1).
[85] 马玉,王立新,魏柳青,等.自闭症者的视觉认知障碍及其神经机制[J].中国特殊教育,2011(4).
[86] 马玉,张学民,张盈利,等.自闭症儿童视觉动态信息的注意加工特点——来自多目标追踪任务的证据[J].心理发展与教育,2013(6).
[87] 孟祥芝,等.发展性协调障碍与书写困难个案研究[J].心理学报,2003(5).
[88] 牛卫华,张梅玲.学困生和优秀生解应用题策略的对比研究[J].心理科学,1998(6).
[89] 钱志亮.盲童的人格特点及其教育对策[J].心理发展与教育,1998(2).
[90] 邱天龙,杜晓新,张伟锋,等.眼部、嘴部信息削弱对自闭症儿童表情识别的影响[J].中国特殊教育,2013(5).
[91] 任桂英,等.儿童感觉统合与感觉统合失调[J].中国心理卫生杂志,1994(4).
[92] 桑标.对元认知和智力超常关系的探讨[J].华东师范大学学报:教育科学版,1999(3).
[93] 施建农.超常与常态儿童记忆和记忆组织的比较研究[J].心理学报,1990(2).
[94] 石学云.西安市学习障碍小学生感觉统合失调的调查研究[J].中国特殊教育,2006(10).
[95] 宋宜琪,张积家,王育茹.感觉经验缺失对视力、听力障碍学生概念表征的影响[J].中国特殊教育,2012(1).
[96] 宋宜琪,张积家.盲人概念特征的跨通道表征[J].中国特殊教育,2012(5).
[97] 孙里宁,周颖.智障儿童和正常儿童外显记忆与内隐记忆的比较研究[J].心理科学,2006(2).
[98] 孙圣涛,等.中重度智力落后学生对不同句类理解的研究[J].中国特殊教育,2011(12).
[99] 孙圣涛,范雪红,王秀娟.智力落后学生句子判断能力的研究[J].心理科学,2008,31(4).
[100] 孙圣涛,刘海燕.视障儿童与普通儿童理解与使用情绪表达规则的比较[J].中国特殊教育,2009(2).
[101] 孙圣涛,姚燕婕.中重度智力落后学生对汉语副词理解的研究[J].中国特殊教育,2007(9).
[102] 孙圣涛,叶欢.中度智力落后儿童对于"深""浅"词义掌握的研究[J].中国特殊教育,2012(9).
[103] 佟月华,宋尚桂.学习障碍儿童情绪理解特点比较研究[J].心理科学,2008,31(2).
[104] 佟月华.不同亚型学习障碍儿童情绪理解特点研究[J].中国特殊教育,2009(9).
[105] 汪玲,方平,郭德俊.元认知的性质、结构与评定方法[J].心理学动态,1999(1).
[106] 汪玲,郭德俊.元认知的本质与要素[J].心理学报,2000(4).
[107] 王恩国,刘昌,赵国祥.数学学习困难儿童的加工速度与工作记忆[J].心理科学,2008,31(4).
[108] 王恩国,刘昌.语文学习困难儿童的工作记忆与加工速度[J].心理发展与教育,2008(1).

[109] 王恩国,赵国祥,刘昌,等.不同类型学习困难青少年存在不同类型的工作记忆缺陷[J].科学通报,2008,53(14).

[110] 王桂平,陈会昌.儿童自我控制心理机制的理论述评[J].心理科学进展,2004(6).

[111] 王辉.自闭症儿童的心理行为特征及诊断与评估[J].现代特殊教育,2007(Z1).

[112] 王庭照,杨娟,杨彦平.工作记忆负荷、形状干扰对聋人与听力正常人注意捕获影响的眼动研究[J].心理科学,2013,36(4).

[113] 王庭照,杨娟.不同视野位置下聋人与听力正常人注意捕获的眼动研究[J].中国特殊教育,2013(3).

[114] 王晓芳,刘潇楠,罗新玉,等.数学障碍儿童抑制能力的发展性研究[J].中国特殊教育,2009(10).

[115] 王晓丽,陈国鹏.短时记忆的一生发展研究[J].心理科学,2004(2).

[116] 王亚鹏,董奇.情绪加工的脑机制研究及其现状[J].心理科学,2006(6).

[117] 韦小满.当前我国特殊需要儿童心理评估存在的问题与对策[J].北京师范大学学报:社会科学版,2006(1).

[118] 吴昊雯,陈云英.智力落后儿童语用障碍研究新进展[J].中国特殊儿童与师资研究,2005(6).

[119] 吴铃.聋童视觉学习的案例研究[J].中国特殊教育,2008(4).

[120] 吴筱雅,刘春玲.随班就读轻度智力残疾学生写作能力研究[J].中国特殊教育,2010(2).

[121] 吴永玲,国家亮.聋童注意的特点及其培养[J].特殊儿童与师资研究,1994(2).

[122] 吴月芹.浅谈孤独症儿童的语言问题[J].南京特教学院学报,2007(4).

[123] 项明强,胡耿丹.聋人视觉注意的改变:从中央转移到边缘视野[J].中国特殊教育,2010(3).

[124] 肖少北,刘海燕.听障儿童听觉Stroop效应的研究综述[J].中国特殊教育,2011(12).

[125] 谢国栋,庄锦英.视障群体的编码方式对动作内隐和外显记忆影响的实验研究[J].心理科学,2004(1).

[126] 徐琴芳.孤独症儿童的语言障碍及语言发展[J].中国特殊教育,2001(4).

[127] 徐浙宁.2—5岁超常儿童的集合比较及其策略研究[J].心理科学,2009,32(5).

[128] 薛锦,陆建平,杨剑锋,舒华.规则性、语音意识、语义对汉语阅读障碍者阅读的影响[J].中国特殊教育,2008(11).

[129] 薛锦.阅读困难者短时记忆缺陷原因探析[J].中国特殊教育,2010(4).

[130] 杨锦平,等.学习困难初中生注意特性发展及影响因素研究[J].心理发展与教育,1995(1).

[131] 杨双,刘翔平,林敏,宋雪芳.阅读理解困难儿童的理解监控特点[J].中国特殊教育,2006(4).

[132] 杨双,宁宁,刘翔平,等.听写困难儿童的整体字形加工特点[J].心理发展与教育,2008(4).

[133] 杨双,宁宁,杨美玲.听写困难儿童对形声字的整字语义加工特点[J].中国特殊教育,2010(2).

[134] 杨艳云,等.聋童推理能力与言语理解能力关系初探[J].中国特殊教育,2001(1).

[135] 于素红.智力落后儿童感觉统合失调状况调查报告[J].中国特殊教育,1999(2).

[136] 俞国良,张雅明.学习不良儿童元记忆监测特点研究[J].心理发展与教育,2006(3).

[137] 昝飞,汤盛钦.听力残疾儿童的语音发展研究[J].中国特殊教育,1998(1).

[138] 曾守锤,张福娟.多重残疾听力损失儿童干预的个案研究[J].中国特殊教育,2003(6).

[139] 占江平.孤独症儿童认知心理的初步研究[J].赣南师范学院学报,2006(4).

[140] 张婵,盖笑松.汉语阅读障碍儿童与普通儿童朗读错误研究[J].中国特殊教育,2010(2).

[141] 张福娟,刘春玲,孔克勤.缺陷儿童人格诊断量表的修订[J].心理科学,1995(5).

[142] 张福娟,刘春玲,孔克勤.智力落后儿童人格特性的研究[J].心理科学,1996(1).

[143] 张福娟,刘春玲.听觉障碍儿童个性特征研究[J].中国特殊教育,1999(3).

[144] 张福娟,谢立波,袁东.视觉障碍儿童人格特征的比较研究[J].心理科学,2001(2).

[145] 张海丛,等.视力残疾大学生与普通大学生人格特征的比较研究[J].中国特殊教育,2005(11).

[146] 张积家,党玉晓,章玉祉,等.视障儿童心中的颜色概念及其组织[J].心理学报,2008,40(4).

[147] 张积家,方燕红.弱智儿童常见食物的概念结构[J].中国特殊教育,2009(3).

[148] 张立松,等.听障大学生情绪调节特点及其对人际关系的影响[J].中国特殊教育,2012(4).

[149] 张立松,王娟,何侃.情绪调节技能与情绪适应:听障状态的调节作用[J].中国特殊教育,2013(2).

[150] 张炼.国外超常儿童的认知发展研究综述[J].中国特殊教育,2004(7).

[151] 张曼华,杨凤池,张宏伟.学习困难儿童注意特点研究[J].中国学校卫生,2004(4).

[152] 张茂林,杜晓新.基于眼动分析的聋人大学生理解监控能力研究[J].中国特殊教育,2012(7).

[153] 张青,万勤,关娇.学龄唐氏综合征儿童与普通儿童鼻腔共鸣特点的比较研究[J].中国特殊教育,2012(10).

[154] 张庆林,连庸华.优等生解决几何问题的成功思维策略分析[J].西南师范大学学报:哲学社会科学版,1995(1).

[155] 张壬,李君荣.学习障碍儿童的人格特征[J].中国妇幼保健,2008(13).

[156] 张兴利,施建农.听力障碍对视觉注意的影响(综述)[J].中国心理卫生杂志,2006(8).

[157] 张修竹,刘爱书,张妍.非言语型学习障碍儿童的视觉空间认知特点研究[J].中国特殊教育,2012(2).

[158] 张雅明,俞国良.学习不良儿童的元认知研究[J].心理科学进展,2004(3).

[159] 章玉祉,张积家,党玉晓.盲童的空间概念及其组织[J].心理科学,2011,34(3).

[160] 章玉祉,张积家,党玉晓.视障儿童空间认知的参考框架和语言表达[J].中国特殊教育,2011(7).

[161] 赵斌.浅谈学习障碍儿的思维特点及训练[J].现代特殊教育,2001(1).

[162] 赵晋全,杨治良.内隐记忆研究新进展[J].山西大学学报:哲学社会科学版,2002(1).

[163] 赵晶,李荔波,李伟健.学习困难学生理解监测和控制的特点[J].中国特殊教育,2007(10).

[164] 郑虹,高北陵.智障学生与正常学生再认记忆的比较研究[J].中国特殊教育,2004(6).

[165] 郑静,马红英.弱智儿童语言障碍特征研究综述[J].中国特殊教育,2003(3).

[166] 钟经华,韩萍,高旭,何川.藏语盲文及简写研究探讨[J].中国特殊教育,2011(10).

[167] 钟经华,张海丛,韩萍,肖航,戴红亮.关于现行盲文标调问题的调查研究[J].中国特殊教育,2012(3).

[168] 钟经华.汉语现行盲文双音节高频词的简写研究[J].中国特殊教育,2008(1).

[169] 钟经华.现行盲文多音节词简写的优选设计[J].中国特殊教育,2009(2).

[170] 周林.元认知与特殊儿童的心理研究[J].心理发展与教育,1993(4).

[171] 周念丽,等.自闭症幼儿的视觉性自我认知实验研究[J].心理科学,2004(6).

[172] 周念丽,方俊明.自闭症幼儿的情感认知特点的实验研究[J].心理科学,2003(3).

[173] 周念丽,杨治良.自闭症幼儿自主性共同注意的实验研究[J].心理科学,2005(5).

[174] 周念丽.自闭症儿童认知发展研究的回溯与探索[J].中国特殊教育,2002(1).

[175] 周晓林,孟祥芝.中文发展性阅读障碍研究[J].应用心理学,2001(1).

[176] 周永垒,韩玉昌,张侃.学习困难生认知策略特点与加工水平对其影响的实验研究[J].心理科学,2005(5).

[177] 周永垒,韩玉昌,张侃.元记忆监控对学习困难生记忆影响的实验研究[J].中国特殊教育,2008(5).

三、中文论文

[1] 曹捷琼.视觉障碍儿童辨音能力的认知研究[D].上海:华东师范大学硕士学位论文,2004.

[2] 陈光华.视觉障碍者感知觉缺陷补偿的实验研究[D].大连:辽宁师范大学硕士学位论文,2003.

[3] 陈光华.自闭症谱系儿童模仿能力系列研究[D].上海:华东师范大学博士学位论文,2009.

[4] 陈臻辉.4—5岁弱智儿童言语交流行为——在母子互动中的语用研究[D].上海：华东师范大学硕士学位论文,2007.

[5] 杜晓新.学习困难儿童学习策略训练模式的构建与实践[D].上海：华东师范大学博士学位论文,2006.

[6] 高永梅.普通初中学生与聋校初中学生价值观的比较研究[D].大连：辽宁师范大学硕士学位论文,2007.

[7] 关惠洁.视障儿童与正常儿童"河内塔"问题解决过程的比较研究[D].西安：陕西师范大学硕士学位论文,2000.

[8] 韩泰铉.弱智人群的隐喻能力[D].上海：华东师范大学博士学位论文,2003.

[9] 贺荟中.聋生与听力正常学生语篇理解过程的认知比较[D].上海：华东师范大学博士学位论文,2003.

[10] 雷江华.听觉障碍学生唇读汉字语音识别的实验研究[D].上海：华东师范大学博士学位论文,2006.

[11] 李娜.听力障碍儿童情绪理解研究[D].上海：华东师范大学博士学位论文,2009.

[12] 李伟亚.自闭症儿童即兴音乐治疗的理论模型探索与个案研究[D].上海：华东师范大学硕士学位论文,2005.

[13] 李伟亚.自闭症谱系障碍学生汉语句子理解过程的实验研究[D].上海：华东师范大学博士学位论文,2009.

[14] 梁敏仪.运用强化技术维持中重度智障学生期望目标的应用研究[D].武汉：华中师范大学硕士学位论文,2008.

[15] 刘春玲.弱智儿童语义加工的实验研究[D].上海：华东师范大学博士学位论文,2004.

[16] 刘旺.盲童与正常儿童类比推理的比较研究[D].西安：陕西师范大学硕士学位论文,2000.

[17] 卢月娥.听觉障碍中学生社会适应发展特点的研究[D].大连：辽宁师范大学硕士学位论文,2009.

[18] 穆昕.听觉障碍中学生汉语阅读理解模式研究[D].大连：辽宁师范大学硕士学位论文,2006.

[19] 宋鸿雁.视障儿童与正常儿童自我概念和个性的比较研究[D].西安：陕西师范大学硕士学位论文,2001.

[20] 苏雪云.超常高中生自我意识及其对情绪的影响[D].上海：华东师范大学博士学位论文,2005.

[21] 孙立双.自闭症儿童自伤行为的功能性行为评估及干预研究[D].北京：北京师范大学硕士学位论文,2008.

[22] 王佳佳.注意缺陷多动障碍小学生适应行为与家庭环境的关系研究[D].大连：辽宁师范大学硕士学位论文,2007.

[23] 王倩.培智学校中智力落后学生学校适应特点研究[D].大连：辽宁师范大学硕士学位论文,2009.

[24] 王涛.利用情绪分化训练促进中重度智障儿童人际交往[D].武汉：华中师范大学硕士学位论文,2008.

[25] 王庭照.聋人与听力正常人图形视知觉加工能力的比较实验研究——基于拓扑性质知觉理论的探讨[D].上海：华东师范大学博士学位论文,2007.

[26] 王怡.抑制性控制能力对中度智力落后儿童心理理论发展影响的研究[D].上海：华东师范大学硕士学位论文,2006.

[27] 吴彩娟.学龄初期聋童与健听儿童汉字学习心理的实验研究[D].大连：辽宁师范大学硕士学位论文,2001.

[28] 吴燕.学习障碍儿童外显视空间注意转移的眼动研究[D].金华：浙江师范大学硕士学位论文,2006.

[29] 谢国栋.视障人群动作内隐认知的实验研究[D].上海：华东师范大学博士学位论文,2003.

[30] 徐浙宁.2—5岁超常儿童对数的认知及其策略的研究[D].上海：华东师范大学博士学位论文,2005.

[31] 严淑琼.自闭症儿童面部表情加工的实验研究[D].上海：华东师范大学硕士学位论文,2008.

[32] 杨娟.孤独症儿童心理理论和执行功能的研究[D].长沙：中南大学硕士学位论文,2007.

[33] 杨旭.听觉障碍学生汉语阅读辅助策略研究[D].大连：辽宁师范大学硕士学位论文,2006.

[34] 于素红.聋生解决加减文字题的认知研究[D].上海：华东师范大学博士学位论文,2007.

[35] 张凤琴.特殊儿童与正常儿童时间认知机制的实验研究[D].上海：华东师范大学博士学位论文,2006.

[36] 张文英.阈下情感启动效应的机制及轻度弱智儿童在阈下情感启动中的归因[D].广州：华南师范大学硕士学位论文,2002.

[37] 张旭.汉语幼儿心理理论与语言的关系[D].上海：华东师范大学博士学位论文,2005.

[38] 赵微.汉语阅读困难学生语音意识与视觉空间认知的实验研究[D].上海：华东师范大学博士学位论文,2004.

四、英文文献

[1] Baron-Cohen. Joint attention deficits in autism: towards a cognitive analysis[J]. Development and Psychopathology,1989(1).

[2] Batty M., Meaux E., Wittemeyer K., et al. Early processing of emotional faces in children with autism: An event-related potential study[J]. Journal of Experimental Child Psychology,2011(4).

[3] Bernice Y. L. Wong. Learning about Learning Disabilities[M]. New York: Academic Press,1991.

[4] Bull R., Scerif G. Executive functioning as a predictor of children's mathematics ability: Inhibition, switching, and working memory[J]. Developmental Neuropsychology,2001,19(3).

[5] Burke Johnson, Larry Christensen. Educational Research: Quantitative and Qualitative Approaches [M]. New York: Allyn & Bacon, 2000.

[6] Channan T. Specifying the nature and course of the joint attention impairment in autism in the preschool years: implications for diagnosis and intervention[J]. Autism,1998(1).

[7] Charman T., Swettenham T., Baron Cohen S., et al. An experimental investigation of social-cognitive abilities in infants with autism: clinical implications[J]. Infant Mental Health Journal,1998(2).

[8] Dawson G., Webb S. J., Carver L. Young children with autism show atypical brain responses to fearful versus neutral facial expressions of emotion [J]. Developmental Science,2004 (3).

[9] Frith U., Snowling M. Reading for meaning and reading for sound in autistic and dyslexic children[J]. Journal of Development Psychology,1983(1).

[10] HLS Clair-Thompson, S. E. Gathercole. Executive functions and achievements in school: shifting, updating, inhibition, and working memory[J]. The Quarterly Journal of Experimental Psychology,2006, 59(4).

[11] Ho,C. S. H. & Lai, D. N. C. Naming-speed deficits and phonological memory deficits in Chinese developmental dyslexia[J]. Learning and Individual Differences,1999(11).

[12] Kleinhans N. M., Richards T., Johnson L. C., et al. fMRI evidence of neural abnormalities in the subcortical face processing system in ASD[J]. Neuroimage,2011(54).

[13] Kolligia J., Sternberg R. J. Intelligence,information,processing and specific learning disabilities: A triarchic synthesis[J]. Journal of Learning Disabilities,1987(1).

[14] Lilach Shalev, Yehoshua Tsal. The wide attentional window: A major deficit of children with attention difficulties[J]. Journal of learning disabilities,2003(6).

[15] Mary Wagner, Lynn Newman, Renée Cameto, Phyllis Levine. The Academic Achievement and Functional Performance of Youth with Disabilities: A Report From the National Longitudinal Transition Study-2 (NLTS2) [M]. U. S. Department of Education, Institute of Education Sciences, National Cen-

ter for Special Education Research,2006.

[16] McCrae R. R. , Costa P. T. Personality trait structure as a human universal[J]. American Psychologist, 1997(5).

[17] Mundy P. ,Sigman M. , Ungerer J. ,et al. Defining the social deficits of autism: the contribution of non-verbal communication measures[J]. Journal of Child Psychology and Psychiatry,1986(5).

[18] Nancy J. ,Minshew,Gerald Goldstein. The pattern of intact and impaired memory functions in autism child[J]. Psychology and Psychiatry,2001(8).

[19] Nirit Bauminger, Hany Schorr Edelsztein, Janice Morash. Social information processing and emotional understanding in children with LD[J]. Journal of Learning Disabilities, 2005(1).

[20] Pervin L. A. Handbook of Personality: Theory and Research[M]. New York: Guilford Press,1990.

[21] R. Raghavan,M. Marshall,A. Lockwood, L. Duggan. Assessing the needs of people with learning disabilities and mental illness: development of the Learning Disability version of the Cardinal Needs Schedule[J]. Journal of Intellectual Disability Research, 2004(1).

[22] Reigeluth C. M. Instructional design theories and models: An overview of their current status[M]. Hillsdale, NJ: Lawrence Erlbaum Associates,1983.

[23] Rutherford M. D. ,Richards E. D. ,Moldes V. ,et al. Evidence of a divided-attention advantage in autism [J]. Cognitive Neuropsychology,2007(5).

[24] Shu,H. ,McBride-Chang,C. ,Wu,S. & Liu,H. Understand Chinese Developmental Dyslexia: Morphological awareness as a core cognitive construct[J]. Journal of Educational Psychology,2006,98(1).

[25] Silani G. ,Bird G. ,Brindley R. Levels of emotional awareness and autism: An fMRI study [J]. Social Neuroscience,2008(2).

[26] Swanson H. L. Short-term memory and workingmemory: Do both contribute to our understanding of academic achievement in children and adults with learning disabilities [J]. Journal of Learning Disabilities,1994(1) .

[27] Wang A. T. ,Dapretto M. ,Hariri A. R. ,et al. Neural correlates of facial affect processing in children and adolescents with autism spectrum disorder[J]. Journal of the American Academy of Child and Adolescent Psychiatry,2004(43).

[28] Wilson M. ,Bettger J. G. ,Niculae I. ,Klima E. S. Modality of language shapes working memory: evidence from digit span and spatial span in ASL signers[J]. Journal of Deaf Studies and Deaf Education, 1997(2).

[29] Wilson M. ,Emmorey K. The effect of irrelevant visual input on working memory for signlanguage[J]. Journal of Deaf Studies and Deaf Education,2003(8).

北京大学出版社
教育出版中心 精品图书

21世纪特殊教育创新教材·理论与基础系列

特殊教育的哲学基础	方俊明 主编	29元
特殊教育的医学基础	张 婷 主编	32元
融合教育导论	雷江华 主编	28元
特殊教育学	雷江华 方俊明 主编	33元
特殊儿童心理学	方俊明 雷江华 主编	31元
特殊教育史	朱宗顺 主编	36元
特殊教育研究方法（第二版）	杜晓新 宋永宁 等 主编	39元
特殊教育发展模式	任颂羔 主编	33元
特殊儿童心理与教育	张巧明 杨广学 主编	36元

21世纪特殊教育创新教材·发展与教育系列

书名	作者	价格
视觉障碍儿童的发展与教育	邓 猛 编著	33元
听觉障碍儿童的发展与教育	贺荟中 编著	29元
智力障碍儿童的发展与教育	刘春玲 马红英 编著	32元
学习困难儿童的发展与教育	赵 微 编著	32元
自闭症谱系障碍儿童的发展与教育	周念丽 编著	32元
情绪与行为障碍儿童的发展与教育	李闻戈 编著	32元
超常儿童的发展与教育	苏雪云 张 旭 编著	31元

21世纪特殊教育创新教材·康复与训练系列

特殊儿童应用行为分析	李 芳 李 丹 编著	29元
特殊儿童的游戏治疗	周念丽 编著	30元
特殊儿童的美术治疗	孙 霞 编著	38元
特殊儿童的音乐治疗	胡世红 编著	32元
特殊儿童的心理治疗	杨广学 编著	32元
特殊教育的辅具与康复	蒋建荣 编著	29元
特殊儿童的感觉统合训练	王和平 编著	45元
孤独症儿童课程与教学设计	王 梅 著	37元

自闭谱系障碍儿童早期干预丛书

书名	作者	价格
如何发展自闭谱系障碍儿童的沟通能力	朱晓晨 苏雪云	29.00元
如何理解自闭谱系障碍和早期干预	苏雪云	32.00元
如何发展自闭谱系障碍儿童的社会交往能力	吕 梦 杨广学	33.00元
如何发展自闭谱系障碍儿童的自我照料能力	倪萍萍 周 波	32.00元
如何在游戏中干预自闭谱系障碍儿童	朱 瑞 周念丽	32.00元
如何发展自闭谱系障碍儿童的感知和运动能力	韩文娟 徐芳 王和平	32.00元
如何发展自闭谱系障碍儿童的认知能力	潘前前 杨福义	39.00元
自闭症谱系障碍儿童的发展与教育	周念丽	32.00元
如何通过音乐干预自闭谱系障碍儿童	张正琴	36.00元
如何通过画画干预自闭谱系障碍儿童	张正琴	36.00元
如何运用ACC促进自闭谱系障碍儿童的发展	苏雪云	36.00元
孤独症儿童的关键性技能训练法	李 丹	45.00元
自闭症儿童家长辅导手册	雷江华	35.00元
孤独症儿童课程与教学设计	王 梅	37.00元
融合教育理论反思与本土化探索	邓 猛	58.00元
自闭症谱系障碍儿童家庭支持系统	孙玉梅	36.00元

特殊学样教育·康复·职业训练丛书（黄建行 雷江华 主编）

信息技术在特殊教育中的应用	55.00元
智障学生职业教育模式	36.00元
特殊教育学校学生康复与训练	59.00元
特殊教育学校校本课程开发	45.00元
特殊教育学校特奥运动项目建设	49.00元

21世纪学前教育规划教材

学前教育管理学	王 雯	45元
幼儿园歌曲钢琴伴奏教程	果旭伟	39元
幼儿园舞蹈教学活动设计与指导	董 丽	36元

实用乐理与视唱	代 苗 35元	后现代大学来临？	[英]安东尼·史密斯等 主编 32元
学前儿童美术教育	冯婉贞 45元	美国大学之魂	[美]乔治·M.马斯登 著 58元
学前儿童科学教育	洪秀敏 36元	大学理念重审：与纽曼对话	
学前儿童游戏	范明丽 36元		[美]雅罗斯拉夫·帕利坎 著 35元
学前教育研究方法	郑福明 39元	学术部落及其领地——知识探索与学科文化	
外国学前教育史	郭法奇 36元		[英]托尼·比彻 保罗·特罗勒尔 著 33元
学前教育政策与法规	魏 真 36元	德国古典大学观及其对中国大学的影响	陈洪捷 著 22元
学前心理学	涂艳国、蔡 艳 36元	大学校长遴选：理念与实务	黄俊杰 主编 28元
学前现代教育技术	吴忠良 36元	转变中的大学：传统、议题与前景	郭为藩 著 23元
学前教育理论与实践教程	王 维 王维娅 孙 岩 39.00元	学术资本主义：政治、政策和创业型大学	
学前儿童数学教育	赵振国 39.00元		[美]希拉·斯劳特 拉里·莱斯利 著 36元
		什么是世界一流大学	丁学良 著 23元
大学之道丛书		21世纪的大学	[美]詹姆斯·杜德斯达 著 38元
哈佛：谁说了算	[美]理查德·布瑞德利 著 48元	公司文化中的大学	[美]埃里克·古尔德 著 23元
麻省理工学院如何追求卓越	[美]查尔斯·维斯特 著 35元	美国公立大学的未来	
大学与市场的悖论	[美]罗杰·盖格 著 48元		[美]詹姆斯·杜德斯达 弗瑞斯·沃马克 著 30元
现代大学及其图新	[美]谢尔顿·罗斯布莱特 著 60元	高等教育公司：营利性大学的崛起	
美国文理学院的兴衰——凯尼恩学院纪实			[美]理查德·鲁克 著 24元
	[美]P.F.克鲁格 著 42元	东西象牙塔	孔宪铎 著 32元
教育的终结：大学何以放弃了对人生意义的追求			
	[美]安东尼·T.克龙曼 著 35元	**学术规范与研究方法系列**	
大学的逻辑（第三版）	张维迎 著 38元	社会科学研究方法100问	[美]萨子金德 著 38元
我的科大十年（续集）	孔宪铎 著 35元	如何利用互联网做研究	[爱尔兰]杜恰泰 著 38元
高等教育理念	[英]罗纳德·巴尼特 著 45元	如何为学术刊物撰稿：写作技能与规范（英文影印版）	
美国现代大学的崛起	[美]劳伦斯·维赛 著 66元		[英]罗薇娜·莫 编著 26元
美国大学时代的学术自由	[美]沃特·梅兹格 著 39元	如何撰写和发表科技论文（英文影印版）	
美国高等教育通史	[美]亚瑟·科恩 著 59元		[美]罗伯特·戴 等著 39元
美国高等教育史	[美]约翰·塞林 著 69元	如何撰写与发表社会科学论文：国际刊物指南	
哈佛通识教育红皮书	哈佛委员会撰 38元		蔡今忠 著 35元
高等教育何以为"高"——牛津导师制教学反思		如何查找文献	[英]萨莉拉·姆齐 著 35元
	[英]大卫·帕尔菲曼 著 39元	给研究生的学术建议	[英]戈登·鲁格 等著 26元
印度理工学院的精英们	[印度]桑迪潘·德布 著 39元	科技论文写作快速入门	[瑞典]比约·古斯塔维 著 19元
知识社会中的大学	[英]杰勒德·德兰迪 著 32元	社会科学研究的基本规则（第四版）	
高等教育的未来：浮言、现实与市场风险			[英]朱迪斯·贝尔 著 32元
	[美]弗兰克·纽曼等 著 39元	做好社会研究的10个关键	[英]马丁·丹斯考姆 著 20元

如何写好科研项目申请书		基础教育哲学	陈建华 著 35元
	[美] 安德鲁·弗里德兰德 等著 28元	当代教育行政原理	龚怡祖 编著 37元
教育研究方法：实用指南	[美] 乔伊斯·高尔 等著 98元	教育心理学	李晓东 主编 34元
高等教育研究：进展与方法	[英] 马尔科姆·泰特 著 25元	教育计量学	岳昌君 著 26元
如何成为论文写作高手	华莱士 著 32元	教育经济学	刘志民 著 39元
参加国际学术会议必须要做的那些事	华莱士 著 32元	现代教学论基础	徐继存 赵昌木 主编 35元
如何成为卓越的博士生	布卢姆 著 32元	现代教育评价教程	吴 钢 著 32元
		心理与教育测量	顾海根 主编 28元

21世纪高校职业发展读本

		高等教育的社会经济学	金子元久著 32元
如何成为卓越的大学教师	肯·贝恩 著 32元	信息技术在学科教学中的应用	陈 勇 等编著 33元
给大学新教员的建议	罗伯特·博伊斯 著 35元	网络调查研究方法概论（第二版）	赵国栋 45元
如何提高学生学习质量	[英] 迈克尔·普洛瑟 等著 35元		
学术界的生存智慧	[美] 约翰·达利 等主编 35元	**教师资格认定及师范类毕业生上岗考试辅导教材**	
给研究生导师的建议（第2版）		教育学	余文森 王 晞 主编 26元
	[英] 萨拉·德拉蒙特 等著 30元	教育心理学概论	连 榕 罗丽芳 主编 42元

21世纪教师教育系列教材·物理教育系列

21世纪教师教育系列教材·学科教学论系列

中学物理微格教学教程（第二版）		新理念化学教学论（第二版）	王后雄 主编 45元
	张军朋 詹伟琴 王 恬 编著 32元	新理念科学教学论（第二版）	崔 鸿 张海珠 主编 36元
中学物理科学探究学习评价与案例		新理念生物教学论	崔 鸿 郑晓慧 主编 36元
	张军朋 许桂清 编著 32元	新理念地理教学论（第二版）	李家清 主编 45元
		新理念历史教学论（第二版）	杜 芳 主编 33元

21世纪教育科学系列教材·学科学习心理学系列

		新理念思想政治（品德）教学论（第二版）	
数学学习心理学	孔凡哲 曾 峥 编著 29元		胡田庚 主编 36元
语文学习心理学	李 广 主编 29元	新理念信息技术教学论（第二版）	吴军其 主编 32元
化学学习心理学	王后雄 主编 29元	新理念数学教学论	冯 虹 主编 36元

21世纪教育科学系列教材

21教师教育系列教材·学科教学技能训练系列

现代教育技术——信息技术走进新课堂		新理念生物教学技能训练（第二版）	崔 鸿 33元
	冯玲玉 主编 39元	新理念思想政治（品德）教学技能训练（第二版）	
教育学学程——模块化理念的教师行动与体验			胡田庚 赵海山 29元
	闫 祯 主编 45元	新理念地理教学技能训练	李家清 32元
教师教育技术——从理论到实践	王以宁 主编 36元	新理念化学教学技能训练	王后雄 28元
教师教育概论	李 进 主编 75元	新理念数学教学技能训练	王光明 36元